高等学校数字素养与
技能型人才培养精品系列

江苏"十四五"
普通高等教育本科规划教材

"十三五"江苏省高等学校重点教材
（编号：2018-2-081）

U0740646

计算思维与
人工智能基础

| 第3版 |

周勇 ◉ 主编

王新 徐月美 孙晋非 ◉ 参编

COMPUTATIONAL THINKING
AND FUNDAMENTAL OF
ARTIFICIAL
INTELLIGENCE

人民邮电出版社
北京

图书在版编目（CIP）数据

计算思维与人工智能基础 / 周勇主编；王新等参编.
3 版. -- 北京：人民邮电出版社，2024. --（高等学
校数字素养与技能型人才培养精品系列）. -- ISBN 978
-7-115-64792-4

Ⅰ. O241；TP18

中国国家版本馆 CIP 数据核字第 20241Z3S54 号

内 容 提 要

本书是中国高等教育学会高等教育科学研究"十三五"规划课题主要成果之一，是"十三五"江苏
省高等学校重点教材。全书紧跟计算机技术发展潮流，以"基础性、系统性、先进性、实用性"为指导
思想，主要内容包括计算思维基础、二进制与编码、个人计算环境、分布式计算环境、算法分析与设计、
网络空间安全、人工智能基础、搜索与博弈、机器学习、区块链。

本书充分吸收计算机领域的新知识、新技术、新方法和新概念，符合人才培养标准。全书站在科学
高度提炼教学内容，以精炼的语言讲述计算思维和人工智能基础知识，通过丰富的示例引导读者进行深
度探索，内容新颖，特色鲜明。本书适合高等学校非计算机专业作为计算机基础课、人工智能通识课的
教材使用，也可供对计算机感兴趣的读者自学使用。

◆ 主　编　周　勇

　　参　编　王　新　徐月美　孙晋非

　　责任编辑　李　召

　　责任印制　陈　犇

◆ 人民邮电出版社出版发行　　北京市丰台区成寿寺路 11 号

　　邮编　100164　电子邮件　315@ptpress.com.cn

　　网址　https://www.ptpress.com.cn

　　北京市艺辉印刷有限公司印刷

◆ 开本：787×1092　1/16

　　印张：16.75　　　　　　　　2024 年 8 月第 3 版

　　字数：484 千字　　　　　　2025 年 6 月北京第 4 次印刷

定价：55.00 元

读者服务热线：(010)81055256　印装质量热线：(010)81055316
反盗版热线：(010)81055315

前　言

随着互联网、大数据、云计算和物联网等技术的不断发展，人工智能深刻改变了人类的生活。2017 年，国务院印发《新一代人工智能发展规划》，要求实施全民智能教育项目，支持开展形式多样的人工智能科普活动，鼓励广大科技工作者投身人工智能的科普与推广，全面提高全社会对人工智能的整体认知和应用水平。2018 年，教育部印发《高等学校人工智能创新行动计划》，提出将人工智能纳入大学计算机基础教学内容。党的二十大报告指出："推动战略性新兴产业融合集群发展，构建新一代信息技术、人工智能、生物技术、新能源、新材料、高端装备、绿色环保等一批新的增长引擎。"

在这种背景下，周勇教授教学团队编写了本书。该书从学习者的角度组织教学内容，从计算机基础知识讲起，从互联网讲到物联网，从大数据讲到云计算，从计算机求解讲到人工智能，覆盖了计算机学科经典的、重要的计算思维。通过本书，读者不仅能够了解计算思维，而且能够理解和运用计算思维；不仅能够认识人工智能，而且能够初步掌握人工智能的经典算法。本书在培养读者的计算思维与人工智能应用能力方面具有基础性和先导性作用。

本书共五大模块：模块一，计算思维基础，即第 1 章；模块二，符号化，即第 2 章；模块三，自动化，包括第 3 章、第 4 章、第 5 章；模块四，网络空间安全，即第 6 章；模块五，智能化，包括第 7 章、第 8 章、第 9 章和第 10 章。

本书由长期从事计算机基础教学、科研工作的骨干教师编写。教材大纲由全体参编教师共同讨论确定，周勇担任主编，负责统稿。具体编写分工如下：第 1 章、第 2 章、第 3 章由徐月美编写，第 4 章由孙晋非、王新编写，第 5 章由王新编写，第 6 章由孙晋非编写，第 7 章、第 8 章、第 9 章由周勇编写，第 10 章由王新、孙晋非编写。

本书对应的在线课程"计算思维与人工智能基础"在"中国大学 MOOC"

网站开课,有兴趣的读者可以登录该网站搜索该课程进行学习。教师可根据不同的教学目的和对象对书中内容进行选择。根据本书的定位,建议每章最低学时分配如下。

章名	最低学时
第 1 章 计算思维基础	1
第 2 章 二进制与编码	3
第 3 章 个人计算环境	4
第 4 章 分布式计算环境	4
第 5 章 算法分析与设计	6
第 6 章 网络空间安全	2
第 7 章 人工智能基础	3
第 8 章 搜索与博弈	3
第 9 章 机器学习	4
第 10 章 区块链	2
合计	32

本书内容更新如下。

（1）本书增加名人传记,介绍为计算机发展做出杰出贡献的人;每章以二维码形式增加计算机发展过程中的趣闻轶事,激发读者学习兴趣;每章以二维码形式增加信息素养的内容,从道德、责任的角度对涉及计算机的一些社会问题进行阐述。

（2）第 5 章增加算法的起源和发展、算法中常见的数据结构,介绍了 8 种改变世界的算法应用。

（3）第 7 章增加 AIGC 大模型等。

（4）第 8 章增加问题规约和 AO*算法等。

（5）第 9 章增加机器学习在 21 世纪的发展历程、"没有免费午餐"定理等。

本书的编写得到了中国矿业大学教务部和计算机科学与技术学院领导的关心和大力支持。中国矿业大学计算机科学与技术学院的毛磊老师和姜顺荣老师提供了大量的意见和建议,在此表示感谢。编者参阅和引用了大量参考文献,在此对相关作者表示衷心的感谢。

由于编者水平有限,书中难免有疏漏之处,请专家和读者批评指正。

编者

2024 年 5 月

目录

第 9 章 机器学习 ·············210

第 10 章 区块链 ·············241

第1章 计算思维基础

本章的学习目标

- 了解计算机的发展、分类及应用，掌握计算机的特点。
- 了解计算思维基本概念。

计算机的发展与应用，改变了人们传统的工作、学习和生活方式。计算机的普及，促进了计算思维的研究，推动了整个信息社会的发展。本章主要对计算机技术和计算思维基础做简要介绍。

1.1 计算机技术

1.1.1 计算机的发展

在社会的发展过程中，人类不断发明和改进各种计算工具，如贝壳、绳子、算筹、算盘、计算尺、计算器、机械式计算机等。1946 年第一台通用电子计算机 ENIAC（Electronic Numerical Integrator And Computer，电子数字积分计算机）的诞生，是 20 世纪杰出的科技成就，是人类科学发展史上的重要里程碑。

ENIAC 诞生以来，计算机已经走过了 70 多年的发展历程。计算机的体积不断变小，成本不断下降，但性能、速度在不断提高。计算机硬件的发展受到电子元器件的制约，因此根据计算机主机所使用的物理元器件，可将计算机划分为 4 代。表 1-1 是第 1～4 代计算机主要特点的比较。

目前计算机采用的物理元器件仍处于第 4 代水平。尽管计算机正朝着微型化、巨型化、网络化和智能化等方向深入发展，但是在系统结构方面没有太大的突破，仍被称为冯·诺依曼计算机。人类的研究是无止境的，从目前的研究情况看，未来计算机技术可能会在光计算机、生物计算机（分子计算机）、量子计算机等几个方面取得革命性的突破。其中，光计算机是利用光作为信息传输媒体的计算机，具有超强的并行处理能力和超高的运算速度；生物计算机采用以生物工程技术制造的蛋白质分子构成的生物芯片；量子计算机利用处于多现实态下的微观粒子进行运算，这种多现实态是量子力学的标志。

表 1-1 第 1～4 代计算机主要特点的比较

代别	主要元器件	运算速度	使用的语言、软件	应用领域
第 1 代 1946 年—1958 年	CPU：电子管 内存：磁鼓	每秒几千次	机器语言、汇编语言	军事、科学计算领域
第 2 代 1959 年—1964 年	CPU：晶体管 内存：磁芯	每秒几十万次	高级语言，如 FORTRAN	数据处理领域

代别	主要元器件	运算速度	使用的语言、软件	应用领域
第3代 1965年—1970年	CPU：小规模集成电路（SSI）、中规模集成电路（MSI） 内存：SSI、MSI的半导体存储器	每秒几百万次	操作系统、数据库管理系统等	广泛应用于科学计算、数据处理、工业控制等领域
第4代 1971年至今	CPU：大规模集成电路（LSI）、超大规模集成电路（VLSI） 内存：LSI、VLSI的半导体存储器	每秒亿亿次	软件开发工具和平台、分布式计算软件、计算网络软件等	深入社会的各个领域

1.1.2 计算机的特点

计算机（俗称电脑）是一种能够接收信息，按照事先存储在其内部的程序对输入信息进行加工处理，并产生输出结果的高度自动化的数字电子设备。

计算机是一种现代化的信息处理工具，它能够准确、快速、自动地对各种类型的信息进行收集、整理、变换、存储和输出。当用计算机进行数据处理时，首先需要对待解决的实际问题进行分析、抽象，构建数学模型；然后用计算机程序设计语言编写计算机程序，并通过输入设备将其输入计算机；接下来计算机逐步执行程序，直到整个程序执行结束，通过输出设备输出结果。

使用计算机进行信息处理主要有以下特点。

1．处理速度快

由于计算机是由电子元器件构成的，因此其工作的速度极快。目前计算机的运算速度已经达到每秒亿亿次以上，这种高速度使得计算机在军事、气象、金融、交通、通信等领域中可以实现实时、快速的服务。

2．存储能力强

计算机能把原始数据、对这些原始数据进行加工的命令（称为指令）、中间结果及最终结果都存储起来，这类似于人脑的记忆能力。计算机提供大容量的内存储器来存储正在处理的数据，另外还有各种大容量的外存储器（如硬盘、U盘、光盘等），用来长期保存和备份数据。

3．自动处理

计算机能够对信息进行自动处理。人们只要将编写好的程序输入计算机，下达执行命令后，计算机就可以自动地逐步执行程序，在执行过程中不需要人工干预。这是计算机的一个重要特点，也是计算机区别于其他计算工具的本质特征。

4．具有逻辑判断能力

计算机不仅能进行算术运算，还可以进行逻辑运算和逻辑判断，如比较数据大小、判断除数是否为0等，并可根据判断结果自动决定下一步执行什么操作，从而解决各种各样的问题。

5．计算精度高

计算机的计算精度一般可达到十几位、几十位，甚至几百位有效数字，比以往的任何计算工具都高得多。许多科学领域的计算对精度要求很高，如光学计算、天文数据计算等，只有计算机才能满足其精度要求。

6．通用性强

计算机用数字来表示数值与其他各种类型的信息，并具有逻辑判断与处理能力，因而计算机不仅能对数值型数据进行计算，也能对非数值型数据进行处理（如信息检索、图形和图像处理、文字和语音的识别与处理等）。计算机具有极强的通用性，能应用于各个科学领域并渗透到社会生活的各个方面。

1.1.3 计算机的分类

计算机的分类方法有很多种，如果按照计算机的综合指标（性能、作用和价格等）进行分类，可把计算机划分为巨型机、大型计算机、微型计算机、服务器和嵌入式计算机等。

1. 巨型机

巨型机也称为超级计算机（或高性能计算机），采用大规模并行处理的体系结构，包含数以百计、千计、万计的处理器，具有极强的运算处理能力，运算速度达到每秒万亿次甚至每秒亿亿次以上，存储容量极大，价格高。近年来，我国超级计算机的研发取得了可喜的成绩，推出了"曙光""天河""神威"等代表国内较高水平的超级计算机，并应用于国民经济的关键领域。

2024 年 5 月的全球超级计算机 500 强排行榜中，美国的超级计算机"前沿"（Frontier）（见图 1-1）以 1.206 EFLOPS（Exa Floating-Point Operations Per Second，艾条浮点指令/秒）的峰值性能排名第一。中国超级计算机起步虽晚，但发展迅速。在 2023 年的榜单上，中国的"神威·太湖之光"（见图 1-2）和"天河二号 A"分别排名第 11 位和第 14 位。"神威·太湖之光"自 2016 年部署以来曾连续四次登顶全球，"天河二号"曾连续六次位居全球超级计算机 500 强排行榜榜首。

图 1-1 "前沿"超级计算机

图 1-2 "神威·太湖之光"超级计算机

超级计算机功能是否强大，已经成为衡量一个国家实力是否强大的标准之一。基于此，越来越多的国家加入了研发超级计算机的竞争队伍。

> **金怡濂**，中国工程院院士，我国计算机事业的创始人之一，中国巨型计算机事业开拓者，"神威"超级计算机总设计师。金怡濂主持完成了中国多台大型、巨型计算机的研制，系统和创造性地提出了巨型机体系结构、设计思想和实现方案，为中国计算机事业特别是巨型计算机的跨越式发展做出了重大贡献，有"中国巨型计算机之父"美誉，2003 年获国家最高科学技术奖，2012 年获中国计算机学会的"CCF 终身成就奖"。在金怡濂看来，这个"终身成就奖"只是一个阶段性的总结，内涵是"以资鼓励，继续努力"。

2. 大型计算机

大型计算机是指通用性强、运算速度快、存储容量大、通信连网功能完善、可靠性高、安全性好、有丰富的系统软件和应用软件的计算机，通常有几十个甚至更多的处理器。大型计算机在信息系统中的核心作用是承担主服务器的功能，辅助数据的集中存储、管理和处理，同时为多个用户执行信息处理任务，其主要用于科学计算、银行业务、大型企业管理等领域。

3. 微型计算机

微型计算机（微机）又称为个人计算机，是使用微处理器作为中央处理器（Central Processing Unit，CPU）的计算机。1971 年，Intel（英特尔）公司推出了世界上第一片 4 位微处理器芯片 Intel 4004，它的出现与发展掀起了微型计算机普及的浪潮。微型计算机体积小，价格低，使用方便，软件丰富，且性能不断提高，因此成为计算机的主流。

微型计算机分为台式机、笔记本电脑、平板电脑、移动设备（如智能手机）等。

4. 服务器

服务器是一种在网络环境中提供服务的计算机。从广义上讲，一台个人计算机就可以作为服务器，只是它需要安装网络操作系统、网络协议和各种服务软件；从狭义上讲，服务器专指通过网络提供服务的那些高性能计算机，与个人计算机相比，其在处理能力、稳定性、安全性、可靠性、可扩展性等方面标准更高。

根据不同的计算能力，服务器可分为工作组服务器、部门级服务器和企业级服务器等。根据提供的服务，服务器可分为万维网（World Wide Web，WWW）服务器、文件传送协议（File Transfer Protocol，FTP）服务器、文件服务器、邮件服务器等。

5. 嵌入式计算机

嵌入式计算机是为特定应用量身打造的计算机，属于专用计算机。它是指作为一个信息处理部件嵌入应用系统的计算机。嵌入式计算机与通用计算机在原理方面没有太大区别，只是嵌入式计算机把系统软件和功能软件集成于计算机硬件系统中，即把软件固化在芯片上。

在各类计算机中，嵌入式计算机应用较为广泛。目前，嵌入式计算机广泛用于各种家用电器，如空调、冰箱、自动洗衣机、数字电视等。

1.1.4 计算机的应用

计算机已经渗透到社会的各个方面，改变着人们传统的工作、学习和生活方式，推动着信息社会的发展。目前计算机主要有以下应用领域。

1. 科学计算

科学计算也称为数值计算，它是计算机较早的应用领域，目前也仍然是计算机重要的应用领域之一。许多用人力难以完成的复杂计算对高速计算机来说轻而易举。例如，人造卫星轨道计算，火箭、宇宙飞船的设计都离不开计算机。科学计算的特点是计算量大，且数值变化范围广，这方面的应用要求计算机具有较强的数值型数据表示能力及很快的运算速度。

2. 数据处理

数据处理又称为事务处理或信息处理。数据处理主要是指对大量数据进行统计分析、合并、分类、比较、检索、增删等。数据处理是计算机应用较广泛的领域，办公自动化系统、银行的账户处理系统、企业的管理信息系统等都是计算机用于数据处理的例子。数据处理的特点是数据量大、输入输出频繁、数值计算简单但强调数据管理能力。

3. 生产过程控制

生产过程控制又称为实时过程控制，是指用计算机及时采集检测数据，按最佳值迅速地对控制对象进行自动控制或自动调节。例如，钢铁厂中用计算机自动控制加料、吹氧、出钢等。在现代工业中，生产过程控制是实现生产过程自动化的基础，涉及冶金、石油、化工、纺织、机械、航天等行业。

4. 人工智能

人工智能（Artificial Intelligence，AI）是利用计算机来模拟人类的智能活动，包括模拟人脑学习、推理、问题求解等过程。其最终目标是创造具有类似人类的智能的机器。人类自然语言的理解与自动翻译、文字和图像的识别、疾病诊断、数学定理的机器证明，以及计算机下棋等都属于人工智能的研究与应用范围。1997 年 5 月 11 日，"深蓝"仅用了 1 小时就以 3.5 : 2.5 的总比分战胜了当时的国际象棋世界冠军卡斯帕罗夫；2017 年 5 月，在中国乌镇围棋峰会上，AlphaGo 与当时排名世界第一的围棋棋手柯洁对战，以 3 : 0 的总比分获胜。

5．计算机辅助系统

计算机辅助系统包括计算机辅助设计、计算机辅助制造、计算机辅助教育等。

计算机辅助设计（Computer Aided Design，CAD），就是用计算机帮助各类人员进行设计。由于计算机有较强的数值计算、数据处理及模拟能力，飞机设计、船舶设计、建筑设计、机械设计等都会用到CAD技术。CAD技术降低了设计人员的工作量，提高了设计速度，更重要的是提高了设计质量。

计算机辅助制造（Computer Aided Manufacturing，CAM），是指用计算机进行生产设备的管理、控制和操作。例如，在产品的制造过程中，用计算机控制机器的运行、处理生产过程中所需的数据、控制和处理材料的流动和对产品进行检验等。使用CAM技术可以提高产品质量，降低成本，缩短生产周期，降低劳动强度。

计算机辅助教育是指计算机在教育领域的应用，包括计算机辅助教学（Computer Aided Instruction，CAI）和计算机管理教学（Computer Managed Instruction，CMI）。CAI是指用计算机对教学的各个环节（包括讲课、自学、练习、阅卷等）进行辅助，CMI则能帮助教师监测、评价和指导学生的学习过程。

6．通信与网络

计算机网络是计算机技术与通信技术结合的产物。计算机连网的目的是实现数据通信和资源共享。计算机网络已成为信息社会重要的基础设施。当今，"机"和"网"已形成共存局面——"无机不在网，无网机难存"。

7．电子商务

电子商务（Electronic Commerce，EC）是指利用计算机和网络进行的新型商务活动。它作为一种新的商务方式，将生产企业、流通企业和消费者带入了网络经济、数字化生存的新天地，人们可以不再受时间、地域的限制，以简捷的方式完成过去较为繁杂的商务活动。

电子商务根据交易双方的不同，可分为多种形式，常见的是以下3种：企业对企业（Business to Business，B2B）、企业对消费者（Business to Customer，B2C）和消费者对消费者（Customer to Customer，C2C）。其中B2B是电子商务的常见形式，例如，阿里巴巴公司就采用了B2B形式。

8．多媒体技术

多媒体技术借助计算机和高速信息网，实现全球媒体资源共享，助力咨询服务、图书、教育、通信、军事、金融、医疗等诸多行业，并潜移默化地改变着人们的生活。

1.2 计算思维

随着移动通信、物联网、大数据、云计算、人工智能等逐渐走进人们的生活，信息技术深刻改变着人类的思维、生产、生活和学习方式，无处不在的计算思维成为人们认识世界和解决问题的基本能力之一。

1.2.1 计算思维的定义

思维作为一种精神活动，是人认识世界的一种高级反映形式。具体来说，思维是人脑对客观事物的一种概括的、间接的反映，它反映客观事物的本质和规律。

科学思维是人类思维中运用于科学认识活动的部分，是对感性认识材料进行加工处理的方式与途径的理论体系，是在认识的统一过程中，对各种科学的思维方法的有机整合，是人类实践活动的产物。

作为人类认识世界和改造世界的思维方式，科学思维可分为3类：理论思维、实验思维和计算思维。

理论思维又称推理思维，以推理和演绎为特征，以数学为代表。

实验思维又称实证思维，以观察和总结自然规律为特征，以物理学为代表。

计算思维又称构造思维，以设计和构造为特征，以计算机科学为代表。计算思维的研究目的是提供适当的方法，使人们借助现代和将来的计算机，逐步达成人工智能的较高目标。例如，模式识别、决策、优化和自控等算法都属于计算思维的范畴。

理论思维、实验思维和计算思维都是人类科学思维中固有的部分。其中，理论思维强调推理，实验思维强调归纳，计算思维强调自动求解。它们以不同的方式推动着科学的发展和人类文明的进步。

目前，国际上广泛使用的计算思维定义是由美国卡内基梅隆大学周以真教授在 2006 年提出的。周以真教授认为，计算思维是运用计算机科学的基础概念进行问题求解、系统设计及人类行为理解等涵盖计算机科学之广度的一系列思维活动。

从定义可知，计算思维的目的是解题、设计系统和理解人类行为，而使用的方法是计算机科学的方法。其实计算思维并不是凭空冒出来的一个概念，它自古就有，而且无所不在。从古代的算筹、算盘，到近代的加法器、计算器、计算机，再到现在风靡全球的网络和云计算，计算思维的内容不断拓展。只不过在计算机发明之前的相当长时间里，计算思维发展缓慢，主要原因是缺乏计算机这样的高速运算工具。

跟艺术家在创作诗歌、音乐时有独特的艺术思维，数学家在证明数学定理时有独特的数学思维，工程师在设计制造产品时有独特的工程思维一样，计算机科学家在用计算机解决问题时也有自己独特的思维方式和解决方法，人们将其统称为计算思维。从问题的计算机表示、算法设计，到编程实现，计算思维贯穿全程。学习计算思维，就是学习像计算机科学家一样思考和解决问题。

因此，培养计算思维的目标不是熟练使用计算机这一工具，而是掌握在利用计算机解决实际问题过程中的基本思想和方法，并将计算技术与各学科的理论、技术与艺术融合，从而实现创新。

当然，计算思维是建立在计算机的能力之上的，这是计算思维区别于其他科学思维的一个重要特征。用计算机解决问题时必须遵循的基本思考原则是，既要充分利用计算机的计算和存储能力，又不能超出计算机的能力范围。

下面通过一个简单实例"求 n 的阶乘"来认识计算思维。

【例 1-1】求 n 的阶乘（n 是自然数），用 $f(n)$ 表示，即 $f(n) = n!$。

用计算机求 $n!$ 有两种方法：迭代方法和递归方法。对于迭代方法，已知 $f(1) = 1$，根据 $f(1)$ 计算 $f(2)$，$f(3)\cdots f(n-1)$，最后由 $f(n-1)$ 计算得到 $f(n)$。这是一个从已知的初始条件出发，逐次迭代出最后结果的过程。对于递归方法，写出递归形式 $f(n) = n \times f(n-1)$ 和结束条件 $f(1) = 1$ 即可。分析其求解过程，就是将计算 $f(n)$ 的问题分解成计算 $f(n-1)$ 的问题，然后将计算 $f(n-1)$ 的问题分解成计算 $f(n-2)$ 的问题，以此类推，一直分解到 $f(1)$ 为止，由于 $f(1) = 1$，可从 $f(1)$ 逐步回归计算到 $f(n)$。其求解过程的基本思想就是不断分解，直到满足结束条件，然后回归计算，体现在程序中就是通过不断调用自身来进行求解。

解题者只需要正确编写出求 n 的阶乘的递归函数，然后进行调用即可，程序执行过程中的调用自身等操作则由计算机去完成。具体的算法流程可以参阅第 5 章的例 5-16，这个例子就采用了计算思维的递归方法来求解。

"猴子吃桃""斐波那契数列""求两个自然数的最大公约数"等与"求 n 的阶乘"一样，都可以采用递归方法进行分析求解。

1.2.2　计算思维的特征

计算思维具有如下特征。

（1）计算思维是概念化思维，不是程序化思维。

像计算机科学家那样去思维不仅意味着能够编程，还意味着能够在抽象的多个层面上思维。计算机科学不只关注计算机，就像通信科学不只关注手机，音乐学不只关注钢琴一样。

（2）计算思维是根本技能，不是刻板技能。

根本技能是每一个人为了在现代社会中发挥作用所必须掌握的，运用起来万变不离其宗。刻板技能意味着机械地重复。计算思维的运用不是机械地重复。

（3）计算思维属于人的思维方式，不是计算机的思维方式。

计算思维指向的是人类解题的方法和途径，旨在利用计算机解决问题，绝非使人类像计算机那样去思考。计算机枯燥且沉闷，人类聪颖且富有想象力。计算机之所以能解题，是因为人将计算方法赋予了计算机。例如，递归、迭代等都是在计算机发明之前早已被提出的方法，人类将这些方法赋予计算机后计算机才能计算。

计算的过程可以由人执行，也可以由计算机执行。例如，递归、迭代等题目，人和计算机都可以计算，只不过人计算的速度很慢。借助计算机强大的计算能力，人类就能用自己的智慧去解决那些在计算机产生之前不能解决的问题，达到"只有想不到，没有做不到"的境界。因此，人类应该更好地利用计算机去解决各种需要大量计算的问题，建造过去无法建造的系统。

（4）计算思维是思想，不是人造物。

计算思维不是软件和硬件等形式的人造物，而是软硬件设计、创造过程中蕴含的思想和思维方式。人们用它去解题、管理日常生活，以及与他人进行交流和互动。

（5）计算思维实现了数学思维和工程思维的互补与融合。

计算机科学在本质上源自数学思维，因为像所有的科学一样，其形式化基础是构建于数学之上的。计算机科学在本质上又源自工程思维，因为人们建造的是能够与实际世界互动的系统。基本计算设备的限制迫使计算机科学家不能只是数学性地思考，构建虚拟世界的自由使计算机科学家能够设计超越物理世界的各种系统。数学思维和工程思维的互补与融合很好地体现在计算思维之中。

（6）计算思维面向所有的人、所有的领域。

计算思维无处不在，当计算思维真正融入人类活动时，它作为一个解决问题的有效工具，处处都会被使用，人人都应掌握。周以真教授指出，计算思维将是21世纪中叶全球每个人都使用的基本技能。

1.2.3　计算思维的本质

计算思维的本质是抽象（Abstraction）和自动化（Automation）。抽象对应着建模，自动化对应着模拟。抽象就是忽略一个主题中与当前问题（或目标）无关的那些方面，以便更充分地注意与当前问题（或目标）有关的方面。计算思维中的抽象完全超越物理的时空观，并完全用符号来表示，其中，数字抽象只是一类特例。自动化就是机械地一步一步自动执行操作，以解题、设计系统和理解人类行为，其基础和前提是抽象。

下面以哥尼斯堡7桥问题（18世纪著名古典数学问题）为例简单描述计算思维的抽象。

【例1-2】哥尼斯堡7桥问题：在哥尼斯堡的一个公园里，7座桥将普雷格尔河中两个岛及岛与河岸连接起来，如图1-3所示。问：能否从这4块陆地中任意1块出发，恰好通过每座桥一次，再回到起点？

在很长时间里，这个问题一直没能得到解答，因为根据普通数学知识可以算出，若每座桥均走一次，这7座桥所有的走法一共有5040种。为了解答这一问题，数学家欧拉把每一块陆地考虑成一个点，连接两块陆地的桥以线表示，将问题抽象成图1-4所示的数学问题，即将问题转化为是否能够用一笔不重复地画出此7条线的问题，答案就很明显了。欧拉的独到之处是把一个实际问题抽象成合适的"数学模型"，这就是计算思维的抽象。

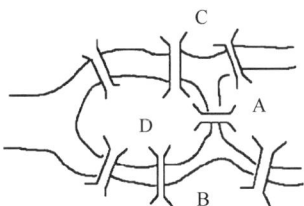

图1-3　哥尼斯堡7桥问题　　　　　图1-4　哥尼斯堡7桥问题的抽象

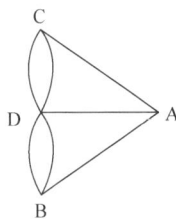

1.2.4　计算思维的基本方法

计算思维的核心是计算思维方法。计算思维方法有很多，周以真教授具体阐述了以下 7 类方法。

（1）约简、嵌入、转化和仿真等方法，用来把一个看似困难的问题重新阐释成一个人们知道怎样解决的问题。

（2）递归方法，并行方法，既能把代码译成数据，又能把数据译成代码的方法，多维分析推广的类型检查方法。

（3）抽象和分解的方法，用来控制庞杂的任务或进行巨大复杂系统的设计；基于关注点分离（Separation of Concerns，SoC）的方法。

（4）选择合适的方式去陈述一个问题的方法，对一个问题的相关方面建模使其易于处理的方法。

（5）通过预防、保护、冗余、容错、纠错，基于最坏情况进行恢复的方法。

（6）利用启发式推理寻求解答，即在不确定情况下规划、学习和调度的方法。

（7）利用海量数据来加快计算，在时间和空间之间、在处理能力和存储容量之间进行折中的方法。

1.2.5　计算思维与计算机的关系

荷兰计算机科学家艾兹格·W. 迪科斯彻（Edsger Wybe Dijkstra）在 1972 年获得图灵奖时曾说："我们所使用的工具影响着我们的思维方式和思维习惯，从而也深刻地影响着我们的思维能力。"劳动工具在人类的进化过程中起了关键作用，人类在使用原始劳动工具的过程中学会了思维。冶炼技术的出现，造纸术和印刷术的发明，现代交通工具和航天技术的发展，都对人类的生活方式和思维方式产生了深刻的影响。

计算机的出现，给计算思维的研究和发展带来了根本性变化。由于计算机对信息和符号具有快速处理能力，许多原本只是理论上可以实现的过程变成了实际可以实现的过程。例如，复杂系统的模拟，大数据处理和大型工程的组织，都可以借助计算机实现整个过程的自动化、精确化和可控化，这增强了人类认识世界和解决实际问题的能力。

1.2.6　计算思维的应用

计算思维属于我们每一个人，而不仅仅属于计算机科学家。如同所有人都具备读、写和算的能力一样，每个人都应当认真学习和应用计算思维。计算思维领域的新思想、新方法促使自然科学、工程技术和社会经济等领域产生了革命性的研究成果，并影响其他学科的发展，催生了一系列新的学科分支，如计算生物学（计算生物学改变着生物学家的思考方式）、纳米计算（纳米计算改变着化学家的思考方式）、量子计算（量子计算改变着物理学家的思考方式）、计算博弈理论（计算博弈理论改变着经济学家的思考方式）等。计算思维已经渗透到脑科学、化学、地质学、数学、经济学、社会学等各个学科，并正在潜移默化地影响和推动各领域的发展。

本章小结

本章介绍了计算机技术和计算思维。通过对本章的学习，读者可以简单了解计算机的发展、特点、分类及应用，计算思维的定义、特征、本质、基本方法及应用，计算思维与计算机的关系等。计算机无处不在，在我们的生活中扮演着重要的角色。计算思维就是用计算机科学解决问题的思维，是每个人都应该具备的基本技能。

趣闻轶事   信息素养

思考题

一、选择题

1. 计算机的发展经历了 4 代，其阶段划分的依据是＿＿＿＿＿＿＿。
   A. 计算机的系统软件　　　　　　　　B. 计算机的主要物理元器件
   C. 计算机的处理速度　　　　　　　　D. 计算机的应用领域
2. ＿＿＿＿＿＿＿不属于计算机信息处理的特点。
   A. 极高的处理速度　　　　　　　　　B. 友善的人机界面
   C. 免费提供软硬件　　　　　　　　　D. 通用性强
3. 办公自动化是计算机的一项应用，按计算机应用的分类，它属于＿＿＿＿＿＿＿。
   A. 科学计算　　　　B. 数据处理　　　　C. 实时控制　　　　D. 辅助设计
4. 下列选项中，＿＿＿＿＿＿＿是"计算机辅助制造"的缩写。
   A. CAD　　　　　　B. CAI　　　　　　C. CAM　　　　　　D. CMI

二、简答题

1. 简述计算机发展经历的几个阶段，以及各阶段的主要特征。
2. 简述计算机的特点。
3. 简述计算机的主要应用领域。
4. 简述计算思维的定义、计算思维的本质，并举例说明。
5. 简要说说自己专业中计算思维的应用情况。

第2章 二进制与编码

本章的学习目标

- 掌握常用数制、常用进制数之间的转换方法。
- 掌握二进制数的运算法则。
- 掌握数值型数据在计算机内的表示方法。
- 掌握西文字符的表示和处理方法，了解汉字的表示及输入输出。
- 了解音频和图形图像的表示和处理。

要用计算机来解决问题，就需要将现实世界中的信息在计算机中表示出来。现实世界信息的形式具有多样性，如数字、文字、图像、声音等。这些信息在计算机中都采用二进制形式表示。也就是说，数据进入计算机时都必须进行二进制编码转换。

数据按照基本用途可以分为数值型数据和非数值型数据两大类。数值型数据是按数字尺度测量的观察值，有正负、大小之分，用于表示价格、数量、温度等，它们转换为二进制数比较简单；非数值型数据是描述各种事物和实体属性的符号，如文字、声音、图像等，这类数据转换为二进制数比较困难，往往需要采用特定的编码方式。

本章主要介绍常用数制及进制数转换、二进制数的运算、数值型数据的表示和处理、文字的表示和处理、音频及图形图像的表示和处理。

2.1 常用数制及进制数转换

按进位的原则进行记数的法则叫作进位记数制，简称数制。在日常生活中，我们最熟悉、最常用的是十进制，也就是说采用的是十进位记数制。但是，我们对其他数制也并不陌生，如七进制（1星期7天）、二十四进制（1昼夜24小时）等。计算机采用的是二进制数，但二进制数书写烦琐，不易阅读，所以为了书写和表示方便，我们在计算机中也经常会用到十进制数、八进制数和十六进制数。

2.1.1 常用数制

1. 十进制

十进制，就是基数为10的进位记数制，即"逢十进一"，其数值的每一位用0、1、2、3、4、5、6、7、8、9共10个数字符号中的1个来表示，这些数字符号称为数码，数码处于不同的位置代表的值是不同的，即位权不同。

例如，十进制数2018.613可以写成如下表达形式。

$$2018.613 = 2 \times 10^3 + 0 \times 10^2 + 1 \times 10^1 + 8 \times 10^0 + 6 \times 10^{-1} + 1 \times 10^{-2} + 3 \times 10^{-3}$$

将十进制数 S_{10} 按位权展开的一般表达形式如下。

$$S_{10} = a_n \times 10^{n-1} + a_{n-1} \times 10^{n-2} + \cdots + a_1 \times 10^0 + a_{-1} \times 10^{-1} + \cdots + a_{-m} \times 10^{-m}$$

其中：a_n、a_{n-1}、$\cdots$、a_1、a_{-1}、$\cdots$、a_{-m} 是各位上的数码，10^{n-1}、10^{n-2}、$\cdots$、10^0、10^{-1}、$\cdots$、10^{-m} 是对应位上的位权。

在表达十进制数时，可用后缀"D"与其他数制区分，一般十进制数后缀省略。例如，十进制数 37 也可以写成 37D 或 $(37)_{10}$。

2．R（二、八、十六）进制

R 进制，就是基数为 R 的进位记数制，即"逢 R 进一"，例如，二进制"逢二进一"。表 2-1 列出了计算机常用数制的表示。

表 2-1　计算机常用数制的表示

常用数制	进位原则	基数（R）	数码（a_i）	位权（R^i）	后缀
十进制	逢十进一	10	0,1,2,3,4,5,6,7,8,9	10^i	D
二进制	逢二进一	2	0,1	2^i	B
八进制	逢八进一	8	0,1,2,3,4,5,6,7	8^i	O
十六进制	逢十六进一	16	0,1,2,3,4,5,6,7,8,9,A,B,C,D,E,F	16^i	H

一个 R 进制数 S_R 按位权展开的一般表达形式如下。

$$S_R = a_n \times R^{n-1} + a_{n-1} \times R^{n-2} + \cdots + a_1 \times R^0 + a_{-1} \times R^{-1} + \cdots + a_{-m} \times R^{-m}$$

例如，二进制数 101.101 可以写成如下表达形式。

$$(101.101)_2 = 1 \times 2^2 + 0 \times 2^1 + 1 \times 2^0 + 1 \times 2^{-1} + 0 \times 2^{-2} + 1 \times 2^{-3}$$

3．计算机内采用二进制的原因

与其他数制相比，在计算机中采用二进制具有以下 4 个方面的优点。

（1）易于物理实现

计算机中的电子元器件大都具有两种稳定的状态，如电压的高和低、电灯的亮和灭、电容的充电和放电等，两种状态恰好可以用二进制数中的"0"和"1"来表示。计算机中若采用十进制，则需要具有 10 种稳定状态的电子元器件，制造出这样的元器件是很困难的。

（2）运算规则简单

从运算操作的简便性考虑，二进制是比较方便的一种记数制。二进制数只有两个数码（0 和 1），在进行算术运算时非常简便，由此简化了运算器等物理器件的设计。

（3）工作可靠性高

电压的高低、电流的有无两种状态分明，因此采用二进制的数字信号可以增强信号的抗干扰能力，可靠性高。

（4）适合逻辑运算

二进制的"1"和"0"两个数码，可以表示逻辑值的"真"（True）和"假"（False），因此采用二进制数进行逻辑运算非常方便。

2.1.2　进制数转换

1．R 进制数转换为十进制数

R 进制数转换为十进制数比较简单，只需要将 R 进制数按位权展开成一般表达形式，然后用十进制数进行计算即可。

【例 2-1】将二进制数 101.101 转换为十进制数。

$$(101.101)_2 = 1 \times 2^2 + 0 \times 2^1 + 1 \times 2^0 + 1 \times 2^{-1} + 0 \times 2^{-2} + 1 \times 2^{-3}$$
$$= 4 + 0 + 1 + 0.5 + 0 + 0.125$$
$$= (5.625)_{10}$$

【例2-2】将十六进制数 AB1 转换为十进制数。

$$(AB1)_{16} = 10 \times 16^2 + 11 \times 16^1 + 1 \times 16^0$$
$$= (2737)_{10}$$

2．十进制数转换为 R 进制数

十进制数转换为 R 进制数要复杂一些，通常需要对整数部分和纯小数部分分别进行转换，最后将转换后的两部分合并，得到转换结果。

整数部分的转换方法为"除 R 倒取余"，直到商为 0；纯小数部分的转换方法为"乘 R 顺取整"，直到小数部分为 0。

【例2-3】将十进制数 19.625 转换为二进制数。

① 先将整数部分 19 转换为二进制数，转换方法为"除 2 倒取余"。

得到：$(19)_{10} = (10011)_2$。

② 再将纯小数部分 0.625 转换为二进制数，转换方法为"乘 2 顺取整"。

得到：$(0.625)_{10} = (0.101)_2$。

所以，$(19.625)_{10} = (10011.101)_2$。

通常情况下，一个十进制小数能够准确地转换成二进制小数，但并不是所有十进制小数都能准确地用有限的二进制小数等值表示，有时只能用近似值来表示，例如，$(0.2)_{10} \approx (0.0011)_2$。

3．八进制数、十六进制数与二进制数的相互转换

八进制数的基数 $8 = 2^3$，因此一位八进制数相当于三位二进制数，八进制数与二进制数的转换比较简便。将八进制数转换成二进制数时，只要把每位八进制数用等值的三位二进制数表示即可；而将二进制数转换为八进制数时，整数部分从右向左（从低位向高位）每三位一组，用等值的一位八进制数表示，小数部分从左向右（从高位向低位）每三位一组，用等值的一位八进制数表示，若不足三位，则需要在整数部分的左端（高位）补 0 为三位，在小数部分的右端（低位）补 0 为三位。

十六进制数与二进制数的转换和八进制数与二进制数的转换类似，由于十六进制数的基数 $16 = 2^4$，因此每位十六进制数可以用等值的四位二进制数表示，每四位二进制数可以用等值的一位十六进制数表示。

【例2-4】将八进制数 75.623 转换为二进制数。

每位八进制数用等值的三位二进制数表示，转换如下。

$$\begin{array}{ccccc} 7 & 5 & . & 6 & 2 & 3 \\ 111 & 101 & . & 110 & 010 & 011 \end{array}$$

所以，$(75.623)_8 = (111101.110010011)_2$。

【例 2-5】将二进制数 1010110001.101001011 转换为十六进制数。

每四位二进制数用等值的一位十六进制数表示，转换如下。

$$\begin{array}{ccccccc} \underline{\textbf{00}}10 & 1011 & 0001 & . & 1010 & 0101 & 1\underline{\textbf{000}} \\ 2 & B & 1 & . & A & 5 & 8 \end{array}$$

所以，$(1010110001.101001011)_2 = (2B1.A58)_{16}$。

上面介绍了几种数制及其转换，表 2-2 列出了部分十进制数、二进制数、八进制数和十六进制数的对应关系。

表 2-2　部分十进制数、二进制数、八进制数和十六进制数的对应关系

十进制数	二进制数	八进制数	十六进制数	十进制数	二进制数	八进制数	十六进制数
0	0000	0	0	8	1000	10	8
1	0001	1	1	9	1001	11	9
2	0010	2	2	10	1010	12	A
3	0011	3	3	11	1011	13	B
4	0100	4	4	12	1100	14	C
5	0101	5	5	13	1101	15	D
6	0110	6	6	14	1110	16	E
7	0111	7	7	15	1111	17	F

2.2 二进制数的运算

计算机具有强大的运算能力，它可以进行的运算有算术运算和逻辑运算。

2.2.1 算术运算

与十进制数的算术运算一样，二进制数的算术运算也有加、减、乘、除四则运算，只不过更加简单。在计算机内部，二进制数的加法是基本的运算，四则运算中的其他运算都可以从加法及移位运算推导出来。例如，减法实质上就是加上一个负数，需要用到后文中介绍的补码进行运算；乘法是多次重复加法等。这使计算机的运算器结构更加简单，稳定性更好。

二进制数的加法运算规则如下。

$$0 + 0 = 0$$
$$0 + 1 = 1$$
$$1 + 0 = 1$$
$$1 + 1 = 10（逢二进一）$$

多位二进制数相加与十进制数一样，从低位到高位逐位相加，注意进位也要参加运算。

2.2.2 逻辑运算

计算机不仅可以进行算术运算，而且能够进行逻辑运算，这是因为计算机使用了实现各种逻辑功能的电路，并利用逻辑代数的规则进行各种逻辑判断。

1. 逻辑数据的表示

二进制数的 1 和 0，在逻辑上可代表真与假、对与错、是与非、有与无。这种具有逻辑性的量称为逻辑量，逻辑量之间的运算称为逻辑运算，逻辑运算的结果也只能是 1 或 0，代表逻辑推理上的真或假。

2. 逻辑运算

逻辑运算的基本运算是逻辑与（AND）、逻辑或（OR）、逻辑非（NOT）。在逻辑运算中，

逻辑与也称为逻辑乘，通常用"AND""∧""×"表示；逻辑或也称为逻辑加，通常用"OR""∨""+"表示；逻辑非也叫作"取反"，代表逻辑上的否定，它只能对一个逻辑量进行运算，逻辑量 A 的"非"，其表示方法是在逻辑量 A 上加一短横，即 $\overline{A}$。

把逻辑量的各种可能组合与对应的运算结果列成表格，这种表格称为"真值表"。一般在真值表中用"1"表示"真"，用"0"表示"假"。表 2-3 是三种基本逻辑运算的真值表。

表 2-3　逻辑与、逻辑或、逻辑非的真值表

A	B	A∧B	A∨B	$\overline{A}$
0	0	0	0	1
0	1	0	1	1
1	0	0	1	0
1	1	1	1	0

表 2-3 中，A 和 B 表示两个逻辑量。A∧B 在逻辑上等同于"A 并且 B"，即只有当 A 为真并且 B 为真时，"A 与 B"的结果才为真，当 A 和 B 有一个是假，则"A 与 B"的结果为假。

表 2-3 中，A∨B 在逻辑上等同于"A 或者 B"，即只要 A 和 B 中有一个为真，"A 或 B"的结果就为真，只有当 A 和 B 都是假时，"A 或 B"的结果才为假。

表 2-3 中，$\overline{A}$ 是 A 的逻辑非（取反），若 A=1，则 $\overline{A}$=0；若 A=0，则 $\overline{A}$=1。

例如，对二进制数 11001011 和 11100101 进行按位逻辑与运算的算式如下。

$$
\begin{array}{r}
1\ 1\ 0\ 0\ 1\ 0\ 1\ 1 \\
\wedge\quad 1\ 1\ 1\ 0\ 0\ 1\ 0\ 1 \\
\hline
1\ 1\ 0\ 0\ 0\ 0\ 0\ 1
\end{array}
$$

所以，$(11001011)_2 \wedge (11100101)_2 = (11000001)_2$。

又如，对二进制数 11001011 和 11100101 进行按位逻辑或运算的算式如下。

$$
\begin{array}{r}
1\ 1\ 0\ 0\ 1\ 0\ 1\ 1 \\
\vee\quad 1\ 1\ 1\ 0\ 0\ 1\ 0\ 1 \\
\hline
1\ 1\ 1\ 0\ 1\ 1\ 1\ 1
\end{array}
$$

所以，$(11001011)_2 \vee (11100101)_2 = (11101111)_2$。

2.3　数值型数据的表示和处理

数值型数据指的是数学中的数，有正负和大小之分。计算机中的数值型数据分为两种：定点数和浮点数。

2.3.1　定点数表示

定点数是约定小数点在某个固定位置上的数。定点数有两种：定点整数和定点小数。约定小数点在数值的最右边为整数，约定小数点在数值的最左边为小数。计算机中的整数又分为两类：无符号整数和有符号整数。无符号的整数一定是正整数，有符号的整数既可以是正整数，又可以是负整数。

1．无符号整数

无符号整数常用于表示存储单元的地址这类正整数，可以是 8 位、16 位、32 位、64 位或更多位。8 位表示的正整数其取值范围为 0～255（2^8-1），16 位表示的正整数其取值范围为 0～65 535（$2^{16}-1$），32 位表示的正整数其取值范围为 0～4 294 967 295（$2^{32}-1$）。

2．有符号整数

有符号整数必须使用一个二进制位作为符号位，一般最高位（最左边的一位）为符号位，符号

位是 0 表示"+"（正），符号位是 1 表示"−"（负），其余各位用来表示数值的大小。

有符号整数通常有原码、反码和补码 3 种表示形式。任何正数的原码、反码和补码的表示形式完全相同，负数则各自有不同的表示形式。简单起见，这里的整数假设字长为 8 位。

（1）原码

整数 X 的原码符号位是 0 表示正，符号位是 1 表示负，其余各位为 X 绝对值的二进制表示。若用[X]原代表 X 的原码，则有如下对应关系。

$$[+1]_原 = \textbf{0}\ 0000001 \qquad [+127]_原 = \textbf{0}\ 1111111$$
$$[-1]_原 = \textbf{1}\ 0000001 \qquad [-127]_原 = \textbf{1}\ 1111111$$

可见，8 位原码表示的数最大值为 127，最小值为−127，表示数的范围为−127～127。

但是，0 有+0 和−0 两种表示形式，其原码如下。

$$[+0]_原 = \textbf{0}\ 0000000$$
$$[-0]_原 = \textbf{1}\ 0000000$$

可见，0 的原码不唯一。因此在计算机内不能采用原码来对数进行表示。

（2）反码

当整数 X 是正整数时，其反码与原码相同；当整数 X 是负整数时，在原码基础上，除最高位的符号位为 1 不变，其余各位按位取反，"0"变"1"，"1"变"0"，即得到其反码。若用[X]反代表 X 的反码，则有如下对应关系。

$$[+1]_反 = \textbf{0}\ 0000001 \qquad [+127]_反 = \textbf{0}\ 1111111$$
$$[-1]_反 = \textbf{1}\ 1111110 \qquad [-127]_反 = \textbf{1}\ 0000000$$

可见，8 位反码表示的数最大值为 127，最小值为−127，表示数的范围与原码相同，也为−127～127。

对于 0 来说，+0 和−0 的反码如下。

$$[+0]_反 = \textbf{0}\ 0000000$$
$$[-0]_反 = \textbf{1}\ 1111111$$

可见，0 的反码也不唯一。因此在计算机内也不能采用反码来对数进行表示，一般反码用作求补码的中间码。

（3）补码

当整数 X 是正整数时，其补码与反码与原码相同；当整数 X 是负整数时，X 的补码等于其反码加 1，即[X]补 = [X]反+1。若用[X]补代表 X 的补码，则有如下对应关系。

$$[+1]_补 = \textbf{0}\ 0000001 \qquad [+127]_补 = \textbf{0}\ 1111111$$
$$[-1]_补 = \textbf{1}\ 1111111 \qquad [-127]_补 = \textbf{1}\ 0000001$$
$$[+0]_补 = \textbf{0}\ 0000000$$
$$[-0]_补 = \textbf{0}\ 0000000$$

可以看到，0 的补码是唯一的。

因此在补码表示中，就用多出来的一个编码 10000000（−0 的原码）来扩展补码所能表示的数值范围，把 10000000 的最高位"1"既看作符号位，又看作数值位，其值为−128。这样 8 位补码表示的数最大值为 127，最小值为−128，表示数的范围比原码和反码多出一个数，即−128～127。

例如，用补码进行运算，2 + (−1)的运算过程如下。

```
2 的补码        0 0 0 0 0 0 1 0
-1 的补码   +   1 1 1 1 1 1 1 1
          ┌─┐
          │1│  0 0 0 0 0 0 0 1
          └─┘
           ↑
          进位
```

进位 1 被舍去，运算结果补码为 00000001，符号位为 0，即正数，由于正数的补码和原码相同，因此 00000001 就是 1 的补码。

又如，用补码进行运算，1+(−2)的运算过程如下。

		0	0	0	0	0	0	0	1
1 的补码		0	0	0	0	0	0	0	1
−2 的补码	+	1	1	1	1	1	1	1	0
	1	**1**	**1**	**1**	**1**	**1**	**1**	**1**

运算结果补码为 11111111，符号位为 1，即负数，由于负数的补码等于其反码+1，求得 11111111 的原码是 10000001，转换为十进制数即−1。

由此可见，引入补码之后，所有的减法运算都可以用加法来实现，并且两数的补码之"和"等于两数"和"的补码。因此，在计算机中，加减法基本上都采用补码进行运算。

3．各种整数表示法的比较

假设用 8 位二进制编码表示无符号整数和有符号整数，则 8 位二进制编码所能表示的 256 个值在各种整数表示法中对应的十进制数如表 2-4 所示。

表 2-4　无符号整数、原码、补码的比较

8 位二进制编码	无符号整数	原码	补码
0000 0000	0	0	0
0000 0001	1	1	1
0000 0010	2	2	2
⋮	⋮	⋮	⋮
0111 1110	126	126	126
0111 1111	127	127	127
1000 0000	128	−0	−128
1000 0001	129	−1	−127
1000 0010	130	−2	−126
⋮	⋮	⋮	⋮
1111 1110	254	−126	−2
1111 1111	255	−127	−1

4．定点小数

数值除了整数还有小数，在计算机中不采用某个二进制位来表示小数点，而是约定小数点的位置。定点小数约定小数点位置在符号位和数值部分之间，如图 2-1 所示。定点小数是纯小数，即所有定点小数绝对值均小于 1。

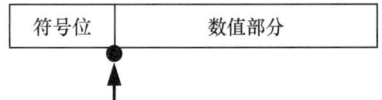

图 2-1　定点小数约定小数点位置

2.3.2　浮点数表示

字长一定的情况下，定点数表示的数值范围在实际问题中是不够用的，尤其是在科学计算中。特大或特小的数通常采用"浮点数"表示。浮点数是指小数点位置不固定的数，它既有整数部分，又有小数部分。

通常，计算机中的浮点数分为阶码（也称为指数）和尾数两部分。其中：阶码用二进制定点整数表示，阶码的长度决定数的范围；尾数用二进制定点小数表示，尾数的长度决定数的精度。由此可见，浮点数是定点整数和定点小数的结合，可以用下面的形式表示。

$$N = M \cdot R^E$$

其中，M 是尾数，E 是阶码，R 是基数（通常默认为 2）。

若某计算机字长为 16 位，规定前 6 位表示阶码（包括阶符，也就是阶码的符号），后 10 位表示尾数（包括数符，也就是整个数的符号），则 16 位的分配如下。

	阶码		尾数	
阶符		数符		
第1位	第2~6位	第7位	第8~16位	

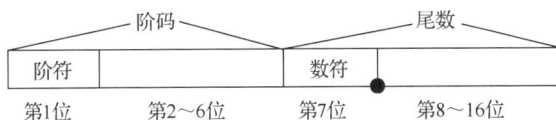

例如，有 16 位浮点数（以补码表示）如下。

0	00101	1	110101000

阶码的符号位是 0，为正数，正数的补码与原码相同；尾数的符号位是 1，为负数，需要将尾数的补码还原为原码，其方法是对补码取反加 1（或对补码减 1 取反），得到原码为 1001011000，因此该 16 位浮点数表示的十进制数如下。

$$(-0.001011000)_2 \times 2^{+(00101)_2} = (-0.001011000)_2 \times 2^{+5}$$
$$= (-101.1)_2$$
$$= (-5.5)_{10}$$

2.4 文字的表示和处理

这里所说的文字包括西文字符（英文字母、数字、其他符号）和汉字。计算机中的数据都是以二进制的形式存储和处理的，因此对文字也需要按特定的规则进行二进制编码，即用不同的二进制编码来代表不同的文字。

2.4.1 西文字符编码

对西文字符进行编码比较常用的是 ASCII（American Standard Code for Information Interchange，美国信息交换标准代码）。ASCII 采用 7 位二进制编码，可以表示 2^7 即 128 个字符，如表 2-5 所示。其编码的排列次序为 $d_6d_5d_4d_3d_2d_1d_0$，d_6 为高位，d_0 为低位。

表 2-5　7 位 ASCII 表

$d_3d_2d_1d_0$		$d_6d_5d_4$							
		000	001	010	011	100	101	110	111
		0	1	2	3	4	5	6	7
0000	0	NUL	DLE	SP	0	@	P	`	p
0001	1	SOH	DC1	!	1	A	Q	a	q
0010	2	STX	DC2	"	2	B	R	b	r
0011	3	EXT	DC3	#	3	C	S	c	s
0100	4	EOT	DC4	$	4	D	T	d	t
0101	5	ENQ	NAK	%	5	E	U	e	u
0110	6	ACK	SYN	&	6	F	V	f	v
0111	7	BEL	ETB	'	7	G	W	g	w
1000	8	BS	CAN	(	8	H	X	h	x
1001	9	HT	EM	)	9	I	Y	i	y
1010	A	LF	SUB	*	:	J	Z	j	z
1011	B	VT	ESC	+	;	K	[	k	{
1100	C	FF	FS	,	<	L	\	l	|
1101	D	CR	GS	-	=	M	]	m	}
1110	E	SO	RS	.	>	N	^	n	~
1111	F	SI	US	/	?	O	_	o	DEL

从表 2-5 中可以看出，编码为 0000000~0011111（十进制 0~31）和 1111111（十进制 127）的 33 个字符为控制字符，它们可用于数据通信时的传输控制、打印或显示时的格式控制，其余 95 个字符为可打印字符。在 95 个可打印字符中，0~9、A~Z、a~z 都是按照顺序排列的，且小写字母的 ASCII 值比对应大写字母的 ASCII 值大 32，这便于大、小写字母之间的编码转换。

虽然 ASCII 采用 7 位二进制编码，但由于字节是计算机中常用的存储与操作单位，在计算机内实际是用 1 个字节（8 个二进制位）来存放 1 个 ASCII 的，每个字节的最高位通常保持为 "0"。

EBCDIC（Extended Binary Coded Decimal Interchange Code，扩展的二–十进制交换码）是西文字符的另一种编码，采用 8 个二进制位表示，共有 256 个编码，可表示 256 个字符。

2.4.2 汉字编码

与西文字符相比，汉字数量多，字形复杂，这就给汉字在计算机内的存储、传输、交换、输入和输出等带来了一系列的问题。为了能直接使用键盘输入汉字，必须为汉字设计相应的编码，以适应计算机处理汉字的需要。

1. GB 2312—80 汉字编码

为了适应计算机处理汉字的需要，1980 年国家标准总局颁布了《信息交换用汉字编码字符集——基本集》（GB 2312—80），它是汉字交换码的国家标准，因此又称 "国标码"（也称交换码）。该字符集收录了 6763 个常用汉字，其中一级汉字 3755 个，按汉语拼音字母顺序排列，二级汉字 3008 个，按偏旁部首顺序排列；还收录了英、日、俄文字母及其他符号 682 个（图形符号）。

GB 2312—80 给出了一个二维代码表，如图 2-2 所示，该代码表有 94 行、94 列（编号从 1 到 94），行号称为区号，列号称为位号。一个汉字或符号可用它在代码表中所处的区号和位号来表示，汉字或符号的区位号即汉字的 "区位码"。例如， "国" 字处在代码表中的第 25 行和第 90 列，因此它的区位码是 25 90。

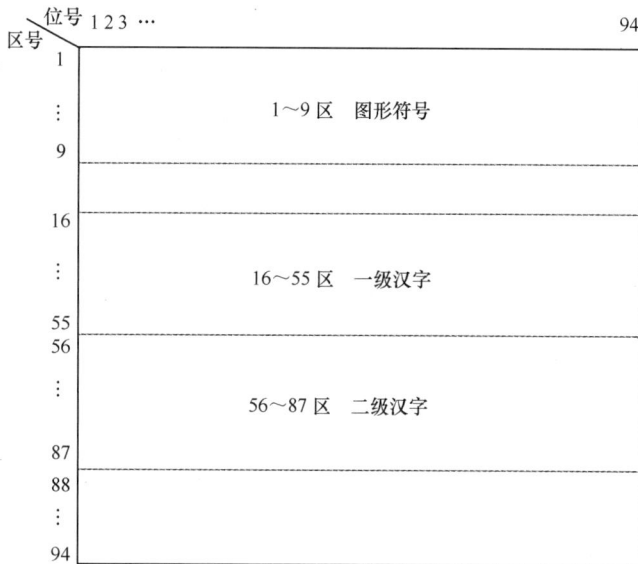

图 2-2　GB 2312—80 代码表示意图

为了避免区位码的区号、位号与 ASCII 表中的通信用的控制字符（00H～1FH）冲突，把汉字或符号在代码表中的区号、位号各增加 32，这样得到的编码称为汉字的 "国标码"。汉字的国标码是双 7 位二进制编码，每个字节的编码取值范围是 33～126。例如， "国" 字的国标码是 57 122，双 7 位二进制编码为 0111001 1111010B，用十六进制表示为 39 7AH。

一个汉字的国标码占用两个字节，每个字节的最高位为 "0"，而西文字符的 ASCII 是用一个字节的低 7 位进行编码的，最高位也为 "0"，这就给计算机内部处理带来了问题。为了区分汉字编码和西文字符 ASCII，人们采用的方法是把汉字国标码两个字节的最高位由 "0" 变为 "1"，即将两个字节的编码各增加 128，由此每个字节的编码取值范围变为 161～254，这种高位为 1 的双字节编码即该汉字的"机内码"。例如，"国"字的机内码是 185 250（185=25+32+128，250=90+32+128），其二进制表示形式为 10111001 11111010B，十六进制表示形式为 B9 FAH。

在双字节的编码表中，汉字区位码表、国标码表和机内码表的位置关系可以用图 2-3 来表示。

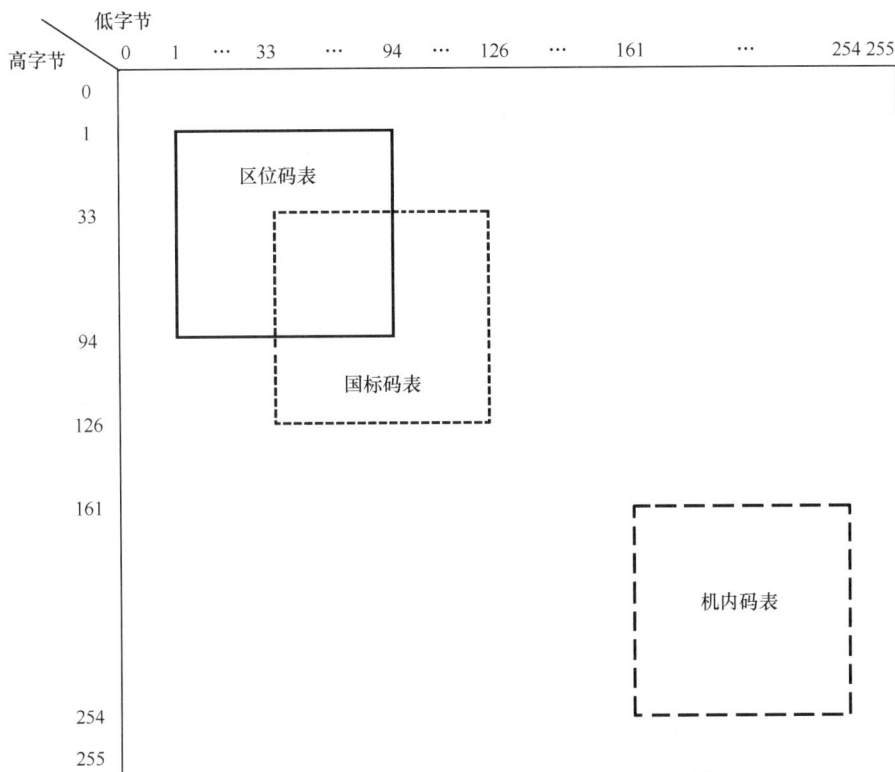

图 2-3　汉字区位码表、国标码表和机内码表的位置关系

2．GBK 汉字内码扩展规范

GB 2312—80 只有 6763 个汉字，大大少于汉字总量。随着时间的推移及语言的不断延伸、推广，有些原来很少用的汉字变成了常用字，如果仅有 GB 2312-80，这些汉字的表示、存储、输入、处理都会非常不方便。

为了解决这些问题，以及配合 Unicode 的实施，全国信息技术标准化技术委员会于 1995 年 12 月 1 日颁布了《汉字内码扩展规范》（GBK），它与 GB 2312—80 完全兼容，除了 GB 2312—80 中的全部汉字和符号，还收录了包括繁体字在内的大量汉字和符号。GBK 字符集中的每一个字符都采用双字节表示，第一个字节最高位为 1，第二个字节最高位不一定为 1，总计 23 940 个码位。

GBK 共收入 21 886 个汉字和图形符号，其中有 21 003 个汉字和 883 个图形符号，未使用的区域作为用户自定义区。

GBK 已经得到了很好的应用。微软公司自 Windows 95 简体中文版开始，各种版本的中文操作系统均采用 GBK，提供了多种支持 GBK 汉字的输入法，并配置了宋体、黑体等多种字体的 GBK 字库，使系统能输入、显示和打印 GBK 中的所有汉字和图形符号。

3．UCS/Unicode 汉字编码

随着经济全球化的发展，人们需要使用计算机同时处理、存储和传输多种语言文字，因而必须为计算机建立一个多文种处理环境。

要想在不同计算机系统之间建立一个统一的多文种处理环境，根本的办法是对多文种字符集进行统一编码。为此，国际标准化组织（International Organization for Standardization，ISO）制定了一套

对全世界现代文字使用的所有字符和符号进行统一编码的标准，称为 UCS（Universal Multiple-Octet Coded Character Set，通用多八位编码字符集），微软、IBM 等计算机公司联合制定了与 UCS 完全等同的工业标准 Unicode（称为统一码或联合码）。它们实现了所有字符在同一字符集中的统一编码。

UCS/Unicode 是多字节编码系统，我们常用的 UTF-8 就是针对 Unicode 的字符编码方案。UCS/Unicode 编码系统的前 128 个字符与 ASCII 字符集兼容。

4. 汉字其他编码

为了既能与国际标准 UCS（Unicode）接轨，又能保护已有的大量中文信息资源，进入 21 世纪，我国发布并开始执行汉字编码国家标准 GB 18030。该标准不仅全面兼容 GB 2312—80 和 GBK，还有利于向 UCS/Unicode 过渡。GB 18030 有两个版本：GB 18030—2000 和 GB 18030—2005。GB 18030—2000 是 GBK 的取代版本，它的主要特点是在 GBK 基础上增加了 CJK 统一字扩充 A 中的汉字。GB 18030—2005 的主要特点是在 GB 18030—2000 基础上增加了 CJK 统一汉字扩充 B 中的汉字。GB 18030—2005 自发布之日起代替 GB 18030—2000。

BIG 5 编码是中国台湾、香港地区普遍使用的一种繁体汉字编码，它是双字节编码，其中第一个字节的值为 A0H～FEH，第二个字节的值为 40H～7EH 或 A1H～FEH。BIG 5 编码收录了 13 461 个汉字和符号，包括符号 408 个，常用字 5 401 个，次常用字 7 652 个。

2.4.3 汉字的输入和输出

1. 汉字输入

（1）键盘输入

汉字与西文字符不同，为了能直接使用西文标准键盘把汉字输入计算机，我们就必须为汉字设计相应的输入编码。当前采用的编码主要有以下两类。

① 拼音码。拼音码是以汉语拼音为基础的，只要是掌握了汉语拼音的人，一般不需专门训练和记忆，即可使用拼音码。但汉字同音字太多，输入重码率很高，因此按拼音输入后还必须进行同音字选择，影响输入速度。

② 字形编码。字形编码是以汉字的形状为基础的。汉字虽多，但都由笔画组成，全部汉字的笔画和部件是有限的。因此，把汉字的笔画和部件用字母或数字进行编码，按笔画的顺序依次输入，就能表示一个汉字。五笔字型是较有影响的一种字形编码。

为了加快输入速度，人们在上述编码基础上，还发展了词组输入、联想输入等多种快速输入方法。

（2）联机手写体文字识别

联机手写体文字识别的历史可以追溯到 20 世纪 50 年代，而联机手写体汉字识别技术起步较晚，1981 年第一套较为成熟的联机手写体汉字识别系统才被推出。

联机手写体文字识别系统由输入、预处理、特征提取、分类、后处理、输出等部分构成。文字识别的性能参数有识别精度和识别速度。

联机手写体文字识别是在写文字的同时进行识别，一般是通过专用的书写板和笔将文字书写时笔尖的运动轨迹实时记录下来，以此为根据进行识别。因此，联机手写体文字识别系统也被称为笔输入系统。笔输入系统不仅具有以自然的方式输入文字的功能，而且兼有使计算机小型化的功能，因为它可以取代计算机小型化的主要障碍之一——键盘。这使得笔输入系统得到了广泛应用，应用场景如智能手机、电子记事本和袖珍翻译器等。

（3）汉字语音识别

汉字语音识别的目的就是让机器具有类似人的听觉功能，在人机语音通信中"听懂"人类口述的语言。汉字语音识别是向计算机输入汉字的一种重要手段。它可以按照可识别的词汇量大小，按照语音的输入方式，以及按照是否指定发音人等进行分类。语音识别研究的最终目标是实现大词汇量、非特定人连续语音的识别，这样的系统才有可能完全"听懂"人类的自然语言。例如，微信、QQ 等软件，就很好地利用了汉字语音识别。

（4）脱机文字识别

脱机文字识别是对印刷或书写完成的文字进行识别。由于通常需要采用光学输入设备（如扫描仪），因此脱机文字识别系统又被称为光学字符阅读器（Optical Character Reader，OCR）。根据识别对象的不同，OCR 又可分为印刷体 OCR 和手写体 OCR。

2. 汉字输出

汉字字形码又称汉字字模，用于汉字在显示器上显示或在打印机上打印。汉字字形码通常有两种表示方法：点阵表示和矢量表示。

（1）点阵表示

用点阵表示字形时，汉字字形码指的就是这个汉字字形点阵的代码。点阵表示是用一组排列成矩形阵列的点来表示一个字符，黑点对应"1"，白点对应"0"。根据汉字输出的要求，一个汉字所用点阵的大小也不同，简易型汉字为 16×16 点阵，提高型汉字为 24×24 点阵、32×32 点阵、48×48 点阵，甚至更大。因此，点阵的信息量是很大的，所占存储空间也很大。图 2-4 所示为"大"的 16×16 点阵。

点阵愈大，字形愈清晰、美观，所占存储空间也愈大。以 16×16 点阵为例，每个汉字要占用 32 个字节，所以字形点阵只能用来构成汉字库，而不能用于机内存储。汉字库中存储了每个汉字的点阵代码，需要显示输出或打印输出时检索汉字库，输出字形点阵，得到字形。

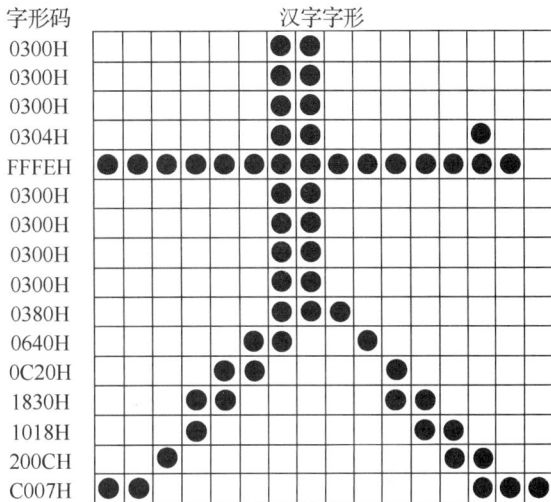

字形码
0300H
0300H
0300H
0304H
FFFEH
0300H
0300H
0300H
0300H
0380H
0640H
0C20H
1830H
1018H
200CH
C007H

图 2-4 "大"的 16×16 点阵

（2）矢量表示

汉字的矢量表示存储的是描述汉字轮廓特征的信息。矢量表示比较复杂，它用一组直线和曲线来勾画字符的轮廓，记录的是每一条直线和曲线的端点及控制点的坐标，当要输出汉字时，计算机通过计算，根据相应的坐标生成所需大小和形状的汉字。这些坐标与最终文字显示的大小、分辨率无关，因此可产生高质量的汉字输出。Windows 中使用的 TrueType 技术就是汉字的矢量表示技术。

汉字的点阵表示编码和存储方式简单，无须转换就可直接输出，但字形放大后产生的效果差，且同一字体不同的点阵要用不同的字库。汉字的矢量表示精度高，字的大小在变化时能保持字形不变，但输出时需要进行许多计算。图 2-5 所示为"京"的点阵表示和矢量表示。

图 2-5 "京"的点阵表示和矢量表示

王选，中国科学院院士、中国工程院院士、中国人民政治协商会议第十届全国委员会副主席，计算机汉字激光照排技术创始人，计算机文字信息处理专家，2001 年度国家最高科学技术奖获得者，北京大学计算机研究所原所长。王选主要致力于文字、图形、图像的计算机处理研究，领导研制的华光和方正系统在我国的报社和出版社、印刷厂逐渐普及，并出口美国和马来西亚，为新闻出版全过程的计算机化奠定了基础。

2.5 音频的表示和处理

声音是人们较熟悉、较习惯的传递信息、意向、情感的信息载体，它是一种波，通常用随时间变化的连续波形模拟表示。声音可用振幅、周期、频率3个物理量描述。振幅表示声音的强弱，是波形最高点（或最低点）与基线间的距离。周期是两个连续波峰之间的时间长度。频率为1s内出现的周期数（振动次数），是周期的倒数，单位为赫兹（Hz）。人耳能听到的声音频率范围为20Hz～20kHz，其中人的说话声音是一种特殊声音，其频率范围为300Hz～3.4kHz。音频（Audio）狭义上指的是人能听到的声音，但实际上"音频"常常被作为"音频信号"或"声音"的同义语。

2.5.1 音频的数字化

将多种媒体信息送入计算机进行处理，核心问题是数字化，即将各种媒体的信息转化为二进制数。因此，音频也需要转化为数字音频。数字音频的特点是保真度好，动态范围大。

音频本身是一种具有振幅和频率的波，通过麦克风可以把它转为模拟电信号，称为模拟音频信号。模拟音频信号被送入计算机后需要经过"模数"（A/D）转换电路转变成数字音频信号，计算机才能对其进行识别、处理和存储。数字音频信号经过计算机处理后，播放时又需要经过"数模"（D/A）转换电路还原为模拟音频信号，放大输出到扬声器。把模拟音频信号转换成数字音频信号的过程就是把模拟音频信号转换成有限个数字表示的离散序列。实现音频数字化是多媒体声音处理技术中的基础，涉及音频的采样、量化和编码。

音频数字化的过程如图2-6所示。

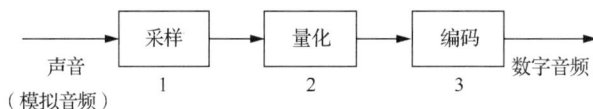

图2-6　音频数字化的过程

1. 采样

用数字方式记录声波，首先需要对声波进行采样，它是计算机处理声音的第一步。采样的任务是将模拟音频信号数字化，其基本原理是以固定的时间间隔对波形进行幅值截取，产生阶跃变化的离散信号。

根据数学原理，任何一条曲线与坐标轴围成的平面区域都可以用宽度相等而高度不同的若干矩形近似模拟。对于同一条曲线，用于模拟的矩形越多（即宽度越小），高度不同的矩形所表示的轨迹越接近于曲线。如果某条曲线是一段声波，相同的时间间隔（即矩形的宽度）所构成的矩形序列就能近似地模拟这一声波。

时间上连续的音频信号的波形如图2-7所示。

计算机并不直接使用连续、平滑的波形来表示声音，而是以固定的时间间隔对波形的幅值进行采样，用得到的一系列数字来表示声音。图2-8是经过数字采样的波形示意图。

单位时间内的采样次数叫作采样频率。采样次数越多，即采样频率越高，得到的越接近原始波形，那么生成的数字音频对模拟音频的还原就越逼真、自然，质量也就越好。为了确保采样获得的离散信号能够唯一地确定或恢复出原来的连续信号，要求采样必须满足采样定理，即采样频率必须是信号中最高频率的两倍以上。例如，10kHz的声音，若想采样后不失真，则采样频率必须大于或等于20kHz。所用的采样频率越高，声音还原出来的质量也越高，但是要求的存储容量也就越大。考虑到计算机的工作速度和存储容量的限制，目前，在多媒体声音处理中，常用的采样频率有11.025kHz（语音效果）、22.05kHz（音乐效果）和44.1kHz（高保真效果），其中更常用的是22.05kHz和44.1kHz。

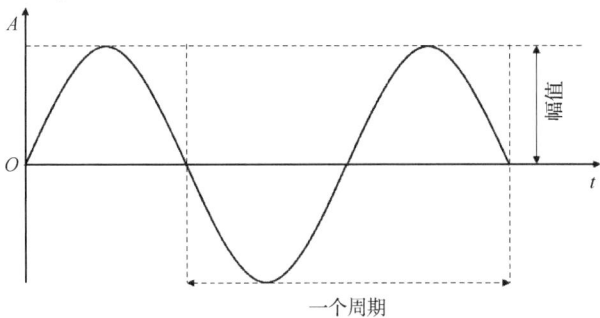

图 2-7 波形示意图

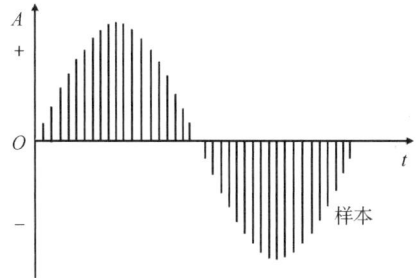

图 2-8 数字采样波形示意图

2. 量化

采样得到的数据是一些离散的值，这些离散的值应该能用计算机中的若干二进制位来表示，人们把这一过程称为量化。把离散的数据转化成二进制数，要损失一些精度，因为计算机只能表示有限的数值和精度。例如，用 8 位二进制数来表示十进制整数，只能有 2^8 即 256 级量化，而 CD 质量的 16 位量化可以表示 2^{16}=65 536 个值。因此，采样数据使用的二进制位数反映了量化精度。若采样位数为 R，则有 2^R 个量化级。显然，量化级分得越细，对声音信号的反应越灵敏，即量化精度越高，但同时，存储的数据量也就越大。

图 2-9 是一个 3 位量化的示意图，可以看出 3 位量化只能表示 8 个值：0.75、0.50、0.25、0、−0.25、−0.50、−0.75 和−1。量化位数越小，波形就越难辨认，还原后的声音质量也就越差。

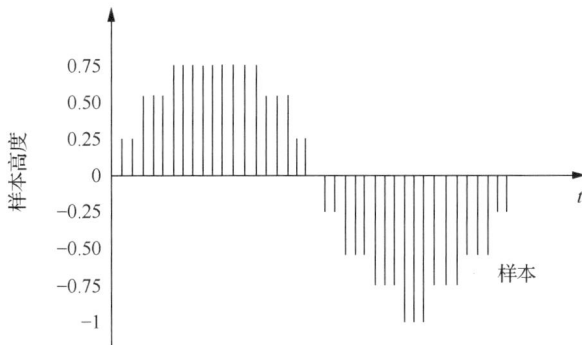

图 2-9 3 位量化示意图

3. 编码

经过采样和量化的声音数据，还必须按照一定的要求编码，即对它进行压缩，以减小数据量，并按某种格式对数据进行组织，以便于计算机存储和处理、在网络上传输等。一种常用的编码方法为自适应差分脉冲编码调制（Adaptive Differential Pulse Code Modulation，ADPCM）法。ADPCM 压缩编码方案信噪比高，数据压缩倍率达到 2～5 时不会明显失真，因此音频数字化大多采用此种编码方法。例如，雅马哈公司的 ADPCM 算法压缩比可以达到 3∶1。

数字音频信号的主要参数包括：采样频率、量化位数、声道数、使用的编码方法及数码率。

声道数是指声音通道的个数。由于声音是有方向的，因此当声音到达双耳的方向和时间不同时，就会产生立体声的效果。单声道只记录和产生一个波形，双声道则可以记录和产生两个波形，即"立体声"，其存储空间则是单声道的两倍。

数码率也称比特率，简称码率，单位为 bit/s（位/秒）或 Byte/s（字节/秒），反映的是每秒传输

的数据量。码率的计算公式为

$$码率（bit/s）=采样频率（Hz）×量化位数×声道数$$

采用数字音频信号获取声音文件的方法最突出的问题就是数据量大，声音文件在未压缩时所需存储容量的计算公式为

$$存储容量（Byte）=码率（bit/s）/8×时间（s）$$

例如，1s 的 MP3 音乐，采用双声道，采样频率为 44.1kHz，16 位量化，其未压缩时的码率为

$$44.1×16×2=1411.2（kbit/s）$$

1s 的 MP3 音乐所需的存储容量为

$$1411.2/8×1=176.4（kB）≈172.3（KB）$$

MP3 音乐具有很高的保真度。一般情况下，22.05kHz 采样、8 位量化的数字化声音可达调频广播质量，11.025kHz 采样、8 位量化的数字化声音可以满足语音类的低频声音信息要求。

2.5.2　声音合成技术

计算机声音的产生还可以利用声音合成技术实现，它是生成计算机音乐和计算机语音的基础。

1. 乐器数字接口

MIDI（Musical Instrument Digital Interface）是乐器数字接口的英文缩写，它是 1983 年由雅马哈、罗兰等公司为了将电子乐器与计算机相连而联合制定的一套规范，是数字音乐的国际标准。

MIDI 声音与前面介绍的基于波形的音频产生和记录声音的方法完全不同，MIDI 不支持记录声音的波形信息，而是存储说明音乐信息的一系列指令，如音符序列、节拍速度、音量大小，甚至可以指定音色，即它通过描述声音来产生数字化的乐谱，是对声音的符号表示。这种用符号描述来创建可识别的声音的方法，可以精确地重现声音，也可以虚构或创造声音。

MIDI 音频信号有许多优点。首先，由于 MIDI 文件是一系列指令而不是波形数据的集合，因此与波形声音文件相比，它的体积要小得多，例如，一个典型的 8 位、22.05kHz 的波形声音文件，记录 1.8s 的声音需要 39.6KB 存储空间，而一个 2min 的 MIDI 文件仅需 1KB 的存储空间。其次，与波形声音相比，MIDI 声音在编辑修改方面也十分方便、灵活，例如，可以任意修改曲子的速度、音调，也可改换不同的音色。

MIDI 的缺点是处理语音能力较差，并且受合成器中乐器组合的限制，不能保证一个 MIDI 文件通过不同声卡播放时效果一样。

任何一种电子乐器，如电吉他、电子琴、电子鼓等，只要具有能处理 MIDI 信息的处理器和相关的硬件接口，都可以成为一台 MIDI 设备。MIDI 设备之间也可以通过接口互相通信。一台多媒体计算机可以通过配置内部合成器，将 MIDI 文件播放成动听的音乐。

2. 语音合成

语音合成是根据语言学、声学等知识，让计算机模仿人的发声自动生成语音的过程。语音合成的一项关键技术是信号的实时生成，如果这项技术成熟，语音输出系统就可以不经预处理直接将文本转换为语音。有些语音合成应用软件要求的词汇量不大，比如电话报时，但大部分语音合成应用软件要求有相当大的词汇量。

合成的语音必须是可理解的，听上去还要尽量自然。可理解是一个基本的前提，而自然能使声音更易被用户接受。此外用户还会要求语音角色可选择、语速可变化等。

语音合成有多方面的应用，例如，在股票交易、航班动态查询等业务中，服务方可以利用电话，以准确、清晰的语音为用户提供查询结果；将电话网与 Internet 互联，可以以电话或手机作为接收终端，提供有声 E-mail 服务；利用语音合成，还可以为 CAI 课件或游戏的解说词自动配音。此外，语音合成在文稿校对、语言学习、自动报警、残疾人服务等方面都发挥了很大作用。

2.5.3 常用的音频文件格式

在计算机中存储数字化声音波形信息的文件格式主要有 WAV、MP3 等。存储 MIDI 信息的文件格式有 MIDI、MOD 及 RMI 等。

1．WAV 格式

WAV（Waveform，波形）是微软与 IBM 公司联合开发的音频文件格式。WAV 文件的扩展名为.wav，它直接来源于对模拟音频信号的采样。用不同的采样频率，可以得到不同的离散采样点，以不同的量化位数把这些采样点的值转换成二进制数，然后存入存储器，就产生了声音的 WAV 文件。WAV 文件直接记录真实声音的采样数据，通常文件较大。

2．MP3 格式

MP3（Moving Picture Experts Group Audio Layer Ⅲ，运动图像专家组音频层标准第三层）只包含 MPEG-1 第 3 层编码的声音数据，是利用 MPEG 压缩的音频文件格式。由于存在着数据压缩，其音质稍差于 WAV 格式。MP3 文件的扩展名为.mp3。

注：MPEG 是运动图像专家组（Moving Picture Experts Group）的英文缩写。其任务是开发运动图像及其声音的数字编码标准，成立于 1988 年。MPEG-1 是 MPEG 第一阶段的工作成果，规定了视频信息与伴音信息经压缩之后的码率为 1.5Mbit/s，从而可以在 CD-ROM、硬盘等载体上进行存储，也可以在网络上进行传输。

3．MIDI 格式

保存 MIDI 信息的文件格式有很多种，绝大多数的 MIDI 文件的扩展名为.mid，采用的是较常用的 MIDI 文件格式——MIDI 格式。一些软件的默认格式只不过更改了文件的扩展名，其他方面都与标准的 MIDI 格式相同，其本质仍然是 MIDI 格式。

4．MOD 格式

MOD（Module，模块）格式也是一种非常受欢迎的 MIDI 文件格式。为确保一个 MIDI 序列在所有的系统上听起来一致，这种文件自带了一个波形表，因此，MOD 文件通常比 MIDI 文件大许多。

5．RMI 格式

RMI 格式是微软公司的 MIDI 文件格式。

2.5.4 音频处理软件

1．音频处理软件的主要功能

我们可以使用很多功能强大的音频处理软件对音频数据进行专业的、高质量的处理。音频数据的编辑处理主要包括以下几方面。

① 波形的剪辑。一些音频处理软件能显示波形，用户可以对显示的波形进行剪切、复制、粘贴、声音反转、消除噪声等操作。

② 声音强度调节。音频处理软件可以提升或降低某段声音的强度，也可以通过强度变化制造淡入、淡出等特殊效果。

③ 添加声音的特殊效果。音频处理软件可以制造各种声音效果，如混合音响、回声、和声、升降调等。

④ 格式转换。音频处理软件可以对不同采样频率和量化位数的波形声音进行转换，也可对不同格式的音频文件进行转换，如 WAV 格式、MP3 格式和 MIDI 格式相互转换。

2．常见音频处理软件

常见的音频处理软件有超级解霸、Audio Editor、Wave Studio、Sound Edit、GoldWave、Cool Edit Pro 等。

这些音频处理软件的具体使用本书不做详细介绍，请需要的读者查阅相应资料。

2.6 图形图像的表示和处理

计算机屏幕上显示出来的画面通常有两种：一种称为矢量图形或几何图形，简称图形（Graphics），图形是用一组命令来描述的，这些命令用来描述构成图形的直线、矩形、圆、曲线等的形状、位置、颜色等属性；另一种叫作点阵图像或位图图像，简称图像（Image），图像是由一个个像素排成矩阵组成的，图像文件通过描述画面中每一个像素的亮度或颜色来表示该画面。

计算机图形图像处理就是对图形和图像进行压缩、比例转换、格式转换、光滑、锐化和其他艺术加工的总称。

2.6.1 图像的数字化

1．图像的获取

图像通常需要由扫描仪、数码相机、摄像机等设备输入计算机，计算机获得图像的过程称为图像的获取。计算机处理图像时，首先必须对连续的图像进行空间幅值和颜色的离散化处理，离散化的结果称为数字图像，以位图的形式存储。图像获取的过程大体分为以下步骤。

（1）采样

对一个模拟图像沿 x 轴方向以等间隔采样（采样点数为 N），沿 y 轴方向以等间隔采样（采样点数为 M），于是得到一个 $N \times M$ 的离散样本阵列。整个样本阵列构成位图，每个采样点称为一个像素，像素是所有位图的基本构成元素。

（2）量化

采样是对图像进行离散化处理，而量化是对每个采样点——像素的灰度或颜色进行数字化处理，即用二进制数表示灰度或颜色。

2．图像的表示

数字图像有图像分辨率、色彩空间、图像颜色深度等重要属性，下面对这些重要属性分别加以介绍。

（1）图像分辨率

图像分辨率即水平方向与垂直方向上的像素个数。图像分辨率与屏幕分辨率未必相同。屏幕分辨率是指计算机屏幕上能够显示的像素数目。若图像分辨率为 320 像素×240 像素，则它在 640 像素×480 像素的屏幕上显示时只占屏幕的 1/4；若图像分辨率超过屏幕分辨率，则默认只能显示图像的一部分。

（2）色彩空间

色彩空间是指彩色图像所使用的色彩描述方法，也叫作颜色模型。常用的颜色模型有 RGB（红、绿、蓝）颜色模型、CMYK（青、品红、黄、黑）颜色模型、YUV（亮度、色差）颜色模型等。从理论上讲，这些颜色模型可相互转换。

（3）图像颜色深度和最大颜色（灰度）数

图像颜色深度即图像所有颜色分量的位数之和。最大颜色（灰度）数是指图像中可能出现的不同颜色（灰度）的最大数目。最大颜色（灰度）数取决于图像颜色深度。例如，最基本的位图的像素只有黑色和白色两种颜色，因此，只需要 1 位的图像颜色深度；若想通过调整黑白两色的程度——颜色灰度来有效地显示单色图像，一般灰度级分为 256 级，即灰度数为 256，则图像颜色深度为 8 位，占一个字节；若一个彩色图像由红、绿、蓝三基色通过不同强度混合而成，当每个基色的强度分成 256 级时，三基色共占 24 位，构成了 $2^{24}=16\,777\,216$ 种颜色，即通常说的"真彩色"图像，其图像颜色深度是 24 位。

实际上，32 位、36 位、48 位、64 位的图像颜色深度都在使用。例如，计算机显示器使用的是 RGB（红、绿、蓝）颜色模型，每种基色使用 8 位的颜色深度，形成图像颜色深度为 24 位的"真彩色"；而传统的四色套印的彩色印刷使用 CMYK（青、品红、黄、黑）颜色模型，每种基色使用 8 位的颜色深度，形成 32 位的图像颜色深度。

（4）图像的数据量

一幅图像的数据量可按下式进行计算（以字节为单位）：

$$图像数据量=图像宽度×图像高度×图像颜色深度/8$$

表 2-6 给出了几种常用图像的数据量。

表 2-6　几种常用图像的数据量

图像分辨率	图像颜色深度		
	8 位 （**256 色**）	**16 位** （**65 536 色**）	**24 位** （**16 777 216 色**）
640 像素×480 像素	300KB	600KB	900KB
1024 像素×768 像素	768KB	1.5MB	2.25MB
1280 像素×1024 像素	1.25MB	2.5MB	3.75MB

由表 2-6 可以看出，位图图像数据量通常比较大，像素越多或图像颜色深度越大，数据量就越大。为了节省存储空间，降低存储和传输成本，提高图像的传输速度，大幅度压缩图像的数据量是非常必要的。

位图图像比较适于表现照片或要求精细细节的图片。如果要放大位图图像，就要人为增加像素个数，这会使图像变得模糊。相反，因为位图图像是通过减少像素来使整个图像变小的，所以缩小位图图像也会损失细节。图 2-10 所示为位图图像局部放大后变得模糊。

图 2-10　位图图像局部放大变得模糊

2.6.2　矢量图形表示

与位图图像不同，矢量图形不是用大量的像素来建立画面，而是用数学模型对画面进行描述。这种通过数学方法生成的画面称为图形。在实际应用中，矢量图形通常以插图、剪贴画等形式出现。

1．矢量图形的组织

在矢量图形中，一些简单的形状被称为图元，如点、直线、曲线、圆、多边形、球体、立方体、矢量字体等。矢量图形用一组命令和数学公式来描述这些图元，包括它们的形状、位置、颜色等信息。例如，可以这样来描述一个圆：以点 A 为圆心，R 为半径，画一个圆，圆上颜色为黑色，圆内颜色为红色。复杂的矢量图形可以用这些简单的图元来构成。这样的图形不论放大多少倍，也依然清晰。其优点是需要描述的信息少，文件较小，画面可以任意放大、缩小。

由于组成一个矢量图形的每个图元都是独立的，因此绘图程序容易编辑其中的每一个图元，图元可以任意移动、缩放、旋转、变形等，即使相互重叠和覆盖，仍然保持各自的特性。矢量图形主要用于线条图、美术字、工程制图及三维图像的设计等。

2．矢量图形的特点

矢量图形的特点表现为以下几点。

（1）矢量图形的基本特点是尺寸可以任意变化而不损失质量，如图 2-11 所示。

（2）矢量图形可以快速打印和显示。矢量图形关心的是所要描绘的物体的外形，而不是组成物体的每一个点，这样它传送给打印机和屏幕的信息量就远比位图图像少，所以，矢量图形能做到快速打印和显示。

图 2-11　矢量图形尺寸可以任意变化

（3）矢量图形文件较小。矢量图形描绘一个物体所需要的信息比位图图像少，在分辨率相同、图的大小相同时，位图图像所需存储空间可能是矢量图形的 10～1000 倍。

（4）矢量图形可编辑性强。矢量图形由曲线、节点及决定物体外形的各种控制点组成，处理起来比位图图像的逐点编辑容易得多，而且非常直观。

（5）矢量图形缺乏真实感。与位图图像相比，矢量图形缺乏真实感，这是矢量图形固有的特性决定的。一个用矢量绘图方式画出来的图形，看上去并不自然，它横平竖直，曲线光滑，组成图的点按照一定的规则排列，形状精确，一看便知是计算机画的图，没有位图图像所体现出的形象、生动的效果。

矢量图形是由计算机用命令和数学公式来描绘的，因此，与位图图像相比矢量图形的优缺点都很明显。另外，矢量图形能够准确地表示三维物体并生成不同的视图；而在位图图像中，三维信息已经丢失，难以生成不同的视图。

2.6.3　常用的图形图像文件格式

1. 位图图像文件格式

位图图像的文件格式有很多，常见的位图图像文件格式有 BMP、GIF、JPEG、TIFF、PNG、RAW、PSD 等，这里主要介绍 BMP、GIF、JPEG 和 TIFF。

（1）BMP

BMP（Bitmap，位图）是一种与设备无关的图像文件格式，以.bmp 为扩展名。BMP 图像主要用在 Windows 操作系统上。通常 BMP 图像是没有压缩过的，文件都比较大，所以 BMP 图像一般不适合在互联网或者其他传输速度较慢的媒介上传输。

（2）GIF

GIF（Graphic Interchange Format，图形交换格式）是作为一个跨平台图形标准而开发的，是一种与硬件无关的8位彩色文件格式，也是在 Internet 上使用较早、应用较广泛的图像格式。GIF 图像也是位图图像，以.gif 为扩展名。但是它支持的颜色种类少，只有 256 种。GIF 图像采用专门的数据压缩方法，因此文件较小，主要用在互联网上。另外，GIF 图像还可以用于制作动画图像和透明背景图像。

（3）JPEG

JPEG 是一种流行的图像文件压缩格式，以.jpg 或.jpeg 为扩展名。JPEG 是对摄影图像作品进行压缩的通用的方式，也被广泛地使用在互联网上。

注：JPEG 是联合图像专家组（Joint Photographic Experts Group）的英文缩写，是一个适用于连续色调图像压缩的国际标准。JPEG 对单色及彩色图像的压缩比通常分别为 10∶1 和 15∶1，常用于彩色图像传真、图文管理及 Web 浏览器。

（4）TIFF

TIFF（Tag Image File Format，标记图像文件格式）图像文件以.tif 为扩展名，主要作为交换文件用在应用程序和计算机平台之间，是一种灵活的位图图像格式，几乎所有的绘画、图像编辑和页面排版软件都支持该格式。

2．矢量图形文件格式

常见的矢量图形文件格式有 WMF、SVG、EPS、CDR、EMF、CMX、AI 等，这里主要介绍 WMF、SVG、EPS 和 CDR。

（1）WMF

WMF（Windows MetaFile，Windows 元文件）图形文件以.wmf 为扩展名，它在 Windows 平台中常见，我们在 Office 软件里用到的剪贴画都是这种文件格式。WMF 图形是一种矢量图形，整个图形是由很多可分开的图元组合而成的。

（2）SVG

SVG（Scalable Vector Graphics，可缩放矢量图形）图形文件使用的是一种开放标准的矢量图形语言，以.svg 为扩展名。SVG 比较特殊，它是通过 XML（Extensible Markup Language，可扩展标记语言）来描述二维的矢量图形（可以是静态图形，也可以是动态图形），可以包括 3 类对象：矢量图形、位图图像和文字。SVG 具有动态性和交互性。

（3）EPS

EPS（Encapsulated PostScript，封装式 PostScript）是"与分辨率无关"的 PostScript 文件，因此，可以用任何 PostScript 打印机的最大分辨率进行打印。EPS 格式文件可以包含矢量图形和位图图像，常用于在应用程序间传输 PostScript 语言编写的图稿，但在多媒体作品的最终文件里很少使用这种格式。

（4）CDR

CDR 是 Corel（科亿尔）公司的矢量图形绘制软件 CorelDRAW 的默认文件格式。该格式支持各种颜色模型，可以保存矢量图形和位图图像，可最大限度地保存使用 CorelDRAW 进行创作过程中的信息。随着 CorelDRAW 的版本更迭，CDR 格式也有不同的版本，且具有向下兼容的特性。

2.6.4　图形图像处理软件

图形图像处理软件分为两类：一类是对已有的图像进行处理的应用程序；另一类是主要进行图形绘制的应用程序。在实际应用中，图形图像处理软件大都既可以处理位图图像，又支持手动绘制图形，只是它们的侧重点不同。例如，Windows 中的"画图"是简单的图形图像处理软件，既包含了基本的绘图功能，又可以对图形和图像进行裁剪、粘贴、翻转、拉伸等处理。

1．图像处理软件的主要功能

图像处理软件的主要功能包括图形图像文件处理、图像编辑、图像处理等。

（1）图形图像文件处理

图像处理软件具备打开、存储多种格式的图形图像文件的能力，并能完成多种格式图形图像文件间的格式转换。

（2）图像编辑

图像处理软件能够完成图像或部分图像的旋转、缩放、扭曲、裁剪、复制、调整大小等操作和处理。

（3）图像效果处理

图像处理软件能够完成对图像的色彩效果、亮度效果、纹理效果、滤镜效果和其他效果的处理。

（4）图像的颜色处理

图像处理软件具备改变图像的颜色深度、生成和调整调色板、转换颜色模式等颜色处理能力。

（5）图形图像的绘制

图像处理软件提供选择处理区域、形状绘制、颜色填充、模糊锐化、文字处理、多种画笔等绘制工具。

2．图形绘制软件的主要功能

图形绘制软件的主要功能包括图形图像文件处理、矢量图形的绘制、矢量图形的处理。

（1）图形图像文件处理

图形绘制软件能够识别和存储多种结构的图形图像文件。一个矢量图形文件可以包含位图图像。

（2）矢量图形的绘制

图形绘制软件提供形状绘制、颜色填充、文字处理、节点编辑等工具，用户利用这些工具可以生成矢量图元并将其组合成复杂的矢量图形。

（3）矢量图形的处理

图形绘制软件能够对矢量图形完成旋转、扭曲、相交、结合等处理，并能添加立体化、封装调和、透视等特殊效果。

虽然图像处理软件也有形状绘制功能，但它的原理与图形绘制软件是截然不同的。图像处理软件把生成的图形作为图像的一部分，即点阵图像；而图形绘制软件生成的图元（在大多数图形绘制软件中也叫作对象），包括生成的文字，都是矢量图形，可以对其进行矢量图形所特有的变形、拆分等处理。图形绘制软件一般都有自己的存储格式，大部分图形绘制软件都支持将生成的图形或包含图像的图形转换为图像。

3．常见的图形图像处理软件

图形图像处理是计算机多媒体技术的一个重要应用领域，用于图形图像处理的软件种类繁多，功能各异。目前，在众多的图形图像处理软件中，人们常用的、功能较为完备的有工程设计软件 AutoCAD、图像处理软件 Photoshop 和基于矢量绘图的平面出版软件 CorelDRAW 等。

这些图形图像处理软件的具体使用本书不做详细介绍，请需要的读者查阅相应资料。

本章小结

本章介绍了计算机中常用的十进制数、二进制数、八进制数和十六进制数的表示，常用数制数据间的转换方法，二进制数的算术运算和逻辑运算规则，数值型数据中定点数和浮点数在计算机中的表示和处理方法，西文字符和汉字在计算机中的表示和处理方法，音频和图形图像在计算机中的表示和处理方法。通过对本章的学习，读者可以了解现实世界中的整数、小数、文字、声音、图形、图像在计算机中是如何表示和处理的。

趣闻轶事　　　信息素养

思考题

一、选择题

1. 现代计算机中采用二进位记数制是因为二进制具有_____的优点。

    A. 代码表示简短、易读

    B. 容易阅读，不易出错

    C. 物理上容易实现且简单可靠，运算规则简单，适合逻辑运算

    D. 只有 0 和 1 两个符号，容易书写

2. 执行二进制逻辑或运算 10001011∨10110011，其运算结果是_____。
    A. 10000011   B. 10111011   C. 00111110   D. 10111110
3. 执行二进制逻辑与运算 01011001∧10100111，其运算结果是_____。
    A. 00000000   B. 11111111   C. 00000001   D. 11111110
4. 十进制数 241 转换为二进制数是_____。
    A. 11110001   B. 10111111   C. 11111001   D. 10110001
5. 与十六进制数 CD 等值的十进制数是_____。
    A. 204   B. 205   C. 206   D. 203
6. 十进制小数 0.8125 的十六进制表示为_____。
    A. 0.12   B. 1.DH   C. 0.DH   D. 0.DF
7. 已知 8 位机器码 11000001，如果它是某有符号整数的补码表示，所表示的十进制数真值是_____。
    A. −59   B. 59   C. −63   D. −75
8. 十进制数−85 在计算机内部用二进制编码 10101011 表示，其表示方式为_____。
    A. ASCII   B. 反码   C. 原码   D. 补码
9. 用一个字节表示的无符号最大整数为(11111111)₂，如果把它看作某个有符号整数的补码表示形式，则该数为(_____)₁₀。
    A. 0   B. −127   C. −128   D. −1
10. 计算机中的浮点数表示由两部分组成，即_____。
    A. 尾数和阶码   B. 小数和尾数   C. 指数和阶符   D. 整数和小数
11. 已知字符"B"的 ASCII 值为 66，则字符"Y"的 ASCII 值为_____。
    A. 88   B. 89   C. 90   D. 100
12. 1MB 的内存空间可以存放_____个 GB 2312—80 的汉字机内码。
    A. 1024   B. 512   C. 1024 × 512   D. 1024 × 1024
13. 在 GB 2312—80 方案中，已知"江"字的区号是"29"，位号是"13"，则其机内码是_____。
    A. CDADH   B. 3D2DH   C. BDADH   D. 4535H
14. 存储 6000 多个汉字的 16×16 点阵字模信息库，约占空间_____。
    A. 200KB   B. 12KB   C. 2048KB   D. 128KB
15. 一般说来，要求声音的质量越高，则_____。
    A. 量化精度越低和采样频率越低   B. 量化精度越高和采样频率越低
    C. 量化精度越低和采样频率越高   D. 量化精度越高和采样频率越高
16. 波形文件的主要缺点是_____。
    A. 质量较差   B. 产生文件太大   C. 声音缺乏真实感 D. 压缩方法复杂
17. 若波形声音未进行压缩时的码率为 64kbit/s，已知采样频率为 8kHz，量化位数为 8，那么它的声道数是_____。
    A. 1   B. 2   C. 4   D. 8
18. MIDI 文件中记录的是_____。
    （1）乐谱   （2）MIDI 信息和数据   （3）波形采样   （4）声道
    A. （1）（2）   B. （3）（4）   C. （3）   D. （1）（2）（4）
19. 矢量图形和位图图像的本质区别是_____。
    A. 位图图像是像素点阵的描述，而矢量图形是由数学公式来描述的
    B. 位图图像文件大，矢量图形文件小
    C. 矢量图形能表达精确细微的颜色变化
    D. 位图图像能比矢量图形更精确地表示尺寸

二、填空题

1. 假定某台计算机的字长为 8 位，则-9 的原码为＿＿＿＿，反码为＿＿＿＿，补码为＿＿＿＿。

2. 十进制算式 $3 \times 512 + 7 \times 64 + 4 \times 8 + 5$ 的结果用二进制表示是＿＿＿＿。

3. 一个无符号非零二进制整数后加 3 个 0 形成的新数，是原数的＿＿＿＿。

4. 若计算机的字长为 2 个字节，某存储单元中的机器码 0110110001011100 表示一个浮点数，该浮点数的阶码为 4 位（含阶符 1 位，以补码表示），尾数为 12 位（含数符 1 位，以补码表示），则与该浮点数等值的十进制数是＿＿＿＿。

5. 声音数字化的步骤有＿＿＿＿、＿＿＿＿和＿＿＿＿。

6. 某数字图像的颜色深度为 8 位，则该图像中可能出现的不同颜色的最大数目为＿＿＿＿种。

三、简答题

1. 简述计算机中用二进制记数和编码的原因。

2. 分别将下列二进制数转换成十进制数、八进制数、十六进制数。

    1100111　　110101.0011　　0.10011　　1000011

3. 分别将下列十进制数转换成二进制数、十六进制数。

    97　　128　　0.5　　50.625　　236　　20.08

4. 假设计算机字长为 8 位，采用补码表示，请写出下列十进制数在计算机中的二进制表示。

    35　　0　　-2　　-13　　-76　　-128

5. 如果一个有符号数占 n 位，那么它的最大值是多少？

6. 什么是 ASCII？请查"D""d""3"和空格的 ASCII 值。

7. 简述汉字的点阵表示和矢量表示的方法和特点。

8. 一首 3min 的 MP3 音乐，采样频率 44.1kHz，16 位量化，计算未压缩时所需的存储容量。

9. 一段时长 2min、双声道、16 位量化的声音的未压缩数据量为 10.58MB，计算相应的采样频率。

10. 数字图像有哪些重要属性？

11. 计算一幅分辨率为 1024 像素×768 像素、未压缩的真彩色图像的数据量。

第3章 个人计算环境

本章的学习目标

- 掌握计算机系统的基本组成、计算机的基本逻辑结构、主要组成部分及其功能。
- 掌握微机的中央处理器、主板及其主要部件、内存储器的相关知识，理解 I/O 操作、I/O 控制器与 I/O 接口的功能及相互关系。
- 掌握总线的概念、分类，了解总线标准。
- 了解常用外存储器的功能、结构、主要性能参数。
- 了解常用输入输出设备的功能。
- 掌握计算机软件的概念和分类。
- 掌握操作系统的概念和作用，了解操作系统的分类及常用操作系统的特点。
- 掌握操作系统的处理器管理、存储管理的功能，了解操作系统的设备管理、文件管理、作业管理的功能。
- 掌握计算机的基本工作原理，理解指令与指令系统的概念，以及指令的执行过程。

计算机经过 70 多年的发展，功能不断增强，应用不断扩展，计算机系统也变得越来越复杂，但其基本组成和工作原理变化不大。为了在不断发展的计算环境中更好地使用计算机，必须对计算机系统的基本组成和基本工作原理有全面的了解。本章主要介绍计算机系统的基本组成和基本工作原理、微型计算机的硬件系统、计算机软件等相关知识。

3.1 计算机系统的组成

3.1.1 计算机系统的基本组成

一个完整的计算机系统由硬件系统和软件系统两部分组成，如图 3-1 所示。

硬件是各种物理部件的有机组合，是看得见、摸得着的实体，是计算机工作的物理基础。硬件系统主要由主机和各种外部设备组成。

软件是各种程序、数据和文档的集合，用于指挥计算机系统按要求进行工作。其中，程序向计算机硬件指出应如何一步一步地进行规定的操作，数据是程序处理的对象，文档是软件设计报告、操作使用说明和相关技术资料等，它们都是软件不可缺少的组成部分。软件系统是在计算机上运行的所有软件的总称。

硬件是软件工作的基础，离开硬件，软件无法运行；软件扩充和完善硬件功能，有了软件的支持，硬件功能才能得到充分的发挥。两者相互依存，硬件和软件只有结合成统一的整体，才能成为一个完整的计算机系统。

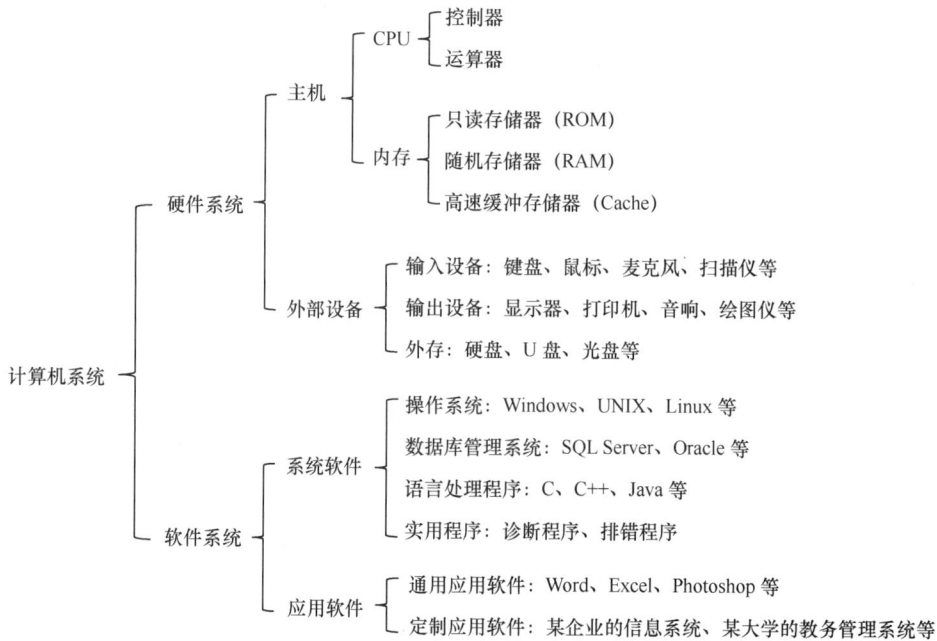

```
                                         ┌─ 控制器
                            ┌─ CPU ───────┤
                            │            └─ 运算器
                    ┌─ 主机 ─┤
                    │       │            ┌─ 只读存储器（ROM）
                    │       └─ 内存 ──────┤  随机存储器（RAM）
                    │                    └─ 高速缓冲存储器（Cache）
          ┌─ 硬件系统 ┤
          │         │            ┌─ 输入设备：键盘、鼠标、麦克风、扫描仪等
          │         └─ 外部设备 ──┤  输出设备：显示器、打印机、音响、绘图仪等
          │                      └─ 外存：硬盘、U 盘、光盘等
 计算机系统 ┤
          │                      ┌─ 操作系统：Windows、UNIX、Linux 等
          │         ┌─ 系统软件 ──┤  数据库管理系统：SQL Server、Oracle 等
          │         │            │  语言处理程序：C、C++、Java 等
          └─ 软件系统 ┤            └─ 实用程序：诊断程序、排错程序
                    │
                    └─ 应用软件 ──┬─ 通用应用软件：Word、Excel、Photoshop 等
                                 └─ 定制应用软件：某企业的信息系统、某大学的教务管理系统等
```

图 3-1　计算机系统的基本组成

在个人计算机系统中，硬件和软件的功能有时候没有明确的分界线。软件实现的某些功能可以用硬件来实现，称为硬化或固化；同样，硬件实现的某些功能也可以用软件来实现，称为硬件软化。例如，个人计算机的系统引导程序是固化在芯片中的。

3.1.2　计算机的逻辑组成

从第一台通用电子计算机 ENIAC 的问世直到今天，计算机的外形发生了巨大变化，但计算机的系统结构一直延续着冯·诺依曼（Von Neumann）等科学家的设计思想。

冯·诺依曼是美籍匈牙利数学家，他曾作为美国阿伯丁试验基地的顾问参加 ENIAC 的研制工作，得到了很多启发。1946 年，他在领导计算机研制小组进行新方案的设计时，汲取科学家们长期艰苦研究所积累的经验，明确提出了两大设计思想：二进制和存储程序。一方面，他建议在电子计算机中采用二进制，简化机器的逻辑线路；另一方面，他提出了存储程序的思想，即程序设计人员只需要把程序输入存储器，机器就会"自行"读出指令，并按指令的要求进行计算。

上述两大思想奠定了现代计算机设计的基础，标志着计算机技术的成熟，也造就了广为人知的术语"冯·诺依曼计算机"。

冯·诺依曼计算机的硬件系统由五大逻辑功能部件组成，即运算器、控制器、存储器、输入设备和输出设备，如图 3-2 所示。

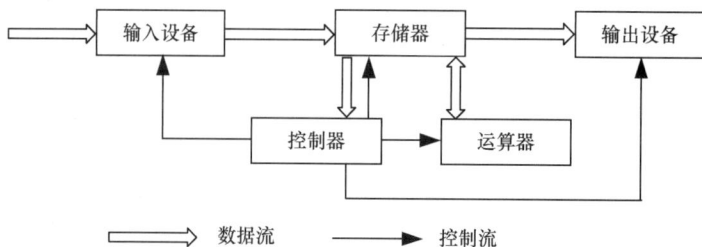

图 3-2　计算机的基本逻辑结构

从图 3-2 中可以看出，计算机的工作过程中有两股信息流：一股是数据流，各种原始数据和程序由输入设备输入存储器暂时保存，在运算过程中数据从存储器转移到运算器进行运算，运算的中间结果或最终结果数据保存于存储器中，其中从存储器流向控制器的数据流也称为指令流；另一股是控制流，人们给计算机的各种指令由存储器送入控制器，再由控制器根据指令发出控制信号，进而控制计算机各部件工作。下面简要介绍五大部件及其在计算机工作过程中的作用。

1. 运算器

运算器用来执行当前指令所规定的算术运算和逻辑运算。它主要包括算术逻辑部件（Arithmetic and Logic Unit，ALU）、累加器、寄存器组等。运算器不断地从存储器得到要加工的数据，对其进行加、减、乘、除及各种逻辑运算，并将处理后的结果送回存储器或暂时保存在运算器中。整个过程在控制器的指挥下进行，它与控制器共同组成了中央处理器（Central Processing Unit，CPU）的核心部分。

2. 控制器

控制器（Control Unit，CU）是整个计算机系统的指挥中心，存储器进行信息的存取，运算器进行各种运算，信息的输入和输出都是在控制器的统一指挥下进行的。控制器的主要作用是控制程序的执行，包括对指令进行译码、寄存，并按指令的要求指挥操作。

3. 存储器

存储器是计算机的记忆单元，主要用于存储程序和数据（包括原始数据、中间结果与最终结果等）。其基本功能是在指定位置存入或取出二进制信息。

计算机中的存储器按功能可分为内存储器和外存储器两大类。

（1）内存储器

内存储器简称内存或主存。内存可以和 CPU 直接交换信息，用来存放当前运行的程序和数据。按存储器的读写功能，内存可分为两类：随机存储器（Random Access Memory，RAM）和只读存储器（Rcad-Only Memory，ROM）。

RAM 既允许读出信息，也允许写入信息，用于存放用户程序和数据。RAM 只能在电源电压正常时工作，其中的信息可以随时改写，一旦断电，记录的信息将全部自动消失。通常所说的内存主要是指 RAM。

ROM 是一种只能读出、不能写入的存储器，用于存放那些固定不变的、不需要修改的程序。ROM 也必须在电源电压正常时工作，但是断电后，其中存储的信息不会消失。

（2）外存储器

外存储器简称外存或辅存。外存一般只与内存进行信息交换，用来长期存放暂时不用的文件和数据，计算机系统绝大多数信息存储在外存中。

内存的特点是存取速度快，但容量小、价格高；外存的特点是容量大、价格低，但存取速度慢。

为了解决对存储器要求容量大、速度快、成本低三者之间的矛盾，计算机通常采用多级存储器体系结构，即在 CPU 和内存之间增加了高速缓冲存储器（Cache，简称缓存），在该体系结构中，Cache 通常被看作内存的一部分。Cache 用于存放当前频繁访问的指令和数据，从而实现高速存取。

（3）存储器的相关概念

① 位（bit）。计算机内的信息都由"0"和"1"组成，其中无论是"0"还是"1"都是 1 位二进制数。

② 字节（Byte）。存储器的基本单位是字节，1 个字节叫作 1 个存储单元，1Byte=8bit。

③ 存储单元的地址和内容。存储单元中存放的信息称为该存储单元的内容。数据和程序均以二进制形式存放。为了区分不同的存储单元，按一定的规律和顺序给每个字节分配一个编号，这个编号称为存储单元的地址，编号从 0 开始，一次递增 1。地址在计算机中用无符号二进制数表示，可

简写为十六进制数的形式。

④ 存储容量。存储器所包含的存储单元总数叫作存储容量，衡量存储容量大小的基本单位是字节。常用的表示存储容量的单位有 Byte（字节）、KB（千字节）、MB（兆字节）、GB（吉字节）和 TB（太字节），它们之间的数量关系为 $1KB = 2^{10}Byte$，$1MB = 2^{10}KB = 2^{20}Byte$，以此类推。

4．输入设备

输入是把信息送到计算机系统的过程。输入设备是指能向计算机系统输入信息的设备。根据输入信息的类型不同，输入设备分多种，常见的有键盘、鼠标、麦克风、扫描仪、摄像头、触摸屏等。

5．输出设备

输出是从计算机系统送出信息的过程。输出设备是指能从计算机系统中输送出信息的设备。计算机输出的可以是文字、语音、音乐、图像、动画等，常见的输出设备有显示器、打印机、音箱、绘图仪等。

3.1.3 图灵机简介

1936 年，英国著名的数学家艾伦·马西森·图灵（Alan Mathison Turing，1912—1954）提出了一种抽象计算模型——图灵机，又称图灵计算、图灵计算机。

图灵机不是一种具体的机器，而是一种抽象的思想和理论模型，其目的是制造一种十分简单但运算能力极强的计算装置，用来计算所有能想象到的可计算函数。图灵机的基本思想是用机器来模拟人们用纸和笔进行数学运算的过程。图灵把这样的过程看作两种简单的动作：在纸上写或擦除某个符号；把注意力从纸的一个位置移动到另一个位置。为了模拟人的这种运算过程，图灵构造出一台假想的机器，其原理如图 3-3 所示。

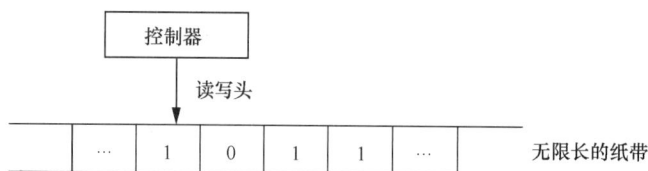

图 3-3　图灵机原理示意图

该机器由以下 3 个部分组成。

① 一条无限长的纸带。纸带被划分为一个一个的小格子，每个格子中有一个来自有限字符表的符号，字符表中有一个特殊的符号表示空白。纸带理论上可以无限伸展，用作无限存储。

② 一个读写头。该读写头可以在纸带上左右移动，它能读出当前所指格子中的符号，并能改变当前格子中的符号。

③ 一个控制器。控制器包括一套控制规则（程序）和状态寄存器。它根据当前机器所处的状态，以及当前读写头所指的格子中的符号来确定读写头下一步的动作，并改变状态寄存器的值，使机器进入一个新的状态。状态寄存器用来保存图灵机当前所处的状态，图灵机所有可能状态的数目是有限的，并且有一个特殊的状态，称为停机状态（有关停机问题的知识可查阅相关文献了解）。

图灵机将输入集合、输出集合、内部状态和程序结合成一种抽象计算机模型，可以精确定义可计算函数。人们可以对多个图灵机进行组合，由较简单的图灵机构造出复杂的图灵机，因此一切机械式计算过程都可以由图灵机实现。由此，图灵机为计算机的发展奠定了理论基础。

图灵的另一个卓越贡献是提出了"图灵测试"，探讨了什么样的机器具有智能，奠定了人工智能的理论基础。

1966 年，美国计算机学会（Association for Computing Machinery，ACM）为纪念图灵在计算机领域的卓越贡献，创立了"图灵奖"，每年颁发给计算机科学领域的领先研究人员。"图灵奖"被称为计算机业界和学术界的"诺贝尔奖"。

3.2 微型计算机系统的组成

微型计算机系统也由硬件系统和软件系统两大部分组成，它是以微型计算机为核心，配以相应的外部设备、电源、辅助电路和控制微型计算机工作的软件而构成的完整的计算机系统。其中的微型计算机是以微处理器为核心，加上存储设备、I/O 接口和系统总线组成的。

3.2.1 微型计算机系统的硬件基本组成

这里以台式机为例介绍微型计算机系统的基本硬件组成。

微机硬件系统遵循计算机硬件系统的"主机＋外设（外部设备）"原则。面对一台微机，用户看到的是它的基本物理配置，包括主机箱、显示器、键盘、鼠标、打印机等。主机箱内有主板、硬盘、电源、风扇等，主板上安装了 CPU、内存、总线、各种 I/O 控制器等部件。其中：CPU 和内存是微机的"主机"，主机、I/O 控制器和系统总线一起被称为计算机的"主机系统"；主机箱中其他部件与显示器、键盘、鼠标、打印机，以及音视频设备等都属于外设。微机硬件结构简图如图 3-4 所示。

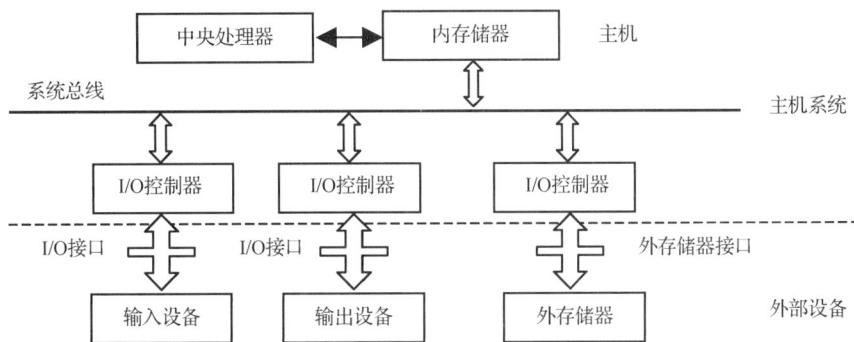

图 3-4　微机硬件结构简图

3.2.2 微型计算机系统的主要性能参数

衡量微型计算机系统性能高低的主要技术参数如下。

1．CPU 参数

CPU 参数中的 CPU 字长和 CPU 时钟频率是主要的参数。

2．内存容量

内存容量是内存储器所能容纳的二进制信息的总和。

3．运算速度

计算机的运算速度一般用每秒所能执行的指令条数来表示，运算速度的单位有 MIPS（Million Instructions Per Second，百万条定点指令/秒）和 MFLOPS（Million Floating-Point Operations Per Second，百万条浮点指令/秒）。

4．外部设备的配置及扩展能力

外部设备的配置及扩展能力主要是指计算机系统配接各种外部设备的可能性、灵活性和适应性。

5．软件配置

软件是计算机系统必不可少的组成部分，其配置是否齐全，直接关系到计算机的功能、性能和效率的高低。

3.3 微型计算机的主机系统

微机主板上安装的 CPU、内存、总线、I/O 控制器等部件，构成微机的主机系统。

3.3.1 中央处理器

中央处理器（CPU）是计算机的核心，负责处理计算机内部的所有数据，其重要性相当于人类的大脑。而与 CPU 协同工作的芯片组则更像心脏，它控制着数据的交换。CPU 的性能在很大程度上反映出计算机的性能。

1. 微处理器产品简介

人们谈到微型计算机的发展，首先想到的就是微处理器的发展。自 1971 年美国 Intel 公司推出世界上第一个通用微处理器以来，通用微处理器的技术与性能基本上按摩尔定律在不断发展，其字长、结构、功能、晶体管数目和工作频率等每隔几年就会发生变化。

发展到 21 世纪，生产微处理器产品的公司除了 Intel 公司，还有 AMD（超威半导体）、IBM（国际商业机器）、Apple（苹果）、Motorola（摩托罗拉）、Cyrix（赛瑞克斯）等公司。目前，微处理器产品主要来自 Intel 公司和 AMD 公司。

（1）Intel CPU

2005 年，Intel 公司推出酷睿（Core）CPU，开始致力于通过在一个 CPU 中集成多个内核的技术来提升 CPU 整体性能。酷睿是一款领先节能的新型微架构，早期的酷睿是基于笔记本电脑处理器的。2006 年推出的酷睿 2，是新一代基于酷睿微架构的产品的统称，是一个跨平台的构架体系，包括服务器版、桌面版、移动版。

2008 年开始 Intel 公司陆续推出智能 CPU 酷睿 i 系列，主要有酷睿 i3/i5/i7。酷睿 i3 为低端 CPU，采用双核四线程。酷睿 i5 为中端 CPU，有双核四线程，也有四核四线程。酷睿 i7 则是高端 CPU，通常是四核八线程、六核十二线程、八核十六线程。就价格而言，酷睿 i3 价格稍低，酷睿 i5 价格居中，酷睿 i7 价格要高些。酷睿 i3 的性能比酷睿 i5 稍弱，Intel 官方将酷睿 i3 定位为"酷睿 i5 的精简版"，而将酷睿 i7 定位为发烧级性能 CPU。

2017 年 Intel 公司发布了全新的酷睿 i9。酷睿 i9 最多包含 18 个内核，采用了 14nm 的制作工艺，主要面向游戏玩家和高性能需求者。

2021 年 3 月 Intel 推出第 11 代桌面酷睿系列产品，采用的制作工艺仍是 14nm。它能提供出色的游戏体验和发烧友级的 PC 性能。

2023 年 10 月 16 日，第 14 代酷睿正式发布，睿频升至 6GHz。

2024 年 3 月，Intel 公司扩展"AI PC 加速计划"。

智能 CPU 的新特性：采用睿频加速技术，按负载智能调整主频，高效节能；采用超线程技术，提升 CPU 的并行处理能力；集成高清显卡，大幅提升 3D 性能。

（2）AMD CPU

AMD 公司成立于 1969 年，其强项在于集成显卡。在相同价格下，AMD 的 CPU 与 Intel 的相比一般配置更高，内核数量更多。AMD 系列中的各种 CPU 在 Intel 系列中基本都能找到对应的产品，而且性能基本一致。

1999 年，AMD 公司发布速龙（Athlon）CPU，采用 250nm 的制作工艺，主频从 500MHz 开始，后期达到 1GHz 以上，对应 Intel 奔腾（Pentium）Ⅲ。

2017 年 AMD 公司推出的 CPU 系列是锐龙（Ryzen），主要有锐龙 3、锐龙 5、锐龙 7。新的锐龙 9 系列采用 7nm 的制作工艺，更适合有专业制图需求的用户。2020 年 11 月上市的第 5 代桌面锐龙系列产品，采用的就是 7nm 的制作工艺。

在 2023 年 12 月的 AMD "Advancing AI"活动上首次公布的锐龙 8040 系列，通过特定型号上集成的 Ryzen AI NPU（AI 神经处理单元），帮助将新的 AI PC 推向市场，为消费者解锁更多 AI 功能，提高生产力、效能，实现高级协作。

（3）龙芯 CPU

龙芯（Loongson）是我国最早研制的高性能通用 CPU 系列，于 2001 年在中国科学院计算技术研究所开始研发。龙芯具有自主知识产权，早期采用简单指令集。龙芯主要产品包括面向行业应用的"龙芯 1 号"小 CPU、面向工业控制和终端类应用的"龙芯 2 号"中 CPU，以及面向桌面与服务器类应用的"龙芯 3 号"大 CPU。

龙芯 1 号于 2002 年研发完成。龙芯 1 号是 32 位的 CPU，主频是 266MHz。

龙芯 2 号于 2003 年正式研发完成并发布。龙芯 2 号是 64 位 CPU，主频为 300MHz～1000MHz，500MHz 版的 CPU 与 1GHz 版的 Intel Pentium Ⅲ、Intel Pentium 4 拥有相近的效能水平。龙芯 2 号的型号有龙芯 2、龙芯 2A、龙芯 2B、龙芯 2C、龙芯 2E、龙芯 2F 等。

龙芯 3 号的龙芯 3A CPU 于 2009 年研发完成。龙芯 3A 是我国首款具有完全自主知识产权的四核 CPU，采用的是 65nm 的工艺，主频为 1GHz，晶体管数目为 4.25 亿个，在性能上达到了世界先进水平。

2010 年 4 月，龙芯正式从研发走向产业化。

2011 年，龙芯 3B CPU 研发成功，是首款国产商用八核 CPU。龙芯 3B 主要用于高性能计算、高性能服务、数字信号处理等领域。2014 年，曙光公司成功研制出中国首款基于国产龙芯 3B CPU 的完全自主知识产权服务器。

2019 年 12 月 24 日，龙芯成功推出新一代 CPU 产品龙芯 3A4000 和龙芯 3B4000，采用的是 28nm 工艺，主频达到 1.8GHz～2.0GHz，实现了自主 CPU 路线的跨越发展。龙芯 3A4000 用于龙芯台式机、笔记本电脑。龙芯 3B4000 属于龙芯服务器 CPU 产品线，用于多路服务器整机产品。

2023 年 11 月 28 日，新一代国产 CPU——龙芯 3A6000 在北京发布。据介绍，龙芯 3A6000 采用我国自主设计的指令系统和架构，不依赖任何国外授权技术，是我国自主研发、自主可控的新一代通用 CPU，可运行多种类的跨平台应用，满足各类大型复杂桌面应用场景。它的推出，标志着我国自主研发的 CPU 在自主可控程度和产品性能方面达到国际主流产品水平。

除龙芯外，国产 CPU 产品还有华为鲲鹏、兆芯、飞腾、海光和申威等。这里不做介绍，请读者自行查阅相关资料。

> 黄令仪，微电子领域专家，生前是中国科学院微电子研究所研究员，毕生致力于集成电路事业。从二极管、三极管、大规模集成电路，到中国自主研发设计的第一枚 CPU 芯片，黄令仪见证并参与了中国微电子行业从无到有的发展历程。作为"龙芯"芯片研发团队项目负责人之一，黄令仪被誉为"中国龙芯之母"。2020 年，中国计算机学会（CCF）将"CCF 夏培肃奖"授予黄令仪，"感谢她把大家领进了微电子设计的大门"。黄令仪的一生只为一颗跳动的"中国芯"，最大的心愿是"匍匐在地，擦干祖国身上的耻辱"。

2．CPU 的主要技术参数

CPU 的技术参数是评价微机性能的依据，其中主要技术参数如下。

（1）字长

字长是指 CPU 一次可处理的二进制位数，通常与 CPU 内部的寄存器、运算器位数、系统数据总线和指令宽度有关。字长是 CPU 与 I/O 设备和存储器之间传输数据的基本单位，也是数据总线一次性可同时传送数据的位数。例如，64 位 CPU 是指 CPU 的字长为 64。字长不仅标志着计算精度，也反映计算机处理信息的能力。字长越大，CPU 的处理速度越快。

（2）主频、睿频

主频是 CPU 工作的时钟频率，即 CPU 内数字脉冲信号振荡的速度，它决定着 CPU 内部数据传输和指令执行的速度，通常以 GHz 为单位。一般来说，主频越高，单位时间里执行的指令就越多，CPU 的运算速度也就越快。但由于内部结构不同，并非所有主频相同的 CPU 性能都一样。

睿频是一种使 CPU 能自动提高主频的技术。开启睿频加速后，CPU 会根据当前的任务量自动调整 CPU 主频，从而在做重任务时发挥最佳性能，在做轻任务时发挥最大节能优势。因此睿频是 CPU 通过分析当前的任务情况智能提升主频。睿频技术已经在酷睿 i7/i5/i3 系列处理器中普遍使用。

（3）外频

外频是主板为 CPU 提供的基准时钟频率，即系统总线的工作频率，具体是指 CPU 到芯片组之间的总线工作频率。

（4）缓存（Cache）容量

Cache 是位于 CPU 与内存之间的高速存储器，运行频率极高，一般和 CPU 同频运行。在同等条件下，增加 Cache 容量能减少 CPU 的等待时间，大大加快程序的运行速度。

由于 CPU 面积和成本的因素，因此 Cache 都很小。目前，CPU 中 Cache 一般分为三级：L1 Cache（一级缓存）、L2 Cache（二级缓存）和 L3 Cache（三级缓存）。但也有分成两级的，即没有三级缓存。通常，Cache 容量越大、级数越高，其效用越明显。

（5）内核数

为提高 CPU 的性能，现在 CPU 往往包含 2 个、4 个甚至更多的 CPU 内核。每个内核都是独立的，有各自的一级和二级缓存；所有内核共享三级缓存和前端总线。在操作系统支持下，多个 CPU 内核并行工作，可提高系统整体性能。

除以上技术参数外，影响 CPU 性能的参数还有 Cache 的结构和速率、CPU 的生产工艺、CPU 指令系统、CPU 的逻辑结构等。读者若想了解这些参数可以查阅相关资料。

3.3.2　微机主板及其主要部件

1．微机主板

主板是微机系统中最大的一块集成电路板，微机通过主板将 CPU 等各种器件和外部设备有机地结合起来，形成完整的系统。微机在正常运行时对系统内、外存储设备和其他输入输出设备的操控都必须通过主板来完成。因此，微机的整体运行速度和稳定性在相当程度上取决于主板的性能。图 3-5 展示了一块主板的物理结构。

2．主板主要部件

主板上的主要部件包括 CPU 插座、内存插槽、PCI-E 插槽、芯片组、BIOS 芯片和 CMOS 存储器等。

（1）CPU 插座

CPU 插座用于连接并固定 CPU，由主板供电进行工作。不同的 CPU 需选择与之匹配的主板。

（2）内存插槽

内存插槽用于安装内存条，允许用户根据需要灵活地扩充内存容量。

（3）PCI-E 插槽

主板上有一系列 PCI-E 插槽（图 3-5 中有两个 PCI-E×16 插槽和两个 PCI-E×1 插槽），用来连接独立显卡、独立声卡、独立网卡等。当前许多扩充卡（如声卡、网卡等）的功能已经部分或全部集成在主板上。

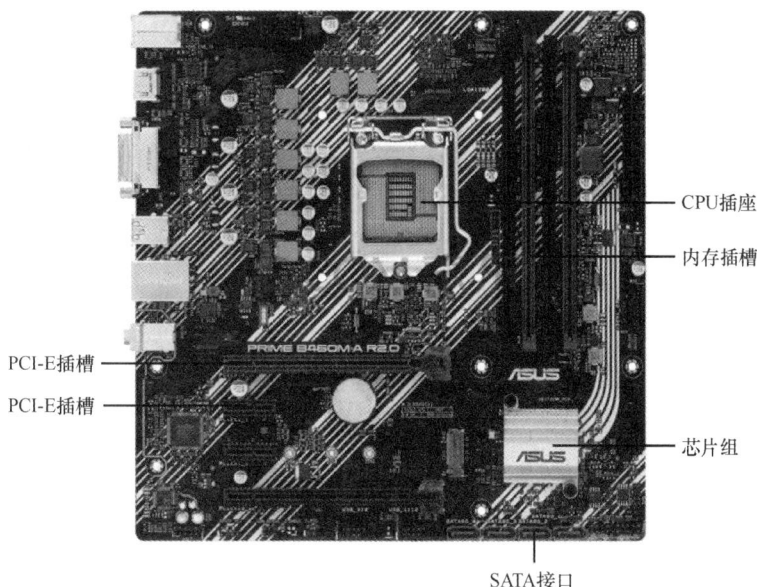

图 3-5　主板的物理结构

（4）芯片组

主板芯片组是主板的核心组成部分，它负责协调和管理各个硬件设备之间的通信和数据传输，确保计算机系统的正常运行和稳定性。同时，主板芯片组还提供接口、支持硬件设备，并管理电源。因此，芯片组是主板的灵魂，几乎决定了主板的全部功能。CPU 型号与种类繁多、功能特点不一，如果芯片组不能与 CPU 良好地协同工作，计算机将损失整体性能，甚至不能正常工作。

早期的主板芯片组由北桥芯片和南桥芯片构成。北桥芯片提供对 CPU 类型和主频、系统缓存、主板的系统总线工作频率、内存类型、内存容量和性能、显卡插槽规格等的支持。南桥芯片提供对 I/O、KBC（键盘控制器）、RTC（实时时钟控制器）、USB（通用串行总线）等的支持，并决定扩展槽的种类与数量、扩展接口的类型和数量等。

随着技术的进步和芯片集成度的不断提高，早期的北桥芯片和南桥芯片的功能已经分散集成到其他芯片中。

（5）BIOS 芯片和 CMOS 存储器

BIOS（Basic Input/Output System，基本输入输出系统）是存储在主板上一块芯片中的一组机器语言程序。每次开机后，CPU 总是先执行 BIOS 程序，它具有诊断计算机故障及加载并启动操作系统的功能。BIOS 主要包含 4 个部分：加电自检程序、系统装入程序、CMOS 设置程序和基本外部设备的驱动程序。BIOS 工作流程如图 3-6 所示。

CMOS（Complementary Metal-Oxide-Semiconductor，互补金属氧化物半导体）存储器用于存放计算机硬件设备的一些参数，包括系统的当前日期和时间，系统的口令，系统中安装的硬盘、光盘驱动器的数目、类型及参数，显卡的类型等。CMOS 存储器属于 RAM，具有易失性，因此需要电池供电，以保证在计算机关机后不会丢失所存储的信息。

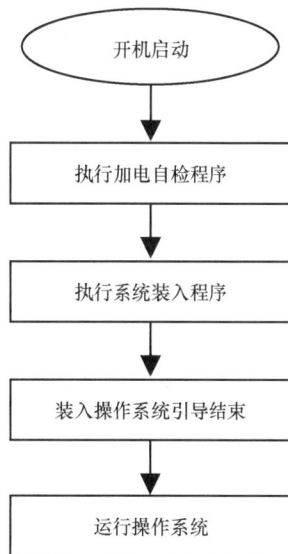

图 3-6　BIOS 工作流程

3.3.3　内存储器

内存储器由被称为存储器芯片的半导体集成电路组成，是 CPU 能够直接访问的存储器，用于存放正在运行的程序和数据。内存储器可以分为 3 种类型：随机存储器（RAM）、只读存储器（ROM）。和高速缓冲存储器（Cache）。

1. RAM

RAM 就是人们通常所说的内存。RAM 的内容可按地址随时进行存取（读写）。RAM 的主要特点是数据存取速度快，但是断电后数据不能被保存，所以 RAM 适用于临时存储数据。

RAM 分为 DRAM（Dynamic RAM，动态随机存储器）和 SRAM（Static RAM，静态随机存储器）。

DRAM 由若干存储单元组成，通过对每个单元的电容充电实现数据的存储。由于电容有自然放电的趋势，因此 DRAM 必须定期刷新以保存数据，为此使用 DRAM 时一定要有刷新电路。SRAM 使用触发器逻辑门的原理来存储二进制数据，只要维持供电，数据就能一直保存，不需要刷新电路。

DRAM 集成度高、功耗小、成本较低、速度快（但比 SRAM 慢），而 SRAM 电路复杂、集成度低、功耗大、成本高、速度快。目前，微机中的内存条多采用 DRAM，SRAM 多用于 CPU 中的 Cache。

内存条即把 DRAM 芯片焊在一小条印制电路板上。其扩展比较方便，可以根据需要随时增加。内存条必须插在主板上相应的内存条插槽中使用。目前，内存条有 8GB、16GB、32GB 等不同的规格。

内存条使用的传输模式主要有 DDR（Double Data Rate，双倍数据速率）、DDR2、DDR3 和 DDR4，它们的区别在于一个时钟周期内读写数据的次数和每次读写数据的个数。目前普遍使用的是 DDR4。

RAM 主要的性能参数有两个：存储容量和存取速度。存储容量的上限受 CPU 位数和主板设计的限制。存取速度主要由内存本身的工作频率决定，目前可以达到 GHz 级。

2. ROM

与 RAM 不同，ROM 中的数据只能被读出而不能被写入，如果需要更改，就要先用紫外线照射或用电来擦除其中的数据，然后通过专门的设备写入新的数据。另外，掉电后 RAM 中的数据会自动消失，而 ROM 则不会。

ROM 中的 EEPROM（Electrically-Erasable Programmable ROM，电擦除可编程 ROM）能按"位"擦写信息，但速度比较慢、容量不大，由于价格低，在低端产品中用得较多。Flash Memory/Flash ROM（快擦除存储器，又叫作闪存）是 EEPROM 的改进产品，它能在字节水平上进行删除和重写，而不是擦写整个芯片，因此具有速度快、容量大的特点，它能像 RAM 一样写入信息。闪存的工作原理：在低电压下，存储的信息可读但不可写，这时它类似于传统 ROM；在较高的电压下，存储的信息可以更改和删除，这时它类似于 RAM。

ROM 断电后仍能保存数据，因此通常被用于保存一些设置信息，如计算机的 BIOS。

U 盘作为目前被广泛使用的一种存储设备，其存储介质就是闪存。

3. Cache

Cache 是一种高速、小容量的临时存储器，集成在 CPU 的内部，存储 CPU 即将访问的指令或数据。在计算机中，CPU 的运算速度很快而内存的存取速度相对较慢，因而难以发挥出CPU 的高速特性。为了解决这一矛盾，设计者在CPU 和内存之间增加了 Cache，如图 3-7 所示。CPU 访问 Cache 要比访问 DRAM 快得多，大容量的 Cache 可以提高计算机的性能。

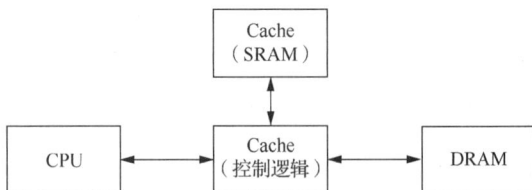

图 3-7　CPU、Cache 和 DRAM 的关系

3.3.4 I/O 操作、I/O 控制器、I/O 总线与 I/O 接口

1. I/O 操作

微型计算机无论是应用于科学计算、数据处理，还是应用于实时控制，为了完成一定的任务，都需要与各种外部设备联系，以便和外界交换信息，这一过程称为输入输出（Input/Output，I/O）。

CPU 与 I/O 设备进行数据交换的操作，称为对 I/O 设备的读写操作，简称 I/O 操作。I/O 操作的任务是通过输入设备把程序、原始数据、控制参数等信息送入计算机内存的指定区域进行处理，通过输出设备将内存指定区域的计算结果、控制参数、控制状态显示或传送给被控对象。

2. I/O 控制器

通常，每类 I/O 设备都有各自专用的控制器（I/O 控制器），它们接收 CPU 启动 I/O 操作的命令后，独立地控制 I/O 设备，直到 I/O 操作完成。

I/O 控制器是一组电子线路，不同设备的 I/O 控制器结构与功能不同，复杂程度相差也很大。有些设备的 I/O 控制器较简单，功能已集成在主板上的芯片内，如鼠标、键盘、声卡、网卡等；而有些设备的 I/O 控制器较复杂，可制作成扩充卡（即适配卡），插在主板上的 PCI-E 插槽中。

I/O 控制器的主要作用是在主机和外设之间进行协调和缓冲，如进行数据缓冲、速度匹配和信息转换等工作。

3. I/O 总线

在计算机系统中，总线（Bus）是各部件或各设备之间传输信息的一组公共的信号线及相关控制电路。CPU 与主板芯片相互连接的总线称为 CPU 总线。各类 I/O 控制器与 CPU、存储器之间交换信息、传输数据的总线称为 I/O 总线，也称为系统总线，因为这些信号线与主板上扩充插槽中的各种 I/O 控制器直接连接，所以又称为主板总线。

系统总线（I/O 总线）上有 3 类信号：数据信号、地址信号和控制信号。负责传输这些信号的线路分别称为数据总线、地址总线和控制总线。

总线较重要的性能参数是它的数据传输速率，也称为总线带宽，即单位时间内总线上可传输的最大数据量。总线带宽的计算公式如下。

总线带宽（MB/s）=（总线位宽/8）（Byte）× 总线工作频率（MHz）× 传输次数

其中，总线位宽是指总线能同时传送的二进制数据的位数，或数据总线的位数，即通常所说的 32 位、64 位等，其值越大，总线带宽也越大；总线工作频率以 MHz 为单位，工作频率越高则总线工作速度越快，总线带宽也就越大；传输次数是指每个时钟周期内的数据传输次数，一般为 1。

例如，某总线的位宽为 32 位，总线工作频率为 33MHz，一个时钟周期内数据传输 1 次，则该总线带宽 = 32/8 × 33 × 1 = 132MB/s。

系统总线是微机系统中较重要的总线，人们平常所说的微机总线就是指系统总线。常见的系统总线标准有 PCI、PCI-E 等。

（1）PCI

PCI（Peripheral Component Interconnect，外设组件互连标准）总线是 Intel 公司 1991 年推出的一种局部总线。它是一种 32 位并行总线（可扩展到 64 位），总线工作频率为 33MHz（可提高到 66MHz），总线带宽达 133MB/s（或 266MB/s、532MB/s）。

PCI 总线的最大优点是结构简单、成本低、设计容易。

PCI 总线的缺点也比较明显，就是总线带宽有限，多个设备共享带宽。

（2）PCI-E

PCI-E（PCI-Express，PCI 扩展标准）是新一代微机扩充卡的总线标准。它采用高速串行传输，以点对点的方式与主机进行通信。

PCI-E 的主要优势是总线带宽高，而且各个设备独享带宽（点对点通信）。

PCI-E 总线支持双向传输模式和数据分通道传输模式。其中数据分通道传输模式是指 PCI-E 总线有 x1、x4、x8、x16 多种规格，分别包含 1、4、8、16 个传输通道。x1 单向传输带宽可达到 250MB/s，双向传输带宽能够达到 500MB/s。

PCI-E 总线也有 1.0、2.0 和 3.0 多个版本，每个版本的单通道单向传输带宽不同，PCI-E 1.0 是 250MB/s、PCI-E 2.0 是 500MB/s、PCI-E 3.0 是 1GB/s。PCI-E 3.0 x16 常用于显卡的连接，其双向传输带宽可达 32GB/s。

4. I/O 接口

从结构上来说，I/O 控制器既要与主机系统的 I/O 总线相连，又要与 I/O 设备相连。I/O 设备和 I/O 控制器要实现互连，必须通过插头/插座。用于连接各种 I/O 设备的插头/插座统称为 I/O 接口。通过 I/O 接口，可以把打印机、U 盘、数码相机、移动硬盘、手机等外部设备连接到计算机上。

由于 I/O 设备的多样性，因此其所用 I/O 接口也有多种类型。按接口传输数据的方式来分，有串行（一位一位地传输数据，一次只传输 1 位）接口和并行（8 位、16 位或 32 位一起进行传输）接口；按数据传输率来分，有高速接口和低速接口；按是否可以连接多个设备来分，有总线式接口和独占式接口；按是否符合标准来分，有标准接口和专用接口。

在微机中常见的 I/O 接口有鼠标/键盘接口、USB 接口、音频接口、HDMI 接口等。部分常用接口如图 3-8 所示。

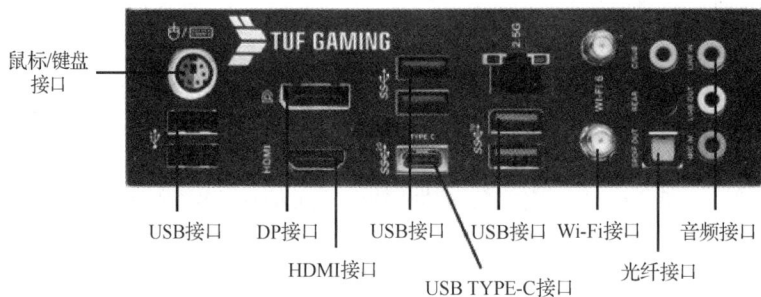

图 3-8　常见 I/O 接口

此处仅对 USB 接口做简要介绍，想进一步了解其他接口可参阅相关资料。

USB（Universal Serial Bus，通用串行总线）接口是当今流行的外设接口，它是一种可连接多个设备的总线式高速串行接口，其标准由 Intel、Compaq、IBM、微软等多家公司联合提出。自推出后，USB 接口已成功替代串行接口和并行接口，并成为当今微机和大量智能设备的必备接口之一。

USB 接口体积小，符合即插即用规范，支持热插拔，主机还可以通过 USB 接口向外设供电。

USB 接口的发展历程如下。

（1）USB 1.0

USB 1.0 是在 1996 年出现的，速度只有 1.5Mbit/s；1998 年升级为 USB 1.1，速度也大大提升，达到 12Mbit/s。

（2）USB 2.0

USB 2.0 规范是由 USB 1.1 规范演变而来的。它的数据传输率达到了 480Mbit/s，足以满足大多数外设的要求。所有支持 USB 1.1 的设备都可以直接在 USB 2.0 的接口上使用而不必担心兼容性问题。

（3）USB 3.0

USB 3.0 的理论速度为 5.0Gbit/s，接近于 USB 2.0 的 10 倍。可广泛用于 PC 外设和电子产品。

（4）USB 3.1

USB 3.1 Gen2 数据传输率可达 10Gbit/s。与 USB 3.0（也被称为 USB 3.1 Gen1）技术相比，它使用一个更高效的数据编码系统，并提供双倍的有效数据吞吐量。它完全向下兼容现有的 USB 连接器与线缆。

伴随 USB 3.1 而来的 C 型 USB（USB TYPE-C）接口，是计算机和智能手机上已普及的接口。

综上所述，微机中 I/O 设备、I/O 接口、I/O 控制器及 I/O 总线等的关系如图 3-9 所示。

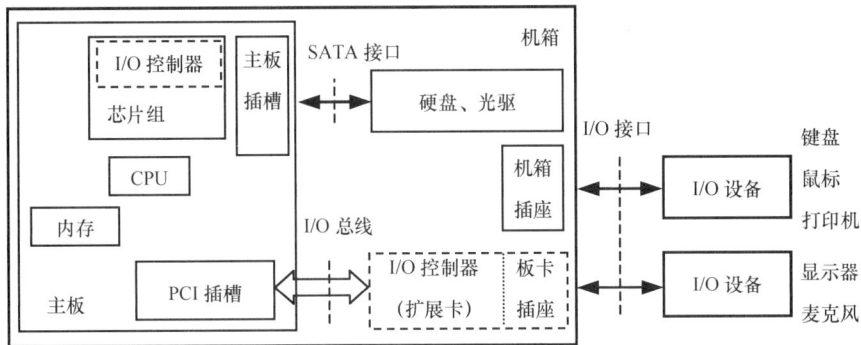

图 3-9　I/O 设备、I/O 接口、I/O 控制器及 I/O 总线等的关系

3.4　微型计算机的外部设备

3.4.1　外存储器及存储层次结构

外存储器即外存，作为主存储器的辅助设备和必要补充，外存储器在计算机中是必不可少的，其主要作用是长期存放计算机工作所需要的系统文件、应用程序、用户程序、文档和数据等。

外存储器容量一般很大，而且大部分可以移动，便于不同计算机进行信息共享。计算机传统的外存储器是磁带、软盘、硬盘等，近十几年来，各种光盘、U 盘和存储卡的普及，为大容量信息存储提供了更多的选择。

1．内置硬盘

内置硬盘是计算机最重要的外存储器，是每台微机必备的外部存储设备。常用的内置硬盘主要是机械硬盘和固态硬盘。

（1）机械硬盘

机械硬盘由磁盘盘片（存储介质）、主轴与主轴电机、移动臂、磁头和控制电路等组成，它们全部密封于一个盒状装置内。人们将这种传统的采用盘片来存储数据的硬盘称为机械硬盘（Hard Disk Drive，HDD）。

机械硬盘的盘片由铝合金或玻璃材料制成，盘片的上下两面都涂有一层很薄的磁性材料，通过磁性材料粒子的磁化来记录数据。磁性材料粒子有两种不同的磁化方向，分别用来表示记录的是"0"，还是"1"，如图 3-10 所示。机械硬盘由若干张这样的盘片组成，它们装在同一个轴上，与硬盘驱动器封在一起，并利用磁头进行盘片定位，读写数据。

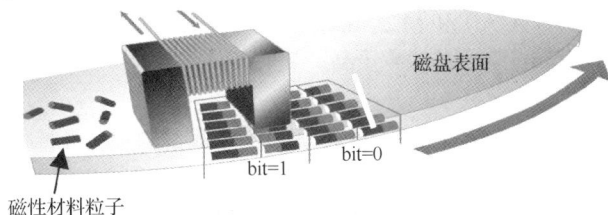

图 3-10　硬盘盘片上"1"和"0"的表示

一个机械硬盘可以有多张盘片，每张盘片有两个记录信息的面，每个面上一般都有几千个磁道，

每个磁道还要分成几千个扇区，每个扇区的容量一般为512Byte或4KB（容量超过2TB的硬盘）。机械硬盘读写数据以扇区为基本单位。盘片的磁道和扇区如图3-11所示，硬盘盘片叠加如图3-12所示（柱面：所有盘片上磁道号相同的磁道构成一个柱面）。

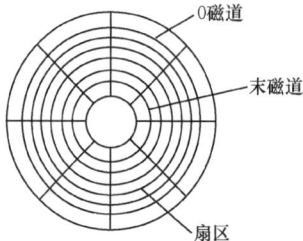

图3-11　盘片的磁道和扇区示意图　　　图3-12　硬盘盘片叠加示意图

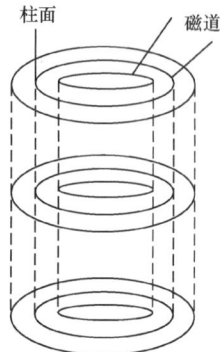

机械硬盘的主要性能参数有存储容量、转速、平均等待时间、硬盘自带Cache容量等。

① 存储容量。存储容量是硬盘最主要的参数，常以GB或TB为单位。目前硬盘存储容量已经超过1TB。机械硬盘存储容量取决于硬盘的磁头数（记录信息的面数）、每面磁道数、每个磁道的扇区数及每个扇区的字节数，即硬盘存储容量＝磁头数×磁道数×每磁道扇区数×每扇区字节数。

早期硬盘每一个磁道的扇区数相同，因此外圈磁道的记录密度远低于内圈磁道，这样会浪费很多磁盘空间。为了提高硬盘容量，后来硬盘厂商改用等密度结构生成硬盘，即每个扇区的磁道长度相等，外圈磁道的扇区比内圈磁道多。采用这种结构后，硬盘存储容量不再完全按照上述公式进行计算。

作为微机的外存储器，硬盘容量自然是越大越好，但限于成本和体积，提高单张盘片容量是提高机械硬盘容量的关键。

② 转速。转速是指机械硬盘盘片每分钟转动的圈数，单位为r/min。转速是决定机械硬盘内部数据传输率的关键因素之一，在很大程度上直接影响到机械硬盘的数据存取速度。转速越高，意味着数据存取速度越快。机械硬盘的常见转速有5400r/min、7200r/min、10000r/min等。

③ 平均等待时间。平均等待时间是指数据所在的扇区转到磁头下的平均时间，它是盘片旋转周期的一半。例如，转速为7200r/min的机械硬盘，其平均等待时间约为4ms。

④ 硬盘自带Cache容量。硬盘自带的Cache是硬盘驱动器上的一块芯片，具有极快的存取速度。硬盘的内部数据传输率和外部接口数据传输率不同，该Cache在其中起到一个缓冲的作用，能有效地改善硬盘的数据传输性能。理论上Cache的存取速度越快越好，容量越大越好。

硬盘接口是硬盘与主机系统间的连接部件，实现主机与硬盘之间的高速数据传输。现在主流的硬盘接口类型有SATA（串行ATA）和M.2。SATA接口具有结构简单、可靠性高、数据传输率高、支持热插拔等优点。M.2接口的数据传输率更高。

（2）固态硬盘

固态硬盘（Solid State Drive，SSD）是一种运用固态电子存储芯片阵列制成的存储装置，由控制单元和存储单元（FLASH芯片、DRAM芯片）组成。固态硬盘在接口的规范和定义、功能及使用方法上与机械硬盘相同。固态硬盘不存在机械结构，读取和写入时无须寻道，所以速度极快、效率极高，运行时无噪声，抗震能力强，功耗低，工作时能承受的温度范围比机械硬盘大。但固态硬盘由于读写次数的限制，寿命相对较短，而且单位成本较高。

2．移动存储器

随着网络和多媒体技术的发展，容量大、方便携带和使用的移动存储器越来越符合用户的需求。常用的移动存储器有 U 盘、闪存卡和移动硬盘。

U 盘是一种 Flash 存储器，它通过 USB 接口与计算机连接，即插即用。U 盘体积非常小，容量却很大，早已达 GB 级。U 盘不需要驱动器和外接电源，使用简便，存取速度快，可靠性高，只要介质不损坏，数据可长期保存。

闪存卡也是 Flash 存储器的一种，具有与 U 盘相同的优点，一般用作数码相机和手机的存储器，如 SD 卡。闪存卡种类繁多，存储原理类似而接口不同。闪存卡需要通过接口匹配的读卡器与计算机相连。

移动硬盘通常由笔记本电脑硬盘加上特制的配套硬盘盒构成，体积小，质量轻，存储容量大，可以达到 TB 级，数据存储安全可靠。移动硬盘主要采用 USB 接口或 eSATA（外部串行 ATA）接口与计算机连接。笔记本电脑硬盘尺寸比台式机硬盘尺寸小，直径为 1.8 英寸或 2.5 英寸（1 英寸=2.54 厘米），而台式机硬盘直径为 2.5 英寸或 3.5 英寸。

3．存储器的层次结构

在实际使用中，为了满足人们对存储器访问速度快、价格低、容量大的需求，计算机系统中采用了多种类型存储器，其层次结构如图 3-13 所示。

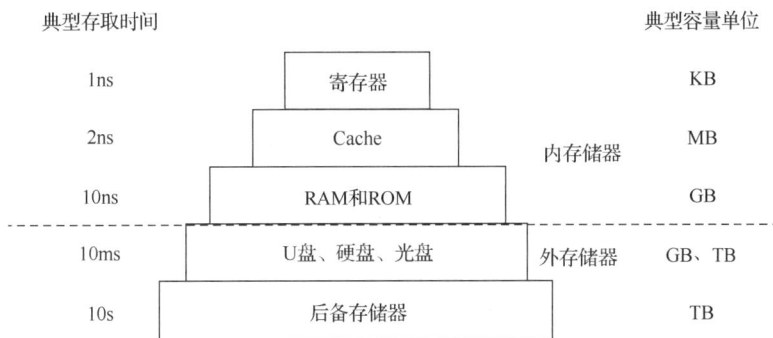

图 3-13　存储器的层次结构

3.4.2　输入输出设备

输入输出设备是计算机系统的重要组成部分。各种类型的信息通过输入设备输入计算机，计算机处理的结果由输出设备输出。微机的基本输入输出设备有键盘、鼠标、触摸屏、显示器、打印机等。其他输入输出设备，如扫描仪、摄像头、数码相机、投影仪、条形码或二维码扫描器、指纹识别器等，在此不做介绍，如有需要请参阅相关资料。

1．基本输入设备

（1）键盘

键盘是微机上使用较多的基本输入设备，通过键盘可以向计算机输入文字和数据，向计算机发出命令。键盘通常连接在 USB 接口上。近年来利用蓝牙技术无线连接到计算机的无线键盘也越来越多。

（2）鼠标

鼠标是控制屏幕上鼠标指针移动并向计算机输入用户所选中的某个操作命令或操作对象的一种常用输入设备。鼠标移动时，它的移动距离及方向的信息被转换成脉冲送到计算机，计算机再把脉冲转换成鼠标指针的坐标数据，从而达到指示位置的目的。鼠标通常连接在 USB 接口上。与无线键盘一样，无线鼠标也越来越多。

常用的鼠标有两种，一种是机械式的，另一种是光电式的。一般来说，光电式鼠标比机械式鼠标精确度更高，更耐用，更容易维护。

笔记本电脑一般还配备了触摸板，有的还配备了轨迹球，它们都是用来控制显示屏上鼠标指针的移动的。

（3）触摸屏

触摸屏是较为方便、自然的一种人机交互装置，广泛应用于便携式数字设备（如智能手机、数码相机、平板电脑等）、公共信息的查询与处理系统（如火车站自助售票系统，银行、医院的信息查询系统）等。

触摸屏是在液晶面板上覆盖一层透明触摸板制成的，兼有鼠标和键盘的功能。压感式触摸板对压力很敏感，能将用户的触摸位置转变为计算机的坐标数据，输入计算机。触摸屏简化了计算机的使用，即使是对计算机了解很少的人，也能够马上使用它，这使计算机展现出了更大的魅力。

2．基本输出设备

（1）显示器

显示器是用户与计算机交互时必不可少的图文输出设备。显示器质量的好坏，直接影响工作效率与人体的健康。早期，CRT（Cathode-Ray Tube，阴极射线管）显示器由于制造工艺成熟、性价比高，在显示器市场占据主导地位。现在 LCD（Liquid Crystal Display，液晶显示）技术成熟，液晶显示器已取代 CRT 显示器。

液晶显示器中的液晶是一种规则排列的有机化合物，是介于液体和固体之间的特殊物质，同时具有液体的流态性质和固体的光学性质。液晶本身并不发光，当液晶受到电压的影响时，它会因物理性质改变而发生形变，此时通过它的光的折射角度就会发生变化，产生色彩，因此，大量液晶就能显示变化万千的图像。

显示器的主要性能参数有显示器的分辨率、显示器像素的颜色数目，以及液晶显示器的响应时间。

① 显示器的分辨率，是指显示器屏幕上像素的数目，一般用水平像素×垂直像素表示，如 1024 像素×768 像素、1600 像素×1200 像素、1920 像素×1200 像素等。液晶显示器只有在标准分辨率下才能实现最佳显示效果，因为其像素的数目和位置都是不变的。

② 显示器像素的颜色数目，是指一个像素可以显示多少种颜色，由表示这个像素的二进制位数决定。显然，二进制位数越多，能显示的颜色就越多。彩色显示器的彩色是由三基色 R（红）、G（绿）、B（蓝）合成得到的，因此 R、G、B 三个基色的二进制位数之和决定了可以显示的颜色的数目。例如，R、G、B 分别用 8 位表示，则它就可以表示 $2^{24}=16\ 777\ 216$ 种不同的颜色。

③ 液晶显示器的响应时间取决于液晶显示器各像素点对输入信号反应的速度，即像素点由暗转亮或由亮转暗的速度。响应时间越短越好。响应时间短，观看高速运动画面时就不会出现尾影拖曳的感觉。目前，一般液晶显示器的响应时间为几毫秒。

（2）打印机

打印机是计算机的主要输出设备之一，它可以把计算机的输出信息打印在介质上，便于存档保留。

常见的打印机主要有针式打印机、激光打印机和喷墨打印机。

① 针式打印机利用打印钢针按字符的点阵打印出文字和图形。针式打印机不仅可以在普通纸上打印，也可以在多层复写纸上打印，还可以打印存折、票据等，这是喷墨打印机、激光打印机做不到的。因此在银行、证券、邮政、商业等领域针式打印机有着不可替代的地位。但针式打印机噪声大，打印速度慢。

② 激光打印机利用激光将要输出的信息在硒鼓上形成静电图像，使碳粉吸附在纸上，经加热定影后输出。激光打印机打印质量好，速度快，噪声小。

③ 喷墨打印机将细微的墨水颗粒按照一定的要求喷射到打印纸上，从而成像并完成输出。喷墨

打印机体积小，质量轻，噪声小，打印精度较高，特别是彩色打印能力很强，但打印成本较高，适合于小批量打印。

近年来，彩色激光打印机和彩色喷墨打印机日趋成熟，成为主流打印机，其图像输出效果已达到照片所要求的质量水平。

打印机的性能参数主要有两个：打印分辨率和打印速度。打印分辨率也称为打印精度，用 dpi（每英寸可打印的点数）表示，打印分辨率越高，打印质量就越高。打印速度的单位是 ppm，即每分钟打印多少页纸（A4 纸）。

3.5　计算机软件

计算机软件是计算机系统的重要组成部分，其作用是指挥和控制硬件的运行，从而完成各种特定的任务。而操作系统（Operating System，OS）是计算机软件和计算机硬件之间起媒介作用的软件，是用户方便有效地使用计算机的软硬件资源的桥梁或接口。

3.5.1　软件概述

1．软件的定义

计算机软件是计算机程序、运行程序所需的数据，以及与程序有关的文档的总称。按照国际标准化组织的定义，软件是"包含与数据处理系统操作有关的程序、规程、规则，以及相关文档的智力创作"。在这个定义中，计算机软件所含的程序、规程和规则是对数据处理对象和操作方法的描述，与之相关的文档是对程序的开发、维护和使用等智力创作的真实记录，管理者借助文档可对软件开发的过程实施控制，以保证软件的质量，因此它也是软件的重要组成部分。

从科学概念上讲，"软件"这一术语还具有以下三层含义：一是个体含义，即上面所说的程序、规程、规则及文档，如文字处理软件 Word、火车售票管理系统软件等；二是整体含义，即在特定计算机系统中所有个体含义下的软件的总称，如某台计算机中所有具体软件（Windows、Python、Word、Excel 等）的总称；三是学科含义，是指软件研究、开发、维护，以及使用中涉及的理论、方法、技术所构成的学科，在这一意义上该术语是指软件学。

2．软件的作用

一个完整的计算机系统由硬件系统和软件系统协同工作来完成给定的任务。软件系统的重点在于如何管理计算机和使用计算机，也就是怎样通过软件的作用更好地发挥计算机的功能。

在计算机系统中，硬件是物质基础，软件是枢纽、灵魂。只有硬件没有软件的计算机，我们称之为"裸机"。在裸机上只能运行机器语言源程序，显然它的功能是有限的，计算机的功能没有得到有效的发挥。要使计算机充分发挥其功能，除了要有好的硬件，还要有丰富多样的软件。软件是用户与计算机硬件之间的接口。用户主要通过软件与计算机进行交流。

3．软件的分类

计算机软件种类繁多，从不同角度可以有不同的分类方式。通常，按照软件的功能可以将软件分为系统软件和应用软件两大类。

（1）系统软件

系统软件是支持计算机用户方便地使用和管理计算机的软件，它的功能是对整个计算机系统进行调度、管理、监视和服务，为用户使用计算机提供方便，并可扩充计算机功能，提高计算机的使用效率。系统软件的主要特点是没有特定的应用领域，与硬件系统有很强的交互性，能对硬件系统资源进行调度，可供所有用户使用。

在任何计算机系统中，系统软件都是必须首先考虑并配置的软件。常见的系统软件有操作系统（如 Windows、UNIX）、语言处理程序（如 C 语言编译器）、数据库管理系统（如 Access）和其他一些实用程序。

操作系统是用于管理和控制计算机软硬件资源的系统软件，是软件的核心，任何计算机系统都必须装有操作系统，才能构成完整的运行平台。语言处理程序是将汇编语言或高级语言编写的程序转换成机器语言程序的翻译程序。数据库管理系统是管理和控制数据库的软件。

（2）应用软件

应用软件是用于完成各种具体任务的软件。由于计算机的通用性和应用的广泛性，应用软件的种类比系统软件更丰富。按照开发方式和使用范围的不同，可将应用软件分成两类，即通用应用软件和定制应用软件。

通用应用软件是应用于许多行业和部门的应用软件，如办公软件包、图形图像处理软件、游戏软件、网络服务软件等。这类软件的特点是通用性强、应用范围广。

定制应用软件是针对具体问题专门设计开发的应用软件，能满足用户的特定需求，如 12306 订票系统、某大学的教务管理系统等。这类软件专业性强，运行效率高，成本较高。

应用软件依赖系统软件，只能在其支持的操作系统下运行。

（3）系统软件和应用软件的关系

在计算机系统中，硬件是软件运行的物质基础，而软件对计算机功能的发挥起决定作用。由于许多软件的运行需要依托一些更基础的软件，各种软件形成了层次关系，功能逐层扩展。硬件和软件、系统软件和应用软件的层次关系如图 3-14 所示。

从图 3-14 中可以看出，包在硬件外面的是最基本的系统软件——操作系统，包在操作系统外面的是其他系统软件和应用软件。软件是在硬件基础上对硬件功能的扩充；软件又可以分为若干层，内层软件是对计算机硬件功能的扩充，而外层软件是对内层软件功能的进一步扩充。

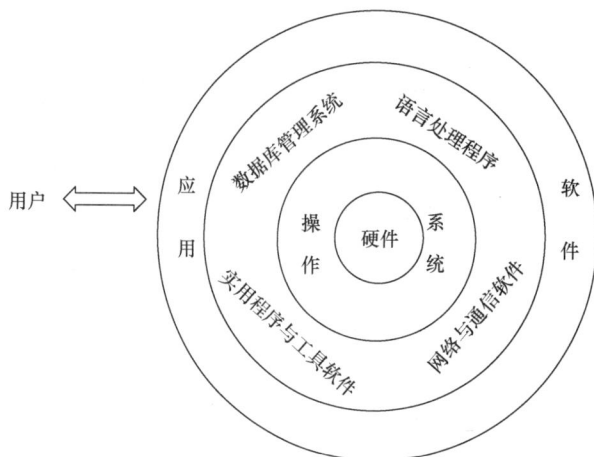

图 3-14　计算机系统的层次关系

3.5.2　操作系统基础

操作系统是随着计算机硬件和软件的发展而形成的系统软件，是计算机系统中最重要的系统软件，各种类型的计算机都必须配置操作系统。

1．操作系统的概念和作用

操作系统是管理和控制计算机软硬件资源的程序集合。它合理地组织计算机的工作流程，以提高资源的利用率，并为用户提供一个功能强大、使用方便的工作环境。

操作系统是直接运行在裸机上的最基本的系统软件，任何其他软件都必须在操作系统的支持下运行。用户通过操作系统使用和管理计算机，可得到方便、高效、友好的使用环境。因此可以说，操作系统是计算机硬件与其他软件的接口，也是用户和计算机的接口。操作系统与用户、计算机硬件和其他软件之间的关系如图 3-15 所示。

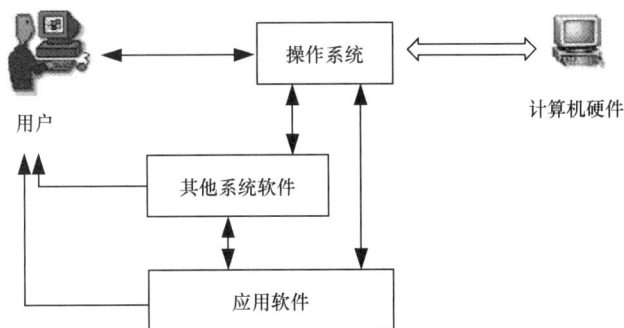

图 3-15 操作系统与用户、计算机硬件和其他软件的关系

操作系统的主要作用可概括为以下两个方面。

（1）管理计算机系统中的各种资源

计算机资源是指计算机系统所包括的硬件资源和软件资源，如 CPU、存储器（内存和外存）和输入输出设备都是计算机的硬件资源，而通常以文件的形式存放的程序和数据则属于计算机的软件资源。在计算机系统中，操作系统承担系统资源管理的任务，负责对计算机系统中的各类资源进行合理调度和分配，最大限度地提高计算机系统资源的使用效率。

（2）为用户提供各种服务界面

用户界面由操作系统提供给用户，用来与计算机通信。操作系统可以提供多种形式的用户界面，使用户有良好的工作环境，以提高用户的工作效率，并可为其他软件的开发和运行提供必要的服务和相应的接口。

2．操作系统的分类

从早期的批处理方式开始，随着计算机软硬件技术的发展和应用范围的扩大，操作系统也在不断地发展和完善，出现了多种类型的操作系统。

操作系统的分类方法有很多：按照操作系统处理的任务数量，可分为单任务操作系统和多任务操作系统；按照在同一时刻使用操作系统的用户数量，可分为单用户操作系统和多用户操作系统；按照操作系统的功能特征的不同，可分为批处理操作系统、分时操作系统、实时操作系统、个人计算机操作系统、网络操作系统、智能手机操作系统等。

下面简要介绍几种常用的操作系统。

（1）批处理操作系统

早期的操作系统采用批处理方式处理作业。在批处理操作系统中，用户可以把作业一批批地输入系统。它的主要特点是允许用户将由程序、数据，以及说明如何运行该作业的操作说明书组成的作业一批批地提交给系统，然后系统不再与用户发生交互，直到作业运行完毕，用户才能根据输出结果分析作业运行情况，确定是否需要适当修改作业，再次运行。

（2）分时操作系统

分时操作系统允许多个用户同时联机使用一台计算机，每个用户在自己的终端上向系统发出服务请求，等待计算机的处理结果并决定下一步的操作。它把 CPU 的处理时间分成一些小时间片供多个用户轮流使用，即"时间片轮转"。由于计算机运算速度快和并行工作的特点，每个用户都感到自己在独占这台计算机。典型的分时操作系统有 UNIX、Linux 等。

（3）实时操作系统

实时操作系统用于需要快速响应和即时处理的应用领域，如军事指挥控制、武器系统、证券交易、生产自动控制等。这里的"实时"即"立即工作"。实时操作系统一般可分为两类：实时控制系统（如导弹发射系统、飞机自动导航系统）和实时信息处理系统（如火车票订购系统、检索系统）。

（4）个人计算机操作系统

个人计算机操作系统是一种运行在个人计算机上的单用户多任务操作系统，主要特点：计算机在某段时间内为单个用户服务；允许用户一次提交多个任务；采用图形用户界面，界面友好，操作方便。例如，Windows 操作系统就是典型的个人计算机操作系统。

（5）网络操作系统

网络操作系统就是对计算机网络进行管理的操作系统，它在通常的操作系统基础之上，按网络体系结构和协议标准扩充功能，包括网络管理、通信、安全、资源共享和各种网络应用。

（6）智能手机操作系统

智能手机操作系统运行在智能手机上。智能手机具有独立的操作系统、友好的用户界面，以及很强的应用扩展性，能方便地安装和删除应用程序。当前常用的智能手机操作系统有 Android 和 iOS。

3. 操作系统的管理功能

操作系统的管理功能包括五个方面，即处理器管理、存储管理、设备管理、文件管理和作业管理。下面简单介绍五大管理功能。

（1）处理器管理

处理器管理实质上是对处理器执行"时间"的管理，即将 CPU 的处理时间合理地分配给每个任务。在多道程序环境下，处理器的分配和运行都是以进程为基本单位的，因此对处理器的管理可以归结为对进程的管理。

为了能准确地描述和实现多个程序并发执行的过程，操作系统引入了进程的概念。操作系统通过为每道程序建立进程，使多道程序能以进程的形式并发执行，以改善资源利用率和提高吞吐量。

进程与程序不是等同的概念，它们既有区别，又有联系。进程是一个动态的概念，是"活动的"，它有产生、运行、消亡的过程。程序是一个静态的概念，是指令和数据的集合，作为一种文件可长期存放在外存储器中。进程与程序也不一一对应，一个程序可以对应一个进程，也可以对应多个进程。反之，一个进程可以对应一个程序，或对应一个程序的某一部分。

进程在它的生命周期内，由于受到资源的制约，其执行是间歇性的，因此进程的状态也是不断变化的。一般来说，进程有 3 个基本状态：就绪状态、执行状态和等待状态（也称为"挂起状态"或"阻塞状态"）。在运行期间，进程不断地从一个状态转换到另一个状态，3 种基本状态之间的转换关系如图 3-16 所示。处于就绪状态的进程，在调度程序为其分配 CPU 资源后立即转换为执行状态。正在执行的进程在用完分配的 CPU 时间片后，暂停执行，立即转换为就绪状态。处于执行状态的进程因运行所需资源不足，执行受阻时，则转换为等待状态。当处于等待状态的进程获得运行所需资源时，它又由等待状态转换为就绪状态。

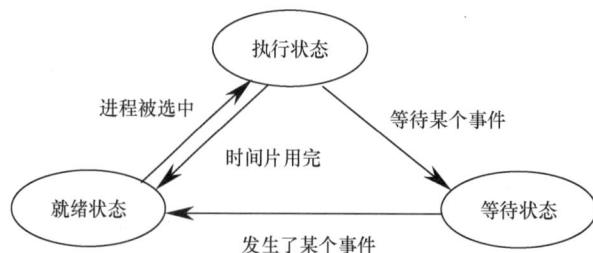

图 3-16　进程的基本状态转换关系

进程管理主要包括进程控制、进程同步、进程通信和进程调度等方面。进程控制的基本功能是创建和撤销进程，以及控制进程的状态转换。进程同步是指系统对并发执行的进程进行协调。进程通信就是指进程间所进行的信息交换。进程调度是指按一定的算法，如最高优先权算法，从就绪状态的进程队列中选出一个进程，把 CPU 资源分配给它，并使之运行。

在 Windows 中，用户可以使用"任务管理器"查看正在运行的应用程序及进程的相关信息，如图 3-17 所示。

进程是可并发执行的程序在一个数据集合上的运行过程。它可以申请和拥有系统资源，如内存空间和 CPU 处理时间等。在传统操作系统中进程是可以独立调度的基本单位，而在现代操作系统中线程是调度的基本单位。

随着硬件和软件技术的发展，为了更好地实现并发处理和共享资源，提高 CPU 的利用率，许多操作系统把进程再细分为线程。一个进程可以有多个线程，它们共享许多资源。传统的进程可以看成只有一个线程在执行的进程。在 Windows 中，线程是 CPU 的分配单位。

（2）存储管理

存储管理实质是对存储空间的管理，主要是指对内存空间的管理。存储管理的主要任务是为多道程序的运行提供良好的环境，方便用户使用存储器，提高存储器的利用率及从逻辑上扩充内存。

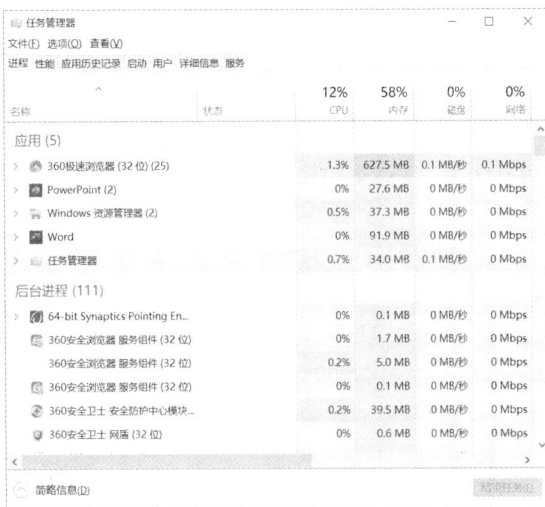

图 3-17　Windows 10 任务管理器显示
应用程序和进程的运行情况

为了完成上述任务，存储管理应具有以下 4 种功能：内存分配、内存保护、地址映射和内存扩充。内存分配是为每道程序分配足够其完整运行的内存空间，而且要提高存储器的利用率。内存保护就是在计算机运行过程中，保证各道程序都能在自己的内存空间运行而互不干扰。在多道程序系统中，操作系统必须提供把程序地址空间中的逻辑地址转换为内存空间对应物理地址的功能，这种地址变换过程称为地址映射，显然，地址映射功能使用户不必关心物理存储空间的分配细节，从而为用户编辑提供了方便。虽然计算机内存的容量在不断扩大，但容量总是有限的，为了满足用户的要求并改善系统性能，可借助于虚拟存储器技术，从逻辑上去扩充内存容量（使用一部分硬盘空间模拟内存，即虚拟内存），使系统能够运行对内存需求量远大于物理内存的程序，或让更多的程序并发执行。

虚拟内存的最大容量与 CPU 的寻址能力有关。例如，CPU 的地址总线的位宽是 32 位，则虚拟内存空间可以达到 4GB。虚拟内存在 Windows 中又称为页面文件（pagefile.sys），其大小会根据实际情况自动调整。例如，在 Windows 10 中，用户如果需要调整虚拟内存的大小，可在"此电脑"快捷菜单中选择"属性"命令，然后选择"高级系统设置"选项，在弹出的"系统属性"对话框中选择"高级"选项卡，在"性能"区域单击"设置"按钮，则弹出"性能选项"对话框，在其中选择"高级"选项卡，最后在"虚拟内存"区域单击"更改"按钮，打开图 3-18 所示的对话框，在此对话框中可设置虚拟内存的大小。

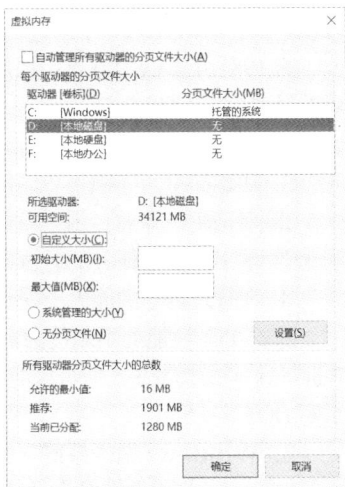

图 3-18　Windows 10 的"虚拟内存"
对话框

（3）设备管理

设备管理是指对计算机系统中除 CPU 和内存外的所有 I/O 设备的管理，它的主要任务是为用户程序分配 I/O 设备，完成用户程序请求的输入输出操作，提高 CPU 和 I/O 设备的利用率，

个人计算环境　第 3 章

改善人机界面。

为了完成上述任务，设备管理程序具有如下功能：缓冲管理、设备分配、设备处理和虚拟设备。

（4）文件管理

操作系统中的文件管理模块称为文件系统。文件管理的主要任务是有效地支持文件的存储、检索和修改等操作，解决文件的共享、保密和保护问题，使用户方便、安全地使用所需的文件。

在 Windows 10 中，用户可以通过"此电脑"或"文件资源管理器"窗口进行文件管理，例如，浏览文件、文件夹和其他系统资源，新建文件夹，对文件和文件夹进行复制、移动、删除、重命名等操作。

文件系统是操作系统中实现对文件的组织、管理和存取的一组程序，或者说是管理文件资源的软件。Windows 支持的常用文件系统有 3 种：FAT32、NTFS 和 exFAT。FAT 是 File Allocation Table（文件分配表）的缩写，NTFS 是 New Technology File System（新技术文件系统）的缩写，exFAT 是 Extended File Allocation Table（扩展文件分配表）的缩写。

文件管理的主要功能有文件目录管理、文件存储空间管理，以及文件共享与安全设置。

（5）作业管理

作业是指用户在一次操作过程中要求计算机所做工作的总和，也可以理解为用户让计算机干的某件事。作业管理的任务是为用户使用系统提供良好的环境，让用户有效地组织自己的工作流程，使整个系统高效运行。

从用户使用的角度来看，操作系统是用户使用计算机系统的接口，它为用户提供了方便的工作环境。操作系统的作业管理为用户提供的接口有命令接口、系统调用接口和图形用户接口。现代主要操作系统大都提供了图形用户接口，如 Windows 操作系统。

3.5.3　典型操作系统简介

随着计算机系统结构和使用方式的发展，各种操作系统也随之产生和发展。早期比较著名的操作系统有 CP/M、DOS、UNIX、XENIX、VAX/VMS、MVS 等，现在典型的操作系统有 Windows、UNIX、Linux、Android、iOS、鸿蒙 OS 等。

1．DOS 操作系统

DOS 是磁盘操作系统（Disk Operation System）的英文缩写，它最初是 1981 年美国微软公司为 IBM PC 开发的一种操作系统。经微软公司和 IBM 公司的改进和开发，两种版本被分别命名为 MS-DOS 和 PC-DOS，功能基本相同。由于 MS-DOS 采取开放策略，因此其占据了 PC 的主要市场份额，成为 20 世纪 80 年代 PC 上主流的操作系统。

自 1981 年 DOS 1.0 推出以后，经过多年的不断完善，DOS 的版本不断发展，1994 年推出了最后的经典版本 DOS 6.22。

DOS 的主要特点：

① 功能简单、体积小巧、价格低；

② 字符用户界面，用户需要通过从键盘上输入字符命令来控制计算机工作；

③ 单用户、单任务的运行方式，即同一时刻只能运行一个程序；

④ 在管理内存的能力上受 640KB 常规内存的限制。

随着 PC 性能的不断提高和计算机应用范围的不断扩展，DOS 的缺点日渐突出，逐步让位于 Windows 等操作系统。但是目前在一些应用领域，DOS 仍在使用，并且 Windows 等操作系统还保留了对 DOS 的兼容性。

2．Windows 操作系统

Windows 操作系统是由微软公司开发的基于图形用户界面的多任务操作系统。它界面友好，操作方便，深受广大用户的欢迎，是目前 PC 中应用较广泛的一种操作系统。

Windows 最初是作为 DOS 的图形化扩充而推出的。微软公司自 1985 年推出 Windows 1.0 以来，不断更新 Windows 版本。1990 年 Windows 3.0 成功推出，也标志着 Windows 时代的到来。它能够采用保护模式来运行程序，打破了 MS-DOS 的 640KB 内存限制，许多厂商开发了大量基于 Windows 的应用软件。1992 年 Windows 3.1 推出，对 Windows 3.0 进行了重要的升级和更新。1993 年微软公司推出了全新的 32 位多任务操作系统 Windows NT，它有很强的网络功能。1995 年推出了 Windows 95，它完全脱离了 DOS 平台，受到广泛的欢迎。1998 年，微软公司推出了 Windows 98，它是 Windows 9x 的最后一个版本。Windows 98 是建立在 Windows 95 上并加以创新的 32 位操作系统，它全面支持 16 位应用程序，支持先进的硬件技术和娱乐平台，改善了通信和网络性能，优化的界面更易于用户使用。2000 年，微软公司推出了 Windows 2000，即 Windows NT 5.0，它是微软为解决 Windows 9x 的不稳定和 Windows NT 的多媒体支持不足推出的一个版本，在使用 Windows NT 内核的同时增加了许多新的功能。例如，在即插即用方面，它支持 USB 设备，支持功率的调节和各种硬件编程接口等，在实用性、安全性和稳定性方面都有所改进。

2001 年，微软推出了 Windows XP，它是一个既适合家庭用户，又适合商业用户的操作系统。Windows XP 采用基于 Windows NT 的内核，集成了其稳定性、安全性及多媒体和网络功能，使微软的前台不再采用 Windows 9x 系列的内核。Windows XP 采用了智能化的界面，具有崭新的视觉效果，在多用户的计算机上可以快速切换用户。Windows XP 具有强大的多媒体功能，并将常用的数字媒体操作整合在一起。Windows XP 改进了对设备和硬件的支持，特别是对系统稳定性和设备兼容性有更好的支持，简化了计算机硬件的安装、配置和管理过程。

2006 年 11 月，微软公司推出了 Windows Vista。Windows Vista 首次在操作系统中引入 Life Immersion（生活沉浸）概念，即在操作系统中集成许多人性化的因素，以人为本，尽可能贴近用户，使计算机的操作更加直观、方便。该操作系统在安全性、稳定性和互动体验等方面进行了改进。

2009 年 10 月，微软公司发布了 Windows 7。Windows 7 是微软对 Windows Vista 进行改进后推出的版本。它在易用性、用户的个性化、视听娱乐功能的优化、安全性、网络性能等多方面进行了改进，具有更易用、更快速、更简单、更安全、更低的成本、更好的连接等特点。Windows 7 既有 32 位版本，也有 64 位版本，体现了个人计算机从 32 位系统向 64 位系统过渡的趋势。

2012 年 10 月，微软公司推出了 Windows 8。它既支持个人计算机（x86-64 架构），也支持平板电脑（x86 架构或 ARM 架构）。该操作系统提供了更好的屏幕触控支持。Windows 8 的界面有两种，即传统界面和新用户界面（称为 Metro 界面），用户可以按喜好进行切换。该操作系统启动速度更快、占用内存更少，并兼容 Windows 7 所支持的软件和硬件。另外其界面设计上，采用平面化设计。2013 年 10 月微软发布了 Windows 8.1，又增加了一些功能。

2015 年 7 月，微软公司推出了 Windows 10，它是微软公司所研发的新一代跨平台及设备应用的操作系统，支持个人计算机、平板电脑、智能手机等。该操作系统为所有硬件提供一个统一的平台，用户可以在不同的 Windows 设备上运行同一个应用。Windows 10 提供了多桌面、多任务、多窗口功能。用户可以根据不同的需要创建多个虚拟桌面，并可以方便地进行切换。通过分屏多窗口功能，用户可以在屏幕中同时摆放多个窗口，还可以在单独窗口内显示正在运行的其他应用程序。

Windows 操作系统之所以如此流行，是因为它有下列主要优点：界面图形化，多任务，网络支持良好，出色的多媒体功能，硬件支持良好，众多的应用程序。

3．UNIX 操作系统

UNIX 是一种通用型、多用户、多任务、交互式、分时操作系统。它是由美国电话电报公司的一个研究机构——贝尔实验室于 1969 年开发出来的。自 UNIX 问世以来，人们已开发出许多以 UNIX 为基础的操作系统，如微机、大型机上的各种类 UNIX 操作系统，以及用于计算机网络及分布式计算机系统上的类 UNIX 操作系统等。它已成为国际上目前应用领域较广泛、影响较大的主流操作系统。

UNIX 操作系统的主要特点包括以下几方面。

（1）开放性

开放性是指遵循国际标准，特别是遵循了开放系统互连（Open System Interconnection，OSI）国际标准。遵循国际标准的系统彼此兼容，可方便地实现互连。人们普遍认为，UNIX 是目前开放性最好的操作系统。它能广泛地配置在微机、中型机、大型机等各种计算机上，而且用户能方便地将已配置了 UNIX 操作系统的计算机互连成计算机网络，这也是它被广泛应用的主要原因之一。

（2）结构简练

UNIX 操作系统的设计思想着眼于向用户提供包含多种工具，而且便于综合应用它们的程序设计环境，也就是构建一个能够提供各种服务的基础。在这样的设计思想指导下，UNIX 操作系统在结构上分成两大层：内核和外层应用子系统，如图 3-19 所示。内核部分负责协调计算机内部功能（如进程管理、存储管理、设备管理、文件管理等），并向外层提供全部应用程序所需的服务；内核部分非常精干简洁，只占用很小的存储空间，并且能够常驻内存，这就从根本上保证了系统能够以较高效率运行。外层应用子系统包括 UNIX 的命令解释程序（Shell）、文本处理程序、电子邮件通信程序、信息处理程序、公用程序及编程环境等。

图 3-19　UNIX 操作系统的结构

（3）树形结构的文件系统且将文件和设备统一处理

UNIX 操作系统具有一个树形结构的文件系统，可方便地对文件进行查找、增加、删除等操作，而且将各种设备都定义为特殊的文件，分别赋予它们对应的文件名，用户可以像使用文件那样使用任一设备。

（4）可移植性好

由于 UNIX 操作系统几乎全部是用可移植性很好的 C 语言编写的，其内核极小，模块结构化，各模块可以单独编译，因此，可以很方便地将其移植到不同的计算机上。

（5）可靠性强

UNIX 是一个成熟而且比较可靠的操作系统。在应用软件出错的情况下，虽然系统性能会有所下降，但系统不会崩溃。

（6）强大的网络功能

UNIX 操作系统支持多种网络接口、协议和远程过程调用（Remote Procedure Call，RPC）机制，集成了网络文件系统（Network File System，NFS）和分布式计算环境（Distributed Computing Environment，DCE）等网络信息共享服务。著名的网络协议 TCP/IP 也是在 UNIX 操作系统上开发成功的。UNIX 已成为很多分布式系统中服务器选用的操作系统。

4．Linux 操作系统

Linux 开始是用于 IBM PC 的一个 UNIX 变种，它是一个源代码开放的多用户操作系统。Linux 最初是由芬兰赫尔辛基大学的一名大学生林纳斯·托瓦兹（Linus Torvolds）编写的。自 1991 年它的源代码在网络上公布以来，有很多人对其进行修改、再创造，使其逐渐成为一个功能完善、稳定可靠、应用广泛的操作系统。

Linux 操作系统的主要特点如下。

（1）完全免费、源代码开放

Linux 是一种在通用公共许可证（General Public License，GPL）保护下的"自由软件"，用户可以通过网络或其他途径免费获得，并可以任意修改其源代码。正是由于这一点，来自全世界的无数程序员参与了 Linux 的修改、编写工作，程序员可以根据自己的兴趣和灵感对其进行改变。这让

Linux 吸收了无数程序员的思想精华，不断壮大。

（2）完全兼容 POSIX 1.0 标准

POSIX 1.0 是电气电子工程师学会（Institute of Electrical and Electronics Engineers，IEEE）所定义的一套可移植操作系统接口标准。人们可以在 Linux 上通过相应的模拟器运行常见的 DOS、Windows 程序，这为用户从 Windows 转到 Linux 奠定了基础。

（3）良好的界面

Linux 同时具有字符界面和图形界面。在字符界面中，用户可以通过键盘输入相应的指令来进行操作。在类似 Windows 图形界面的 X Window 图形界面中，用户可以使用鼠标进行操作。

（4）网络功能强大

在 Linux 中，用户可以轻松完成网页浏览、文件传输、远程登录等网络操作，并且该计算机可以作为服务器提供 WWW、FTP、E-mail 等服务。

（5）可靠的安全、稳定性

Linux 采取了许多安全技术措施，其中有对读、写进行权限控制的技术措施，也有审计跟踪、核心授权等技术措施，这些都为安全性提供了保障。Linux 由于需要应用到网络服务器，因此具有很高的稳定性。

（6）支持多种平台

Linux 可以运行在多种硬件平台上。此外，Linux 还是一种嵌入式操作系统，可以运行在掌上电脑、机顶盒或游戏机上。Linux 也支持多处理器技术。多个 CPU 同时工作，可使系统性能大大提高。

5．Android 操作系统

Android（安卓）是一个以 Linux 内核为基础的开放源代码的操作系统，主要用于移动设备，如智能手机、平板电脑等。该操作系统最初由 Android 公司开发，主要支持智能手机，2005 年 8 月由 Google（谷歌）公司收购。2007 年 11 月，谷歌公司与 84 家硬件制造商、软件开发商及电信运营商组成开放手持设备联盟（Open Handset Alliance，OHA）来共同研发改良 Android 操作系统。随后谷歌公司以 Apache 开源许可证的授权方式，发布了 Android 的源代码。

Android 操作系统起初是为智能手机而开发，后来逐渐扩展到平板电脑及其他领域（包括电视机、游戏机、数码相机等）。

Android 操作系统是基于 Linux 内核开发而成的。为了让 Linux 内核在移动设备上能够良好地运行，谷歌公司对其进行了修改和扩充。自 2008 年 Android 1.1 发布以来，版本每年都在更新，2020 年 9 月谷歌公司发布了 Android 11.0，2023 年 10 月 4 日正式发布了适用于 Google Pixel 手机等设备的 Android 14。

Android 操作系统是完全免费开源的（部分组件除外），任何厂商都可以不经过谷歌公司和 OHA 的授权免费使用该操作系统。但制造商不能在自己的产品上随意使用谷歌标志和谷歌公司的应用程序，除非经过谷歌公司认证其产品符合谷歌兼容性定义。

Android 操作系统在结构上分为 5 层，如图 3-20 所示。第 1 层是底层，即 Linux 内核。Android 建立在 Linux 2.6 之上，包括一些核心服务和各种驱动程序。第 2 层是硬件抽象层（Hardware Abstract Layer，HAL）。硬件抽象层对硬件设备的具体实现加以抽象，是连接应用软件框架与 Linux 内核的重要桥梁。第 3 层是系统库和 Android 运行环境。系统库中有大量中间件；Android 运行环境包含核心库和虚拟机两部分。核心库提供了 Java 语言应用程序接口（Application Programming Interface，API）中的大部分功能，也包含 Android 的一些核心 API。虚拟机在 Android 5.0 之前使用的是 Dalvik，其后的版本采用的是 ART（Android Runtime，Android 运行时）虚拟机。Dalvik 虚拟机使用 JIT（Just-In-Time，即时）编译器将字节码转换为机器码，在应用软件安装时将 DEX 文件优化为 ODEX 文件，每次启动应用软件都会重新编译运行，所以性能较低；而 ART 虚拟机使用的是 AOT（Ahead-Of-Time，预先）编译技术，在应用软件安装的时候就将字节码转换为机器码，应用软件启动快，运行快，但会耗费较多的存储空间，安装时间较长。第 4 层是应用软件框架，它包含许多可重用和可替换的软件组件，如用户界面程序中的各种控件（文本框、按钮、列表等）。Android 操作系统简化了组件的重用方法，为快速进行应用软件开发提供了方便，它们是 Android 应用软件开发和运行的重要基础。第 5 层是应用软件。Android 操作系统自身提供了许多常用的应用软件，第三方软件开发商和自由软件开发者还可以开发自己的应用软件。

应用软件	
应用软件框架 （内容提供器、视图系统、活动管理器、窗口管理器、通告管理器、包管理器、电话管理器、资源管理器、位置管理器、传感器管理、Google Talk 服务等）	
系统库（原生C/C++库） （C函数库、图像/音频/视频播放与存储的多媒体框架、2D图形SGL、安全通信SSL、3D绘图OpenGL、显示管理Surface Manager、小型SQL数据库、网页浏览器核心WebKit、点阵字和矢量字绘制）	Android运行环境 （核心库） （ART虚拟机）
硬件抽象层 （音频设备、蓝牙设备、照相机、传感器等）	
Linux内核 （核心服务：内存管理、进程管理、安全管理、网络协议栈、电源管理等） （各种驱动程序：显示器、键盘、音频、蓝牙、USB、相机、Wi-Fi、闪存卡等）	

图 3-20　Android 操作系统的结构

Android 应用程序的扩展名是.apk，表示 Android 安装包（Android Package，APK）。把 APK 文件直接传到 Android 平板电脑或智能手机中即可运行。APK 文件其实是 ZIP 格式，可解压为 DEX 文件（DEX 文件是 ART 执行程序）后即可直接运行。

Android 操作系统的优势是它的开放性。它允许任何移动设备厂商加入，因此拥有更多的开发者、更多的应用程序和更多的用户。随着用户和应用的日益丰富，Android 操作系统逐渐走向成熟。Android 操作系统的开放性也带来了更激烈的市场竞争，用户经常可以用更低的价格获得更多、更好的应用软件。

谷歌公司通过其网上商店 Google Play（谷歌市场）向用户提供应用软件和游戏。用户也可以通过第三方网站或应用商品下载应用软件。

6．iOS

iOS 是苹果公司开发的移动设备操作系统。苹果公司最早于 2007 年 1 月 9 日举行的 Macworld 大会上公布了这个操作系统，随后于 2007 年 6 月发布 iOS 1.0（原名为 iPhone OS）。该操作系统最初是给 iPhone 使用的，后来逐步用于 iPod touch、iPad 和 Apple TV 等产品。它只支持苹果公司自己的硬件产品，不支持非苹果设备。由于 iPad、iPhone、iPod touch 都使用 iPhone OS，因此苹果公司在 2010 年苹果全球开发者大会上宣布将之改名为 iOS。自 iOS 1.0 发布以来，iOS 版本不断更新，2020 年 9 月苹果公司发布了 iOS 14.0，2023 年 9 月 18 日，iOS 17 正式版发布。

iOS 最初是由苹果公司 Mac 计算机使用的操作系统 OS X 修改而成的，它与 Mac OS X（现更名为 macOS）操作系统一样，属于类 UNIX 操作系统。macOS 和 iOS 的内核都是 Darwin。iOS 具有高性能的网络通信功能，支持多处理器和多种类型的文件系统。

iOS 的结构分为 4 个层次，即操作系统内核层、内核服务层、媒体层和触控界面层，如图 3-21 所示。其操作系统内核的功能与 Windows、Linux 等内核的功能相似，其他 3 层包含许多应用框架、组件和函数库。框架是一种可复用的组件，可供开发人员用来构建应用程序。高层框架建立在低层框架上，低层框架为高层框架和应用程序提供服务。应用程序大多是在框架的基础上开发而成的，也必须在这些框架所提供的服务和功能的基础上运行。例如，触控界面层包含的 UIKit 框架可以用来为应用程序构建和管理用户界面、处理用户的触摸操作、在屏幕上显示文本和 Web 内容、构建定制的界面元素等。

触控界面层	UIKit
媒体层	Core Graphics
	OpenGL ES
	Core
内核服务层	Core Data
	Foundation
操作系统内核层（Darwin）	

图 3-21　iOS 的结构

iOS 的用户界面采用多点触控，用户通过手指在触摸屏上滑动、轻按、挤压和旋转等动作与系统互动，控制要进行的操作。屏幕的主界面是排成方格形式的应用程序图标，有 4～6 个程序图标被固定在屏幕底部，屏幕顶部是状态栏，能显示时间、电池电量和通信信号强度等信息，将状态栏下滑可以显示通知栏。

iOS 内置了苹果公司开发的许多常用的应用程序，如邮件、Safari 浏览器、音乐、视频、日历、照片、相机、FaceTime 视频电话、Photo Booth、地图（Apple Map）、天气、备忘录、杂志、提醒事项、时钟、计算器、指南针、语音备忘录、App Store、Game Center、iTunes、Siri 等。

iOS 6 开始配置全新的中文词典和较完善的输入法，能支持 3 万多汉字。人工智能助理软件 Siri 使用了自然语言处理技术，用户可以通过语音与智能手机或平板电脑对话，完成资料搜索、天气查询、设定闹钟、发送信息、预约会议、拨打电话等多种功能。云（iCloud）服务可以让用户免费存储 5GB 的数据。用户可以在"云端"存放照片、应用程序、电子邮件、通信录、日历和文档等，并以无线方式将它们推送到用户所有 iOS 设备上。例如，用户用 iPad 拍摄了照片或书写了日历事件，iCloud 能确保这些内容被自动推送到用户的 Mac、iPhone 和 iPod touch 上，无须任何操作。

为 iOS 移动设备开发的第三方软件必须通过苹果应用商店（App Store）审核和发行，iOS 只支持从 App Store 下载和安装软件。App Store 是苹果公司为 iOS 创建和维护的应用程序发布平台，软件开发者可以将其开发的软件和游戏上传到 App Store，委托 App Store 发售，用户可付费或免费下载。应用程序可以直接下载到 iOS 设备，也可以通过 Mac 或 PC 上的 iTunes 软件下载到计算机。

7．华为鸿蒙操作系统（鸿蒙 OS）

2019 年 8 月 9 日，华为公司在东莞举行华为开发者大会，正式发布操作系统鸿蒙 OS（HarmonyOS）。鸿蒙 OS 是一款"面向未来"的操作系统，也是一款基于微内核的面向全场景的分布式操作系统，可按需扩展，实现更广泛的系统安全，主要用于物联网，特点是低时延，时延可到毫秒级乃至亚毫秒级。

鸿蒙 OS 实现了模块化耦合，对应不同设备可弹性部署。鸿蒙 OS 有 4 层架构，第一层是内核，第二层是系统服务层，第三层是框架层，第四层是应用层。华为对于鸿蒙操作系统的定位完全不同于安卓操作系统，它不仅是智能手机或某种设备的单一操作系统，还是一个可将所有设备串联在一起的通用性操作系统，也就是多个不同设备如智能手机、智慧屏、平板电脑、车载电脑等，都可使用鸿蒙操作系统。2019 年 8 月 10 日，荣耀正式发布荣耀智慧屏、荣耀智慧屏 Pro，搭载鸿蒙 OS。

2020 年 9 月 10 日，鸿蒙 OS 升级至鸿蒙 OS 2.0，在关键的分布式软总线、分布式数据管理、分布式安全等分布式能力上进行了全面升级，为开发者提供了完整的分布式设备与应用开发生态。2020 年，华为与美的、九阳、老板等家电厂商达成合作，这些品牌随后发布了搭载鸿蒙 OS 的全新家电产品。

2020 年 12 月 16 日，华为正式发布了鸿蒙 OS 2.0 手机开发者 Beta 版本。2022 年 7 月 27 日，华为发布鸿蒙 OS 3.0。2023 年 8 月 4 日，鸿蒙 OS 4 正式发布。2024 年 1 月 18 日下午，HarmonyOS NEXT 鸿蒙星河版面向开发者全面开放申请。

鸿蒙 OS 具备分布式软总线、分布式数据管理和分布式安全三大核心能力。

（1）分布式软总线

分布式软总线让多设备融合为"一个设备"，带来设备内和设备间高吞吐、低时延、高可靠的流畅连接体验。

（2）分布式数据管理

分布式数据管理让跨设备访问数据如同访问本地数据，大大提升跨设备数据远程读写和检索性能等。

（3）分布式安全

分布式安全确保正确的人用正确的设备正确使用数据。当用户进行解锁、付款、登录等行为时操作系统会主动拉出认证请求，并通过分布式技术可信互联能力，协同身份认证确保正确的人。鸿蒙 OS 能够把智能手机的内核级安全能力扩展到其他终端，进而提升全场景设备的安全性，通过设备互助抵御攻击，保障智能家居网络安全。鸿蒙 OS 通过定义数据和设备的安全级别，对数据和设备都进行了分类分级保护，确保数据流通安全可信。

3.6 计算机的基本工作原理

计算机的工作方式取决于它的两个基本能力：一是能够存储程序；二是能够自动执行程序。计算机利用存储器（内存）来存放所要执行的程序，CPU 依次从存储器中取出程序中的每一条指令并加以分析和执行，直至完成全部指令任务。这就是计算机的"存储程序"工作原理。下面主要介绍指令的概念及其执行过程。

3.6.1 指令及指令系统

要让计算机完成某个特定任务，则必须运行相应的程序。在计算机内部，程序由一系列指令组成，指令是构成程序的基本单位。

指令是能够被计算机识别并执行的二进制编码（也称为"机器语言"），它规定了计算机要执行的操作及操作对象所在的位置。在计算机中，每条指令表示一个简单的功能，许多条指令实现了计算机的复杂功能。

通常一条指令由两部分组成，如图 3-22 所示。

① 操作码是用来指出计算机应当执行何种操作的一串二进制数。例如，加法、减法、乘法、除法、取数、存数等操作，均有相应的二进制编码。操作码的位数决定了操作指令的条数。

操作码	操作数

图 3-22　指令的组成

② 操作数指出该指令所要操作（处理）的数据或者数据所在的地址。如果操作数给出的是地址信息，那么这部分也称为"地址码"。地址码可以给出若干个地址：所要处理的数据的地址（源操作数地址）、操作结果的存放地址（目的操作数地址）等。地址码可以是 CPU 某个寄存器的地址，也可以是内存储器的某个单元的地址。

例如，某条 16 位的指令如图 3-23 所示。

位数	15	14	13	12	11	10	9	8	7	6	5	4	3	2	1	0
指令	0	1	1	0	0	0	0	0	1	0	0	0	0	1	0	0

图 3-23　16 位指令

第 15～12 位为操作码，0110 表示"加"操作。

第 11～6 位为操作数之一地址码，000010 表示寄存器"B"。

第 5～0 位为操作数之二及目的操作数地址码，000100 表示寄存器"A"。

该指令要求进行加法操作，将寄存器 A 中的内容与寄存器 B 中的内容相加，结果存放在寄存器 A 中。

至于一条指令的长度为多少位，哪些位表示操作类型，哪些位表示数据，哪些位表示地址，不同类型的 CPU 有自己的约定。每种 CPU 有自己能识别的一组指令，一种 CPU 所能识别并执行的全部指令的集合称为该 CPU 的指令系统（Instruction Set）。不同类型的 CPU，其指令系统的指令条数有所不同。为了保证 CPU 的兼容性，同一生产厂家在 CPU 更新换代时，都会注意保留原来的指令系统，并使数据格式、I/O 系统保持不变，从而确保软件的向下兼容性。指令系统通常应包含以下指令。

① 数据传送指令：在存储器和 CPU 内的寄存器之间传送数据的指令。

② 数据处理指令：包括算术运算指令、逻辑运算指令、浮点运算指令、位（位串）运算指令等。算术运算指令包括加、减、乘、除等指令；逻辑运算指令包括与、或、非、异或等指令；浮点运算指令用于对浮点数进行算术、逻辑、跳转等运算，因为 CPU 对浮点运算的处理大大复杂于整数运算，所以 CPU 中一般会有专门负责浮点运算的浮点运算单元，其运算能力的强弱也是关系到 CPU 的多媒体、3D 图形处理能力的一个重要因素；位运算指令，如左移一位、右移一位，可以改变数据的值，位运算也可以对某一特定的位进行屏蔽和设置等。

③ 程序控制指令：包括各种转移指令、子程序调用指令、子程序返回指令、比较指令等。

④ 输入输出指令：在主机和外设之间传递数据的指令，控制外设的工作，读取外设的状态。

⑤ 其他指令：对计算机的硬件进行管理的指令，如堆栈操作指令、多处理器控制指令，以及停机、空操作等系统指令。

3.6.2 指令的执行过程

在计算机的工作过程中，控制器不断从存储器读取指令，在指令的执行过程中又不断地从存储器读取数据，以及将数据写入存储器。这样，在计算机的各个部件之间就形成了指令流和数据流。

指令流从存储器流向控制器；数据流在运算器与存储器及输入输出设备之间流动。详细过程以图 3-24 为例，下面对图中所示的程序计数器、指令寄存器、指令译码器的作用加以解释。

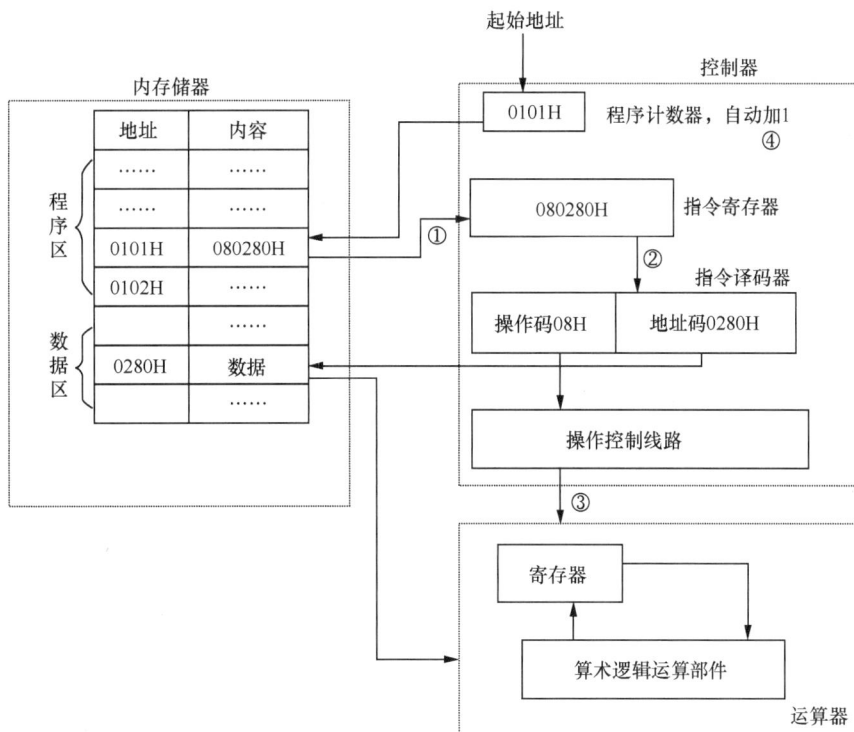

图 3-24　指令的执行过程

（1）程序计数器

程序计数器（Program Counter）中保存的是将要执行的指令的地址。通常指令在内存储器中依次存放，为了决定指令执行的先后顺序，必须设置这个具有计数功能的程序计数器，也称为指令地址寄存器。从程序计数器所指示的地址中取出指令后，程序计数器中的值自动加1，指向下一个将要执行的指令的地址，从而保证程序的自动连续执行。

（2）指令寄存器

指令寄存器（Instruction Register）保存从程序计数器指示的内存单元中取出的指令。

（3）指令译码器

指令译码器（Instruction Decoder）分析和解释指令的操作类型，识别指令的功能。

一条指令的执行过程可以分为3个阶段：取指令阶段、分析指令阶段和执行指令阶段。

（1）取指令阶段

取指令阶段的任务是将指令从内存中取出来并送至指令寄存器。具体操作对应图3-24中的①和④，执行过程可简单描述为，读取程序计数器中的内容（即要执行的指令被存放的地址，图中为0101H），向存储器发出读命令，从对应的存储单元中取出指令（图中为080280H），通过数据总线将指令送到指令寄存器中，同时程序计数器中的值加1（0102H），为取下一条指令做好准备。

以上操作对任何一条指令来说都是必须要执行的，也称为公共操作。完成取指令阶段任务花费的时间称为取指周期。

（2）分析指令阶段

取出指令（080280H）后，计算机立即进入分析阶段，指令译码器可以识别和区分不同的操作类型。由于各条指令功能不同，分析指令阶段的操作也各不相同。如果指令没有操作数，则只要根据操作码识别出具体的指令即可进入执行指令阶段。对于带操作数的指令就需要读取操作数。由图3-24中的例子分析得知操作码为08H，将其转换为实现功能的控制信号；地址码为0280H，即操作数所在内存单元地址，访问内存，取出操作数，此过程对应图3-24中②。

（3）执行指令阶段

执行指令阶段完成指令规定的操作，形成运算结果，并将其存储起来。此过程对应图3-24中③。

计算机工作时，CPU从内存中读出一条指令到CPU内执行，执行完后，再从内存中读出下一条指令到CPU内执行。CPU不断地取指令、分析指令、执行指令……直至遇到停机指令或外来的干预。计算机完成一条指令所需要的时间称为一个指令周期，指令周期越短，指令执行得越快。

3.6.3　流水线技术

为了提高CPU执行指令的速度，可以在执行第一条指令的同时对第二条指令进行分析，同时预取出第三条指令。这种实现多条指令重叠执行的技术，称为流水线（Pipe Lining）技术，如图3-25所示。

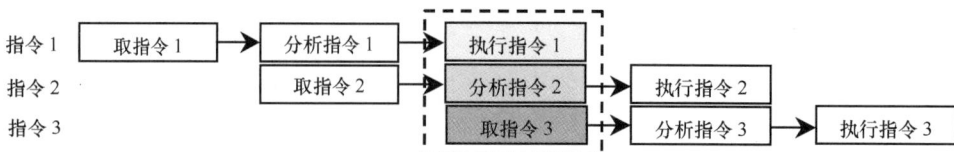

图3-25　流水线技术指令执行示意图

流水线技术是提高CPU速度的关键技术之一。通常，执行一条x86指令分为以下5个步骤：

① 指令预取，从存储器中读取指令；

② 指令译码；

③ 计算地址；

④ 指令执行；

⑤ 回送结果。

Pentium 处理器以流水线方式执行指令的过程如图 3-26 所示，其中 Ix 表示指令，x 是指令的序号。

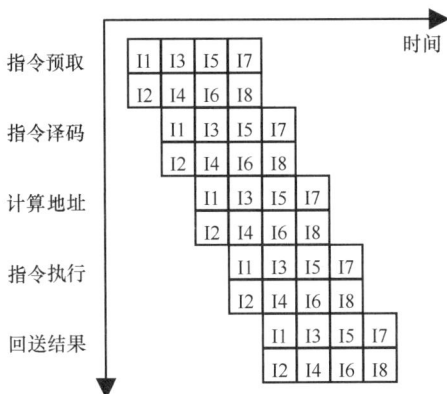

图 3-26 Pentium 处理器以流水线方式执行指令的过程

为了获得更快的处理速度，Pentium 处理器能同时执行两条流水线，这种结构称为"超标量结构"（Superscalar）。Pentium 处理器的每条流水线允许多条指令分别处于指令预取、指令译码、计算地址、指令执行、回送结果阶段。当然，这需要更复杂的流水线控制和更复杂的指令执行模型。

综上所述，计算机的工作就是执行程序，即自动、连续地逐条执行一系列指令，而程序设计人员的工作就是编制程序。一条指令的功能虽然有限，但由一系列指令组成的程序可以完成的任务是无限的。

本章小结

本章介绍了计算机系统的基本组成和计算机的逻辑组成，微型计算机系统的组成，微型计算机的主机系统，微型计算机的外部设备，计算机软件和操作系统基础，计算机的基本工作原理中的指令、指令系统、指令执行过程等。通过对本章的学习，读者可以了解计算机系统的基本组成及各部件的功能、计算机系统中软硬件的作用，以及计算机存储程序和自动执行程序的基本工作原理，有助于充分运用计算机科学来解决问题。

趣闻轶事   信息素养

思考题

一、选择题

1. 计算机中，硬件与软件的关系是_____。
   A. 互相支持   B. 软件离不开硬件   C. 硬件离不开软件   D. 相互独立
2. 计算机中，运算器的主要功能是_____。
   A. 算术运算   B. 逻辑运算
   C. 算术运算和逻辑运算   D. 初等函数运算

3. 内存容量的基本单位是_____。

    A. 二进制位   B. 字节   C. 字长   D. 视计算机型号而定

4. 1KB 表示_____。

    A. 1000 位   B. 1024 位   C. 1000 字节   D. 1024 字节

5. 在计算机系统中，主机是指_____。

    A. 运算器和内存   B. 存储器和控制器

    C. CPU 和内存   D. CPU 和存储器

6. 微机硬件系统包括_____。

    A. 内存储器和外部设备   B. 显示器、主机箱、键盘

    C. 主机和外部设备   D. 主机和打印机

7. 用 MIPS 来衡量的计算机性能参数是_____。

    A. 处理能力   B. 存储容量   C. 可靠性   D. 运算速度

8. 一台计算机的字长为 32 位（4 个字节），意味着它_____。

    A. CPU 运算的结果最大为 2^{32}

    B. 能处理的数值最大为 4 位十进制数 9999

    C. CPU 中寄存器、运算器、内部数据总线等部件的宽度为 32 位

    D. 能处理的字符串最多由 4 个英文字母组成

9. ROM 的特点是_____。

    A. 存取速度快   B. 断电后信息仍然保存

    C. 存储容量大   D. 用户可以随时读写

10. 微机配置缓存是为了解决_____速度不匹配的问题。

    A. 主机和外设   B. CPU 和外存   C. 内存和外存   D. CPU 和内存

11. _____无法与 CPU 直接交换数据。

    A. Cache   B. RAM   C. ROM   D. CD-ROM

12. 不同类型的存储器组成多层次结构的存储器体系，按存取速度从快到慢排列是_____。

    A. 缓存、辅存、主存、海量存储器   B. 光盘、主存、辅存、海量存储器

    C. 缓存、主存、辅存、海量存储器   D. DVD、主存、辅存、海量存储器

13. 系统总线上的信号有_____。

    A. 数据信号   B. 数据信号、控制信号

    C. 数据信号、控制信号、地址信号   D. 控制信号

14. 在微机系统中，任何外部设备必须通过_____来实现主机和设备之间的信息交换。

    A. 电缆   B. I/O 控制器   C. 电源   D. 总线插槽

15. 下列设备中，既能向主机输入数据，又能接收主机输出数据的是_____。

    A. 显示器   B. 扫描仪   C. 硬盘存储器   D. 音箱

16. 下列软件中全都属于应用软件的是_____。

    A. Windows、Word、PowerPoint   B. Word、Excel、Photoshop

    C. Windows、UNIX、Linux   D. Excel、Access、Linux

17. 操作系统是_____。

    A. 用于数据的存储、查询、修改、排序、分类等的软件

    B. 将源程序翻译为目标程序的翻译软件

    C. 对计算机系统中的硬件和软件进行管理的软件

    D. 计算机的软件和硬件的总称

18. 下面有关操作系统的叙述中，_____是不正确的。
    A. 操作系统是用户和计算机之间的接口
    B. 操作系统只负责管理界面和硬盘
    C. 操作系统是运行在裸机上的最基本的系统软件
    D. 计算机的 CPU、内存、I/O 设备也是由操作系统管理的
19. 下列属于操作系统的是_____。
    A. Windows、Word、PowerPoint
    B. Word、Excel、Photoshop
    C. Windows、UNIX、Linux
    D. Excel、Access、Linux
20. 下列操作系统类型中，_____采用"时间片轮转"的方法，供多个用户同时联机使用一台计算机。
    A. 分时操作系统　　B. 批处理操作系统　　C. 实时操作系统　　D. 网络操作系统
21. _____是操作系统最重要的管理功能。
    A. 处理器管理　　　B. 存储管理　　　　C. 设备管理　　　　D. 文件管理
22. 在操作系统中引入"进程"概念的主要目的是_____。
    A. 改善用户编程环境
    B. 描述程序的动态执行过程
    C. 使程序与计算过程一一对应
    D. 提高程序的运行速度
23. 进程和程序的一个本质区别是_____。
    A. 前者分时使用 CPU，后者独占 CPU
    B. 前者存储在内存，后者存储在外存
    C. 前者在一个文件中，后者在多个文件中
    D. 前者为动态的，后者为静态的
24. 进程在执行中状态会发生变化，不可能出现的状态变化情况是_____。
    A. 执行变为就绪　　B. 执行变为等待　　C. 等待变为就绪　　D. 等待变为执行
25. 计算机的指令用来完成_____。
    A. 存储程序和数据
    B. 算术、逻辑运算和各种操作
    C. 各种运算
    D. 一条基本 DOS 命令
26. 计算机指令一般包含_____两部分。
    A. 数字和文字
    B. 数字和运算符号
    C. 操作码和操作数
    D. 源操作数和目的操作数
27. 不同的计算机其指令系统通常有所不同，这主要取决于_____。
    A. 所用的操作系统
    B. 系统的总线结构
    C. 所用的 CPU
    D. 所用的程序设计语言

二、填空题
1. 一个完整的计算机系统由_____和_____两部分组成。
2. 基于冯·诺依曼思想而设计的计算机硬件系统包括_____、_____、_____、_____和_____。
3. 硬盘的存储容量是衡量其性能的重要参数。若一个硬盘有 4 个盘片，每个盘片有 2 个记录面，每个记录面有 10000 个磁道，每个磁道有 1000 个扇区，每个扇区的容量为 512 个字节，则该磁盘的存储容量约为_____GB（结果四舍五入取整）。
4. 软件是程序、数据和_____的集合；从功能的角度出发，可以将软件划分为系统软件和_____。
5. 操作系统的五大管理功能包括_____、_____、_____、_____和_____。
6. _____操作系统适用于需要快速响应和即时处理的应用领域。
7. 进程的 3 个基本状态是_____、_____和_____。
8. 存储管理的功能包括_____、_____、_____和_____。

9. 将用户使用的逻辑地址转换为内存空间的物理地址，这个过程称为_____。

10. 将要被 CPU 执行的指令从内存或 Cache 取出后是保存在_____寄存器中的。

三、简答题

1. 简述计算机逻辑组成中各部分的主要功能。它们各对应到人体的哪些部分？

2. 简述 CPU 的主要技术参数。

3. 简述内存和外存在计算机系统中的作用，以及内存和外存的关系。

4. 简述硬盘的基本工作原理，以及硬盘存储器的主要性能参数。

5. 简述操作系统管理功能中各部分功能的主要任务。

6. 简述指令、指令系统、指令周期的概念，以及 CPU 执行一条指令的详细过程。

7. 简述计算机的基本工作原理。

8. 查阅资料，了解目前不同档次微机的较佳配置，写出自己的见解。

9. 用思维导图总结本章的知识结构。

第4章 分布式计算环境

本章的学习目标
- 掌握计算机网络的分类。
- 理解局域网的硬件和软件组成。
- 掌握互联网中 IP 地址、子网掩码及域名系统的含义。
- 理解物联网的概念和应用。
- 理解大数据的概念。
- 理解大数据相关技术。
- 理解云计算的概念。
- 理解云计算的服务模式。

由于互联网和计算机技术的迅速发展，一个大规模生产、分享和应用数据的时代正在开启，大数据、云计算等越来越受人们的关注，已经引发信息技术（Information Technology, IT）行业的颠覆性"技术革命"。分布式计算环境离不开技术的支持，如计算机硬件技术、虚拟化技术、分布式存储、分布式计算，以及移动互联网技术等。本章主要介绍互联网、物联网、大数据和云计算的相关概念。

4.1 互联网与物联网

4.1.1 计算机网络概述

1. 计算机网络的发展

计算机网络的由来可以追溯到 20 世纪 60 年代初。当时，美国国防部为了保证美国本土防卫力量和海外防御武装在受到第一次核打击以后仍然具有一定的生存和反击能力，决定设计一种分散的指挥系统，它由一个个分散的指挥点组成，部分指挥点被摧毁后，其他点仍能正常工作，并且这些点能够绕过那些已被摧毁的指挥点继续保持联系。

为了对这一构思进行验证，1969 年，美国国防部高级研究计划局（Advanced Research Project Agency, ARPA）建立了 ARPANET（阿帕网），这个网络把加州大学洛杉矶分校、加州大学圣芭芭拉分校、斯坦福研究所，以及位于盐湖城的犹他州立大学的计算机主机连接起来，位于各个节点的大型计算机采用分组交换技术，通过专门的通信交换机和专门的通信线路相互连接。阿帕网就是 Internet（互联网）的雏形。

1987 年至 1993 年是 Internet 在中国的起步阶段，国内的科技工作者开始接触 Internet 资源。在此期间，以中国科学院高能物理研究所为首的一批科研院所与国外机构合作，开展了一些与 Internet 联网的课题研究，开始通过拨号方式使用 Internet 的电子邮件系统，并为国内一些重点院校和科研机构提供国际电子邮件服务。

1994 年 1 月，美国国家科学基金会（National Science Foundation，NSF）接受我国正式接入 Internet 的要求。1994 年 3 月，我国开通并测试了 64Kbit/s 专线，获准加入 Internet。4 月初，时任中国科学院副院长的胡启恒院士在中美科技合作联委会上，代表中国向美国国家科学基金会公开提出要求连入 Internet，并得到认可，4 月 20 日，以中国国家计算机与网络设施（National Computing and Networking Facility of China，NCFC）工程连入 Internet 国际专线为标志，中国与 Internet 全面接触。同年 5 月，我国联网工作全部完成。我国政府对 Internet 进入中国表示认可，中国国家域名最终确定为 CN，此事被我国新闻界评为 1994 年中国十大科技新闻之一，被国家统计公报列为中国 1994 年重大科技成就之一。

从 1994 年开始，中国实现了和 Internet 的 TCP/IP 连接，从而逐步开通了 Internet 的全功能服务，大型计算机网络项目正式启动。

> **胡启恒**，中国互联网协会创会理事长，自动控制技术专家，中国工程院院士、乌克兰国家科学院外籍院士，中国科学院自动化研究所研究员，第六届 CNNIC（中国互联网络信息中心）工作委员会名誉主任委员。2001 年当选为中国互联网协会第一届理事会理事长；2013 年入选国际互联网协会"互联网名人堂"，成为获得全球互联网最高荣誉的首位中国人；2017 年获得中国计算机学会的"CCF 终身成就奖"。胡启恒主要从事模式识别与人工智能、互联网领域的研究和管理方面的工作，对推动互联网在中国的发展做出了卓越贡献。

2．计算机网络的定义

计算机网络是指利用通信设备和通信线路将地理位置不同、有独立工作能力的多台计算机互连起来，在功能完善的网络软件的支持下，实现计算机之间数据通信和资源共享的系统。

这个定义中，有几点需要注意：第一，计算机网络中互连的计算机都是有独立工作能力的，也就是有独立的 CPU、内存、硬盘等；第二，计算机网络中除计算机之外，硬件上需要有通信设备和通信线路，软件上需要有网络软件的支持；第三，计算机网络的基本功能是数据通信和资源共享。数据通信，即计算机之间互传数据，如 QQ 聊天等。资源共享，即计算机能够共享网络中的软件、硬件和数据资源，如共享打印机等。

3．计算机网络的分类

计算机网络的分类方法有很多，常用的有 3 种：第一种是按照拓扑结构来划分，第二种是按照地理范围来划分，第三种是按照工作模式来划分。

（1）按照拓扑结构分类

拓扑结构强调的是节点和节点之间的连接方式，如图 4-1 所示。在选择网络拓扑结构时，应该考虑的主要因素有可靠性、费用、灵活性等。

总线，如图 4-1（a）所示，多台计算机以同等地位连接到一个公共通道，这个公共通道就称为总线。总线结构的优点是成本较低、布线简单、计算机增减容易、通信线路利用率高，因此其在早期的以太网中得到了广泛的应用；缺点是计算机之间发送消息时要"争用"总线，容易引起冲突，造成传输失败。

环形，如图 4-1（b）所示，多台计算机两两相连组成一个闭合的环形路径。环形结构的优点是结构简单，早期的令牌环网就采用环形结构；缺点是可靠性较差，环上任何一台计算机发生故障，都会影响整个网络，而且增减计算机时会影响整个网络的正常运行。

星形，如图 4-1（c）所示，网络中有一台位于中心节点的计算机。星形结构的优点是任何两台计算机通信只需一次接收转发操作；缺点是中心节点负荷过重，一条通信线路只被该线路上的中心节点和边缘节点使用，通信线路利用率不高，一旦中心节点发生故障，整个网络将无法工作。

树状，如图 4-1（d）所示，强调多台计算机之间的分级结构。树状结构是星形结构的变形，除具有星形结构的优缺点外，最大的优点是便于扩展和维护，如果某一分支的节点或线路发生故障，很容易将故障分支与整个系统隔离开来。

网状，如图 4-1（e）所示，每台计算机至少有两条线连接到其他计算机。网状结构的优点是安全性高；缺点是结构复杂、建网成本较高。

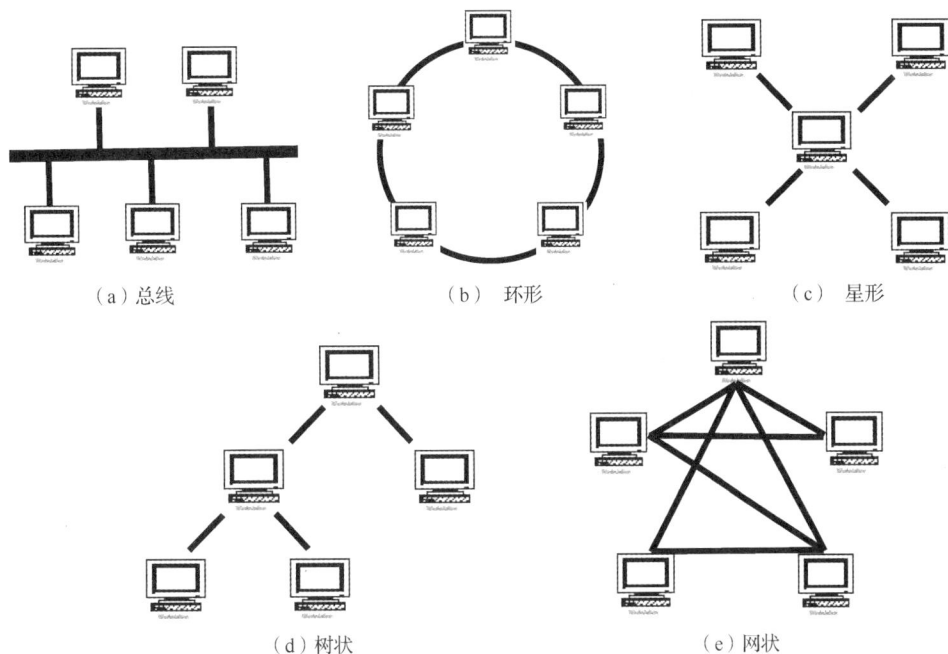

| （a）总线 | （b）环形 | （c）星形 |

| （d）树状 | （e）网状 |

图 4-1　计算机网络拓扑结构

（2）按照地理范围分类

计算机网络可以按照其规模和地理范围分为 3 类，即局域网、城域网和广域网。

局域网（Local Area Network，LAN）用于连接极其有限的地理区域内的个人计算机，例如，学校计算机实验室的网络就是局域网。局域网能使用多种有线和无线技术，是建立互联网络的基础网络。

城域网（Metropolitan Area Network，MAN）通常是指能在 80km 的距离内进行语音和数据传输的高速公共网络，例如，本地互联网服务提供商使用的就是城域网。

广域网（Wide Area Network，WAN）能覆盖大面积的地理区域，通常由多个较小型网络构成，这些较小型网络可能使用了不同的计算机平台和网络技术。Internet 是世界上最大的广域网。

（3）按照工作模式分类

计算机网络根据工作模式可分为客户−服务器（Client-Server）结构和对等（Peer-to-Peer）结构。

客户−服务器结构，也称为 C-S 结构，网络中至少有一台计算机充当服务器，为整个网络提供资源和服务。客户机提出服务请求，由服务器提供服务并将结果或错误信息返回给客户机。简单地说就是服务器提供服务，客户机接受服务。

对等结构中，网络中的所有计算机都具有同等地位，没有主次之分，任何一台计算机所拥有的资源都能作为网络资源，可被网络上的其他计算机用户共享。可以说对等结构中的计算机既是服务器，又是客户机。

4.1.2 局域网

局域网虽然传输距离有限，但是数据传输率高，可靠性高，结构简单，容易实现。局域网系统是由网络硬件和网络软件组成的。

1. 局域网硬件

局域网中的硬件主要包括计算机设备、网络接口设备、网络传输介质和网络互连设备等。

（1）计算机设备

局域网中的计算机设备通常有服务器和客户机之分。服务器通常是速度快、容量大的特殊计算机，它是整个网络系统的核心，对客户机进行管理并提供网络服务。通常，服务器 24 小时都在运行，需要专门的技术人员进行维护和管理，以保证整个网络正常运转。客户机是网络中使用共享资源的普通计算机，用户通过客户端软件可以向服务器请求各种服务，如邮件服务、打印服务等。

（2）网络接口设备

网络接口卡（Network Interface Card，NIC）也称为网络适配器，简称网卡，是插在计算机总线插槽或某个外部接口上的电路卡，目前已大多集成在主板中。网卡是局域网中必不可少的连接设备，计算机主要通过网卡接入局域网。每一块网卡都有一个被称为 MAC（Media Access Control，媒体访问控制）地址的 48 位串行号，MAC 地址被写在网卡上的一块 ROM 中，每块网卡的 MAC 地址都是独一无二的。

根据网络速率的不同，用户可以选择相应速率的网卡，主要有 10Mbit/s 网卡、100Mbit/s 网卡、1000Mbit/s 网卡，以及 10/100Mbit/s 自适应网卡、100/1000Mbit/s 自适应网卡等。

根据通信线路的不同，网卡需要采用不同类型的端口，常见的端口有 RJ-45 端口、同轴电缆端口和光纤端口。RJ-45 端口较为常见，RJ-45 端口网卡如图 4-2 所示，用于连接双绞线。

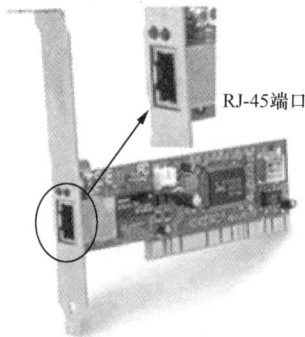

RJ-45端口

图 4-2　RJ-45 端口网卡

（3）网络传输介质

传输介质就是连接计算机的通信线路。局域网常用的传输介质可分为有线介质和无线介质。

① 有线介质

有线介质主要有双绞线、同轴电缆和光纤。

双绞线（Twisted Pair）即通常所说的网线，由两条相互绝缘的导线扭绞而成，如图 4-3 所示，扭绞的作用是减少对外的电磁辐射和外界电磁波对数据传输的干扰。通常将多对双绞线捆绑为电缆，在外面套上护套，以便于安装使用。双绞线价格比较低，也易于安装和使用，但在传输距离（≤100m）、数据传输率（≤1000Mbit/s）等方面受到一定的限制。不过，由于它具有较高的性价比，目前仍然被广泛应用在局域网中。

同轴电缆（Coaxial Cable）在局域网发展初期曾广泛使用，现在基本上已被双绞线和光纤取代。有线电视网中使用的传输介质就是同轴电缆，但它与局域网中使用的同轴电缆在阻抗等方面是不同的。

光纤（Optical Fiber）即光导纤维，由纤芯、包层、芳纶纱及涂覆层组成，如图 4-4 所示。与同轴电缆和双绞线不同的是，光纤是通过光的全反射来传递光波（而非电信号）以实现通信的。光纤的优点是数据传输率高、损耗小，缺点是单向传输、成本高。光纤是极具竞争力的传输介质，目前主要用于长距离的数据传输和网络的主干线，在高速局域网中也有应用。

② 无线介质

无线介质就是电磁波。我们平时熟悉的红外线、蓝牙，以及 Wi-Fi 技术使用的传输介质都是电磁波，只是频段不同。

图 4-3 双绞线

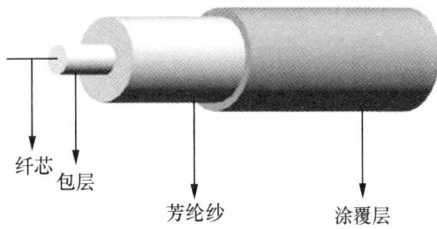

纤芯　包层　　芳纶纱　　涂覆层

图 4-4 光纤

（4）网络互连设备

要将多台计算机连接成局域网，除了需要插在计算机中的网卡、连接计算机的传输介质外，还需要集线器、交换机、路由器等网络互连设备。集线器和交换机都是网内互连设备，在一个局域网内用于计算机之间的互连。如果需要将局域网与其他网络（如 Internet）相连，就需要路由器，路由器是连接不同网络的设备，属于网际互连设备。

① 集线器（Hub）是将多台计算机连接起来组成局域网的设备，它处于网络中心，以广播方式对数据进行转发。集线器通常有多个端口，如 8 口、16 口和 24 口等，8 口集线器如图 4-5 所示。

广播的工作方式会导致 3 个问题。一是共享带宽，即集线器所有端口共享集线器带宽。假设一个带宽为 100Mbit/s 的集线器上连接了 8 台计算机，由于任何时候只有一台计算机能够传输数据，因此每台计算机平均占用的带宽约为总带宽的八分之一，即为 100Mbit/s÷8=12.5Mbit/s。接入的计算机越多，每台计算机可用的带宽越低。二是整个网络的数据传输效率相当低，发送一次数据，整个网络中到处都是该数据流，但接收数据的只有一台计算机，因而绝大多数的数据流都是无效的。三是不够安全，因为同一局域网中的所有计算机都能侦听到发送的数据。

② 交换机（Switch）和集线器外形相似，但是工作方式相差很大，交换机采用交换技术将收到的数据向指定端口转发。24 口交换机如图 4-6 所示。

图 4-5　8 口集线器

图 4-6　24 口交换机

交换技术使交换机在同一时刻可进行多个端口组之间的数据传输，而且每个端口都可视为独立的，相互通信的双方享有全部的带宽，无须同其他计算机竞争使用。例如，使用 100Mbit/s 交换机连接多台计算机，当计算机 A 向计算机 C 发送数据时，计算机 B 可同时向计算机 D 发送数据，而且这两个传输都独占网络的全部带宽（即 100Mbit/s），此时该交换机的总流量就是 2×100Mbit/s=200Mbit/s。

③ 路由器（Router）如图 4-7 所示，它可以把多个不同类型、不同规模的网络彼此连接起来，组成一个更大范围的网络，使不同网络间计算机的通信变得快捷、高效，让网络系统发挥更大的效益。例如，可以将学校机房内的局域网与路由器相连，再将路由器与 Internet 相连，让机房中的计算机接入 Internet，如图 4-8 所示。

2．局域网软件

局域网中所用到的网络软件主要有网络协议软件、网络操作系统和网络应用软件。

（1）网络协议软件

网络协议软件负责保证网络中的通信能够正常进行。TCP/IP 最初用于 Internet，现在在局域网中也广泛应用。

图 4-7　路由器

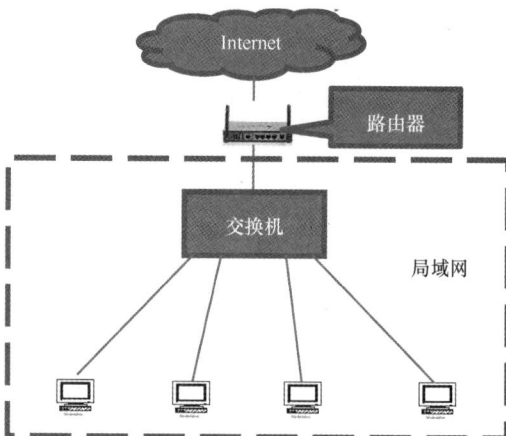

图 4-8　局域网通过路由器接入 Internet

（2）网络操作系统

网络操作系统是具有网络功能的操作系统，主要用于管理网络中的所有资源，并为用户提供各种网络服务。网络操作系统一般内置了多种网络协议软件，目前常用的网络操作系统有 Windows、UNIX 和 Linux 等。

（3）网络应用软件

网络应用软件种类繁多，目的是为网络用户提供各种服务，如浏览网页的工具 Microsoft Edge、聊天工具 QQ 等。

4.1.3　互联网

Internet 是人类历史发展中的一个伟大的里程碑，通过它，人类进入前所未有的信息社会。Internet 正在向全世界各大洲延伸和扩展，不断吸收新的网络成员，成为世界上覆盖面最广、规模最大、信息资源最丰富的计算机信息网络。

1. IP 地址

在 Internet 上为每台计算机指定的唯一的地址称为 IP 地址。IP 地址是一个逻辑地址，其设置目的就是屏蔽物理网络细节，使 Internet 从逻辑上看起来是一个整体。

IP 地址和电话号码相似，采用分层结构，例如，中国矿业大学的办公电话 0516-8359××09，0516 是徐州市的区号，8359××09 是徐州市内的一个具体电话号码，当用户拨打某部电话机的号码，电信网络会先根据区号找到该电话机所在的城市，再根据具体电话号码找到相应的电话机。与之相似，IP 地址由网络地址和主机地址组成，要在 Internet 上找到一台计算机，先要按 IP 地址中的网络地址找到 Internet 中的一个物理网络，再按主机地址定位到这个网络中的一台计算机。

IPv4 规定 IP 地址长 32 位，4 个字节，每个字节可以表示为一个 0～255 的十进制整数，数之间用 "." 分隔，形如 xxx.xxx.xxx.xxx，如 202.119.192.28。

根据网络规模的大小，IP 地址分为 A、B、C、D、E 共 5 类，其中 A 类、B 类和 C 类地址为基本地址。

A 类地址，网络地址为第 1 个字节，主机地址为后 3 个字节，所以，A 类地址用于拥有大量主机的网络，其特征是二进制表示的最高位为 0，所以第 1 个字节对应的十进制整数范围是 0～127，由于 0 和 127 有特殊用途，因此有效的地址范围是 1～126，也就是说全世界只有 126 个物理网络可以获得 A 类地址。

B 类地址，网络地址为前 2 个字节，主机地址为后 2 个字节，其特征是二进制表示的最高两位为 10，所以第 1 个字节对应的十进制整数范围是 128～191。

C 类地址，网络地址为前 3 个字节，主机地址为最后 1 个字节，其特征是二进制表示的最高三位为 110，所以第 1 个字节对应的十进制整数范围是 192～223，用于主机数量不超过 254 台的小型网络。

随着 Internet 的飞速发展，IPv4 地址量紧张的问题日益凸显，采用 IPv6 地址是解决 IPv4 地址耗尽问题的根本途径。IPv6 使用 128 位编制方案，有充足的地址量。

Windows 中有两个常用的命令与 IP 地址密切相关，一个是 ping 命令，另一个是 ipconfig 命令。

（1）ping 命令

使用 Windows 的 ping 命令可以测试网络是否连通，命令格式为

```
ping 目标计算机的 IP 地址或计算机名
```

常用的测试方法如下。

① 检查本机的网络设置是否正常有以下 4 种方法。

```
ping 127.0.0.1
ping localhost
ping 本地的 IP 地址
ping 本地计算机名
```

② 检查本机与相邻计算机是否连通，命令格式为

```
ping 相邻计算机的 IP 地址或计算机名
```

③ 检查本机到默认网关是否连通，命令格式为

```
ping 默认网关的 IP 地址
```

④ 检查本机到 Internet 是否连通，命令格式为

```
ping Internet 上某台服务器的 IP 地址或域名
```

（2）ipconfig 命令

使用 ipconfig 命令可以查看 IP 地址、子网掩码和默认网关等信息。如图 4-9 所示，该计算机的 IP 地址为 192.168.1.112，子网掩码为 255.255.255.0，默认网关为 192.168.1.1。

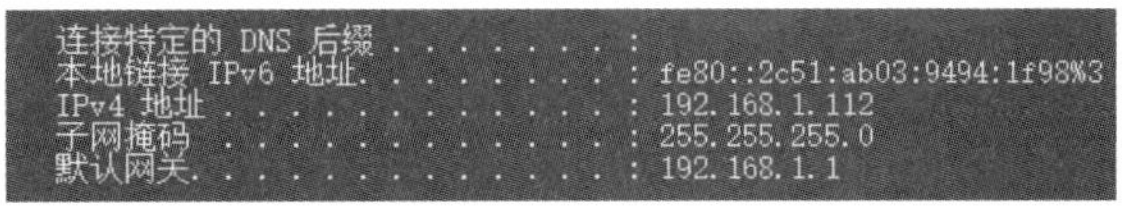

图 4-9　ipconfig 运行结果

2．子网掩码

子网掩码也有 32 位，它的作用是识别子网和判别主机属于哪一个网络。当主机之间通信时，通过子网掩码与 IP 地址的按位逻辑与运算（两个运算数都为 1，结果才为 1），可分离出网络地址，如果得出的结果是相同的，则说明这两台计算机是处于一个子网中的，可以直接通信。

设置子网掩码的规则是，凡 IP 地址中表示网络地址的位，子网掩码对应位设置为 1，凡 IP 地址中表示主机地址的位，子网掩码对应位设置为 0。

例如，计算机 A 的 IP 地址是 192.168.0.1，计算机 B 的 IP 地址是 192.168.0.10，子网掩码是 255.255.255.0，两个 IP 地址分别与子网掩码进行按位逻辑与运算，结果都是 192.168.0.0，这说明计算机 A 和计算机 B 在同一局域网中，可以直接通信。

3．域名系统

记住一长串的数字（IP 地址）是比较困难的，而记住有含义的英文单词（域名）是比较容易的。

域名的写法类似于 IP 地址的写法，用“.”将各级子域名分隔开，从右到左分别称为顶级域名、二级域名、三级域名等。典型的域名结构：主机名.单位名.机构名.国家或地区名。例如，cs.cumt.edu.cn 表示中国（cn）教育机构（edu）中国矿业大学（cumt）校园网上的一台主机（cs）。

这个命名系统，以及按命名规则产生的名字管理和名字与 IP 地址的对应方法，称为域名系统

（Domain Name System，DNS）。

Internet 上几乎每一子域都设有域名服务器，服务器中有该子域的全体域名和 IP 地址信息。Internet 中每台主机都有地址转换请求程序，负责域名和 IP 地址的转换。域名和 IP 地址之间的转换工作称为域名解析，整个过程是自动进行的。有了 DNS，凡域名空间中有定义的域名都可以转换成 IP 地址，反之，IP 地址也可以转换成域名，因此，用户可以等价地使用域名和 IP 地址。

4．基本服务

Internet 提供的基本服务主要有万维网、文件传输、电子邮件及远程登录等。

（1）万维网

World Wide Web 简称 WWW 或 Web，也称万维网，它不是普通意义上的物理网络，而是 Internet 的一种具体应用。从网络体系结构的角度来看，万维网是在应用层使用超文本传输协议（Hyper Text Transfer Protocol，HTTP）的远程访问系统，采用客户-服务器工作模式，提供统一的接口来访问各种类型的信息，包括文字、图像、音频、视频等。

万维网客户端程序在 Internet 上被称为浏览器（Browser），浏览器中显示的画面叫作网页，也称为 Web 页，多个相关的 Web 页合在一起便组成一个 Web 站点。从硬件角度看，放置 Web 站点的计算机称为 Web 服务器；从软件角度看，Web 服务器是指提供万维网功能的服务程序。

为了使客户端程序能在整个 Internet 范围内找到某个信息资源，万维网使用统一资源定位符（Uniform Resource Locator，URL）。URL 由 4 部分组成：通信协议、主机域名、路径和资源文件名。例如，http://www.cumt.edu.cn/news/manage/index.html 中，http 是通信协议，表示客户端和服务器执行 HTTP；www.cumt.edu.cn 是主机域名；/news/manage/是路径；最后的 index.html 是资源文件名。

提到万维网，我们必须向一位科学家致敬。2012 年，伦敦奥运会开幕式设置了"感谢蒂姆"环节，因无偿把万维网构想推广到全世界而改变人类的生活方式，万维网的发明者蒂姆·伯纳斯·李（Tim Berners-Lee）被英国人视为骄傲。在全世界的注目下，他在一台计算机前象征性地打出了一句话"THIS IS FOR EVERYONE."。蒂姆因"发明万维网、第一个浏览器和使万维网得以扩展的基本协议和算法"而获得 2016 年度图灵奖。

（2）文件传输

文件传输是在不同的计算机系统之间传送文件，它与计算机所处的位置、连接方式，以及使用的操作系统无关。从远程计算机上复制文件到本地计算机称为下载（Download），将本地计算机上的文件复制到远程计算机上称为上传（Upload）。

Internet 上的文件传输是依靠文件传送协议（File Transfer Protocol，FTP）实现的。

目前，常用的 FTP 程序有两种类型：浏览器与 FTP 工具。在 Windows 操作系统中，浏览器都带有 FTP 程序模块，在浏览器窗口的地址栏中直接输入 FTP 服务器的 IP 地址或者域名，浏览器将自动调用 FTP 程序完成连接。

（3）电子邮件

电子邮件（E-mail）是一种应用计算机网络进行信息传递的现代化通信手段，也是 Internet 提供的一项基本服务。每个 Internet 用户经过申请，都可以成为电子邮件系统的用户，都可以发送和接收邮件。

每个电子邮箱都有唯一的邮箱地址，邮箱地址的形式为"邮箱名@邮箱所在的主机域名"。例如，cumtjsj@cumt.edu.cn 是一个邮箱地址，它表示邮箱名是 cumtjsj，邮箱所在的主机域名是 cumt.edu.cn。

邮件服务器分为接收邮件服务器和发送邮件服务器，当发件方发出一份电子邮件时，邮件传送程序与远程的邮件服务器建立连接，并按照简单邮件传送协议（Simple Mail Transfer Protocol，SMTP）传输电子邮件，经过多次存储、转发，最终将该电子邮件存入收件人的邮箱。

收件人将自己的计算机连接到邮件服务器并发出接收指令后，邮件服务器按照 POPv3（Post

Office Protocol Version 3，邮局协议第 3 版）鉴别邮件用户的身份，对收件人邮箱的存取进行控制，让客户端读取电子邮箱内的邮件。

（4）远程登录

Telnet 是 Internet 的远程登录协议，是 Internet 提供的一项服务，使得我们能够坐在自己的计算机前通过 Internet 登录到另一台远程计算机上，这台远程计算机可以在隔壁的房间里，也可以在地球的另一端。登录上远程计算机后，我们的计算机就仿佛是远程计算机的一个终端，我们可以用自己的计算机直接操纵远程计算机，享受远程计算机本地终端的权利。例如，我们可以在远程计算机上启动一个交互式程序，可以检索远程计算机的某个数据库，可以利用远程计算机强大的运算能力对某个方程式求解，等等。但是，考虑到安全性，远程登录时一定要谨慎。

Windows 操作系统下，使用"远程桌面连接"，如图 4-10 所示，输入想要登录的计算机的 IP 地址或者域名，并输入正确的用户名和密码，就能完成远程登录。

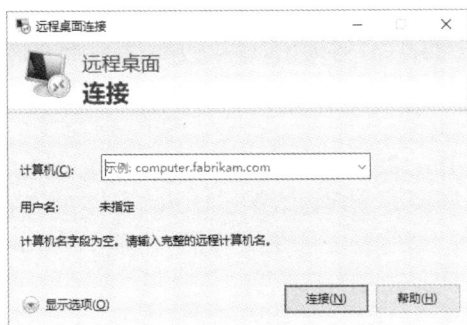

图 4-10　远程桌面连接

4.1.4　物联网

1．物联网的概念

物联网是新一代信息技术的重要组成部分，也是信息化时代深入发展的重要标志。今天我们生活的改变，很多得益于物联网，例如，电子站牌能准确地告诉我们公共汽车离我们还有几站，公交公司的监控中心能够清楚地看到全市每辆公共汽车的位置、速度和线路，我们用智能手机也能方便地获取公共汽车的到站情况，这些都是物联网技术在公共交通领域的应用，如图 4-11 所示。

物联网这一概念由凯文·阿什顿（Kevin Ashton）于 1999 年提出。阿什顿认为，计算机最终能够自主产生及收集数据，而无须人工干预，这将推动物联网的发展。

物联网的英文名称是 Internet of Things，缩

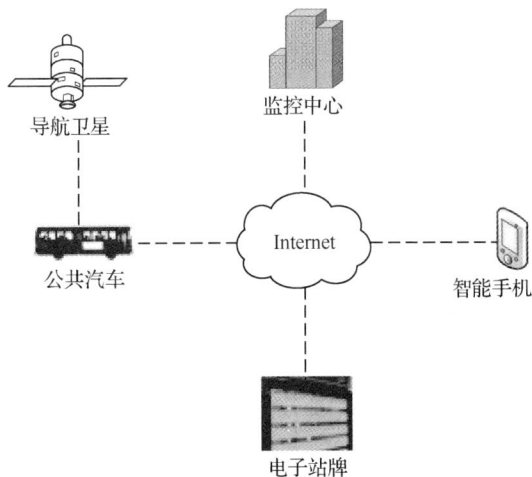

图 4-11　物联网技术在公共交通领域的应用

写为 IoT。顾名思义，物联网就是物物相连的互联网，这里有两层意思：其一，物联网的核心和基础仍然是互联网，它是互联网的延伸和扩展；其二，其终端可以是任何物品，它们彼此进行信息交换。物联网通过智能感知、射频识别等通信技术，广泛应用于网络融合，也因此被称为继计算机、互联网之后世界信息产业发展的第三次浪潮。物联网是互联网的应用拓展，与其说物联网是网络，

分布式计算环境／第 4 章

不如说物联网是业务和应用。因此，应用创新是物联网发展的核心，以用户体验为核心的创新是物联网发展的灵魂。

物联网是互联网的延伸，它包括互联网及互联网上所有的资源，兼容互联网所有的应用，但物联网中所有的元素（所有的设备、资源及通信等）都是个性化和私有化的，和传统的互联网相比，物联网有其鲜明的特征。物联网的主要特征体现在信息感知、信息传输和智能应用等方面。

首先，物联网广泛应用各种感知技术。物联网上部署了海量的多种传感器，每个传感器都是一个信息源，不同类别的传感器捕获的信息内容和信息格式不同。传感器获得的数据具有实时性，它们按一定的频率周期性地采集环境信息，不断更新数据。

其次，物联网的重要基础和核心仍旧是互联网，它通过各种有线和无线网络与互联网融合，将物体的信息实时准确地传递出去。物联网上的传感器定时采集的信息需要通过网络传输，由于信息量极其庞大，为了保障数据的正确性和及时性，传输过程必须适应各种异构网络和协议。

最后，物联网不仅提供了传感器的连接，其本身也具有智能处理的能力，能够对物体实施智能控制。物联网将传感器和智能处理相结合，利用云计算、模式识别等各种智能技术，从传感器获得的海量信息中分析、提炼出有意义的数据，以适应不同用户的不同需求，拓展新的应用领域和应用模式。

2. 物联网的关键技术

物联网是物与物相连的网络，通过为物体加装二维码、RFID（Radio Frequency Identification，射频识别）标签、传感器等，就可以实现物体身份唯一标识和各种信息的采集，再结合各种类型的网络连接，就可以实现人和物、物和物之间的信息交换。因此，物联网的关键技术包括识别和感知技术、网络和通信技术、数据挖掘和融合技术等。

（1）识别和感知技术

二维码是物联网中一种很重要的自动识别标识，是在一维条码的基础上扩展出来的。二维码中，比较常见的是矩阵式二维码，如图 4-12 所示。矩阵式二维码在一个矩形范围中通过黑、白像素在矩阵中的分布进行编码，在矩阵相应元素位置上，用点（方点、圆点或其他形状的点）的出现表示二进制的"1"，点的不出现表示二进制的"0"，点的排列组合确定了矩阵式二维码所代表的意义。二维码具有信息容量大、编码范围广、容错能力强、译码可靠性高、成本低、易制作等良好特性，已经得到了广泛的应用。

RFID 技术用于静止或移动物体的无接触自动识别，具有全天候、无接触、可同时实现多个物体自动识别等特点。RFID 技术在生产和生活中得到了广泛的应用，大大推动了物联网的发展，我们平时使用的公交卡、门禁卡、校园卡等都嵌入了 RFID 芯片，可以实现便捷的数据交换。从结构上讲，RFID 系统是一种简单的无线通信系统，由 RFID 读写器和 RFID 标签两个部分组成，如图 4-13 所示。RFID 标签是由天线、耦合元件、芯片等组成的，是一个能够传输信息、回复信息的电子模块，RFID 读写器也是由天线、耦合元件、芯片等组成的，用来读取（有时候也可以写入）RFID 标签中的信息。RFID 系统使用 RFID 读写器及附着于目标物体的 RFID 标签，利用射频信号将信息由 RFID 标签传送至 RFID 读写器。以公交卡为例，市民持有的公交卡就是一个 RFID 标签，公共汽车上安装的刷卡设备就是 RFID 读写器，当我们执行刷卡动作时，就完成了一次 RFID 标签和 RFID 读写器之间的非接触式通信和数据交换。

图 4-12　矩阵式二维码

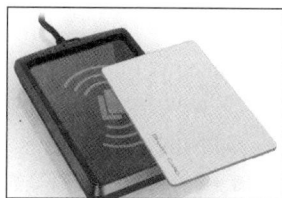

图 4-13　RFID 读写器和 RFID 标签

传感器是一种能感知某个物理量，并按照一定的规律（数学函数法则）将其转换成可用信号的器件或装置，具有微型化、数字化、智能化、网络化等特点。人类需要借助耳朵、鼻子、眼睛等器官感受外部物理世界，物联网也需要借助于传感器实现对物理世界的感知。物联网中常见的传感器类型有光敏传感器、声敏传感器、气敏传感器、化学传感器、压敏传感器、温敏传感器，以及流体传感器等，它们可以用来模仿人类的视觉、听觉、嗅觉、味觉和触觉。

（2）网络和通信技术

物联网中的网络和通信技术包括短距离无线通信技术和远程通信技术。短距离无线通信技术包括 ZigBee、NFC、蓝牙、Wi-Fi、RFID 等技术，远程通信技术包括互联网、移动通信网络、卫星通信网络等技术。

（3）数据挖掘和融合技术

物联网中存在大量数据来源，包括各种异构网络和不同类型的系统，对如此大量的不同类型数据，如何实现有效整合、处理和挖掘，是物联网处理层需要解决的关键技术问题。今天，云计算和大数据技术的出现，为物联网数据存储、处理和分析提供了强大的技术支撑，海量物联网数据可以借助于庞大的云计算基础设施实现廉价存储，利用大数据技术实现快速处理和分析，满足各种实际应用需求。

3. 物联网的应用

物联网已经广泛应用于智能交通、智慧医疗、智能家居、环保监测、智能安防、智能物流、智能电网、智慧农业、智能工业等领域，对国民经济和社会发展起到了重要的推动作用。

（1）智能交通

利用 RFID 设备、摄像头、线圈、导航设备等物联网元素构建的智能交通系统，可以让人们随时随地通过智能手机、大屏幕、电子站牌等，了解城市各条道路的交通状况、所有停车场的车位情况、每辆公共汽车的当前位置等信息，合理安排行程，提高出行效率。

（2）智慧医疗

医生利用平板电脑、智能手机等手持设备，通过无线网络，可以随时连接访问各种诊疗仪器，实时掌握每个病人的各项生理数据，科学、合理地制订诊疗方案，甚至可以进行远程诊疗。

（3）智能家居

人们可以利用物联网技术提升家居的安全性、便利性、舒适性、艺术性，并实现环保节能的居住环境。例如，你可以在工作单位通过智能手机远程开启家里的电饭煲、空调、门锁、窗帘、监控设备和电灯等，窗帘和电灯也可以根据时间和光线变化自动开启和关闭。

（4）环保监测

工作人员可以在重点区域放置监控摄像头或水质、土壤成分检测仪器，相关数据实时传输到监控中心，出现问题立刻发出警报。

（5）智能安防

采用红外线、监控摄像头、RFID 等物联网设备，可以实现小区出入口智能识别和控制、意外情况自动识别和报警、安保巡逻智能化管理等功能。

（6）智能物流

集成智能化技术使物流系统具有思维、感知、学习、推理判断和自行解决物流中某些问题的能力（如选择最佳行车路线、选择包裹装车最佳方案），从而实现物流资源优化调度和有效配置，提升物流系统效率。

（7）智能电网

智能电能表不仅可以免去抄表工的大量工作，还可以实时获得用户用电信息，提前预测用电高峰和低谷，为合理设计电力需求响应系统提供依据。

（8）智慧农业

利用温度传感器、湿度传感器和光线传感器等，人们可以实时获得种植大棚内的农作物生长环境信息，远程控制大棚遮光板、通风口和喷水口的开启和关闭，让农作物始终处于最优生长环境，提高农作物的产量和品质。

（9）智能工业

人们将具有环境感知能力的各种终端，基于泛在技术的计算模式、移动通信技术等不断融入工业生产的各个环节，大幅提高制造效率，改善产品质量，降低产品成本和资源消耗，将传统工业提升到智能化的新阶段。

4.2 大数据

4.2.1 大数据的概念

1．大数据发展历程

首先我们简要回顾一下大数据的发展历程。

1997 年，美国计算机学会数字图书馆中的文章《为外存模型可视化而应用控制程序请求页面调度》第一次使用"大数据"这一术语。

2001 年，梅塔集团分析师道格拉斯·莱尼（Douglas Laney）发布研究报告《3D 数据管理：控制数据容量、处理速度及数据种类》。数据容量、处理速度及数据种类在 10 年后作为定义大数据的 3 个维度被广泛接受。

2008 年，《自然》杂志率先出版大数据专刊，阐述了大数据技术及其面临的一些挑战。

2011 年，《科学》杂志推出专刊《处理数据》，讨论了数据研究中的大数据问题。《大数据时代：生活、工作与思维的大变革》一书的出版引起轰动。

2013 年，中国计算机学会发布《中国大数据技术与产业发展白皮书》，系统总结了大数据的核心科学与技术问题，为政府部门提供了战略性意见。

2015 年，国务院印发《促进大数据发展行动纲要》，全面推进我国大数据发展和应用，加快建设数据强国。

2017 年，《大数据安全标准化白皮书》正式发布，从法律、政策、标准和应用角度，勾画了我国大数据安全的整体轮廓。

2019 年，工业和信息化部、国家机关事务管理局、国家能源局联合印发《关于加强绿色数据中心建设的指导意见》，提出以提升数据中心绿色发展水平为目标，以加快技术产品创新和应用为路径，以建设完善绿色标准评价体系等长效机制为保障，大力推动绿色数据中心创建、运维和改造，实现数据中心持续健康发展。

2．大数据特点

麦肯锡公司在《大数据：创新、竞争与生产力的下一个前沿》中提及大数据指的是规模超过现有数据库工具获取、存储、管理和分析能力的数据集，并同时强调并不是超过某一个特定数量级的数据集才是大数据。美国国家标准与技术研究院（National Institute of Standards and Technology，NIST）在《大数据白皮书》中提及大数据是具备海量、高速、多样、可变等特征的多维数据集，需要通过可伸缩的体系结构实现高效的存储、处理和分析。

大数据的基本特征可概括为 Volume（大量）、Velocity（高速）、Variety（多样）、Value（价值），如图 4-14 所示。

（1）数据量巨大

数据量巨大是大数据的基本特征，知名咨询机构国际数据公司（International Data Corporation，IDC）发布的白皮书《数据时代 2025》预测，未来数据增长速度惊人，2025 年全球的数据量将达到 163ZB，同时，数据的来源及应用趋势也会产生变化，这是数据未来的大趋势。数据存储单位之间的换算关系如表 4-1 所示。

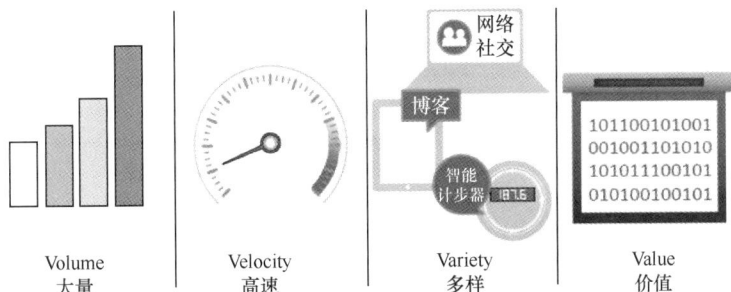

Volume	Velocity	Variety	Value
大量	高速	多样	价值

图 4-14　大数据的 4V 特征

表 4-1　数据存储单位之间的换算关系

单位简写	英文单位	中文单位	换算关系
Byte	Byte	字节	1Byte=8bit
KB	KiloByte	千字节	$1KB=1024Byte=2^{10}Byte$
MB	MegaByte	兆字节	$1MB=1024KB=2^{20}Byte$
GB	GigaByte	吉字节	$1GB=1024MB=2^{30}Byte$
TB	TeraByte	太字节	$1TB=1024GB=2^{40}Byte$
PB	PetaByte	拍字节	$1PB=1024TB=2^{50}Byte$
EB	ExaByte	艾字节	$1EB=1024PB=2^{60}Byte$
ZB	ZettaByte	泽字节	$1ZB=1024EB=2^{70}Byte$

　　基于大数据分析，以基因测序为主的精准医疗可以监测人的遗传信息，为肿瘤的早期预防、早期筛查、早期诊断和药物研发提供重要依据，并为治疗方案的实施奠定基础，这将有可能改变目前"一刀切"的肿瘤治疗模式。而 1 个人的基因测序数据就能达到 TB 级，这是一个非常巨大的数据量。

　　（2）数据处理速度快

　　大数据时代的数据产生速度非常快，遍布世界各地的传感器，每一秒都产生大量数据，这就要求我们及时快速地响应变化，快速对数据做出分析。业界对大数据处理能力有一个说法——"1 秒定律"，也就是说，大数据处理需要在秒级时间范围内给出分析结果。

　　（3）数据多样

　　在所有数据中，存储在关系数据库中的结构化数据只占一小部分，绝大部分数据是非结构化数据，如网络日志、视频、音频、图片、文字、地理位置等。以天气精准预报为例，需要对地面观测气象要素、数值模式预报气象要素、地理信息、城市环境信息等多源数据融合建模。

　　（4）价值密度低

　　大数据的价值密度相对较低，需要找到合适的方法对这些数据进行处理，才能挖掘出大数据背后潜在的价值。例如，校园视频监控，在连续不断的监控视频中，大部分数据是没有价值的，如果发生了盗窃案，通常只会用到案件发生的那一小段时间的数据。

　　3．大数据影响

　　维克托·迈尔-舍恩伯格（Viktor Mayer-Schönberger）和肯尼思·库克耶（Kenneth Cukier）编写的《大数据时代：生活、工作与思维的大变革》指出：大数据对科学研究、思维方式和社会发展都具有重要而深远的影响。

　　（1）科学研究

　　大数据使得人类科学研究在经历了实验、理论、计算三种范式之后，迎来了第四种范式——数据。图灵奖获得者、著名数据库专家吉姆·格雷（Jim Gray）博士认为，人类自古以来在科学研究上先后历经了四种范式，如图 4-15 所示。

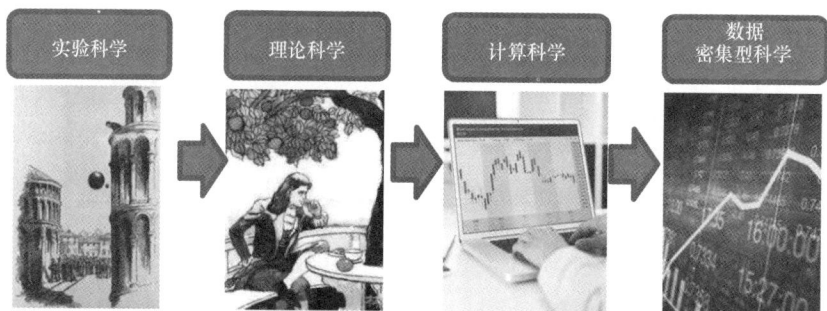

图 4-15 科学研究范式的演化

第一范式：实验科学。在最初的科学研究阶段，人类用实验来研究科学问题。著名的比萨斜塔实验就是一个典型例子。1590 年，伽利略在比萨斜塔上做了"两个铁球同时落地"的实验，这个实验证明，如果不计空气阻力，轻重物体的自由下落速度是相同的，即重力加速度大小相同。

第二范式：理论科学。实验科学的研究受当时实验条件的限制，难以得出对自然现象更精确的理解。随着科学的进步，人类开始采用代数、几何、物理等理论，构建问题模型和解决方案。著名的牛顿第一定律、牛顿第二定律和牛顿第三定律构成了牛顿力学的完整体系，奠定了经典力学的概念基础。

第三范式：计算科学。随着 1946 年人类历史上第一台通用电子计算机 ENIAC 的诞生，人类社会步入计算机时代，科学研究也进入了一个以"计算"为中心的全新时期。在实际应用中，计算科学主要用于对科学问题进行计算机模拟和其他形式的计算。通过设计算法并编写相应程序输入计算机运行，人类可以借助计算机的高速运算能力去解决很多问题。

第四范式：数据密集型科学。随着数据的不断积累，其宝贵价值日益得到体现，物联网和云计算的出现，更是促成了事物发展从量变到质变的突破，人类社会开启了全新的大数据时代。在这个时代，计算机不仅能做模拟仿真，还能通过分析数据，得出目前我们并不了解的理论。在大数据环境下，一切将以数据为中心，人们从数据中发现问题、解决问题，真正体现数据的价值。大数据将成为科学工作者的宝藏，他们从数据中挖掘未知模式和有价值的信息，服务于生产和生活，推动科技创新和社会进步。虽然第三范式和第四范式都是利用计算机来进行计算的，但是二者还是有本质区别的：在第三范式中，一般是先提出可能的理论，再搜集数据，然后通过计算来验证；而第四范式则是先有大量已知的数据，然后通过计算得出未知的理论。例如，自诞生之日天文学就以对海量数据的分析为基础，目前人类对天文学理论的了解还非常有限，基于已有理论去进行分析存在一定的局限性，基于海量原始数据去计算出未知理论也许更加合理。

（2）思维方式

维克托指出，在思维方式方面，大数据具有"全样而非抽样、效率而非精确、相关而非因果"三大显著特征，完全颠覆了传统的思维方式。

① 全样而非抽样。过去，由于数据存储和处理能力的限制，在科学分析中，通常采用抽样的方法，即从全集数据中抽取一部分样本数据，通过对样本数据的分析来推断全集数据的总体特征。通常，样本数据规模要比全集数据小很多，因此，可以用可控的代价达到数据分析的目的。而大数据技术的核心是海量数据的存储和处理，分布式文件系统和分布式数据库技术提供了理论上近乎无限的数据存储能力，分布式并行编程模型如 MapReduce 提供了强大的海量数据并行处理能力。有了大数据技术的支持，科学分析完全可以直接针对全集数据而不是抽样数据，并且可以在短时间内迅速得到分析结果，速度之快，超乎我们的想象。

② 效率而非精确。过去，我们在科学分析中采用抽样分析，就必须追求分析方法的精确性，因为抽样分析只是针对部分样本的分析，其分析结果被应用到全集数据以后，误差会被放大。也就是说，抽样分析的微小误差可能会变成一个很大的误差，因此，为了保证最终结果的误差仍然处于可以接受的范围内，就必须确保抽样分析结果的精确度。正是由于这个原因，传统的数据分析方法往

往更加注重提高算法的精确度，其次才是提高算法效率。现在，大数据时代采用全样分析而不是抽样分析，全样分析结果不存在误差被放大的问题，因此，追求高精确度已经不是首要目标；相反，大数据时代具有"秒级响应"的特征，要求在几秒内迅速给出针对海量数据的实时分析结果，否则数据就会丧失价值，因此，数据分析的算法效率成为关注的核心。

③ 相关而非因果。过去，数据分析的目的一方面是解释事物背后的发展机理，比如，一个大型超市在某个地区的连锁店在某个时期内净利润下降很多，这就需要 IT 部门对相关销售数据进行详细分析找出问题的原因；另一方面是预测未来可能发生的事件，比如，通过实时分析微博数据，发现人们对雾霾的讨论明显增加，就可以建议销售部门增加口罩的进货量，因为人们关注雾霾的一个直接结果是想到购买口罩来保护自己的身体健康。不管是哪个方面，其实都反映了一种"因果关系"。但是，在大数据时代，因果关系不再那么重要，人们转而关注"相关性"而非"因果性"。比如，我们在淘宝网购物时，在购买了一个汽车防盗锁以后，淘宝网可能会自动提示你，与你购买相同物品的其他客户还购买了汽车坐垫。也就是说，淘宝网只会告诉你"购买汽车防盗锁"与"购买汽车坐垫"之间存在相关性，但是并不会告诉你为什么其他客户购买了汽车防盗锁以后还会购买汽车坐垫。

（3）社会发展

维克托指出，在社会发展方面，大数据决策逐渐成为一种新的决策方式，大数据应用有力地促进了信息技术和各行业的深度融合，大数据开发推动新技术和新应用不断涌现。

① 大数据决策成为一种新的决策方式。根据数据制定决策，并非大数据时代所特有。从 20 世纪 90 年代开始，数据仓库和商务智能工具就被大量用于企业决策。发展到今天，数据仓库已经变成集成的信息存储仓库，既具备批量和周期性的数据加载能力，也具备数据变化的实时探测、传播和加载能力，并能结合历史数据和实时数据实现查询分析和自动规则触发，从而提供对战略决策（如宏观决策和长远规划）和战术决策（如实时营销和个性化服务）的双重支持。过去，数据仓库以关系数据库为基础，数据类型和数据量方面都存在较大的限制。现在，大数据决策可以面向类型繁多的、非结构化的海量数据进行决策分析，已经成为受到青睐的全新决策方式。

② 大数据应用促进信息技术与各行业的深度融合。有专家指出，大数据将会在未来 10 年改变几乎每一个行业的业务功能。不断累积的数据将加速推进行业与信息技术的深度融合，开拓行业发展的新方向。

③ 大数据开发推动新技术和新应用不断涌现。大数据的应用需求是大数据新技术开发的源泉。在各种应用需求的强烈驱动下，各种突破性的大数据技术将被不断提出并得到广泛应用，数据的能量也将不断得到释放。在不远的将来，许多原来依靠人类自身判断力的领域应用，将逐渐被各种基于大数据的应用所取代。

4.2.2　大数据技术

大数据技术，就是从各种类型的大量数据中快速获得有价值信息的技术，包含对大数据的感知与获取、存储与管理、处理与分析，以及大数据可视化，结合了传统方法和新的解决途径。

大数据技术的各个层面及其功能如表 4-2 所示。

表 4-2　大数据技术的各个层面及其功能

技术层面	功能
大数据感知与获取	利用 ETL 工具对分布的、异构数据源中的数据进行清洗、转化，将其加载到数据仓库或数据集中，成为数据分析处理的基础；利用爬虫程序到互联网中爬取数据
大数据存储与管理	利用分布式文件系统、非关系数据库等，实现对结构化、半结构化和非结构化的海量数据的存储和管理
大数据处理与分析	利用分布式计算框架和并行编程模型，实现对海量数据的处理与分析
大数据可视化	对数据或分析结果进行可视化，帮助人们更好地理解数据，分析数据

1. 大数据感知与获取

数据的感知与获取是大数据项目建设的第一个环节，也是后续大数据应用的基础。对数据源的梳理是基础中的基础，其分布广泛并且异构。数据根据数据源大致分为内部数据（数据主权归属本单位）和外部数据（数据主权不归本单位所有）。不同数据源的数据获取方式各不相同，主要有 ETL、网络爬虫等关键技术。

（1）数据源分布

开展一个大数据项目，其数据源分为本单位自营和外单位他营两个方面。具体如表 4-3 所示。

表 4-3　数据源分布

数据来源	数据类别	描述
本单位自营	自营系统数据	本单位自营平台间数据可以最大限度共享
	历史遗留数据	纸质文档或者存放在历史数据库中
外单位他营	其他利益主体运营平台数据	和自营平台类似，仅数据归属不一样
	互联网数据	以网页的形式存放在互联网上
	政府数据	政府出于监管等目的而获取的数据，一般归属各个政府部门
	物联网数据	一般由具体利益主体运营

本单位自营系统如阿里巴巴，该系统中淘宝网平台的用户数据可以共享给支付宝平台。历史遗留数据如国家图书馆中的各种纸质文档。

在外单位他营的数据中，互联网数据是一种比较特殊的存在，从某种意义而言，这些数据也是存放在其他利益主体的服务器上，但是基于互联网的共享精神，其相关数据可以被所有人通过网页的形式获得。

政府数据是政府出于社会监管等目的而架设的各个应用搜集、整理和使用的各种数据。这些数据具有较高的真实性、权威性和实时性。

物联网数据也是大数据的另外一个重要来源。物联网数据往往存在于利益主体的服务器上，不能像互联网数据那样对所有人公开，所以往往需要和当事的利益主体进行商务洽谈和合作来获得相关的数据。

（2）内部数据及其获取方式

内部数据专门指那些不同的利益主体（包括政府部门、企业事业单位等）出于自身职能定位和获益诉求，在建设 IT 系统以完成既定目标任务的过程中，有意或者无意地存储有关物理世界实体对象的各类数据，主要包括政府数据、各类利益主体自营数据和物联网数据。

ETL（Extract，Transform，Load，抽取、转换、加载）是获取内部数据的一种方式，涉及数据抽取、数据转换和数据加载的过程。其目的是整合内部数据中分散、凌乱、标准不统一的数据，以便后续的分析、处理和运用。

数据抽取一般有全量抽取和增量抽取两种方式。全量抽取就是对整个数据库的所有数据进行抽取，它将数据库中的所有数据原封不动地抽取出来，然后转化为自己的 ETL 工具可以识别的格式，其抽取过程直观、简单。但是实际运用中，数据实时增加，全量抽取会导致出现大量的冗余数据，降低抽取效率。增量抽取是只抽取新增或者修改的数据。增量抽取的关键是捕获变化数据。在增量抽取的过程中，常见的捕获变化数据的方式有日志对比、时间戳、触发器等。日志对比是指通过分析数据库自身的日志来判断变化数据。时间戳指的是增加一个时间戳字段，在更新和修改数据的时候，同时修改时间戳字段的值，然后在进行数据抽取的时候，通过比较系统时间和时间戳字段的值来决定抽取哪些数据。触发器指的是在数据源表上建立一种反应机制，当数据源表中的数据发生变化时，通过相应的触发器将数据写入一个临时表。

数据转换一般有字段映射、数据过滤、数据清洗、数据替换等。从数据源中抽取的数据不一定满足我们的要求，可能的情况有数据格式不一致、数据不完整等，数据转换的目的就是使其符合要求。数据转换可以视为对数据的第一次加工。

数据加载是 ETL 过程的最后步骤。加载数据的最佳方法取决于所执行操作的类型以及装入数据的数量，一般是直接通过 SQL（Structure Query Language，结构查询语言）语句进行插入、更新、删除等操作。这种方式因为进行了日志记录，所以数据是可以恢复的，而且批量加载易于操作和使用数据。

目前市场上 ETL 工具很多，如 Informatica PowerCenter、DataStage、Kettle、ETL Automation 等。

（3）外部数据及其获取方式

互联网数据（又称网络数据）是一种典型的外部数据。电子商务、互联网金融，以及社交网络的飞速发展带来了大量的网络数据，如交易记录、照片、地理位置等。

网络爬虫（简称爬虫）是获取网络数据的关键技术。网络爬虫是一种自动浏览网络的程序，它以某一个指定的链接作为入口，按照某种策略，从互联网中取得有效的信息。

图 4-16 所示为爬虫爬取网页流程。

具体流程如下：首先将入口 URL 加入种子 URL 队列；然后将种子 URL 队列加入待爬取 URL 队列；从待爬取 URL 队列中依次抽取 URL，接着从互联网中下载对应网页（遵守 Robot 协议，该协议规定了爬虫的爬取范围）；最后将已经爬取的 URL 保存到已爬取 URL 队列中，将爬取的网页保存到网页库中，将该网页中抽取出的需要爬取的新 URL 放入待爬取 URL 队列；重复抽取、爬取步骤，直至待爬取 URL 队列为空。

网络爬虫爬取策略指的是如何确定 URL 在待爬取 URL 队列中的排列方法。常见的网络爬虫爬取策略有深度优先策略、广度优先策略、局部 PageRank 策略等。

深度优先策略是指从 URL 池选择某 URL，然后以该 URL 为根节点，按照深度优先遍历获取下一个 URL 池中的下一个 URL，直至遍历完成。广度优先策略指逐层爬取 URL 池中每一个 URL，将每一层筛出的 URL 纳入 URL 池，然后按照广度优先搜索策略继续遍历。局部 PageRank 策略指在 URL 池和已爬取网页组成的集合中计算 URL 池中 PageRank 的值进行

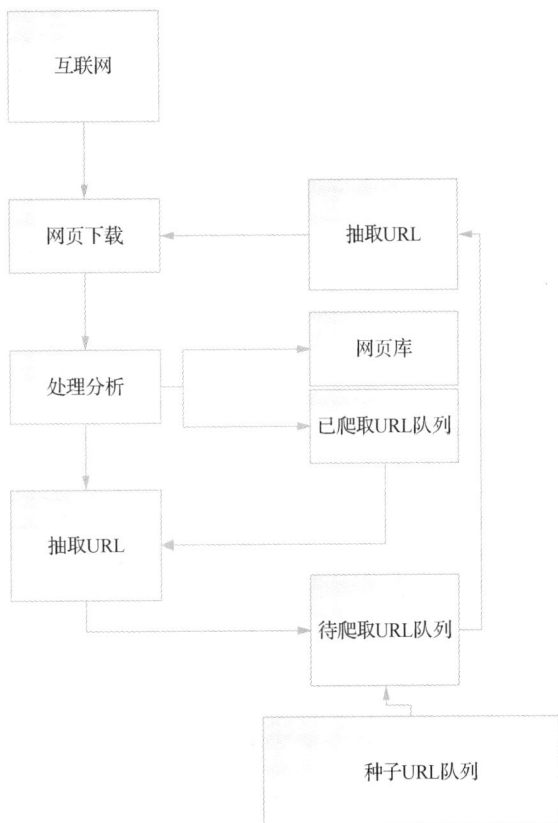

图 4-16　爬虫爬取网页流程

排序，然后按照此顺序获取各 URL。PageRank 值通过当前网页被其他网页链接指向的数量来计算，表示每个网页的重要程度。

2. 大数据存储与管理

数据存储与管理贯穿大数据处理的整个过程。传统的数据存储和管理技术难以应付数据量大、非结构化特征明显的数据。大数据背景下的数据存储与管理技术主要涉及分布式文件系统、NoSQL 数据库、NewSQL 数据库等。

（1）分布式文件系统

分布式文件系统（Distributed File System，DFS）是指文件系统管理的资源不仅存储在本地节点上，还可以通过网络连接存储在非本地节点上。分布式文件系统改变了数据的存储和管理

方式，与本地文件系统相比具有方便数据备份、数据安全性高、规模可扩展等优点。分布式文件系统一般采用客户-服务器模式：客户端以特定的通信协议通过网络与服务器建立连接，提出文件访问请求。

常见的分布式文件系统有 GFS、HDFS 等。谷歌公司为了满足本公司需求，开发了基于 Linux 的专用分布式文件系统 GFS（Google File System，谷歌文件系统），通过网络实现文件在多台计算机上的分布式存储，较好地满足了大规模数据存储的需求。HDFS（Hadoop Distributed File System，Hadoop 分布式文件系统）是对谷歌文件系统的开源实现，提供了在廉价服务器集群中进行大规模分布式文件存储的能力，具有容错性、可伸缩性、易于扩展性。

（2）NoSQL 数据库

传统的关系数据库可以较好地支持结构化数据的存储和管理，它以完善的关系代数理论作为基础，具有严格的标准。大数据时代，数据类型繁多，包含大量非结构化数据，传统的关系数据库已经无法满足其存储要求。非关系数据库（NoSQL 数据库）应运而生，它具备灵活的可扩展性。它在设计上就是为了满足横向扩展的需求，天生具备良好的水平扩展能力。NoSQL 数据库还具有灵活的数据模型，致力于摆脱关系数据库的各种束缚，采用键值、列族等非关系模型，允许在一个数据元素里存储不同的数据类型。NoSQL 数据库可以与云计算紧密融合，其可以凭借自身良好的水平扩展能力，充分利用云计算的各种基础设施，构建基于非关系数据库的云数据库服务。

近年来，NoSQL 数据库发展势头非常迅猛。NoSQL 数据库虽然种类众多，但是归纳起来，主要分为键值数据库、列族数据库、文档数据库和图数据库四大类。键值数据库会使用一个哈希表，键用于判断数据的位置，值对于数据库是透明的，不能对值进行索引和查询。列族数据库中数据库由多个行构成，每行数据包含多个列族，不同行可以具有不同数量的列族。每行数据通过行键进行定位，一个行键对应一个列族，从这个角度来看，列数据库也可以视为一个键值数据库。文档数据库通过键来定位文档，因此可以看成键值数据库的一个衍生品。文档数据库既可以根据键来构建索引，也可以基于文档内容来构建索引。基于文档内容的索引和查询能力是文档数据库不同于键值数据库的地方。图数据库专门用于管理高度关联的数据，可以高效地处理实体之间的关系，比较适合于社交网络、推荐系统、模式识别记忆路径寻找等场景。

随着 NoSQL 数据库的不断发展，学术界和产业界普遍认为关系数据库和非关系数据库都有各自的优缺点，应该应用于不同的场景，短期内无法互相完全替代。

（3）NewSQL 数据库

NoSQL 数据库很好地弥补了传统关系数据库的缺陷，但是也存在天生的不足。由于采用非关系数据模型，因此它不具备高度结构化查询功能，复杂查询的效率不如关系数据库。在这个背景下，NewSQL 数据库逐年升温。NewSQL 数据库是对各种新的可扩展、高性能数据库的统称。这类数据库很好地融合了非关系数据库和关系数据库的优点，既能实现对海量数据的存储管理，又保留了传统数据库支持 ACID（Atomicity，Consistency，Isolation，Durability，原子性、一致性、隔离性、持久性）和结构化查询的特性。不同的 NewSQL 数据库内部差异很大，但是它们有两个显著的共同点：都支持关系数据模型，都用 SQL 作为其主要接口。一些 NewSQL 数据库比传统数据库具有明显的性能优势。例如，VoltDB 使用 NewSQL 体系架构，在执行交易的时候比传统关系数据库快 45 倍；VoltDB 可扩展服务器数量为 39 个，每秒处理 160 万个交易，而具备同样处理能力的 Hadoop 则需要更多的服务器。

3．大数据处理与分析

大数据处理与分析可根据不同的目的进行批处理计算、流计算、图计算和查询分析计算，如表4-4所示。

表 4-4　大数据处理与分析技术类型及其代表产品

大数据处理与分析技术类型	描述	代表产品
批处理计算	针对大规模数据的批量处理	MapReduce、Spark 等
流计算	针对流数据的实时计算	Streams、S4、Flume、Storm 等
图计算	针对大规模图结构数据的处理	Pregel、GraphX 等
查询分析计算	针对大规模数据的存储管理和查询分析	Hive、Dremel 等

（1）批处理计算

针对大规模数据的批量处理使用批处理计算技术，这是数据处理工作中常见的一类技术。MapReduce 是颇具代表性和影响力的大数据批处理模型，可以并行执行分布式编程工作，它将复杂的、运行于大规模集群上的并行计算过程高度抽象到两个函数 Map 和 Reduce 上。

Spark 是另一个具有代表性的产品。它是针对超大数据集合的低延迟的集群分布式计算系统，比 MapReduce 快许多。Spark 启用了内存分布数据集，除了能够提供交互式查询，还可以优化迭代工作负载。

（2）流计算

针对流数据的实时计算使用对应的流计算技术。流数据是指在时间分布和数量上无限的一系列动态数据集合体，数据的价值随着时间的流逝而降低，因此，必须采用实时计算的方式给出秒级响应。流计算可以实时处理来自不同数据源的、连续到达的流数据，经过实时分析处理，给出有价值的分析结果。目前，业内已经涌现出很多流计算框架与平台，包括 Streams、Storm 等。

（3）图计算

针对大规模图结构数据的处理采用图计算技术。许多数据都是以大规模图或网络的形式呈现的，如社交网络数据、传染病传播途径数据等。同时，一些非图结构的大数据也常常会被转化为图模型后再进行处理分析。MapReduce 作为批处理的分布式计算架构，在处理多迭代、稀疏结构和细粒度数据时往往显得力不从心，不适合解决大规模图计算问题。Pregel 是一种基于整体同步并行计算模型实现的并行图处理系统，它搭建了一套可扩展的、有容错机制的平台，平台提供了大量的接口，可以描述各种各样的图计算。

（4）查询分析计算

针对大规模数据的存储管理和查询分析需要提高实时响应，则要采用查询分析计算技术。谷歌公司开发的 Dremel 是一种可扩展、交互式的实时查询系统，用于对只读嵌套数据的分析。通过结合多级树形执行过程和列式数据结构，它能做到几秒内完成对万亿张表的聚合查询。该系统可以扩展到成千上万的 CPU 上，在 2～3 s 内完成 PB 级数据的查询。

4. 大数据可视化

一图胜千言，人类从外界获得的信息有 80% 以上来自于视觉系统。当大数据以直观的图形形式展示在分析者面前时，分析者往往能够一眼洞悉数据背后隐藏的信息，并将之转化为知识和智慧。

大数据可视化是指利用支持信息可视化的用户界面，以及支持分析过程的人机交互方式与技术，有效融合计算机的计算能力和人的认知能力，以获得对于大规模复杂数据集的洞察力。

（1）文本数据可视化

文本信息是大数据时代非结构化数据的典型代表，是互联网中主要的信息类型，也是物联网各种传感器采集数据后生成的主要信息类型，人们日常工作和生活中接触最多的电子文档也以文本形式存在。文本数据可视化的意义在于将文本中蕴含的语义特征（如词频与重要度、逻辑结构、主题聚类、动态演化规律等）直观地展示出来。

如图 4-17 所示，典型的文本数据可视化技术是标签云（Word Clouds 或 Tag Cloud），它将关键词根据词频或其他规则进行排序，按照一定规律进行布局排列，用大小、颜色、字体等图形属性对关键词进行可视化。目前，标签云大多用字的大小代表该关键词的重要性。在互联网应用中，标签云多用于快速识别网络媒体的主题热度。

（2）网络数据可视化

网络关联是大数据中较常见的关系，如互联网与社交网络。层次结构数据也属于网络数据的一种特殊情况。基于网络节点和连接的拓扑关系，直观地展示网络中潜在的模式，如节点或边的聚集性，是网络可视化的主要内容之一。对于具有海量节点和边的大规模网络，如何在有限的屏幕空间中进行可视化，是网络数据可视化面临的难点和重点。除了对静态的网络拓扑关系进行可视化，大数据相关网络往往具有动态演化性，因此，如何对动态网络的特征进行可视化，也是不可或缺的研究内容。

研究者提出了大量网络数据可视化（图可视化）技术，赫尔曼（Herman）等人综述了图可视化的基本方法和技术。经典的基于节点和边的可视化是图可视化的主要形式，如图4-18所示。图可视化的典型技术包括H状树（H-Tree）、圆锥树（Cone Tree）、气球图（Balloon View）、放射图（Radial Graph）、三维放射图（3D Radial）、双曲树（Hyperbolic Tree）等。

图4-17　标签云

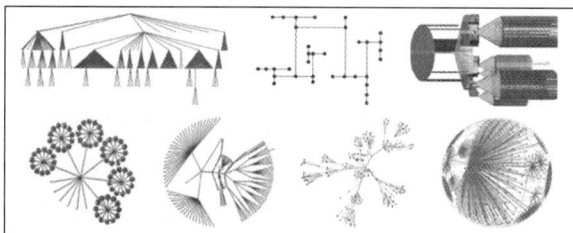

图4-18　图可视化的主要形式

（3）多维数据可视化

多维数据指的是具有多个维度属性的数据，广泛存在于基于传统关系数据库及数据仓库的应用中，如企业信息系统、商业智能系统。多维数据分析的目标是探索多维数据项的分布规律和模式，并揭示不同维度属性之间的隐含关系。凯姆（Keim）等人归纳了多维数据可视化的基本方法，包括基于几何图形、基于图标、基于像素、基于层次结构、基于图结构的各种方法，以及混合方法。其中，基于几何图形的多维数据可视化方法是近年来主要的研究方向。大数据背景下，除了数据项规模扩张带来的挑战，高维所引起的问题也是研究的重点。

散点图是较为常用的多维数据可视化方法。二维散点图将多个维度中的两个维度的属性值集合映射至两条轴，在二维轴确定的平面内通过图形标记的不同视觉元素来反映其他维度的属性值，例如，可通过不同形状、颜色、尺寸等来代表连续或离散的属性值，如图4-19所示。二维散点图能够展示的维度十分有限，可以将其扩展到三维空间，形成三维散点图，如图4-20所示。散点图适合对有限数目的、较为重要的维度进行可视化，通常不适于需要对所有维度同时进行展示的情况。

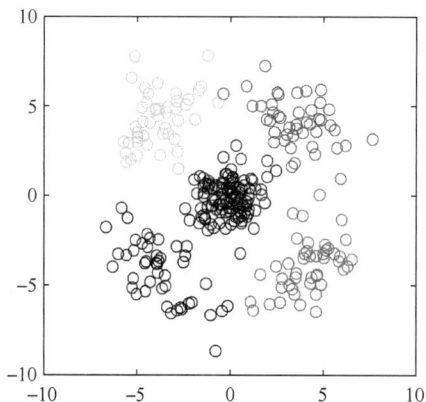

图4-19　二维散点图

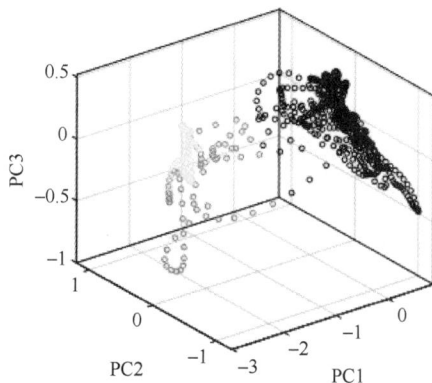

图4-20　三维散点图

（4）数据可视化工具

数据可视化工具主要分 3 类：底层程序框架，如 OpenGL、Java 2D 等；第三方库，如 ECharts、D3 等；软件工具，如 Tableau、Gephi 等。目前常用的工具主要是第三方库，方便进行二次开发。

ECharts 是一个 JavaScript 库，支持 PC 端和移动端设备，兼容大部分浏览器，提供大量交互式可视化组件。D3 也是 JavaScript 库，包含针对各类主流数据类型的大量交互式可视化组件，特点是将学术界产生的各类新颖可视化算法封装起来供各领域用户定制使用，如图 4-21 所示。

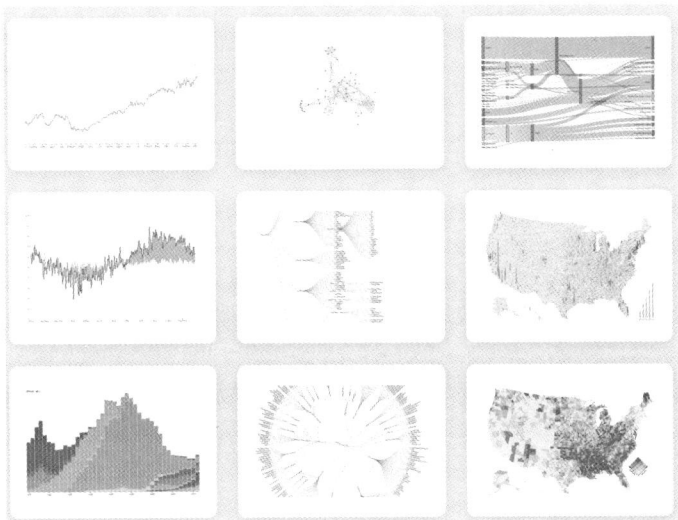

图 4-21　D3 可视化库

4.2.3　大数据行业应用

大数据无处不在，包括金融、物流、餐饮、医疗、电信、能源、体育和娱乐等在内的社会各行各业都已经被大数据改变。下面介绍部分行业的大数据应用情况。

1．大数据在生物医学领域的应用

2009 年，谷歌公司分析了美国人频繁检索的 5000 万个词汇，将其与美国疾病控制与预防中心 2003 年到 2008 年季节性流感传播时期的数据进行比较，并建立了一个特定的数学模型。最终，谷歌公司用这个数学模型成功预测了 2009 年甲型 H1N1 流感的传播，甚至可以具体到特定的地区和州。

乔布斯是世界上第一个对自身所有 DNA 和肿瘤 DNA 进行排序的人。为此，他支付了高达几十万美元的费用。他得到的不是样本，而是包括整个基因图谱的数据文档。医生根据这些数据进行精准治疗，最终这种方式帮助乔布斯延长了好几年的生命。

2．大数据在物流行业的应用

智慧物流是大数据在物流领域的典型应用。自 2009 年 IBM 公司首先提出智慧物流的概念以来，智慧物流在全球范围内得到了快速发展。阿里巴巴集团联合多方的力量共建"中国智能物流骨干网"，计划建立一个能支撑日均约 300 亿元网络零售额的智能物流骨干网络，支持数千家企业的发展。

智慧物流有着广泛的应用，许多城市围绕智慧港口、多式联运、冷链物流、城市配送等方面，着力推进物联网在大型物流企业的系统级应用。

2013 年，阿里巴巴集团联合银泰集团、复星集团、富春控股集团、顺丰集团、"三通一达"等相关机构开始联手共建菜鸟网络。菜鸟网络将充分提供满足个性化需求的物流服务，它是阿里巴巴集团整合各方力量实施的"天网"加"地网"计划的重要组成部分。所谓地网，就是指中国智能物流骨干网。它最终将被建设成一个全国性的超级物流网，这个网络能在 24 小时内将货物运

抵国内任何地区，能支撑日均 300 亿元的巨量网络零售额。所谓天网，是指以阿里巴巴集团旗下多个电商平台为核心的大数据平台。由于阿里巴巴集团的电商业务在中国占据重要地位，在这个平台上聚集了众多的商家、用户、物流企业，每天都会产生大量的在线交易。因此，这个平台掌握了网络购物物流需求数据、电商货源数据、货流量与分布数据以及消费者长期购买习惯数据，物流公司可以对这些数据进行大数据分析，优化仓储选址、干线物流基础设施建设，以及物流体系建设，并根据商品需求分析结果，提前把货物配送到需求较为集中的区域，做到买家没有下单，货就在路上，最终实现"以天网数据优化地网效率"的目标。有了天网数据的支撑，阿里巴巴集团可以充分利用大数据技术，为用户提供个性化电子商务和物流服务。用户从时效最快、成本最低、最安全、服务最好等选项中选择组合类型后，平台会根据以往的快递公司的服务情况、各个分段的报价情况、即时运力资源情况等信息，甚至可以融合天气预测、交通预测的数据，进行相关的大数据分析，从而得到满足用户需求的最优线路方案供用户选择，最终把相关数据分给各物流公司去完成物流配送。

在每年的"双 11"活动中，阿里巴巴集团都会结合历史数据，根据进入"双 11"活动的商家名单、备货量等信息进行分析，提前对"双 11"订单量做出预测，精确到每个区域网点的收发量，并将所有的信息与快递公司共享，这样快递公司运力布局的调整就会更加精准。菜鸟网络还将数据向商家发放，如果某个地区快递压力明显增大，菜鸟网络就会通知商家错峰发货，或是提早与消费者沟通。2014 年度天猫"双 11"数据显示，由于大数据全面发力，阿里巴巴集团搭建的规模庞大的 IT 基础设施，6 小时处理 100PB 的数据，每秒处理 7 万单交易，已经可以很好地支撑购物节当天 571 亿元的惊人交易量。

3．大数据在城市管理领域的应用

智慧城市具有智慧性，而这一智慧性主要来自大数据背景。智慧城市在进行数据处理的时候使用了大数据技术，在大数据作用下，智慧城市开始朝着多样化方向前进，主要体现在智能交通、环保监测、城市规划等领域上。

问题是时代的声音，回答并指导解决问题是理论的根本任务。随着中国进入汽车社会，交通拥堵已经成为一项交通难题。智能交通融合了互联网、大数据和云计算技术，为分析道路交通状况、优化交通流量、提高道路通行能力提供有效保障。遍布城市各个角落的智能交通基础设施，每时每刻都在生成大量感知数据，构成了交通大数据。利用事先构建好的模型对交通大数据进行实时分析和计算，就可以实现交通实时监控、交通智能诱导、公共车辆管理等应用。作为乘客，只要在智能手机上安装相应的 App，就可以随时查看公交信息，避免焦急等待。

森林是地球重要的组成部分，是人类赖以生存的资源。为了保护它，各国都有相应的监视体系。近年来，人们把大数据应用到森林监视中，其中，谷歌森林监视系统就是具有代表性的研究成果。谷歌森林监视系统采用谷歌搜索引擎提供时间分辨率，采用美国国家航空航天局和美国地质勘探局的地球资源卫星提供空间分辨率。该系统利用卫星的可见光和红外线数据画出某个区域的森林卫星图像。在卫星图像中，每个像素都包含了颜色和红外信号特征等信息，如果某区域的森林被破坏，该区域的卫星图像像素信息就会发生变化。

城市规划是政府工作的重中之重。城市规划的实质就是使用政府行政能力，在开展城市管理的时候，通过经济手段和非经济手段，实现有效的引导、治理、规范、经营和服务。基于城市运行发展规律，通过制订较为合理的战略规划，对社会文化、经济发展方向进行科学的引导，使城市发展朝着正确的方向迈进，这也属于城市规划的主要职能之一。面向政府管理人员，以移动终端为基础，辅以 LED 屏幕、计算机终端等，将城市经济情况、建设情况、发展情况、时事热点展示出来，有助于城市规划设计者有针对性地设计规划方案。

4．大数据在体育和娱乐领域的应用

2010 年南非世界杯期间，出现了一只能够猜对多场比赛输赢结果的章鱼"保罗"。如果非要说

章鱼具备预测比赛结果的能力，没有多少人会相信。但是，大数据预测比赛结果具有一定的科学依据，它用数据说话，通过对海量相关数据进行综合分析，得到预测结果。2014 年巴西世界杯期间，百度公司全程预测 64 场比赛的输赢，准确率达到 67%，进入淘汰赛后的准确率达 94%。利用大数据预测比赛的结果，将对人们的生活产生深刻的影响。

专业篮球队搜集大量数据来分析赛事情况，然而，整理数据和挖掘数据的意义并不容易。通过分析这些数据，可否找到制胜法宝，或者至少保证球队获得高分？Krossover（克罗斯奥弗）公司致力于分析比赛视频。每场比赛过后，教练只需要上传比赛视频，来自 Krossover 团队的大学生就会对其进行处理。等到第二天教练再看昨晚的比赛时，他可以直接调出他想要的数据，包括比赛中的个人表现、比赛反应等。

5. 大数据在商业领域的应用

维斯塔斯风力系统依靠 BigInsights 软件和 IBM 超级计算机对气象数据进行分析，找出安装风力涡轮机的最佳地点。利用大数据，以往需要花费数周的分析工作，现在不足 1 小时便可完成。

传统的商业保险公司只能凭借少量的车主信息对汽车保险客户进行简单的类别划分，并根据客户的汽车出险次数给予相应的保费优惠方案，客户选择哪家保险公司并没有太大的差别。随着车联网的出现，"汽车大数据"将会深刻改变汽车保险业的商业模式，如果某家商业保险公司能够获取客户车辆的相关细节信息，并利用事先构建的数学模型对客户等级进行更加细致的判定，提供更加个性化的"一对一"优惠方案，那么毫无疑问，这家保险公司将具备明显的市场竞争优势，获得更多客户的青睐。

北京某商场 2019 年被评为五星级购物中心。除了及时进行行业调整和在营销活动方面不断创新，该商场真正的核心竞争力是高效的运营管理和以大数据为基础的营销、招商、运营、活动推广大战略。该商场根据超过 100 万条会员刷卡数据，获取会员购物清单，对喜好不同品类、不同品牌的会员进行分类，实现促销信息的精准推送。商场在不同位置安装了将近 200 个客流监控设备，通过 Wi-Fi 站点的登录情况获知客户的到店频率，并通过与会员卡关联的优惠券得知哪些优惠产品受消费者青睐。商场还将会员微信与实体会员卡进行关联，综合每一位会员的消费数据和阅读行为，以更好地了解会员的消费偏好和消费习惯，从而更有针对性地提供一系列会员服务。

4.3 云计算

4.3.1 云计算的概念

云计算（Cloud Computing）最初的目的是实现对资源的灵活管理，它基于互联网相关服务的使用和交付模式，通常涉及通过互联网来提供动态、易扩展且经常是虚拟化的资源。

"云"比喻网络、互联网。过去绘图者往往用云来表示电信网，后来云也用来表示互联网和底层基础设施的抽象。云计算可以让你体验每秒 10 万亿次的运算能力，拥有这么强大的运算能力可以在计算机上模拟核爆炸过程、预测气候变化和市场发展趋势。用户通过台式机、笔记本电脑、智能手机等接入数据中心，按自己的需求进行运算。如图 4-22 所示，从 2020 年 2 月至 2021 年 2 月全年的百度搜索指数趋势可以看出，"云计算"的关注度很高；除了云计算，与云计算相关的服务、商业应用和公司等也是关注的热点。

云计算有很多种定义，现阶段广为人们接受的是美国国家标准与技术研究院给出的定义：云计算是一种按使用量付费的模式，它随时随地提供便捷的、可通过网络按需访问的可配置计算资源共享池（资源包括网络、服务器、存储、应用软件、服务），这些资源可以快速调配，极度缩减管理资源的工作量，以及与服务提供商的交互。

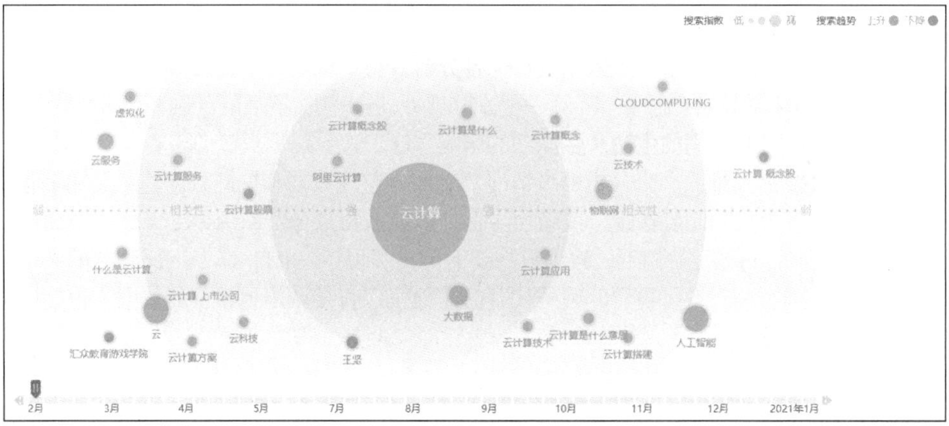

图 4-22 "云计算"百度搜索指数趋势

4.3.2 云计算的服务模式

在了解云计算的关键技术前应该对云计算的服务模式有初步的认识，这对于选择合适的云计算服务至关重要。只有了解云计算服务的内容并理解每种服务的含义，才能做出最佳的选择。云计算有 3 种服务模式，分别是基础设施即服务（Infrastructure as a Service，IaaS）、平台即服务（Platform as a Service，PaaS）、软件即服务（Software as a Service，SaaS），如图 4-23 所示。

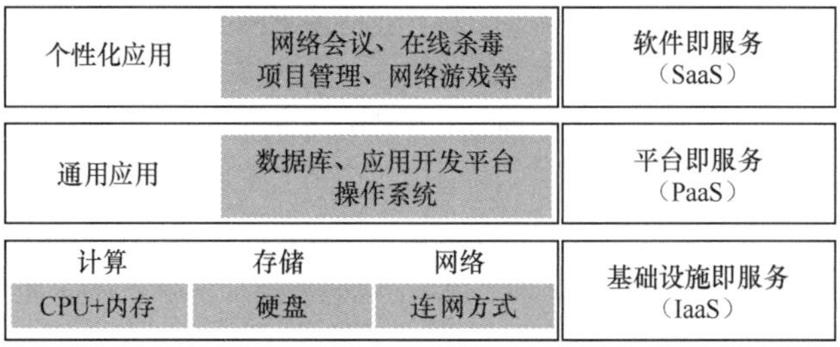

图 4-23 云计算服务模式

1．IaaS

IaaS 将计算、存储和网络整合成一个虚拟资源池，为客户提供虚拟服务器等服务，这种形式的云计算把硬件开发环境作为计量服务提供给客户。IaaS 的优点是客户按需租用计算能力和存储能力，实现时间灵活性（即想什么时候要就什么时候要），以及空间灵活性（即想要多少就要多少）。

美国国家标准与技术研究院对 IaaS 的定义如下：消费者能够获得处理能力、存储、网络和其他基础计算资源，从而可以在其上部署和运行包括操作系统和应用软件在内的任意软件。消费者不对云基础设施进行管理或控制，但可以控制操作系统、存储、所部署的应用，或者对网络组件（如防火墙）的选择有部分控制权。从定义中可以看出，在 IaaS 中，消费者对 IaaS 有部分控制权，在获得"云资源"后消费者可以将更多的精力放在构建和管理所需的应用程序。而基础的硬件管理和数据管理工作被抽象为一系列可用服务，可以通过代码或者网页管理控制台进行访问和自动化部署。IaaS 如图 4-24 所示，云端公司一般会有一个自助网站，消费者可以与云端公司签订租赁协议以获取一个账户，登录之后可以管理自己的计算设备：开关机、安装操作系统、安装应用软件等。

目前，市场上有微软、亚马逊、Rackspace、OpenStack 和网易等公司或平台提供基于硬件基础的 IaaS。其中，亚马逊公司提供的 AWS 云服务是应用较广泛与成熟的；OpenStack 是一个开源项目，主要为那些希望构建自己的 IaaS（私有云）的消费者提供相关服务。

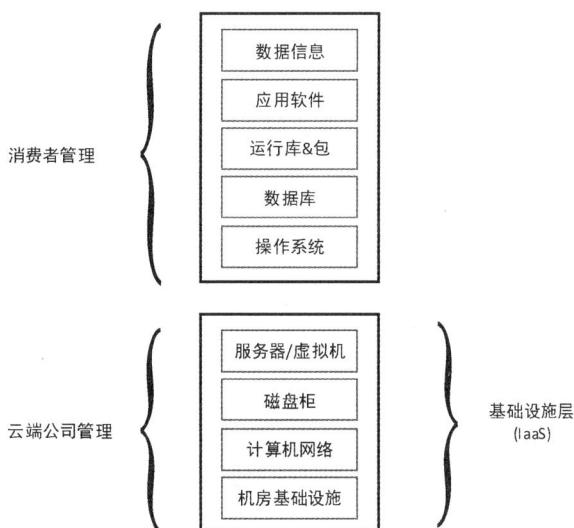

图 4-24　IaaS

2. PaaS

PaaS 为客户提供通用应用（即开发平台）服务，包括操作系统、数据库、应用开发平台等，而不是某种具体应用软件，在云计算的技术实现环节起到了承上启下的作用。如图 4-25 所示，云端公司将运行软件所需要的下 7 层部署完毕，然后在 PaaS 上划分小块（通常称为容器）对外出租，消费者直接安装和使用软件就可以了。

平台软件层包括操作系统、数据库、中间件和运行库，但是并不是每一个软件都需要这 4 部分的支持，需要什么是由软件决定的。所以 PaaS 又分为 2 种：半平台 PaaS 和全平台 PaaS。

（1）半平台 PaaS：只安装操作系统，其他由消费者自己去解决。选择这种服务的消费者需要有较强的技术实力，而且需要耗费部分资源去安装软件运行需要的中间件、运行库、数据库。

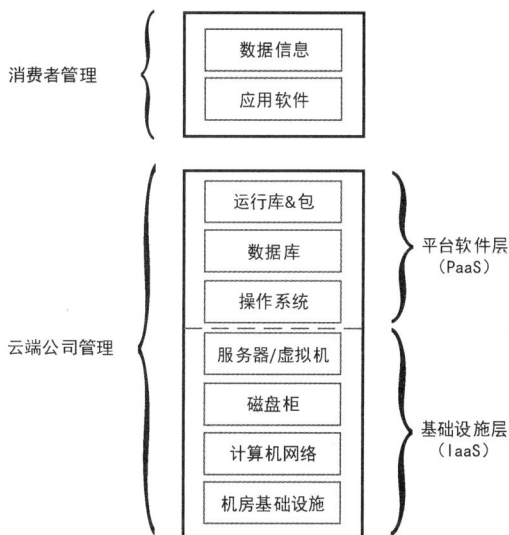

图 4-25　PaaS

（2）全平台 PaaS：安装应用软件依赖的全部平台软件。不过世界上的应用软件量如此庞大，支撑它们的数据库、中间件、运行库各不相同，PaaS 云端公司不可能全部都安装，所以它们支持的软件是有限的。

相对于 IaaS 来说，PaaS 的使用灵活性降低了，消费者只能在云端提供的有限平台范围内做软件，但是优点也很明显，消费者能够最大化利用租用的资源，而且不需要有高深的 IT 技术。目前，PaaS 的典型实例有微软公司的 Windows Azure 平台、Meta（元）公司的开发平台等。

3. SaaS

SaaS 与 PaaS 的不同点在于，应用软件是由云端公司来安装和运维的，消费者需付费使用软件，如图 4-26 所示。SaaS 为客户提供个性化应用服务，即云端公司将应用软件统一部署在其服务器上，消费者可以根据自己的实际需求，通过互联网向云端公司订购所需要的应用软件服务，按照订购服务的多少和时间的长短支付费用。SaaS 的典型应用包括网络会议、在线杀毒等工具型服务，在线项目管理、在线人力资源系统等管理型服务，以及网络游戏、在线视频等娱乐型服务。

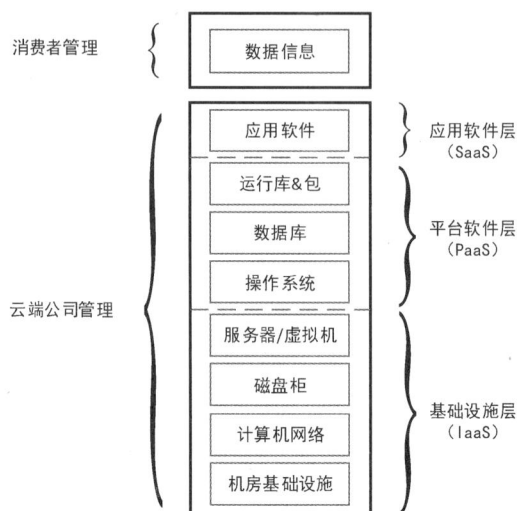

图 4-26　SaaS

SaaS 提供的应用软件有如下特点。

（1）软件量庞大，安装复杂，使用复杂，运维复杂，单独购买价格较高，如 ERP（Enterprise Resource Planning，企业资源规划）系统、CRM（Customer Relationship Management，客户关系管理）系统、BI（Business Intelligence，商业智能）系统等。

（2）按功能模块划分，需要哪些功能就组合哪些模块。

（3）多个消费者同时操作，使用同一个软件，且不互相干扰。

（4）支持多币种、多语言、多时区。

SaaS 产品具有广泛的适应范围，特别是与其他云产品（如 IaaS 和 PaaS）配合使用时适应性表现尤为突出，例如，阿里云之类的云计算技术允许用户配置可托管的 Web 站点、数据库服务器等。SaaS 是软件业的未来发展趋势，微软、用友、金蝶等公司都推出了 SaaS 产品。

4.3.3　云计算的关键技术

云计算的关键技术包括虚拟化、分布式存储、分布式计算等。本节将简要介绍这些关键技术的基本概念与原理。

1. 虚拟化

虚拟化技术是云计算基础架构的基石，是指将一台计算机虚拟为多台逻辑计算机，在一台计算机上同时运行多台逻辑计算机，每台逻辑计算机可运行不同的操作系统，应用程序都可以在独立的空间内运行而互不影响，从而显著提高计算机的工作效率。云计算的虚拟化技术不同于传统的单一虚拟化，它是涵盖整个 IT 架构的，即包括资源、网络、应用和桌面在内的全系统虚拟化。它的优势在于能够把硬件设备、软件应用和数据隔离开来，打破硬件配置、软件部署和数据分布的界限，实现 IT 架构的动态化，实现资源集中管理，使应用能够动态地使用虚拟资源和物理资源，提高系统适应需求和环境的能力。

虚拟化技术作为云计算较重要的核心技术，为云计算服务提供基础架构层面的支撑。如图 4-27 所示，虚拟化技术涵盖两种应用模式，包括服务器虚拟化、网络虚拟化、桌面虚拟化和存储虚拟化。

以服务器虚拟化为例，它将服务器物理资源抽象成逻辑资源，让一台服务器变成几台甚至上百台相互隔离的虚拟服务器，让 CPU、内存、磁盘、I/O 设备等硬件变成可以动态管理的资源池，从而提高资源的利用率，简化系统管理，实现服务器整合，使系统对业务的变化更具适应力。

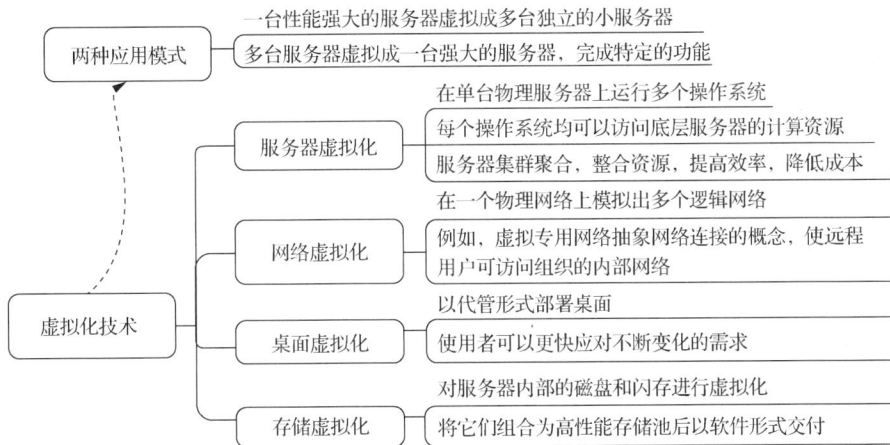

图 4-27　虚拟化技术

Hyper-V、KVM、VirtualBox、Xen、Qemu，以及 VMware 公司的系列产品，都是典型的虚拟化技术产品。Hyper-V 是微软公司的一款虚拟化产品，旨在为用户提供性价比更高的虚拟化基础设施软件，从而为用户降低运作成本，提高硬件利用率，优化基础设施，提高服务器的可用性。VMware 是全球桌面到数据中心虚拟化解决方案的领导厂商。

2. 分布式存储

在数据爆炸的时代，集中式存储已经无法满足海量数据的存储需求，分布式存储应运而生。分布式存储系统通常包括主控服务器、存储服务器，以及多个客户端。其本质是将大量的文件分布到多个存储服务器上。如表 4-5 所示，当前分布式存储有多种实现技术，如 Ceph、GFS、HDFS、Swift、Lustre 等。要想更好地理解分布式存储技术，需了解各种分布式存储技术的特点，以及各种技术的适用场景。

表 4-5　主流分布式存储技术对比

对比内容	Ceph	GFS	HDFS	Swift	Lustre
平台属性	开源	闭源	开源	开源	开源
系统架构	去中心化	中心化	中心化	去中心化	中心化
数据存储方式	块、文件、对象	文件	文件	对象	文件
元数据节点个数	多个	单个	单个	多个	单个
数据冗余	多副本/纠删码	多副本/纠删码	多副本/纠删码	多副本/纠删码	—
数据一致性	强一致性	最终一致性	过程一致性	弱一致性	—
分块大小	4MB	64MB	128MB	视对象大小	1MB
适用场景	频繁读写场景	大文件连续读写	大数据场景	云对象存储	超算

Ceph 起源于塞奇（Sage）于 2004 年发表的就读博士期间的工作成果，并随后贡献给开源社区。经过多年的发展，Ceph 已得到众多云计算和存储厂商的支持，成为应用较广泛的开源分布式存储平台。

GFS 是谷歌公司推出的分布式文件系统，可以满足大型、分布式、对大量数据进行访问的应用的需求。GFS 具有很好的硬件容错性，可以把数据存储到成百上千台服务器上面，并在硬件出错的情况下尽量保证数据的完整性。GFS 还支持 GB/TB 级别超大文件的存储，一个大文件会被分成许多块，分散存储在数百台计算机组成的集群里。HDFS 是对 GFS 的开源实现，它采用了更加简单的"一次写入，多次读取"文件模型，文件一旦创建、写入并关闭，就只能对其执行读取操作。HDFS 是一个适合运行在通用硬件上的分布式文件系统，是 Hadoop 的核心子项目，是基于流数据模式访问和处理超大文件的需求而开发的。HDFS 兼容 JDK（Java Development Kit，Java 开发工具包）支持的所有平台。谷歌公司后来又以 GFS 为基础开发了分布式数据管理系统 BigTable，它是一个稀疏、分布式、持续多维度的排序映射，适合于非结构化数据的存储，具有高可靠性、可伸缩等特点，可在廉价微机服务器上搭建起大规模存储集群。HBase 是对 BigTable 的开源实现。

Swift 最初是由 Rackspace（瑞克斯普斯）公司开发的分布式对象存储服务，2010 年贡献给 OpenStack 开源社区，作为其最初的核心子项目之一，为其 Nova 子项目提供虚拟机镜像存储服务。

Lustre 是基于 Linux 平台的开源集群（并行）文件系统，最早在 1999 年由皮特·布拉姆（Peter Braam）创建的集群文件系统公司开始研发，后由该公司与惠普（HP）、英特尔（Intel）公司和美国能源部联合开发，2003 年正式开源，主要用于超算领域。

3. 分布式计算

面对海量的数据，传统的单指令、单数据流、顺序执行的方式已经无法满足快速数据处理要求。在这样的背景下，谷歌公司提出了并行编程模型 MapReduce，让任何人都可以在短时间内迅速获得海量计算能力。它使开发者在不具备并行开发经验的情况下也能够开发出分布式并行程序，并让其同时运行在数百台计算机上，在短时间内完成海量数据的计算。MapReduce 将复杂的、运行于大规模集群上的并行计算过程抽象为两个函数——Map 和 Reduce，并把一个大数据集切分成多个小的数据集，分布到不同的计算机上进行并行处理，极大地提高了数据处理速度，可以有效满足许多应用对海量数据的批量处理需求。Hadoop 框架开源实现了 MapReduce 并行编程模型，被广泛应用于分布式计算。

Hadoop 这个框架主要用于解决海量数据的计算问题。那么，它是如何做到海量数据计算的呢？你可能会想，既然是海量数据，规模这么大，那就分成多个进程，每个进程计算一部分，然后汇总一下结果，就可以提升运算速度了。分治法就是将一个复杂的、难以直接解决的大问题分割成一些规模较小的、可以比较简单或直接求解的子问题，这些子问题相互独立且与原问题形式相同，递归地解决这些子问题，然后将子问题的解合并得到原问题的解。举个例子：现在要统计全中国的人口数，由于中国的人口规模很大，如果让工作人员依次统计每个地方的人口数，工作量会非常大。在实际统计中，我们通常会按照省级行政区分别统计人口数，比如湖南省的工作人员统计湖南省的人口数、湖北省的工作人员统计湖北省的人口数等，然后汇总各个省级行政区的人口数，即可得到全国人口数。这就是一个分而治之的例子。

当然，这种分治的思想还广泛应用于计算机科学的各领域，分布式领域中的很多场景和问题也非常适合采用这种思想，人们为此设计出了很多计算框架。如图 4-28 所示，MapReduce 分为 Map 和 Reduce 两个核心阶段，其中 Map 对应"分"，即把复杂的任务分解为若干个"简单的任务"来执行；Reduce 对应"合"，即对 Map 阶段的结果进行汇总。

（1）Map 阶段。将大数据计算任务拆分为多个子任务，拆分后的子任务通常与原任务是同质的，比如原任务是统计全国人口数，将其拆分为统计各个省级行政区的人口数子任务，也是统计人口数，但子任务的数据规模和计算规模会小很多。多个子任务之间没有依赖，可以独立运行、并行计算，比如按照省级行政区统计人口数，统计河北省的人口数和统计湖南省的人口数之间没有依赖关系，可以独立、并行统计。

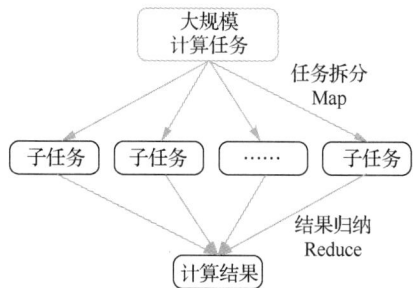

图 4-28　MapReduce 示意图

（2）Reduce 阶段。在 Map 阶段拆分出的子任务计算完成后，Reduce 阶段汇总所有子任务的计算结果，以得到最终结果。在这个例子里，也就是汇总各个省级行政区统计的人口数，得到全国的总人口数。

4.3.4　云计算的解决方案

云计算在电子政务、医疗、教育、企业等领域的应用不断深化，对提高政府服务水平、促进产业转型升级和培育发展新兴产业等都起到了关键作用。为了在云计算时代继续保持领先优势，世界上知名的 IT 行业公司持续不断地推出自己的云计算解决方案，这些方案的应用场景与优劣势各不相同，技术实现上也各有千秋。解决方案的多样化与持续更新反映了云计算蓬勃发展的态势，也为日益增长的用户提供了不同的选择。不论是个人用户，还是企业用户，了解各种云计算解决方案的异同点与优劣势，有助于选择最适合的方案。表 4-6 列出了 3 家公司云计算解决方案的异同点。从表 4-6 中可以看出，这 3 家公司的云计算解决方案各有特色。除了云端公司直接提供的软件服务，用户还可以根据自己的需求选择合适的平台搭建自己的云计算服务。

表 4-6　主流云计算解决方案对比

对比内容	亚马逊云	微软云	阿里云
服务类型	PaaS、SaaS	IaaS、PaaS、SaaS	IaaS、PaaS、SaaS
服务关联度	低	低	低
虚拟化技术	Xen	Hyper-V	Xen、KVM
运行环境	云端	云端或本地	云端或本地
程序设计语言	多种	多种	多种
使用限制	最少	较少	较多
功能	最多	较多	较多
收费模式	按使用量收费	按使用量收费	按使用量收费
可扩展性	强	一般	较强

下面简要介绍亚马逊云、微软云和阿里云。

1．亚马逊云

亚马逊是最早开始提供云计算服务的公司，它在"云计算"的概念被提出之前就开始提供弹性的计算和存储等服务。因此，亚马逊云的云计算解决方案技术较为全面和深入，其整套方案被命名为 Amazon Web Service（AWS）。个人用户和企业用户可以通过 EC2 和 S3 构建 SmugMug、Animoto等典型应用。目前，亚马逊云服务产品主要包括弹性计算云 EC2；简单存储服务 S3；简单数据库服务 Simple DB；简单队列服务 SQS；弹性 MapReduce 服务；电子商务服务 DevPay 和 FPS 等。

2．微软云

微软公司在 2008 年发布并提出了云计算战略及云计算服务平台 Windows Azure Platform（后更名为 Windows Azure），并陆续更新了几个版本。到目前为止，Windows Azure 已经发展成为覆盖全球的庞大系统。

微软云主要面向软件开发商，其核心是 Windows Azure 云操作系统，包含多种计算和存储服务。此外，微软云还提供 Azure Marketplace，用于在线购买基于云计算的数据与应用。与亚马逊云不同的是，Windows Azure 还考虑了本地环境在云计算方案中的应用，程序可以在离线状态的本地环境运行，提高了使用便捷性。Windows Azure 上的 PaaS 产品涵盖了构建应用程序的方方面面。在数据存储方面，Windows Azure 同时提供了结构化数据存储服务（SQL Server、MySQL）和非结构化数据存储服务（Table、Cosmos DB）。在数据分析层面，Windows Azure 把原汁原味的 Hadoop 套件搬到了云端，用户可以使用 HBase、Storm、Spark 和 HiveQL 中的任意一种方式来对数据进行查询和分析。在数据的智能分析领域，微软云还提供了独有的机器学习功能，帮助用户用现在的数据对未来的情况展开预测。在应用程序架构层面，Azure Mobile Service、Azure WebApp 和 Azure Cloud Service等用于快速部署应用并进行弹性伸缩。在体系架构层面，Windows Azure 集成了企业信息集成组件 BizTalk 和架构解耦组件 Service Bus 等。在访问控制层面，Windows Azure 移植了微软活动目录的部分功能，为用户提供身份验证支持。

3．阿里云

阿里云创立于 2009 年，是全球领先的云计算及人工智能科技公司，致力于以在线公共服务的方式，提供安全、可靠的计算和数据处理能力，让计算和人工智能成为普惠科技。阿里云服务着制造、金融、政务、交通、医疗、电信、能源等众多领域的领军企业，包括中国联通、中国铁路、中石化、中石油、飞利浦、华大基因等大型企业客户，以及微博、知乎等互联网平台。在天猫"双11"、12306春运购票等极富挑战性的应用场景中，阿里云运行良好。

阿里云在全球各地部署高效节能的绿色数据中心，利用清洁计算为万物互联的新世界提供源源不断的动力，目前开服的区域包括中国（华北地区、华东地区、华南地区）、新加坡、美国（美东地区、美西地区）、欧洲、中东、澳大利亚、日本等。

飞天系统（Apsara）是由阿里云自主研发、服务全球的超大规模通用计算操作系统。飞天系统有一个全球统一的账户体系，灵活的认证授权机制让云上资源可以安全、灵活地在用户内或用户间共享。其核心服务包括弹性计算、存储、数据库和网络。

（1）弹性计算服务：云服务器 ECS，可弹性扩展、安全、稳定、易用的计算服务。

（2）存储服务：OSS（Object Storage Service，对象存储服务），海量、安全和高可靠的云存储服务。

（3）数据库服务：云数据库 RDS，完全兼容 MySQL、SQL Server、PostgreSQL。

（4）网络服务：CDN（Content Delivery Network，内容分发网络），跨运营商、跨地域全网覆盖的网络加速服务。

本章小结

通过对本章的学习，读者首先应理解计算机网络中分散、连接及共享的思维方式。分散的实体相互连接可以取长补短，可以通信，可以共享资源，在此过程中需要解决每个实体的唯一标识问题，需要解决统一通信规则问题。这就是计算机网络蕴含的计算思维。

人类已经步入大数据时代，我们的生活被数据"环绕"，因大数据而发生深刻变革。作为大数据时代的公民，我们应该了解大数据，并利用好大数据。只有把理论知识同具体实际相结合，才能正确回答实践中出现的问题，扎实提升理论水平与实战能力。大数据中的分布式技术，提供了通过抽象和分解来控制庞杂的任务或进行巨大复杂系统设计的方法，也是计算思维的体现。

云计算是计算机网络的延续，其迅速发展离不开存储技术的发展、运算能力的提升，也得益于网络带宽的不断增加。在今天的环境下，云端公司可以快速地推出不同的云服务，个人用户和企业用户有了更多、更好的云服务选择。随着云计算"门槛"的下降，相信未来云计算及其服务会更加普及，成为每个人生活中必不可少的"生活用品"。

趣闻轶事　　　　信息素养

思考题

一、选择题

1. 下列 IP 地址中，_____是不合法的。

  A．202.119.192.28 B．219.219.21.11 C．256.12.22.3 D．202.112.144.70

2. IP 地址通常分为 5 种类型，下列 IP 地址中，_____是 A 类地址。

  A．241.119.192.28 B．147.219.21.11 C．21.122.22.3 D．196.112.144.70

3. www.cumt.edu.cn 是 Internet 上一台计算机的_____。

    A. 域名   B. IP 地址   C. 协议   D. 子网掩码

4. http://www.sina.com.cn 是新浪网址,其中 http 是指_____。

    A. 超文本传输协议   B. 文件传输协议   C. TCP/IP   D. 电子邮件收发协议

二、填空题

1. 局域网通常采用 C-S 结构,其中 C 指_____,S 指_____。

2. 计算机网络中常用的有线传输介质有_____、_____、_____等。

3. _____是将多台计算机连接起来组成局域网的设备,它处于网络中心,以广播方式对数据进行转发。

三、简答题

1. 从网络的地理范围来看,计算机网络如何分类?

2. 简述 Internet 在中国的发展史。

3. 试述大数据的 4 个基本特征。

4. 试述大数据对科学研究的影响。

5. 举例说明生活中你体验到的大数据的具体应用。

6. 试述云计算的概念。

7. 云计算的几个服务模式有什么区别?

8. 现实中你是否会用到云计算?试着举出云计算的应用场景。

第5章 算法分析与设计

本章的学习目标

- 理解算法的概念和特性。
- 掌握算法的描述工具。
- 掌握 RAPTOR 流程图编程方法。
- 理解枚举法的概念，掌握枚举法求解步骤。
- 理解递推法的概念，掌握递推法求解步骤。
- 了解递归法的概念。
- 掌握冒泡排序的过程。
- 掌握选择排序的过程。
- 了解狄克斯特拉算法的原理。
- 了解随机数生成算法的原理。

提到"算法"，人们通常的感觉是它仅为计算机专业人员应该掌握的知识。其实，随着信息技术的飞速发展，算法的概念已经渗透到生物学、宇宙学、物理学、经济学和社会科学等诸多领域，而且它在科学技术和社会发展中发挥的作用也越来越大。那么，究竟什么是算法呢？

5.1 算法和算法描述

5.1.1 算法基础

1. 算法的起源和发展

算法在中国古代文献中称为"术"，最早出现在《周髀算经》和《九章算术》中。《周髀算经》中采用简便可行的方法确定天文历法，揭示日月星辰的运行规律，囊括四季更替、气候变化，给人们的生活作息提供有力的保障，而《九章算术》给出四则运算、求最大公约数、求最小公倍数、开平方、开立方、解线性方程组等诸多算法，解决了生产、生活实践中的很多应用问题。从唐代开始，我国关于算法论述的书籍层出不穷，如唐代的《算法》、宋代的《杨辉算法》、元代的《丁巨算法》、明代的《算法统宗》、清代的《开平算法》等，足以彰显古代中国在算法方面的发达。

西方算法概念的出现比中国要晚，公元 9 世纪波斯数学家花拉子米（al-Khwarizmi）提出了算法的概念，随后传到了欧洲。算法最初写为 algorism，意思是采用阿拉伯数字的运算法则。到了 18 世纪，算法正式定名为 algorithm。含义也从算术中的运算法则演变为对解题方案的准确而完整的描述，成为"一系列解决问题的清晰指令"的代名词，代表着用系统的方法描述解决问题的策略、机制。

在早期，算法主要应用于数学和天文学领域。例如，欧几里得算法用于求两个数的最大公约数。随着时间的推移，算法的应用逐渐扩展到其他领域，包括计算机科学、工程学、经济学等。

在计算机科学领域，第一个被广泛接受的算法是图灵机，图灵机是一种假想的计算机的抽象模型，奠定了计算机硬件和软件的基础。20世纪中期，随着第一台计算机的出现，算法被广泛应用于计算机问题求解，被认为是计算机的灵魂。计算机问题求解即计算机执行程序，而程序是根据算法来编写的。在计算机中，所有的问题求解任务都要经过分析，求解方法被设计成相应的算法，算法是问题求解过程的形式化描述。

现在，算法已经成为计算机科学中非常重要的一部分，被广泛应用于数据结构、计算机图形学、人工智能等领域。许多现代算法都是基于数学和逻辑学的基础知识设计的，同时还需要考虑实际应用中的效率和正确性问题。

2．算法的概念和特性

在计算机科学中，算法是对解题方法及求解过程的描述，是一个经过精心设计、用以解决一类特定问题的计算序列。

算法具有以下5个重要特性。

（1）确定性

算法的每一个步骤都必须有明确的定义，不允许有模糊的解释，也不能有多义性。

（2）可行性

算法中执行的任何计算步骤都可以被分解为基础的、可执行的操作步骤，每个计算步骤都可以在有限的时间内完成。

算法的设计是为了用某一个特定的计算工具解决某一个实际的问题，因此，它总是受计算工具的限制。例如，计算机的数值有效位数是有限的，计算往往会受有效位数的影响产生错误。因此，在设计算法时，必须要考虑可行性，要根据具体的计算机系统调整算法，否则是不会得到满意结果的。

（3）有穷性

算法的有穷性是指计算在一定的时间内能够完成，即算法应该在有限步骤后正常结束。

例如，数学上的无穷级数，在计算机中只能求有限项，即计算的过程是有穷的。

算法的有穷性也指合理的执行时间。一个算法如果需要执行千万年，显然就失去了实用价值。

（4）输入

一个算法有0个或多个输入，以刻画运算对象的初始情况，0个输入是指算法本身定出了初始条件。

（5）输出

一个算法有一个或者多个输出，以反映对输入数据加工后的结果。没有输出的算法是毫无意义的。

衡量一个算法的效率高低主要有两个尺度：时间复杂度和空间复杂度。时间复杂度是指算法需要消耗的时间资源，一个算法花费的时间与算法中语句的执行次数成正比，哪个算法中语句执行次数多，它花费的时间就多。空间复杂度是指算法需要消耗的空间资源，即消耗的存储空间。一个算法在计算机存储器上所占用的存储空间，包括算法本身所占用的存储空间，算法的输入输出数据所占用的存储空间和算法在运行过程中临时占用的存储空间。

需要说明的是，对于一个算法，其时间复杂度和空间复杂度往往是相互影响的。当追求一个较好的时间复杂度时，可能会使空间复杂度变高，即可能导致占用较多的存储空间；反之，当追求一个较好的空间复杂度时，可能会使时间复杂度变高，即可能导致占用较长的运行时间。另外，算法的所有性能之间都存在着或多或少的相互影响。因此，当设计一个复杂算法时，我们要综合考虑算法的各项性能、算法的使用频率、算法处理的数据量的大小、算法描述语言的特性、算法运行的机器系统环境等各方面因素，才能够设计出比较好的算法。

3．算法与程序的区别

算法不等于程序，也不是计算方法。算法是在逻辑层面上对解决问题的方法的一种描述。一个算法可以被很多不同的程序实现，但程序通常还需考虑很多细节问题，这是因为程序运行受到计算机系统的限制。算法可以被计算机程序模拟出来，但程序只是让计算机去机械式地执行，算法才是灵魂，告诉计算机"怎么"去执行。程序的编制不可能优先于算法的设计。程序中的指令必须是机器可执行的，而算法中的指令则无此限制。

5.1.2 算法描述

算法是对问题求解过程的清晰表述，通常可以使用自然语言、流程图、伪代码等多种不同的形式，目的是清晰地展示问题求解的基本思想和具体步骤。

1．用自然语言描述算法

对算法进行描述较简单的方法就是使用自然语言，只需要将问题的求解步骤清晰地表述出来即可。在步骤表述上，要求语言简练、层次清晰。在表述过程中，每一步可以加上序号，如 Step1、Step2……对复杂的步骤可以进一步展开。

【例 5-1】用自然语言描述求 1+2+3+4+5。

Step1：先求 1 加上 2，得到结果 3。

Step2：将 Step1 得到的和 3 再加上 3，得到结果 6。

Step3：将 6 再加上 4，得 10。

Step4：将 10 再加上 5，得 15。

这样的算法虽然是正确的，但是太烦琐。如果要求 1+2+…+1000，则需要写 999 个步骤，显然是不可取的，应当找到一种通用的表示方法。不妨这样考虑：设置两个变量，一个变量 i 代表加数，一个变量 sum 代表累加和。用循环算法来求结果，算法可以改写成如下。

Step1：1=>i。

Step2：0=>sum。

Step3：使 sum 与 i 相加，结果仍存在 sum 中，可表示为 sum+i=>sum。

Step4：使 i 的值加 1，即 i+1=>i。

Step5：如果 i 不大于 5，返回重新执行 Step3 及其后的步骤 Step4 和 Step5；否则算法结束。最后得到 sum 的值就是累加的结果。

题目改为：求 1+3+5+7+9+11。算法只需要做很小的改动。

Step1：1=>i。

Step2：0=>sum。

Step3：sum+i=>sum。

Step4：i+2=>i。

Step5：若 i<12，返回 Step3；否则算法结束。

采用自然语言描述算法可以较好地描述问题的大致求解思路，而对于比较精细的求解步骤，用自然语言描述比较困难。例如，对于条件、分支等涉及逻辑的嵌套，自然语言描述就不够清晰直观，这时可以选择使用流程图或伪代码来描述。

2．用程序流程图描述算法

程序流程图是一种由图框和流程线组成的图形，图框表示各种类型的操作，图框中的文字和符号表示操作的内容，流程线表示操作的先后次序。用图形表示算法，直观形象，易于理解。美国国家标准与技术研究院规定了一些常用的流程图图形符号（见图 5-1），已为世界各国程序工作者普遍采用。

各图形符号的含义如下。

（1）起止框：圆角矩形，表示算法的开始或结束。

（2）输入输出框：平行四边形，表示输入或输出。

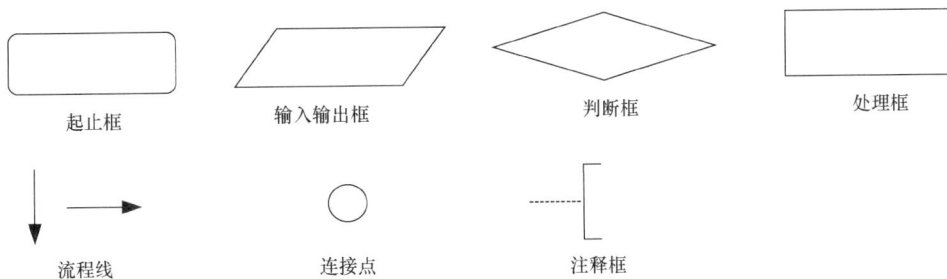

图 5-1　流程图常用图形符号

（3）判断框：菱形，表示条件选择，有一个入口，两个或多个出口，控制算法的不同执行流程。

（4）处理框：矩形，表示具体处理操作，如计算、赋值等，对应具体的业务逻辑。

（5）流程线：带箭头的线，表示算法的执行顺序。

（6）连接点：圆圈，成对出现，一对连接点标注相同的数字和文字，用于连接画在不同位置的流程线，以避免流程线的交叉，使流程更清晰。

（7）注释框：用于书写注释。

【例 5-2】用程序流程图描述求 1+2+3+4+5。

选择程序流程图描述，如图 5-2 所示。

程序流程图用流程线指出各框的执行顺序，对流程线的使用没有严格限制。因此，如果绘图者让流程线随意地转来转去，使流程图变得毫无规律，阅读时就要花很大的精力去追踪流程。为了解决这个问题，人们规定了几种基本结构，它们可以按一定规律组成一个算法结构。1966 年，鲍姆（Böhm）和雅科皮尼（Jacopini）提出了以下 3 种基本结构作为良好算法的基本单元。

（1）顺序结构。如图 5-3 所示，虚线框内是一个顺序结构。其中 A 和 B 是顺序执行的，即在执行完 A 后，接着执行 B。顺序结构是最简单的基本结构。

（2）选择结构。选择结构又称分支结构，如图 5-4 所示。此结构必包含一个判断框，根据给定的条件 E 是否成立而选择执行 A 或者 B。

（3）循环结构。某一部分的操作反复执行。循环结构有两类。

① 当型（while 型）循环结构。当型循环结构如图 5-5 所示。它的作用是，当给定的条件 E 成立时，执行 A，再判断条件 E 是否成立，如果仍然成立，再执行 A……如此反复，直到条件 E 不成立，此时不再执行 A，结束循环。

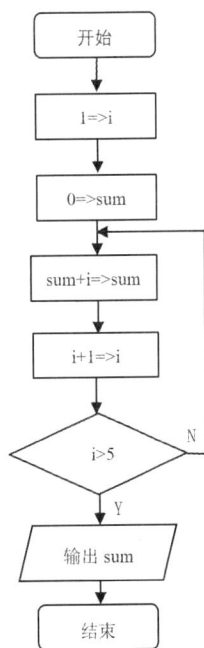

图 5-2　累加和程序流程图

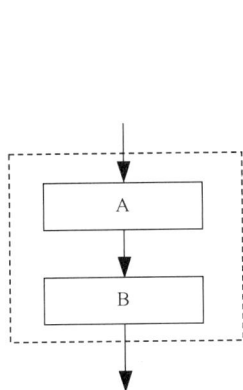

图 5-3　顺序结构

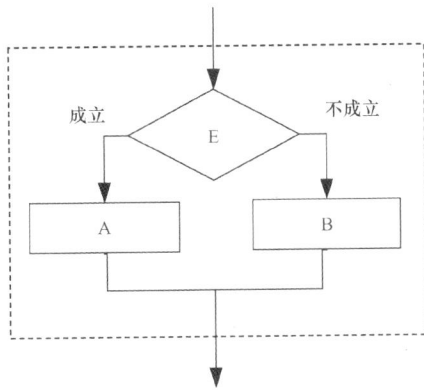

图 5-4　选择结构

② 直到型（until 型）循环结构。直到型循环结构如图 5-6 所示。它的作用是：先执行 A，然后判断给定的条件 E 是否成立，如果不成立则执行 A，再对条件 E 做判断，如果仍然不成立又执行 A……如此反复，直到给定的条件 E 成立，此时不再执行 A，结束循环。

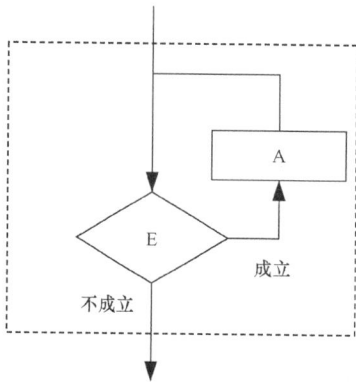

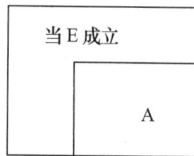

图 5-5　当型循环结构　　　　　　图 5-6　直到型循环结构

3．用 N-S 流程图描述算法

1972 年，两位美国学者提出了一种新的流程图形式。这种流程图完全去掉了带箭头的流程线，全部算法写在一个矩形框内，该框还可以包含其他从属于它的框，或者说，由一些基本的框组成了一个大的框。这种流程图又称 N-S 流程图（N 和 S 是这两位美国学者的姓氏首字母）。

N-S 流程图的基本结构如下。

（1）顺序结构。A 和 B 两个框组成顺序结构，如图 5-7 所示。

（2）选择结构。如图 5-8 所示，当条件 E 成立时执行 A，条件 E 不成立时执行 B。

（3）循环结构。当型循环结构如图 5-9 所示，当条件 E 成立时反复执行 A，直到条件 E 不成立。直到型循环结构如图 5-10 所示，反复执行 A，直到条件 E 成立。

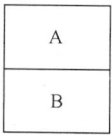

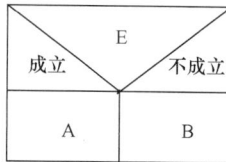

图 5-7　顺序结构　　图 5-8　选择结构　　图 5-9　当型循环结构　　图 5-10　直到型循环结构

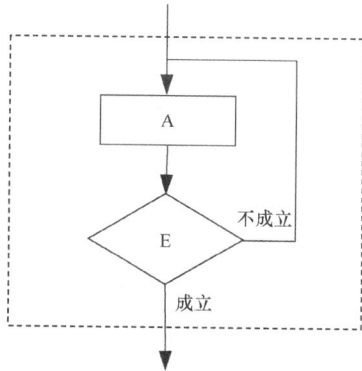

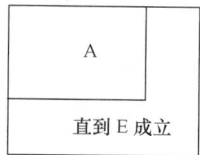

用以上 3 种 N-S 流程图中的基本结构可以组成复杂的 N-S 流程图，以表示算法。

【例 5-3】用 N-S 流程图描述求 1+2+3+4+5。

选择 N-S 流程图描述，如图 5-11 所示。

4．用伪代码描述算法

用程序流程图和 N-S 流程图表示算法直观易懂，但画起来比较费事，在设计一个算法时，可能要反复修改，而修改流程图是比较麻烦的，所以，用流程图描述算法不是很理想。为了方便设计算法，常使用用伪代码描述算法。

伪代码是用介于自然语言和计算机语言之间的文字和符号来描述算法的。它不用图形符号，每一行（或几行）表示一个基本操作，书写方便，格式紧凑，修改方便，容易看懂，也便于向计算机语言过渡。

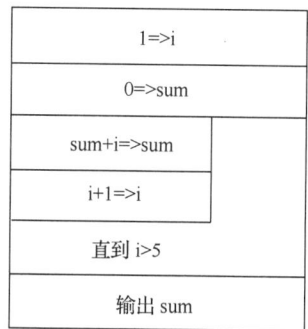

图 5-11　累加 1～5 的 N-S 流程图

用伪代码描述算法没有固定、严格的语法规则，可以用英文，也可以用中文，还可以中英文混用，只要把意思表达清楚，便于书写和阅读即可。书写的格式要清晰易读。

【例5-4】用伪代码描述求 1+2+3+4+5。

```
Begin              （算法开始）
i←1
sum←0
while i<6
{
    sum←sum+i;
    i←i+1;
}
end                （算法结束）
```

5.1.3 算法和数据结构

数据结构是计算机存储、组织数据的方法，从本质上来说，它是指相互之间存在一种或多种特定关系的数据元素的集合。算法和数据结构是相互关联的。数据结构提供了存储和组织数据的方式，而算法利用数据结构来操作和处理数据。好的数据结构可以提高算法的效率，而好的算法可以更好地利用数据结构的特点。

不同的数据结构有其各自的特点和适用场景。下面简要介绍常见的数据结构，分析它们的特点和应用。

（1）数组

数组是一种线性数据结构，它由一系列元素组成，这些元素在内存中是连续存储的。数组的特点是可以通过索引直接访问任意位置的元素，支持随机访问。插入和删除操作可能会导致数组中数据的移动，效率较低。

数组的应用非常广泛，可以用来表示向量、矩阵等数据结构，也可用于实现其他高级数据结构。

（2）链表

链表也是一种线性数据结构，它由一系列节点组成，每个节点包含数据和指向下一个节点的指针。链表中的节点可以在内存中不连续存储，通过指针相连。链表支持高效的插入和删除操作，但访问元素时需要从头节点开始遍历，效率较低。

链表常用于实现栈、队列和图等数据结构，也可以用于实现缓存功能，如LRU（Least Recently Used，最近最少使用）缓存算法。

（3）栈

栈是一种用于存储和管理数据的容器，它的特点是"先进后出"。栈有一个栈顶指针，插入和删除操作只能在栈顶进行，每次插入元素都会放置在栈顶，每次删除元素都会从栈顶移除。栈可以用数组或链表实现。

栈的应用非常广泛，常见的应用场景包括内存管理、递归调用、表达式求值和显示浏览器的历史记录等。

（4）队列

队列是一种用于存储和管理数据的容器，它的特点是"先进先出"。队列有一个队头指针和一个队尾指针，插入操作在队尾进行，删除操作在队头进行。队列可以用数组或链表实现。

值得指出的是，相同的一组数据，分别加入栈和队列，它们出栈和出队列的次序正好相反。如图5-12所示，有5个数据1、2、3、4、5依次入栈和入队列，则出栈和出队列的顺序分别是5、4、3、2、1和1、2、3、4、5。

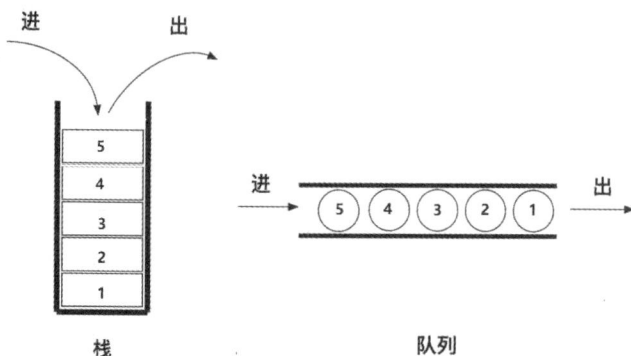

图 5-12 栈和队列

队列的应用也非常广泛，常见的应用场景包括任务调度、消息传递和缓冲区管理等。

（5）树

树是一种非线性数据结构，它由节点组成，每个节点可以有 0 个或多个子节点，树中没有环。树的顶部节点称为根节点，底部没有子节点的节点称为叶节点。

树的应用非常广泛，常见的应用场景包括文件系统、数据库索引、排序算法和网络路由等。

（6）图

图是一种非线性数据结构，它由节点和边组成，节点表示对象，边表示节点之间的关系。图可以用来表示网络、社交关系、地图等。图的节点可以具有多个相邻节点，边可以有权重。

图的应用非常广泛，常见的应用场景包括寻路算法、社交网络分析、知识图谱和推荐系统等。

综上所述，常见的数据结构包括数组、链表、栈、队列、树和图。它们具有各自的特点和应用场景，根据实际需求选择适合的数据结构可以提高算法效率和程序性能。有了对这些常见数据结构的了解，就可以更好地理解和设计算法，提高编程能力和解决问题的能力。

5.2 RAPTOR 流程图编程

5.2.1 RAPTOR 简介

RAPTOR（Rapid Algorithmic Prototyping Tool for Ordered Reasoning，用于有序推理的快速算法原型工具）是一种基于流程图的可视化的程序设计环境，也为程序和算法设计基础课程教学提供实验环境。RAPTOR 用基本的流程图图形符号来创建算法，可以调试和运行算法，包括单步执行和连续执行模式。该环境可以直观地显示当前执行符号所在的位置，以及所有变量的内容。使用 RAPTOR 设计的程序和算法可以直接转换为 C++、C#、Java 等高级语言，这为程序设计的初学者铺就了一条平缓、自然的学习之路。RAPTOR 作为一种可视化的程序设计软件，已经被卡内基梅隆大学等高等院校使用。

RAPTOR 的主要特点如下。

（1）规则简单，易于掌握，使初学者短时间内就可以进入问题求解的实质性算法学习阶段。

（2）可以在最大限度减少语法要求的情况下，帮助用户编写正确的程序指令。

（3）具备单步执行、断点设置等重要调试手段，便于快速发现问题和解决问题。

（4）可以进行算法设计和验证，有助于初学者理解和真正掌握"计算思维"。

1. RAPTOR 的安装和界面

RAPTOR 是一款免费的工具，可以从 RAPTOR 官方网站获取。从官方网站下载安装文件，双击该文件，出现的安装界面如图 5-13 所示，按提示选择默认选项即可完成安装。

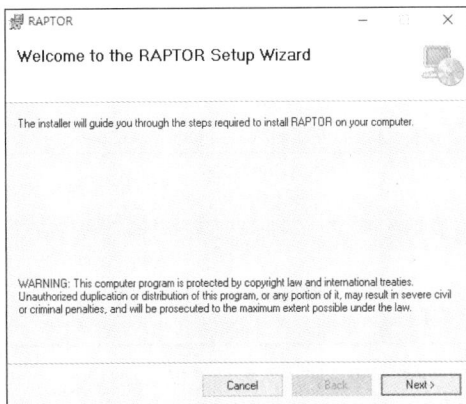

图 5-13　RAPTOR 安装界面

RAPTOR 的应用界面主要包含两部分：程序设计界面（Raptor）和主控制台界面（MasterConsole），分别如图 5-14 和图 5-15 所示。

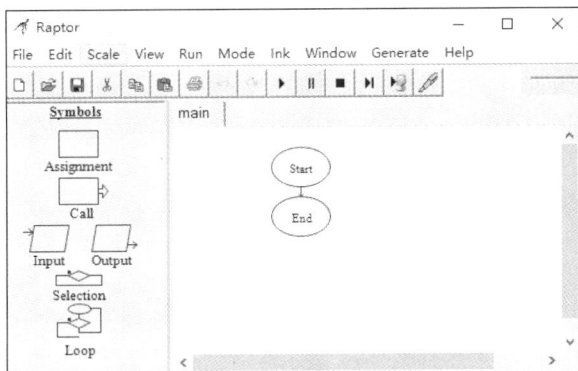

图 5-14　程序设计界面

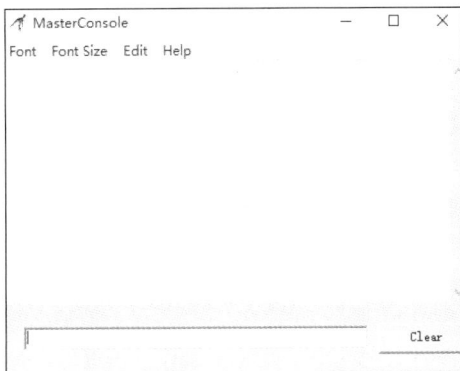

图 5-15　主控制台界面

程序设计界面主要用来进行程序设计，而主控制台界面用于显示程序的运行结果和错误信息等。

2．RAPTOR 介绍

（1）RAPTOR 符号

RAPTOR 符号表示要执行的一系列动作。符号间的连接箭头确定所有操作的执行顺序。RAPTOR程序执行时，从 Start 符号起步，并按照箭头所指方向执行程序，直到执行到 End 符号。RAPTOR程序的初始状态只有 Start 符号和 End 符号。在 Start 符号和 End 符号之间插入一系列 RAPTOR 符号，就可以创建有意义的 RAPTOR 程序了，其中 RAPTOR 符号与程序设计语言中的语句所起的作用相对应。

RAPTOR 有 6 种符号，每种符号代表一个指令类型。这 6 种符号分别是 Input、Assignment、Call、Output、Selection 和 Loop。RAPTOR 符号的说明如表 5-1 所示。

表 5-1　RAPTOR 符号的说明

目的	符号	名称	功能说明
输入	→	Input（输入语句）	用户输入数据，将数据的值赋给变量
赋值		Assignment（赋值语句）	给变量赋值
调用	⇨	Call（过程调用）	执行一个过程，该过程包含很多语句

目的	符号	名称	功能说明
输出		Output（输出语句）	显示变量的值，也可将变量的值保存到文件中
选择	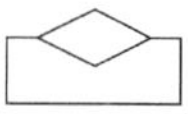	Selection（选择语句）	根据给定条件执行某分支
循环	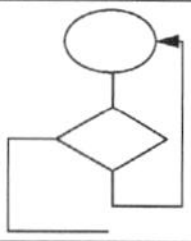	Loop（循环语句）	当循环条件为假，执行循环体语句；当循环条件为真，退出循环

由于 RAPTOR 的设计考虑了程序设计初学者，因此一些特殊设计与传统程序流程图有差异。需要注意的是，RAPTOR 流程图中循环条件出口的两个方向（Yes/No）与传统流程图相反。在 RAPTOR 流程图中当循环条件为假时，执行循环体语句；而当循环条件为真时，退出循环。

（2）基本概念

① 变量

在程序运行过程中其值可以改变的量称为变量。变量具有数据类型、变量名和变量值 3 个属性。变量用于存储数据，程序运行期间其值可以被改变。每个变量都必须有一个名字，即变量名。程序定义一个变量，即表示在内存中拥有了一个可供使用的存储单元，用来存放数据，即变量的值，而变量名则是编程者给该存储单元起的名称。程序运行期间，变量的值存储在内存中。从变量取值，实际上是根据变量名找到相应的内存地址，进而从该存储单元中读取数据。在定义变量时，变量的类型必须与其数据类型相匹配，以保证在程序中变量能够被正确使用。

变量名必须遵循命名规则，即由数字、字母和下画线组成，并且第一个字符必须是字母，例如，sum、day、r 都是合法的变量名。

给变量命名时，应该尽量做到"见名知义"。建议选择能表示数据含义的英文单词或英文单词缩写作为变量名，以提高程序的可读性，例如，name 表示姓名，sex 表示性别，age 表示年龄。变量名不允许使用关键字。

变量的初值决定了该变量的数据类型：可以是实数，如 25、3.8、-7.2；可以是字符串，即用双引号括起来的一串字符，如"China"、"Hello"；也可以是字符，即用单引号括起来的一个字符，如'A'、'?'。

② 常量

在程序运行过程中其值不能被改变的量称为常量。RAPTOR 定义了以下常量：pi（圆周率）定义为 3.1416，e（自然对数的底）定义为 2.7183，true/yes（布尔值：真）定义为 1，false/no（布尔值：假）定义为 0。

③ 数组

数组是有序数据的集合，每个数据都要有名字，如 a、b 等。数组中数据的个数可根据需要确定。a[1]、a[2]……称为数组元素，RAPTOR 中规定索引从 1 开始。

在 RAPTOR 中，数组分为一维数组和二维数组，数组元素通过输入语句和赋值语句赋值，数组的大小由赋值语句中给定的最大元素的索引决定。例如，第一次把 4 赋值给数组元素 a[6]，则一维数组的大小为 6，其他数组元素的值初始化为 0，如图 5-16 所示。

a[1]	a[2]	a[3]	a[4]	a[5]	a[6]
0	0	0	0	0	4

图 5-16 第一次给数组 a 赋值的结果

第二次再把 6 赋值给数组元素 a[8]，则一维数组的大小变成了 8，数组元素的值如图 5-17 所示。

a[1]	a[2]	a[3]	a[4]	a[5]	a[6]	a[7]	a[8]
0	0	0	0	0	4	0	6

图 5-17　第二次给数组 a 赋值的结果

在 RAPTOR 中，一维数组可以在程序运行过程中动态增加数组元素。RAPTOR 的数组非常灵活，并不强制每个数组元素具有相同的数据类型。

（3）运算符和表达式

运算是对数据进行加工的过程，描述各种操作的符号称为运算符。运算符如表 5-2 所示。

表 5-2　运算符

类别	运算符
算术运算符	+　 −　 *　 /　 ^或**　 mod 或 rem
关系运算符	>　 >=　 <　 <=　 =　 !=或/=
逻辑运算符	and　 or　 not　 xor

① 算术运算符和算术表达式

RAPTOR 中有 6 种基本的算术运算符。

+：加法运算符。例如，1+2 和 3+5。

−：减法运算符。例如，2−1 和 5−2。

*：乘法运算符。例如，3*5。

/：除法运算符。例如，2/4。

^或**：幂运算符。例如：2^4。

mod 或 rem：求余运算符。运算结果是两个数相除后的余数。但是两个运算符有所区别，如表 5-3 所示。当被除数 x 和除数 y 符号相同时，mod 运算和 rem 运算结果相同。如果被除数 x 和除数 y 符号不同，则 rem(x,y) 的符号与 x 相同，mod(x,y) 的符号与 y 相同。

表 5-3　mod 运算和 rem 运算

x	y	x rem y	x mod y
10	3	1	1
37	2	1	1
16	2	0	0
9.5	3	0.5	0.5
9.5	2.5	2	2
−10	3	−1	1
10	−3	1	−1

rem 或 mod 运算符可以用于判定一个正数是偶数还是奇数。如果 x 是偶数，那么 x mod 2 将是 0。如果 x 是奇数，那么 x mod 2 将是 1。

算术表达式是用算术运算符和括号将运算对象连接起来的式子。运算对象包括常量、变量、函数等。

② 关系运算符和关系表达式

"关系运算"是将两个数据进行比较，判断两个数据是否满足指定的关系。RAPTOR 中有 6 种关系运算符，分别是>（大于）、>=（大于或等于）、<（小于）、<=（小于或等于）、=（等于）、!=或/=（不等于）。

用关系运算符连接起来的表达式称为关系表达式。关系运算符对两个数据类型相同的值进行比较。关系表达式的结果是一个逻辑值，关系表达式成立时，值为"真"，否则为"假"。例如，2<=3 结果为真，3=4 结果为假，1!=2 结果为真。

③ 逻辑运算符和逻辑表达式

关系表达式只能描述单一条件，例如，x>=2。如果需要描述 x>=2 同时 x<=20，就需要借助于逻辑运算符。RAPTOR 中有 4 种逻辑运算符，分别是 and（逻辑与）、or（逻辑或）、not（逻辑非）、

xor（逻辑异或）。

4 种逻辑运算符的运算规则如下。

and：只有两个运算对象的值都为"真"时，运算结果为"真"，否则为"假"。

or：只有两个运算对象的值都为"假"时，运算结果为"假"，否则为"真"。

not：当运算对象的值为"真"时，运算结果为"假"；当运算对象的值为"假"时，运算结果为"真"。

xor：只有两个运算对象的值"真""假"不同时，运算结果为"真"，否则为"假"。

逻辑运算的真值表如表 5-4 所示。

表 5-4　逻辑运算的真值表

a	b	not a	not b	a and b	a or b	a xor b
真	真	假	假	真	真	假
真	假	假	真	假	真	真
假	真	真	假	假	真	真
假	假	真	真	假	假	假

用逻辑运算符将关系表达式或逻辑量连接起来的式子，称为逻辑表达式。逻辑表达式的结果是一个逻辑值，即"真"或"假"。例如，x=3，则（x>=0）and（x<=7）的值为"真"，（x<0）or（x>=5）的值为"假"。

5.2.2　RAPTOR 应用案例

【例 5-5】利用 RAPTOR 编写程序，输出"Hello, World!"。

操作步骤如下。

（1）启动 RAPTOR 软件，打开程序设计界面。单击"File"菜单中"Save"命令，选择保存目录，保存文件为"例 5-5.rap"。

（2）在程序设计界面的左窗格中单击"Output"符号，然后在初始流程图的连线上单击，则"Output"符号被放入"Start"符号和"End"符号之间，如图 5-18 所示。

（3）双击"Output"符号，则弹出"Enter Output"窗口，如图 5-19 所示，在 Enter Output Here 文本框内输入"Hello,World!"（此框内只能输入英文标点），单击"Done"按钮。程序设计界面中流程图如图 5-20 所示。

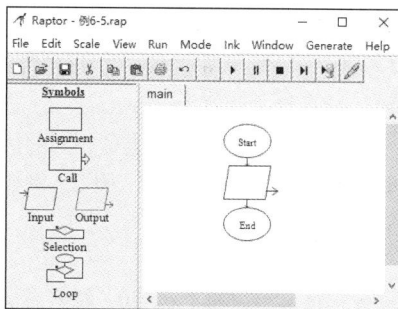

图 5-18　Output

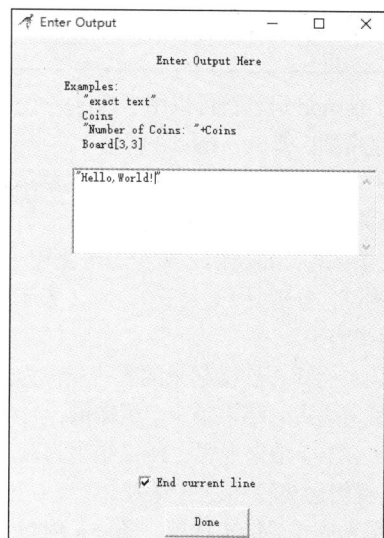

图 5-19　Enter Output

（4）在程序设计界面中单击工具栏中的 ▶ （Run）按钮，则执行该程序。在主控制台界面中显示运行结果，如图 5-21 所示。

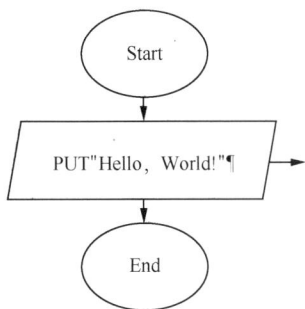

图 5-20　流程图

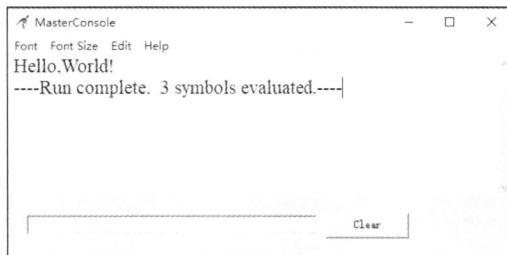

图 5-21　运行结果

【例 5-6】利用 RAPTOR 编写程序，从键盘输入半径的值，计算圆的周长和面积。

操作步骤如下。

（1）启动 RAPTOR 软件，打开程序设计界面。单击"File"菜单中"Save"命令，选择保存目录，保存文件为"例 5-6.rap"。

（2）在程序设计界面的左窗格中单击"Input"符号，然后在初始流程图的连线上单击，则"Input"符号被放到"Start"符号和"End"符号之间。

（3）双击"Input"符号，则弹出"Enter Input"窗口，在 Enter Prompt Here 文本框中输入"Please enter the value of r"，在 Enter Variable Here 文本框中输入变量名 r，如图 5-22 所示。单击"Done"按钮。

（4）在程序设计界面的左窗格中单击"Assignment"符号，然后在"Input"符号下方的流程线上单击，则插入"Assignment"符号。

（5）双击"Assignment"符号，则弹出"Enter Statement"窗口，在 Set 文本框中输入 perimeter，在 to 文本框中输入 2*pi*r，如图 5-23 所示，单击"Done"按钮。

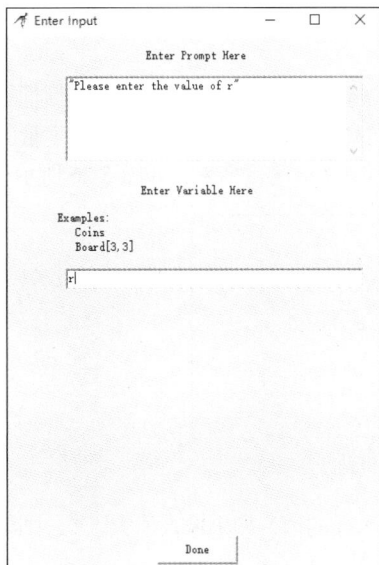

图 5-22　Enter Input

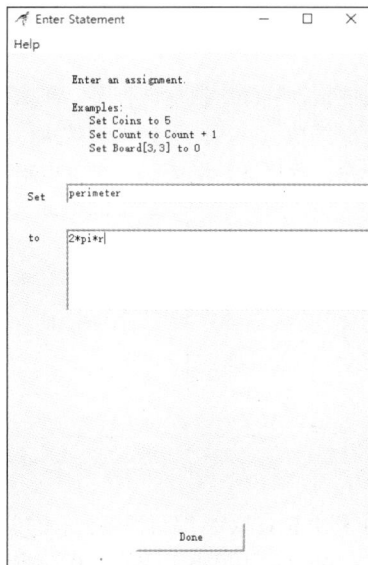

图 5-23　Enter Statement

（6）添加计算圆面积的"Assignment"符号。在程序设计界面的左窗格中单击"Assignment"符号，然后在已有的"Assignment"符号下方的流程线上单击，则插入新的"Assignment"符号。双击

"Assignment"符号，在 Set 文本框中输入 area，在 to 文本框中输入 pi*r*r。

（7）在流程图上添加"Output"符号，双击"Output"符号，则弹出"Enter Output"窗口，如图 5-24 所示，在 Enter Output Here 文本框内输入"perimeter is"+perimeter。单击"Done"按钮。

（8）在流程图上继续添加"Output"符号，双击"Output"符号，则弹出"Enter Output"窗口，在 Enter Output Here 文本框内输入"area is"+area，单击"Done"按钮。最后完成的流程图如图 5-25 所示。

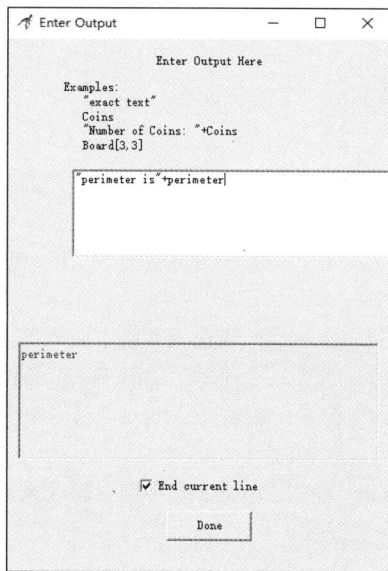

图 5-24　Enter Output

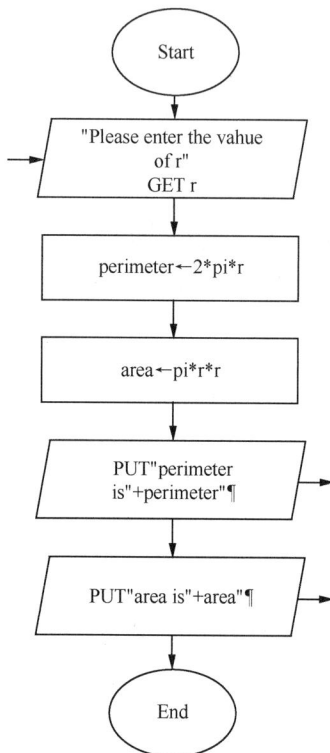

图 5-25　流程图

（9）在程序设计界面中执行该程序。在执行到"Input"时，弹出"Input"对话框，输入半径值为 3，则程序继续执行。可以看到当前被执行的语句高亮显示，而且程序中所有变量的值都在变量显示区显示出来。程序运行结束时，在主控制台界面中显示运行结果，如图 5-26 所示。

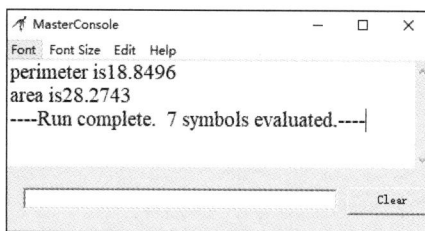

图 5-26　运行结果

【例 5-7】利用 RAPTOR 编写程序，从键盘输入半径的值，如果输入值大于 0，则计算并输出圆的周长和面积。如果输入值小于或等于 0，则输出错误提示信息。

▶提示

在图 5-25 的基础上需要增加一个选择结构。具体 RAPTOR 流程图如图 5-27 所示。

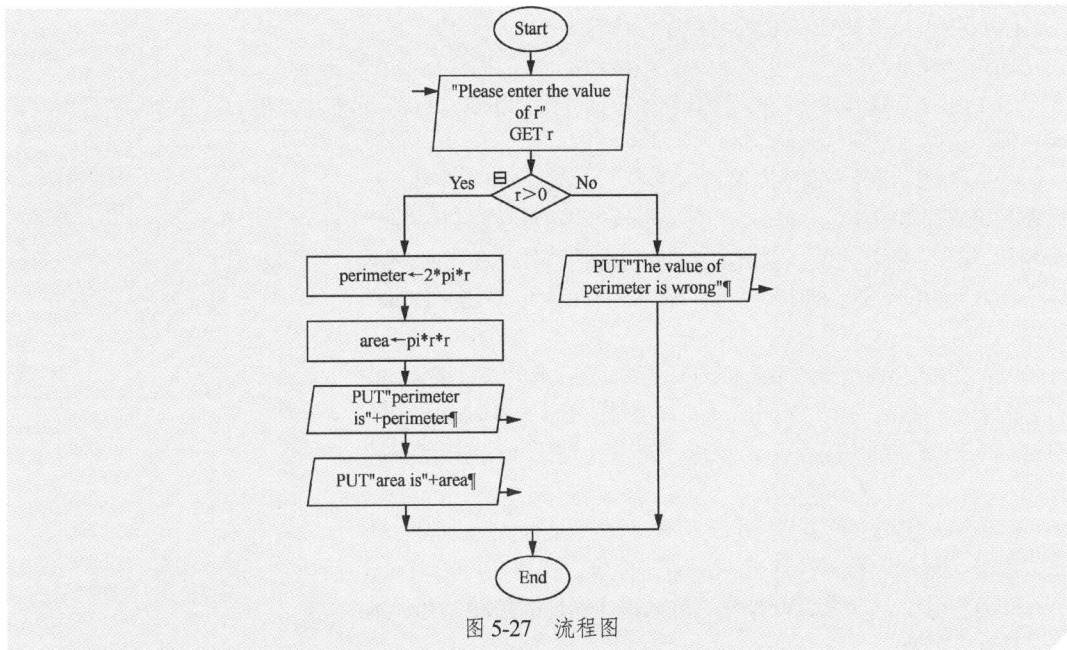

图 5-27　流程图

【例 5-8】利用 RAPTOR 编写程序，从键盘输入半径的值，如果输入值大于 0，则允许多次计算并输出圆的周长和面积。如果输入值小于或等于 0，则退出程序。

▶提示

在图 5-25 的基础上，需要增加一个循环结构。具体 RAPTOR 流程图如图 5-28 所示。

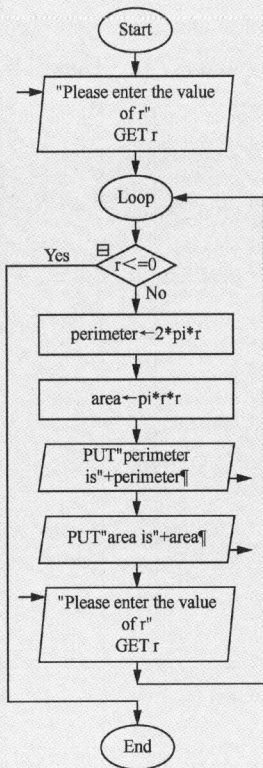

图 5-28　流程图

【例5-9】利用RAPTOR编写程序，计算1+2+3+…+10。

操作步骤如下。

（1）启动RAPTOR软件，打开程序设计界面。单击"File"菜单中"Save"命令，选择保存目录，保存文件为"例5-9.rap"。

（2）在程序设计界面的左窗格中单击"Assignment"符号，然后在初始流程图的连线上单击，"Assignment"符号被放到"Start"符号和"End"符号之间。双击"Assignment"符号，在Set文本框中输入i，在to文本框中输入1，如图5-29所示。单击"Done"按钮。

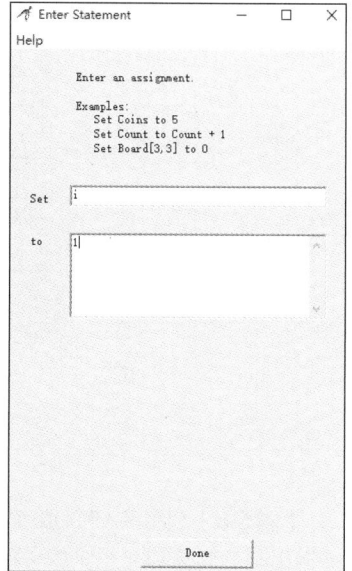

（3）在左窗格中单击"Assignment"符号，在已有的"Assignment"符号的下方再添加一个"Assignment"符号，双击"Assignment"符号，在Set文本框中输入sum，在to文本框中输入0。单击"Done"按钮。

（4）在左窗格中单击"Loop"符号，在"Assignment"符号的下方添加"Loop"符号。双击"Loop"符号，弹出"Enter Loop Condition"窗口，如图5-30所示，输入跳出循环的条件i>10，单击"Done"按钮。

（5）在循环的No分支上添加"Assignment"符号，双击"Assignment"符号，在Set文本框中输入sum，在to文本框中输入sum+i。单击"Done"按钮。

图5-29　Enter Statement

（6）在循环的No分支上已添加的"Assignment"符号的下方再添加"Assignment"符号，双击"Assignment"符号，在Set文本框中输入i，在to文本框中输入i+1。单击"Done"按钮。

（7）在紧邻"End"符号的位置添加"Output"符号，双击"Output"符号，如图5-31所示，在Enter Output Here文本框中输入"sum="+sum。单击"Done"按钮。

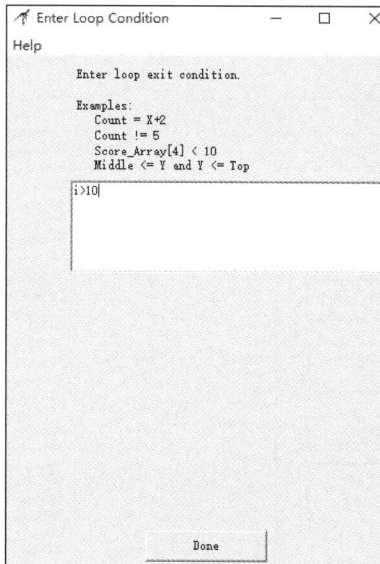

图5-30　Enter Loop Condition

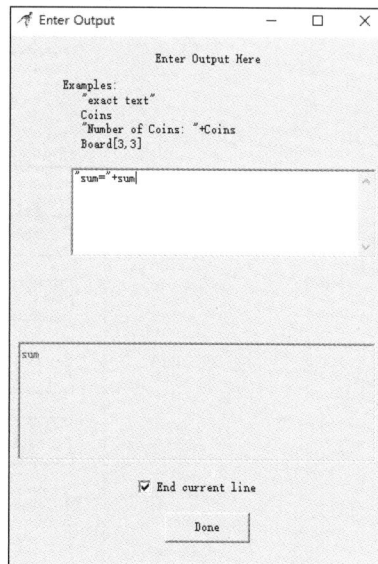

图5-31　Enter Output

（8）流程图如图5-32所示。在程序设计界面中执行该程序，主控制台界面中显示运行结果，如图5-33所示。

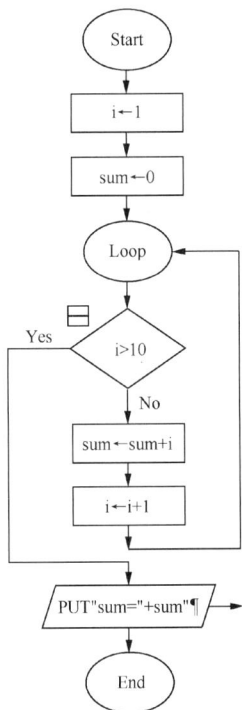

图 5-32　流程图

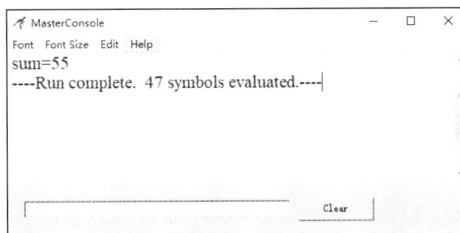

图 5-33　运行结果

【例 5-10】利用 RAPTOR 编写程序，计算并输出 100 以内的奇数和。同时，生成程序对应的 C++ 代码文件。

▶提示

在图 5-32 的基础上，修改退出循环的判定条件为 i>100，修改循环变量为 i=i+2。具体 RAPTOR 流程图如图 5-34 所示。

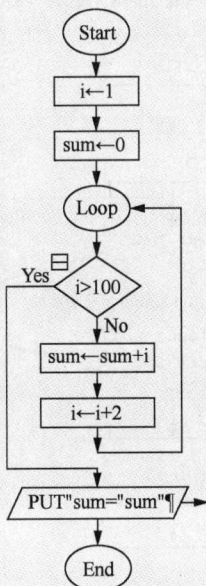

图 5-34　流程图

生成 C++代码文件的操作步骤：单击 "Generate" 菜单中 "C++" 命令，则生成该程序的 C++ 代码文件。生成的C++代码文件的扩展名为.cpp，该文件需要在对应的C++编译器中打开。

5.3 基本算法设计思想

算法是人类解题的方法。按照问题求解策略来分，算法有枚举法、递推法、递归法等。下面介绍计算机学科典型的算法设计思想。

5.3.1 枚举法

1．枚举的概念

枚举法又称为穷举法，其基本思想是逐一列出问题可能涉及的所有情形，并根据问题的条件对各个解逐一进行检验，从中挑选出符合条件的解，舍弃不符合条件的解。例如，密码是 4 位数，只记得前两位数字，后两位数字不记得。后两位数字有可能是0~9的任意整数，一一列举，逐一判定。

2．枚举法求解步骤

采用枚举法求解的基本步骤如下。

（1）确定枚举对象和枚举范围。

（2）设定解的判定条件。

（3）按照一定顺序一一列举所有可能的解，逐个判定是否为真解。

3．枚举法应用举例

【例 5-11】鬼谷算问题。相传汉高祖刘邦问大将军韩信统御士兵多少，韩信答：每 3 人一列余 1 人，5 人一列余 2 人，7 人一列余 4 人，13 人一列余 6 人……刘邦茫然而不知其数。

算法分析：这类问题及其解法一般称为孙子定理，国外称之为"中国余数定理"，它是我国闻名于世的古代数学问题。题目是求除以 3 余 1，除以 5 余 2，除以 7 余 4，除以 13 余 6 的最小自然数。枚举对象是自然数，设为 x。枚举范围为 1,2,3,4…，直到符合条件的自然数。真解应该同时满足 4 个条件：x mod 3=1，x mod 5=2，x mod 7=4，x mod 13=6。

方法一：对解的 4 个判定条件同时进行判断，使用逻辑运算符 and 连接，因此，解的判定条件写成 x mod 3=1 and x mod 5=2 and x mod 7=4 and x mod 13=6。程序流程图如图 5-35 所示。

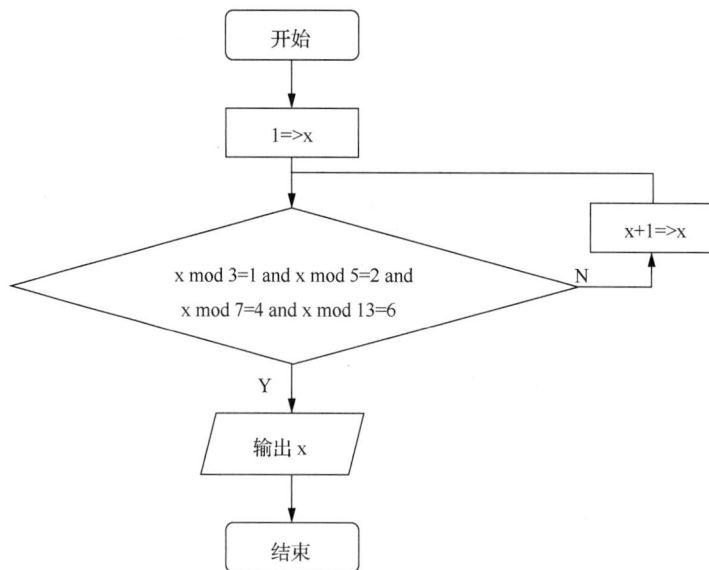

图 5-35　鬼谷算问题程序流程图（方法一）

利用 RAPTOR 编写程序，运行结果和流程图如图 5-36 所示。

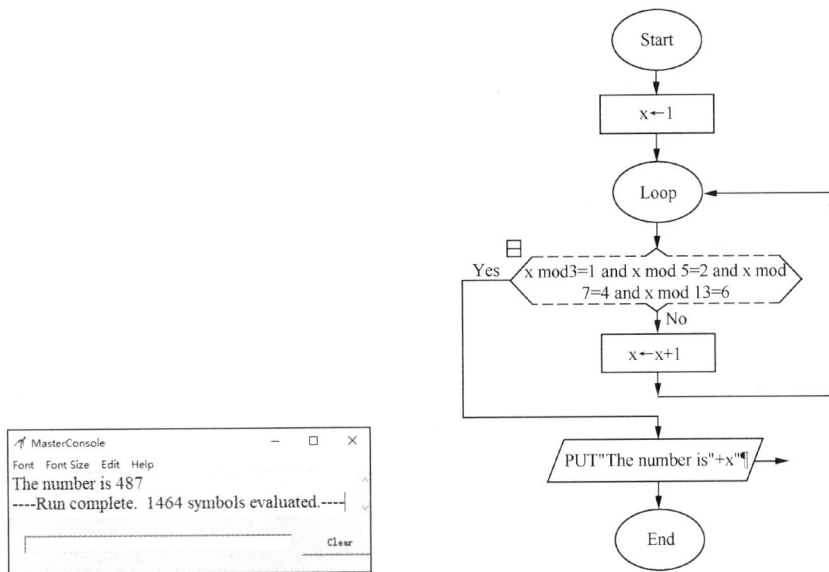

（a）运行结果

（b）流程图

图 5-36　鬼谷算问题的 RAPTOR 运行结果和流程图（方法一）

操作步骤如下。

（1）启动 RAPTOR 软件，打开程序设计界面。单击"File"菜单中"Save"命令，选择保存目录，保存文件为"例 5-11-1.rap"。

（2）在程序设计界面的左窗格中单击"Assignment"符号，然后在初始流程图的连线上单击，"Assignment"符号被放到"Start"符号和"End"符号之间。双击"Assignment"符号，在窗口中的 Set 文本框中输入 x，在 to 文本框中输入 1，如图 5-37 所示。单击"Done"按钮。

（3）在左窗格中单击"Loop"符号，在"End"符号的上方添加"Loop"符号。双击"Loop"符号，弹出"Enter Loop Condition"窗口，如图 5-38 所示，输入跳出循环的条件 x mod 3=1 and x mod 5=2 and x mod 7=4 and x mod 13=6，单击"Done"按钮。

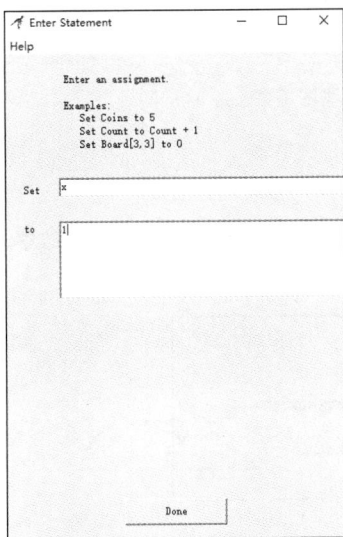

图 5-37　Enter Statement

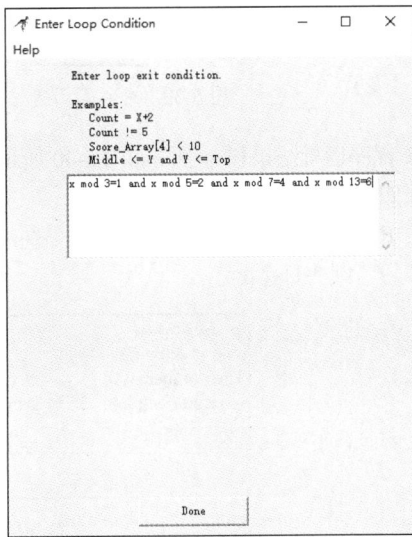

图 5-38　Enter Loop Condition

（4）在左窗格中单击"Assignment"符号，在 No 分支上单击。双击"Assignment"符号，在窗口中的 Set 文本框中输入 x，在 to 文本框中输入 x+1。单击"Done"按钮。

（5）在左窗格中单击"Output"符号，在 Yes 分支上单击。双击添加的"Output"符号，在窗口中输入"The number is"+x。单击"Done"按钮。

（6）在程序设计界面中执行该程序。

方法二：对解的 4 个判定条件逐一进行判断，先判断 x mod 3=1 是否满足；如果满足，再判断 x mod 5=2 是否满足；如果满足，再判断 x mod 7=4 是否满足；如果满足，再判断 x mod 13=6 是否满足。程序流程图如图 5-39 所示。

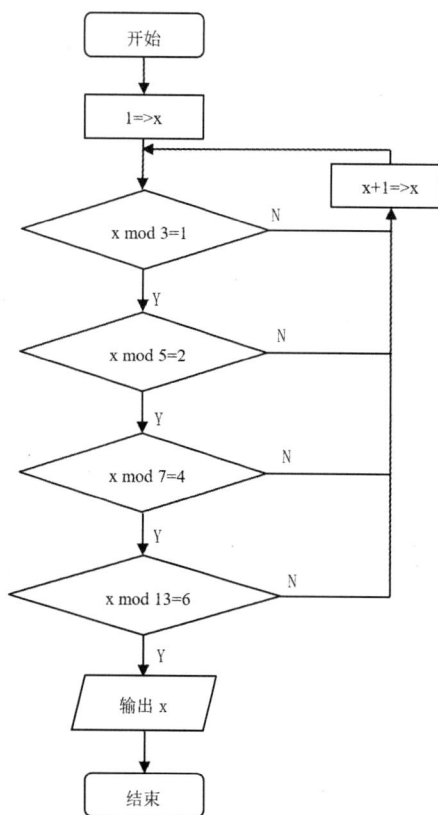

图 5-39　鬼谷算问题程序流程图（方法二）

RAPTOR 程序运行结果和流程图如图 5-40 所示。

操作步骤如下。

（1）启动 RAPTOR 软件，打开程序设计界面。单击"File"菜单中"Save"命令，选择保存目录，保存文件为"例 5-11-2.rap"。

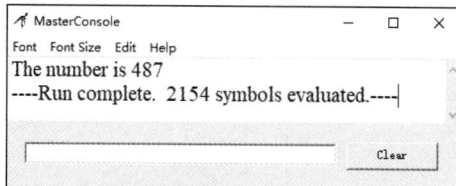

（a）运行结果

图 5-40　鬼谷算问题的 RAPTOR 运行结果和流程图（方法二）

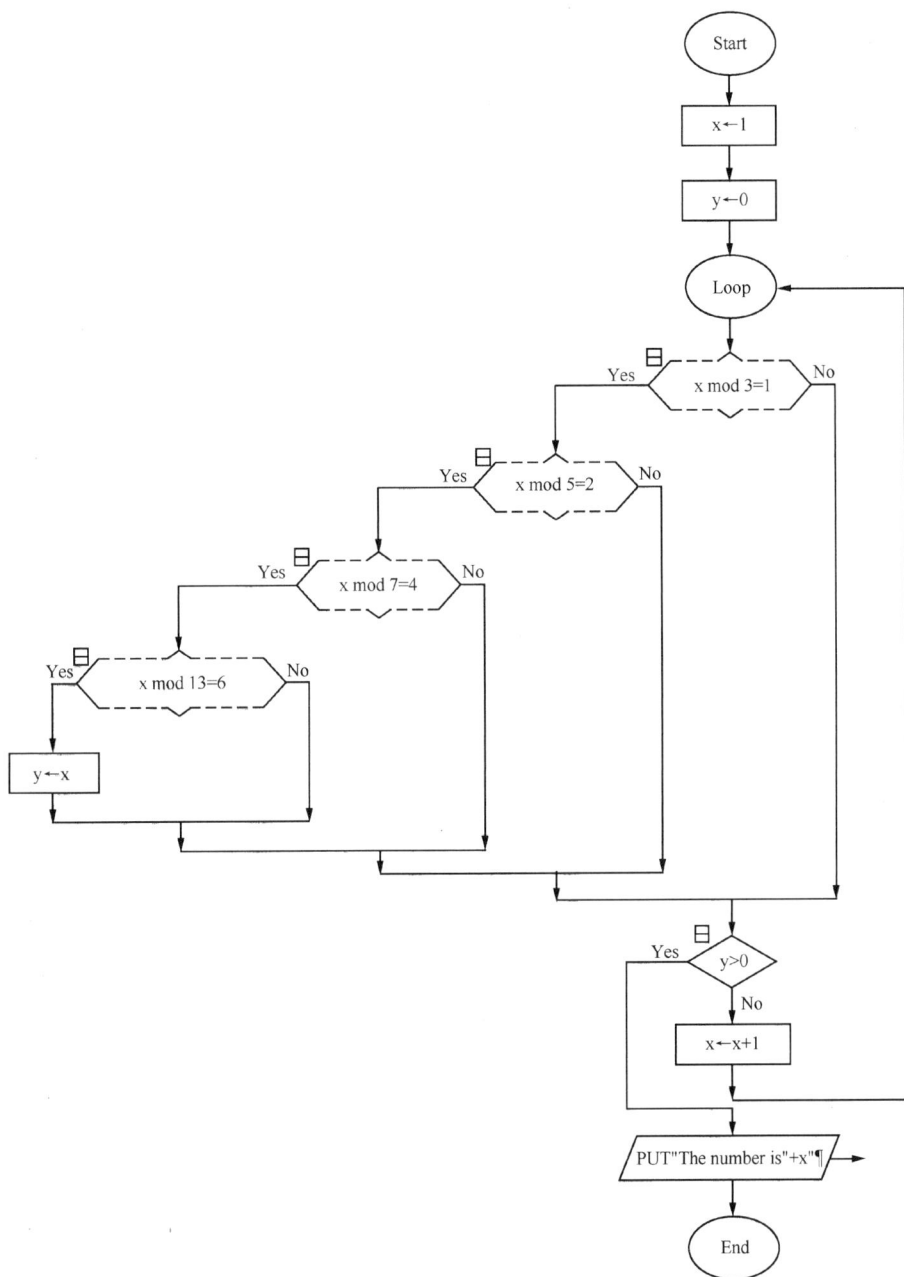

（b）流程图

图 5-40　鬼谷算问题的 RAPTOR 运行结果和流程图（方法二）（续）

（2）在程序设计界面的左窗格中单击"Assignment"符号，然后在初始流程图的连线上单击，"Assignment"符号被放到"Start"符号和"End"符号之间。双击"Assignment"符号，在窗口中的 Set 文本框中输入 x，在 to 文本框中输入 1，如图 5-41 所示。单击"Done"按钮。

（3）在左窗格中单击"Assignment"符号，然后在"x←1"框下方单击，将新的"Assignment"符号置于"End"符号上方。双击新的"Assignment"符号，在窗口中的 Set 文本框中输入 y，在 to 文本框中输入 0，如图 5-42 所示。单击"Done"按钮。

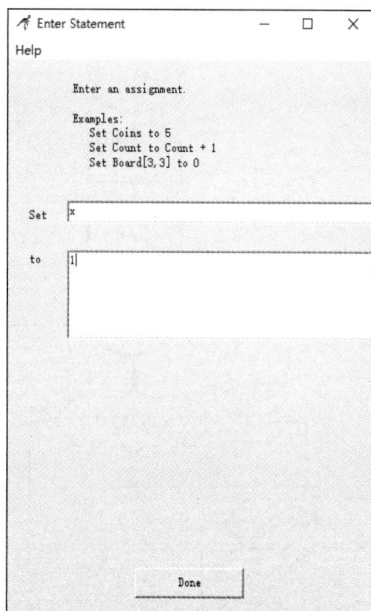

图 5-41　Enter Statement 设置 x

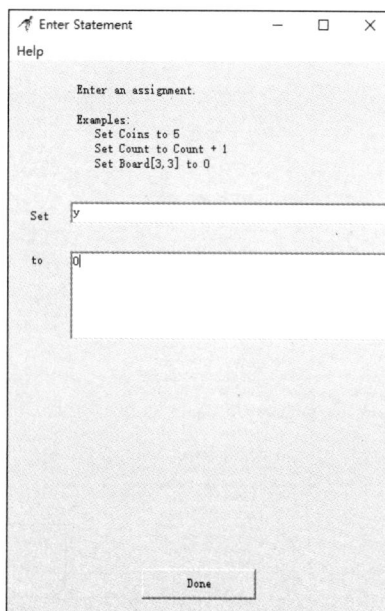

图 5-42　Enter Statement 设置 y

（4）在左窗格中单击"Loop"符号，在"End"符号的上方添加"Loop"符号。双击"Loop"符号，弹出"Enter Loop Condition"窗口，如图 5-43 所示，输入跳出循环的条件 y>0，单击"Done"按钮。

（5）在左窗格中单击"Selection"符号，在"Loop"符号下方单击。双击"Selection"符号，在窗口中输入 x mod 3=1，如图 5-44 所示。单击"Done"按钮。

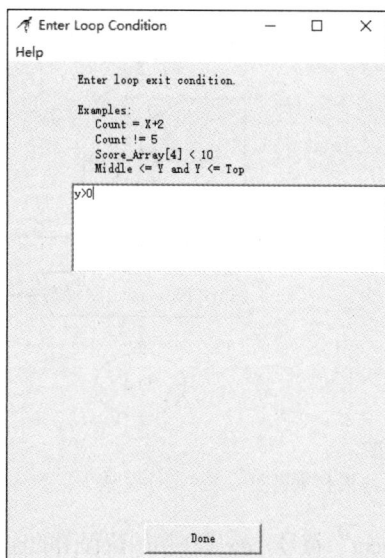

图 5-43　Enter Loop Condition

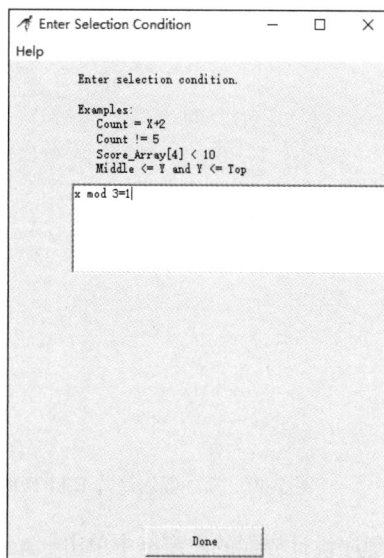

图 5-44　Enter Selection Condition

（6）在左窗格中单击"Selection"符号，在"x mod 3=1"框 Yes 分支上单击。双击新的"Selection"符号，在窗口中输入 x mod 5=2。单击"Done"按钮。

（7）在左窗格中单击"Selection"符号，在"x mod 5=2"框 Yes 分支上单击。双击新的"Selection"符号，在窗口中输入 x mod 7=4。单击"Done"按钮。

（8）在左窗格中单击"Selection"符号，在"x mod 7=4"框Yes分支上单击。双击新的"Selection"符号，在窗口中输入x mod 13=6。单击"Done"按钮。

（9）在左窗格中单击"Assignment"符号，在"x mod 13=6"框Yes分支上单击。双击新的"Assignment"符号，在窗口中的Set文本框中输入y，在to文本框中输入x。单击"Done"按钮。

（10）在左窗格中单击"Assignment"符号，在"y>0"框No分支上单击。双击新的"Assignment"符号，在窗口中的Set文本框中输入x，在to文本框中输入x+1。单击"Done"按钮。

（11）在左窗格中单击"Output"符号，在"y>0"框Yes分支上单击。双击"Output"符号，在窗口中输入"The number is"+x。单击"Done"按钮。

（12）在程序设计界面中执行该程序。

思考：这两种不同的方法，哪一种方法更好？

方法一，程序的执行步数是1464步；方法二，程序的执行步数是2154步。显然，第一种方法的执行步数更少，执行效率更高。将两种方法对比后发现，第一种方法更好。

【例5-12】百钱百鸡问题。某人有100元钱，打算买100只鸡。到市场上一看，公鸡5元一只，母鸡3元一只，小鸡1元三只。请问公鸡、母鸡、小鸡各买多少只才能刚好花100元钱买到100只鸡？

算法分析：此题可以用枚举法来解。枚举对象是3种鸡的数量，公鸡、母鸡、小鸡数量分别设为x、y、z。由于3种鸡的和是固定的，因此只要枚举两种鸡的数量（x，y），第三种鸡的数量就可以确定（z=100-x-y），这样就可以缩小枚举的范围。公鸡数量x枚举范围为1~20，母鸡数量y枚举范围为1~33。解的判定条件是买鸡的总钱数为100元，写为表达式x*5+y*3+z/3=100。

本题的程序流程图如图5-45所示。

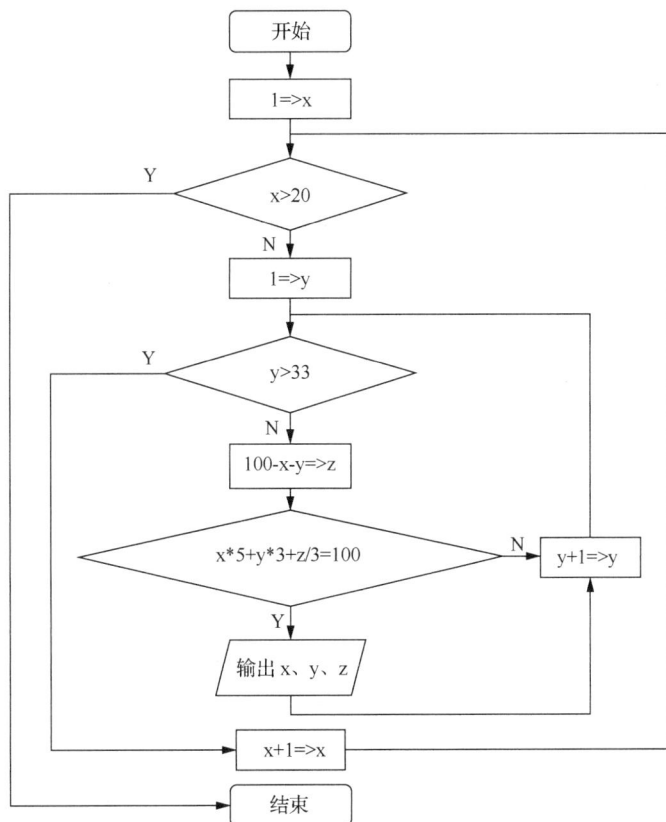

图5-45　百钱百鸡问题程序流程图

利用RAPTOR编写程序，运行结果和流程图如图5-46所示。

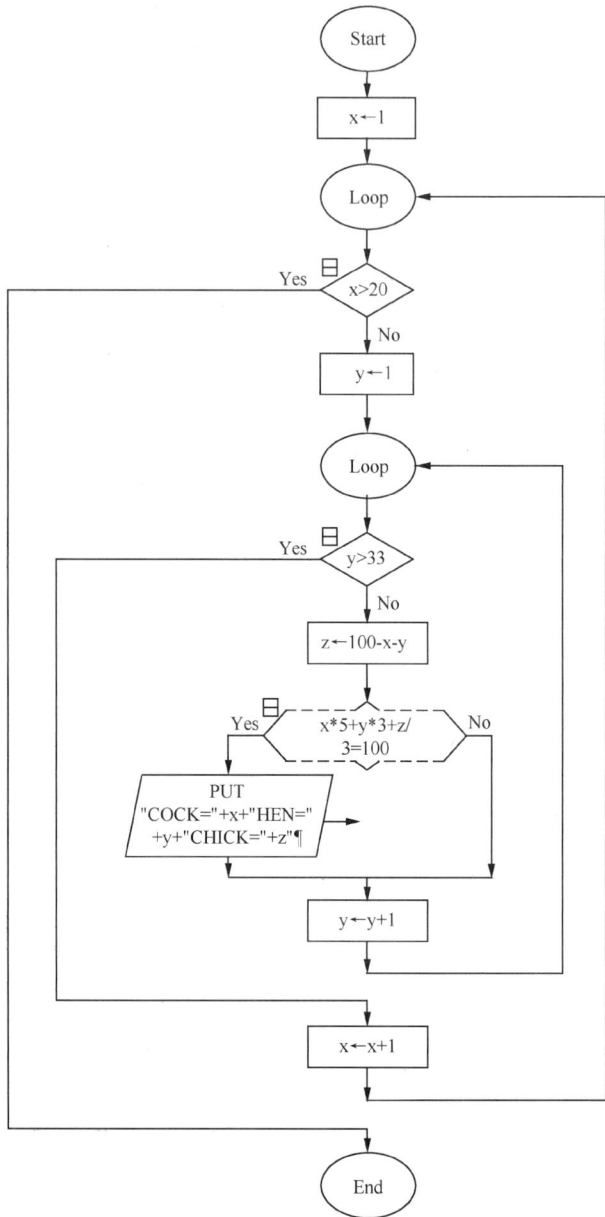

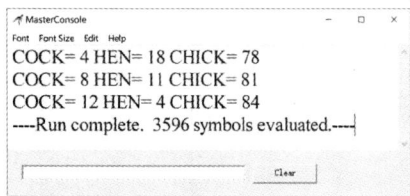

（a）运行结果 （b）流程图

图 5-46　百钱百鸡问题的 RAPTOR 运行结果和流程图

5.3.2　递推法

1．递推的概念

递推法是计算机中应用较为广泛的一种方法。有一类问题，相邻的两项数据之间的变化有一定的规律性。例如，数列 0,5,10,15,20,25,…中后一项的值是前一项的值加 5，欲求第 10 项，必须先将第 1 项的值加 5，得出第 2 项，然后依次求出第 3 项、第 4 项、第 5 项……直到第 10 项，当然必须事先给定第 1 项的值（初始条件）。这种在规定的初始条件下找出后项对前项的依赖关系的操作，称为递推。表示某项与它前面若干项的关系的式子就称为递推关系式。根据具体问题，建立递推关系，再通过递推关系求解的方法就是递推法。

2．递推法求解步骤

采用递推法求解的基本步骤如下。

（1）确定递推的变量。

（2）建立递推关系式。

（3）确定递推的初始（边界）条件。

（4）明确递推终止的条件，控制递推过程，实现问题求解。

3．递推法应用举例

【例 5-13】数列问题。已知一个数列 2,4,8,16,…，求该数列到第 10 项为止数列各项的值。

算法分析：这是一个数列求解问题。首先考虑两个问题：数列有什么规律？如何根据给出项求出第 10 项？

通过观察数列，可知该数列是一个等比数列，数列中每一项是前一项的 2 倍，记第 i 项为 X_i，递推关系式为 $X_i = X_{i-1} * 2$。已知第 1 项 $X_1 = 2$ 是初始条件，则可以递推计算出 $X_2, X_3, …, X_{10}$。

本题的算法用自然语言描述如下。

Step1：初始化数列第 1 项 2=>X。

Step2：初始化待求数列项数，即对循环变量赋初值 1=>i。

Step3：判断 i>10 是否成立，如果成立，则转去执行 Step 6，否则执行 Step4。

Step4：依据递推关系式计算 X*2=>X。

Step5：i+1=>i，转 Step3。

Step6：输出该数列各项的值，算法结束。

本题的程序流程图如图 5-47 所示。

利用 RAPTOR 编写程序，运行结果和流程图如图 5-48 所示。

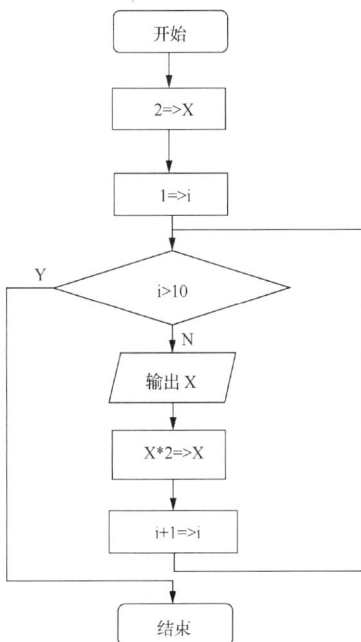

图 5-47　等比数列问题程序流程图

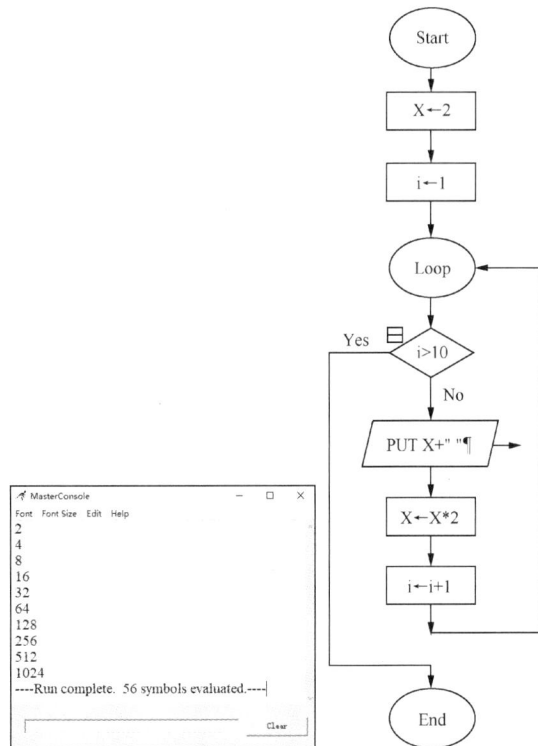

（a）运行结果　（b）流程图

图 5-48　等比数列问题的 RAPTOR 运行结果和流程图

算法分析与设计　第 5 章

【例 5-14】读书问题。小明读书，第一天读了全书的一半加 2 页，第二天读了剩下的一半加 2 页，以后天天如此，第六天读完了最后的 3 页，问：全书有多少页？

算法分析：首先需要确定递推关系式。记 X_i 为小明第 i 天读书前剩余的页数，由题意可知，$X_i =（X_{i+1}+2）*2$。

由于第六天读完最后的 3 页，也就是第六天小明读书前剩余 3 页，即 $X_6=3$，因此可确定问题的初始条件。根据题意，全书的总页数为小明第 1 天读书前的页数，即 X_1。

本题的算法用自然语言描述如下。

Step1：对书的页码赋初值 3=>X。

Step2：对循环变量赋初值 5=>i。

Step3：判断 i<1 是否成立，如果成立，则转去执行 Step 6，否则执行 Step4。

Step4：依据递推关系计算第 i-1 天读书前的剩余页数，（X+2）*2=>X。

Step5：i-1=>i，转 Step3。

Step6：输出全书总页数，算法结束。

本题的程序流程图如图 5-49 所示。

利用 RAPTOR 编写程序，运行结果和流程图如图 5-50 所示。

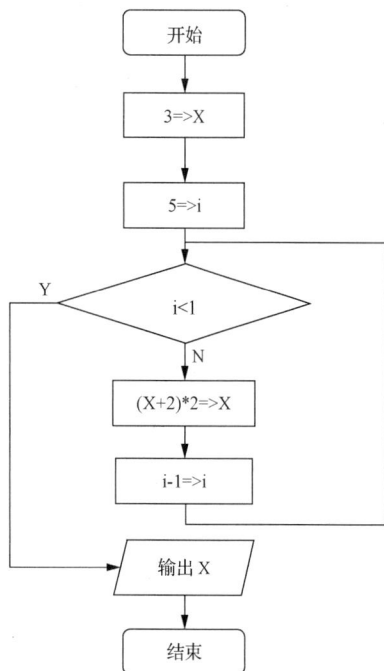

图 5-49　读书问题程序流程图

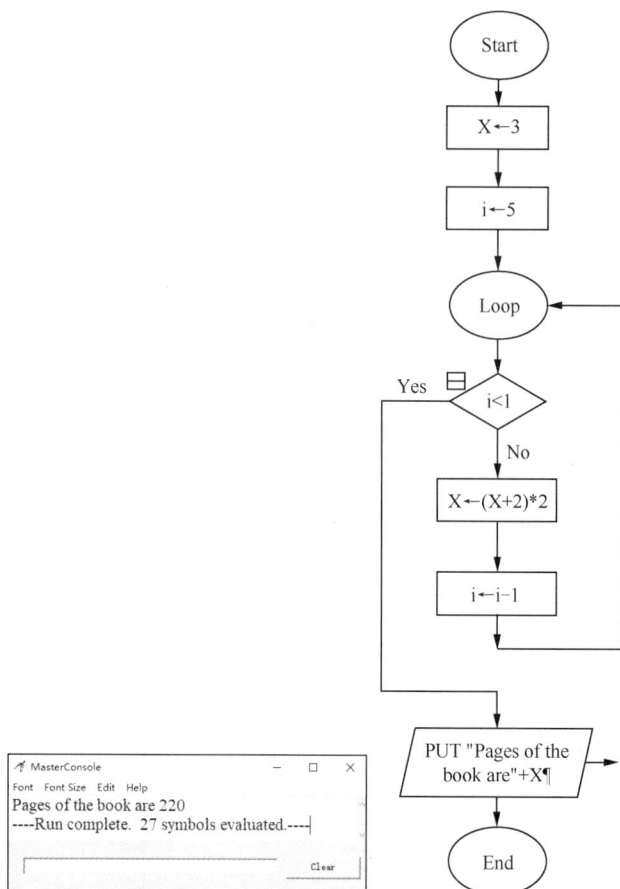

（a）运行结果

（b）流程图

图 5-50　读书问题的 RAPTOR 运行结果和流程图

【例 5-15】斐波那契数列（Fibonacci Sequence）问题。意大利的著名数学家列昂纳多·斐波那契借兔子繁殖问题提出的一个递推数列被称为斐波那契数列，定义如下：

$$F(n) = \begin{cases} 1, & n = 1 \\ 1, & n = 2 \\ F(n-1) + F(n-2), & n > 2 \end{cases}$$

试求斐波那契数列的第 10 项。

算法分析：数列的递推关系式题目已经给出，F(n)=F(n-1)+F(n-2)。已知 F(1)=1,F(2)=1 是初始条件，则可以递推计算出 F(3),F(4),…,F(10)。本题目用数组存储数列每项的值。

本题的算法用自然语言描述如下。

Step1：对数列的前两项赋初值 1，即 1=>F[1]，1=>F[2]。

Step2：对循环变量赋初值 3=>i。

Step3：判断 i>10 是否成立，如果成立，输出数列第 10 项的值，算法结束；否则，转去执行 Step4。

Step4：利用递推关系式计算数列 F[i-1]+F[i-2]=>F[i]。

Step5：修改项数 i+1=>i，转去执行 Step3。

本题的程序流程图如图 5-51 所示。

利用 RAPTOR 编写程序，运行结果和流程图如图 5-52 所示。

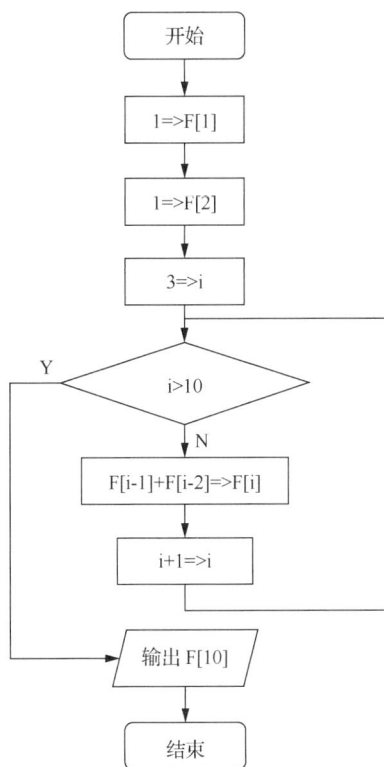

图 5-51　斐波那契数列程序流程图

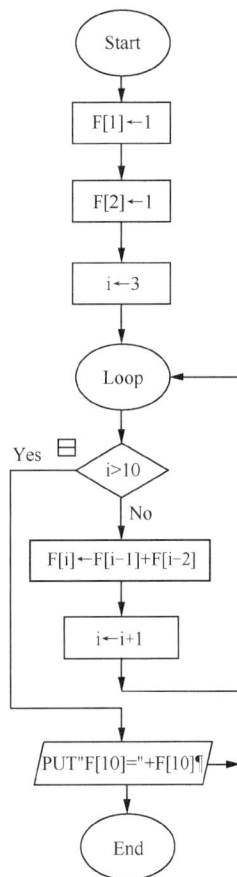

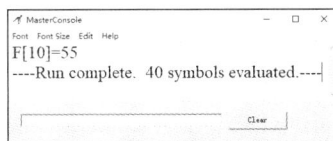

（a）运行结果　　　　（b）流程图

图 5-52　斐波那契数列的 RAPTOR 运行结果和流程图

5.3.3　递归法

1. 递归的概念

递归也是算法设计中一种常用的基本算法。递归是指一个函数（或过程）在其定义中直接或间接调用自身，它通常用于将一个规模较大的问题转化为规模较小的同类问题，在逐步解答小问题后再回溯得到原问题的解。例如，计算 n!，n!=1*2*3*…*(n-1)*n，而实际上 n!=(n-1)!*n，这样，一个整数的阶乘就可以被描述为一个规模较小的整数阶乘与一个数的乘积，所以为求 n!就要先求(n-1)!，而要求(n-1)!就要先求(n-2)!……最终问题变成求 1!，这时问题就变得很简单，可以直接给出答案 1!=1，然后逐步回溯，最后得到 n!的结果，这个过程就称为递归。

2．递归法求解步骤

在使用递归算法时，必须要解决两个问题。

（1）递归公式，也称为递归关系式，解决用递归做什么的问题。

（2）递归终止条件，解决递归如何终止的问题，以避免无休止的递归调用。

3．递归法应用举例

【例 5-16】阶乘问题。求 n 的阶乘。

算法分析：递归法解决问题需要以下 3 个步骤。

（1）确立递归公式

n!=1*2*3*…*(n-1)*n 可以描述为 n!=(n-1)!*n，由此建立递归公式，当 n>1 时，f(n)=f(n-1)*n。

（2）确立递归终止条件

当 n=1 时，f(n)=1。对于任何给定的 n，只需要递归求解到 1!即可。

（3）编写递归求解过程

假设 n=5，求 5!的过程如图 5-53 所示。

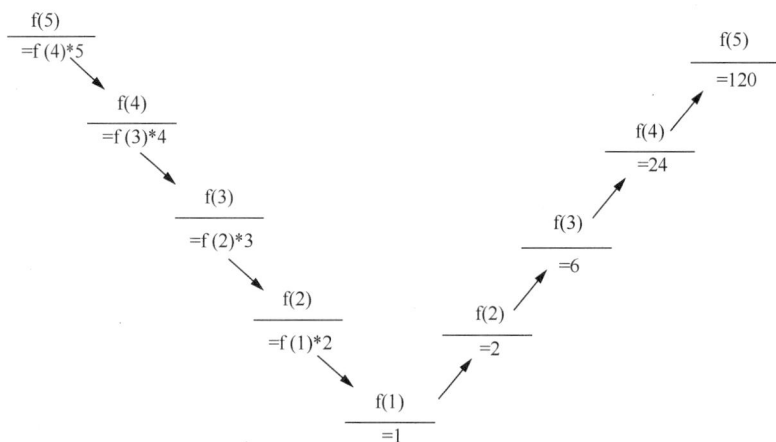

图 5-53　递归求解过程

RAPTOR 程序实现如图 5-54 所示。

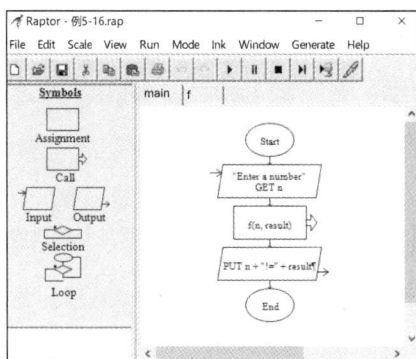

图 5-54　阶乘问题的 RAPTOR 程序实现

操作步骤如下。

（1）启动 RAPTOR 软件，打开程序设计界面。单击"File"菜单中"Save"命令，选择保存目录，保存文件为"例 5-16.rap"。

（2）在程序设计界面的左窗格中单击"Input"符号，然后在初始流程图的连线上单击，"Input"符号被放到"Start"符号和"End"符号之间。双击"Input"符号，在 Enter Prompt Here 文本框中输入"Enter a number"，在 Enter Variable Here 文本框中输入 n，如图 5-55 所示。单击"Done"按钮。

（3）在程序设计界面，单击"Mode"菜单中"Intermediate"命令。将鼠标指针定位在主图的"main"标签上，单击鼠标右键，选择"Add Procedure"，在弹出的"Create Procedure"窗口中设置参数如图 5-56 所示。单击"OK"按钮，创建子过程（子图）f。

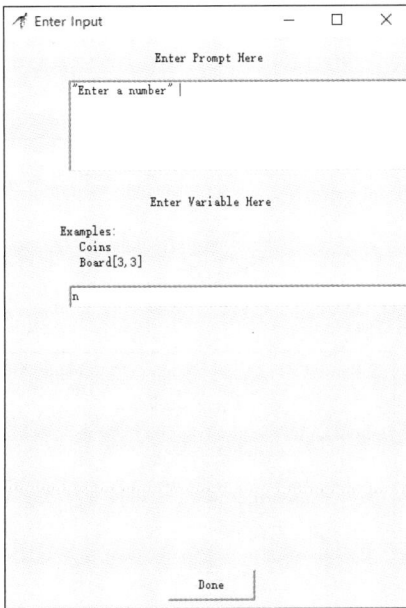

图 5-55　Enter Input

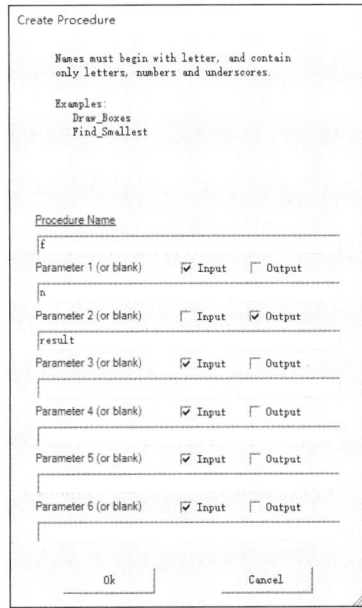

图 5-56　Create Procedure

（4）在子图 f 中，单击左窗格中的"Selection"符号，然后在初始流程图的连线上单击，"Selection"符号被放到"Start"符号和"End"符号之间。双击"Selection"符号，在窗口中输入 n=1，单击"Done"按钮。

（5）在子图 f 中，单击左窗格中的"Assignment"符号，然后在"n=1"框的 Yes 分支上单击。双击"Assignment"符号，在 Set 文本框中输入 result，在 to 文本框中输入 1，单击"Done"按钮。

（6）在子图 f 中，单击左窗格中的"Call"符号，然后在"n=1"框的 No 分支上单击。双击"Call"符号，在弹出的"Enter Call"窗口中设置参数如图 5-57 所示，单击"Done"按钮。

（7）在子图 f 中，单击左窗格中的"Assignment"符号，在"Call"符号下方单击。双击"Assignment"符号，在 Set 文本框中输入 result，在 to 文本框中输入 result*n，单击"Done"按钮。子过程 f 编辑结束，如图 5-58 所示。

（8）单击主图的"main"标签，在程序设计界面的左窗格中单击"Call"符号，在"Input"符号下方单击。双击"Call"符号，在弹出的"Enter Call"窗口中设置参数如图 5-59 所示，单击"Done"按钮。

（9）在程序设计界面的左窗格中单击"Output"符号，在"Call"符号下方单击。双击"Output"符号，在弹出的"Enter Output"窗口中设置参数如图 5-60 所示，单击"Done"按钮。

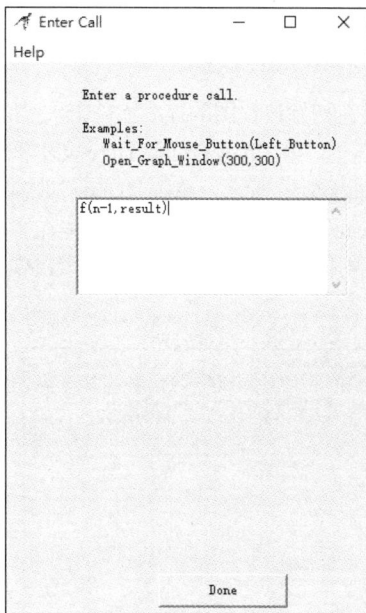

图 5-57　Enter Call

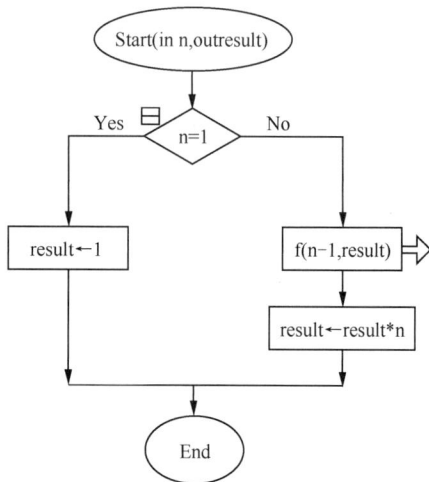

图 5-58　子过程 f

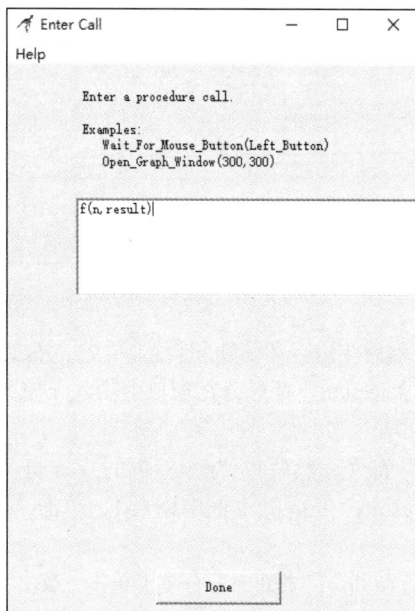

图 5-59　Enter Call

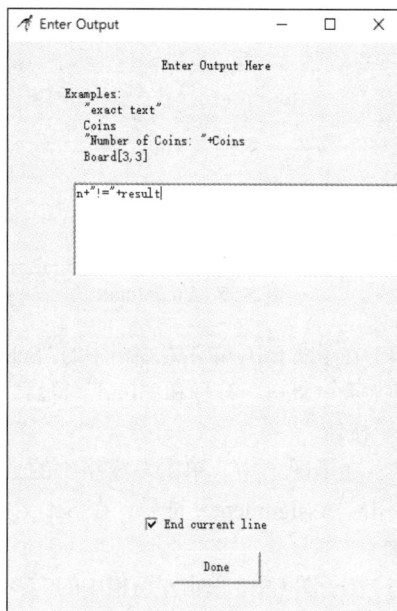

图 5-60　Enter Output

（10）在程序设计界面中执行该程序，在弹出的"Input"对话框中输入 5，如图 5-61 所示，程序运行结果如图 5-62 所示。

【例 5-17】斐波那契数列问题。用递归法求解。

算法分析：当 n>2 时，对 F(n)的求解可以转化为求 F(n−1)+F(n−2)，而求 F(n−1)可以转化为求 F(n−2)+F(n−3)，求 F(n−2)可以转化为求 F(n−3)+F(n−4)……以此类推，直至计算 F(1)和 F(2)，而 F(1)=1，F(2)=1。因此，递归公式为 F(n)=F(n−1)+F(n−2)。递归的终止条件是 n=1 或 n=2 时，F(n)=1。

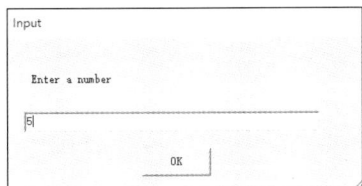

图 5-61　Input

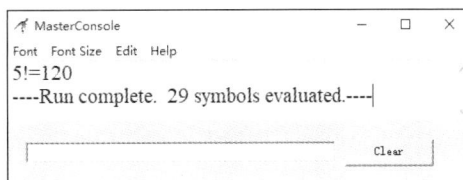

图 5-62　运行结果

在 RAPTOR 中表示如下。

（1）递归子过程 fab

Step1：判断 n=1 or n=2 是否成立，如果成立，则 1=>result，程序运行结束；否则转去执行 Step2。

Step2：计算第 n−1 项，即 fab(n−1,f1)。

Step3：计算第 n−2 项，即 fab(n−2,f2)。

Step4：f1+f2=>result。

（2）主图 main

Step1：输入 n 的值。

Step2：设置循环变量 i 的值为 1。

Step3：如果 i>n 成立，则程序运行结束，否则转去执行 Step4。

Step4：调用递归子过程求数列的第 i 项：fab(i,result)。

Step5：输出第 i 项的值 result。

Step6：i←i+1。

RAPTOR 程序实现如图 5-63 所示。

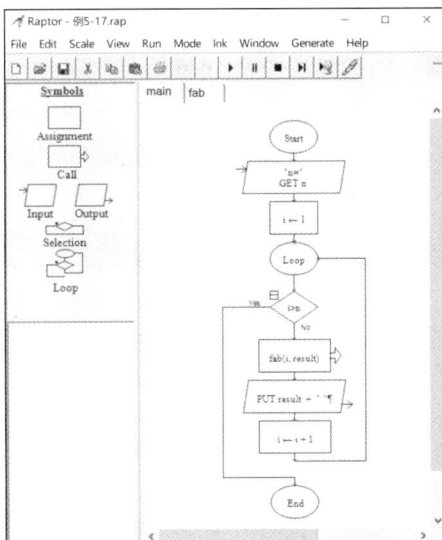

图 5-63　斐波那契数列问题的 RAPTOR 程序实现

操作步骤如下。

（1）启动 RAPTOR 软件，打开程序设计界面。单击 "File" 菜单中 "Save" 命令，选择保存目录，保存文件为 "例 5-17.rap"。

（2）在程序设计界面的左窗格中单击 "Input" 符号，然后在初始流程图的连线上单击，"Input" 符号被放到 "Start" 符号和 "End" 符号之间。双击 "Input" 符号，在 Enter Prompt Here 文本框中输入"n="，在 Enter Variable Here 文本框中输入 n，如图 5-64 所示。单击 "Done" 按钮。

算法分析与设计 / 第 5 章

（3）单击左窗格中的"Assignment"符号，然后在""n=" GET n"框下方单击。双击"Assignment"符号，在 Set 文本框中输入 i，在 to 文本框中输入 1，单击"Done"按钮。

（4）单击左窗格中的"Loop"符号，然后在"i←1"框下方单击。双击"Loop"符号，在 Enter loop exit condition 文本框中输入 i>n，单击"Done"按钮。

（5）将鼠标指针定位在主图的"main"标签上，单击鼠标右键，选择"Add Procedure"，在弹出的"Create Procedure"窗口中设置参数如图 5-65 所示。单击"Done"按钮，创建子过程（子图）fab。

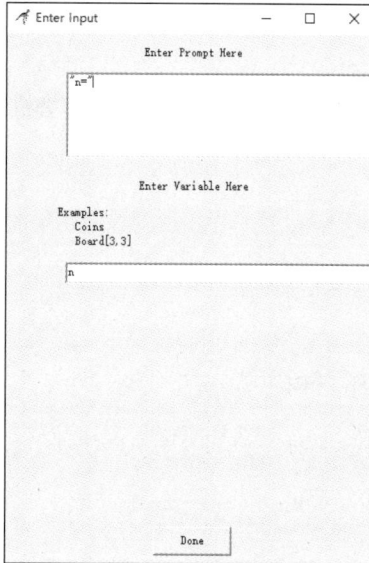

图 5-64　Enter Input

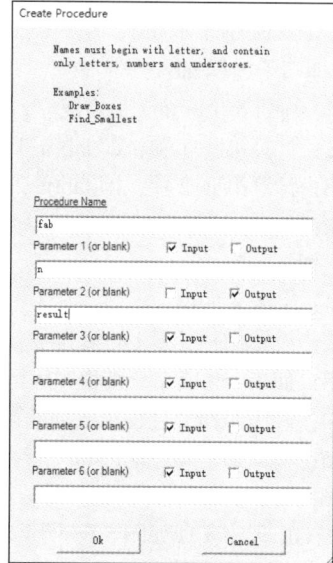

图 5-65　Create Procedure

（6）在子图 fab 中，单击左窗格中的"Selection"符号，然后在初始流程图的连线上单击，"Selection"符号被放到"Start"符号和"End"符号之间。双击"Selection"符号，在窗口中输入(n=1) or (n=2)，单击"Done"按钮。

（7）在子图 fab 中，单击左窗格中的"Assignment"符号，然后在"(n=1) or (n=2)"框的 Yes 分支上单击。双击"Assignment"符号，在 Set 文本框中输入 result，在 to 文本框中输入 1，单击"Done"按钮。

（8）在子图 fab 中，单击左窗格中的"Call"符号，然后在"(n=1) or (n=2)"框的 No 分支上单击。双击"Call"符号，在弹出的"Enter Call"窗口中设置参数如图 5-66 所示，单击"Done"按钮。

（9）在子图 fab 中，单击左窗格中的"Call"符号，然后在"(n=1) or (n=2)"框的 No 分支"fab(n−1,f1)"框下方单击。双击"Call"符号，在弹出的"Enter Call"窗口中设置参数如图 5-67 所示，单击"Done"按钮。

（10）在子图 fab 中，单击左窗格中的"Assignment"符号，然后在"(n=1) or (n=2)"框的 No 分支"fab(n−2,f2)"符号下方单击。双击"Assignment"符号，在 Set 文本框中输入 result，在 to 文本框中输入 f1+f2，单击"Done"按钮。子过程 fab 编辑结束，如图 5-68 所示。

（11）单击主图的"main"标签，在程序设计界面的左窗格中单击"Call"符号，在"i>n"框的 No 分支下方单击。双击"Call"符号，在弹出的"Enter Call"窗口中输入 fab(i,result)，单击"Done"按钮。

（12）在程序设计界面的左窗格中单击"Output"符号，在"fab(i,result)"框下方单击。双击"Output"符号，在弹出的"Enter Output"窗口中输入 result＋""，单击"Done"按钮。

（13）单击左窗格中的"Assignment"符号，然后在"PUT result＋"""框下方单击。双击"Assignment"符号，在 Set 文本框中输入 i，在 to 文本框中输入 i+1，单击"Done"按钮。

（14）在程序设计界面中执行该程序，在弹出的"Input"对话框中输入 5，程序运行结果如图 5-69 所示。

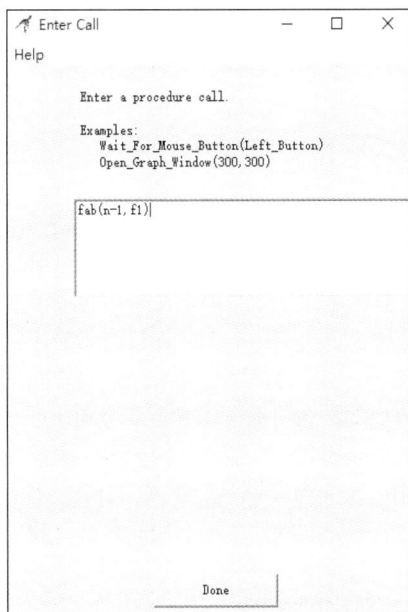

图 5-66　Enter Call 之一

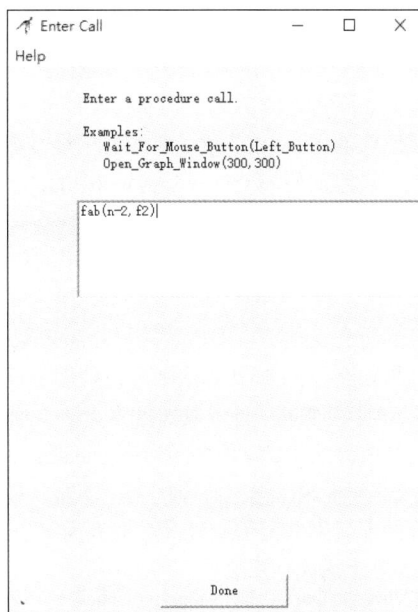

图 5-67　Enter Call 之二

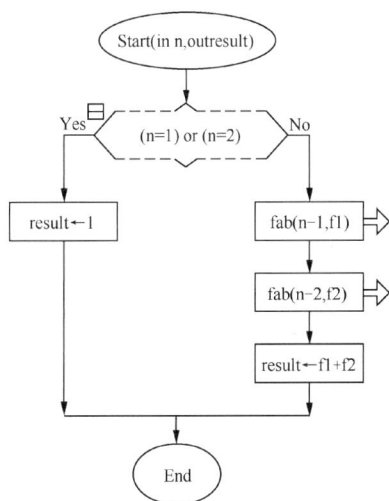

图 5-68　子过程 fab

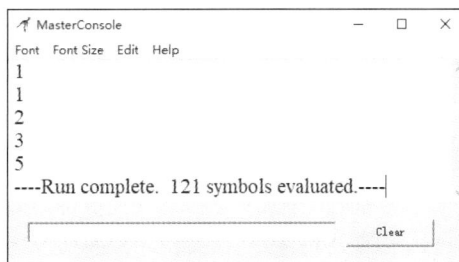

图 5-69　运行结果

5.4　算法应用举例

算法的定义需要借助一些或简单或繁杂的公式或数学描述，一般人理解起来可能会有些困难。但是如果我们把算法映射到鲜活的生活场景中，就会发现算法其实并没有那么复杂。在数字化的世界里，算法就像是操纵现实的魔法符咒，它们在我们的生活中扮演着不可或缺的角色。

5.4.1　改变世界的算法应用

当下，软件正在统治世界。而软件的核心则是算法。算法千千万万，那么又有哪些算法统治了世界呢?

1．排序算法——世界需要秩序

排序算法代表着一种将混乱转变为有序的艺术。在我们生活的这个世界，排序无处不在。学生

算法分析与设计 | 第 5 章

站队的时候会按照身高排序，考试的名次需要按照分数排序，网上浏览商品的时候你可能会选择价格排序，电子邮箱中的邮件按照时间排序……从最简单的冒泡排序到更为高级的快速排序和归并排序，它们如同古老的占星术，通过某种天文学般的精确度将数据排列成行。常见的排序算法有十多种，我们将会在 5.4.2 节重点介绍其中最经典的冒泡排序、选择排序和快速排序。

2. 狄克斯特拉算法——寻找知识海洋的最短路径

最短路径问题是图论研究中的一个经典算法问题，旨在寻找图中两节点之间的最短路径。解决最短路径问题的算法有很多，其中常用的包括狄克斯特拉（Dijkstra）算法、贝尔曼-福特（Bellman-Ford）算法、弗洛伊德（Floyd）算法和 A*算法。Dijkstra 算法适用于带权有向图，给定源节点，逐步计算到所有其他节点的最短路径；Bellman-Ford 算法适用于带负权边的图，通过逐步的松弛操作来更新最短路径；Floyd 算法则可以处理带权有向图或无向图，用于计算图中所有顶点对之间的最短路径；A*算法则是一种启发式搜索算法，通过评估每个节点的潜在价值来指导搜索方向。

在这些算法中，较著名的当属 Dijkstra 算法，它由图灵奖获得者——荷兰计算机科学家狄克斯特拉于 1959 年提出，被广泛应用于交通路线规划、网络路由、作业调度等多个领域。如果没有它，我们现在的互联网数据传输效率可能大为降低，我们使用的地图导航软件也不会如此高效。我们将会在 5.4.3 节介绍这个算法。

3. 傅里叶变换与快速傅里叶变换——数字信号处理中的魔法解码器

傅里叶变换是由法国数学家约瑟夫·傅里叶（Joseph Fourier）于 1807 年创立的数学工具，最初主要用于解析热过程。它的魔力在于可以将一个复杂的信号分解成多个简单的正弦波或余弦波，这种分解能够将时域或空域信号转换到频域，从而使信号的分析和处理更为简便。傅里叶变换在现代应用中有两种重要的变体：连续傅里叶变换和离散傅里叶变换。连续傅里叶变换用于处理连续的信号，如声音和图像；离散傅里叶变换则用于处理数字信号。而快速傅里叶变换（Fast Fourier Transform，FFT）则是一种高效的算法，用于在计算机上计算离散傅里叶变换，它通过减少计算量，使得数字信号处理变得更加快速和高效。

傅里叶变换和快速傅里叶变换在信号处理、通信系统和图像处理等领域有着广泛的应用。在信号处理领域，傅里叶变换被用来分析信号的频谱，从而实现高质量音频、视频信号的压缩、滤波等处理。今天我们能够畅享互联网上高品质的音乐和视频，感受到数字时代的美妙，背后离不开这项技术的默默支持。在通信领域，傅里叶变换帮助我们理解信号传输中的频率特性，为无线通信、调制解调、信道编码等技术提供了基础。正因为有了傅里叶变换，我们才能够轻松地进行手机通话、互联网信息传输等日常活动。在图像处理领域，傅里叶变换能够在频域对图像进行滤波和增强，方便我们对图像进行锐化、模糊、边缘检测等处理。我们可以把这项技术用于医学影像学，如 MRI（Magnetic Resonance Imaging，磁共振成像）和 CT（Computed Tomograph，计算机体层成像）图像的分析。通过这项技术，医生可以更清晰地观察人体内部结构，诊断疾病，拯救生命。

4. RSA 加密算法——信息安全的守护者

RSA 加密算法是一种被广泛使用的公钥加密技术，由美国麻省理工学院的三位数学家罗纳德·李维斯特（Ron Rivest）、阿迪·萨莫尔（Adi Shamir）和伦纳德·阿德曼（Leonard Adleman）于 1977 年共同提出，他们分别取了姓氏的首字母 R、S、A 来命名这套算法。他们三人也因在这方面做出的贡献获得了 2002 年的图灵奖。

RSA 加密算法的安全性基于大数分解问题，即给定两个大素数 p 和 q，计算它们的乘积 n 相对容易，而从 n 分解出 p 和 q 则非常困难，RSA 加密算法使用一对密钥：公钥和私钥，公钥用于加密数据，私钥用于解密数据。RSA 加密算法有着广泛的应用场景，包括网站 SSL 证书、加密通信等。其中最为重要的应用场景就是在互联网浏览器中实现加密通信，保障用户的隐私和安全。另外，RSA加密算法还广泛应用于电子商务中的数字签名，以确保数字签名的真实性和完整性。在这个信息容易泄露的时代，RSA 加密算法就像是守护秘密的骑士，它利用数学中的素数之美来构建了一座安全的城堡。无论是保护我们的在线交易，还是加密我们的私人通信，RSA 加密算法都确保只有持钥匙的人才能解开信息的锁链。

然而，量子计算的出现给 RSA 这样的传统加密算法的安全性带来了一定的挑战。量子计算可以大大加快因数分解的速度，并有可能通过量子纠缠等特殊机制来改变密码学的基础规则。为了应对量子计算的挑战，许多学者和研究机构开始致力于开发新的密码学算法，以及对传统的 RSA 加密算法进行改进。例如，量子安全密码学、基于格的加密等新型密码学算法崭露头角，并得到了研究和应用。

5. 散列算法——独一无二的数字指纹

散列算法又叫哈希算法，它可以将任意长度的数据压缩成一段固定长度的唯一序列。散列算法是一种单向不可逆的算法，即从散列值无法推出原始数据，但是对于相同的输入数据，散列算法会始终生成相同的散列值。正如每个人的指纹都是独一无二的，散列算法是网络世界的指纹鉴定法，它能确保每一份数据都能准确地验证，从而防止了数据被篡改的可能。常见的散列算法有 MD5、SHA1、SHA256、SHA512 等。

正是因为可以方便地进行数据完整性校验，所以散列算法在密码学、数据存储、数据检索、安全支付等领域被广泛使用。例如，在文件传输系统中我们可以用它来校验文件的完整性，确保传输的文件没有被篡改；在数据库中，我们可以用它存储校验码，用以保证数据的安全性；在认证系统中，我们可以用它来设计用户密码，把用户密码散列后保存在服务器，以保证用户数据安全；甚至我们在互联网上的每一笔在线支付，都离不开散列算法所提供的安全性保障。在我们使用网上银行完成支付的那一瞬间，其背后的散列算法已经完成了一系列安全检测动作。只有在银行服务器通过散列算法验证我们的数字签名合法性之后，我们的在线交易才会顺利完成。

6. 链接分析算法——网络世界的社会学家

链接分析（Link Analysis）是一种用于分析网络数据的算法，它主要关注网络结构中超链接的多维分析。在互联网时代，分析不同实体间的关系是相当重要的。从搜索引擎、社交网络，到营销分析工具，每个人都在不停地寻找互联网的真正结构。链接分析算法相当于互联网时代的社会学家，它能够分析网页之间的关系，就像研究社会网络中人与人之间的联系。

较著名的链接分析算法是谷歌公司的创始人拉里·佩奇（Larry Page）和谢尔盖·布林（Sergey Brin）于 1998 年提出的 PageRank 算法。该算法通过评估网页重要性来实现对搜索引擎搜索结果的网页排名，其核心思想是，一个网页的重要性取决于它被其他高质量重要网页链接的次数。换句话说，如果一个网页被很多高质量的网页链接，那么这个网页的重要性也会相应提高。这个算法解决了以前搜索引擎仅靠关键字搜索的方法带来的相关度低的弊端，由于其高效性，它至今还在被各大搜索引擎使用。其他知名的链接分析算法还有 HITS 算法，Hilltop 算法、SALSA 算法等。随着互联网的不断发展，用户对搜索结果的要求也越来越高。未来搜索引擎将更加注重提供高质量、相关度更高的搜索结果，而链接分析算法将在未来的搜索引擎领域中发挥越来越重要的作用。

实际上，除了网络信息检索，链接分析算法还在社交网络、数据挖掘、网络计量学等方面均有着广泛的应用。在社交媒体的海洋中，它能分析我们的连接和互动，帮助发现影响力并优化广告投放。在数据挖掘领域，它已经逐渐发展成为关系挖掘的一个重要方法，用于发现隐藏在数据中的关系和结构。在网络计量学领域，它能更高效地帮助我们组织网络信息、评价网络资源、收集核心数据。

7. 数据压缩与编码算法——浓缩才是精华

在大数据时代，各类信息充斥我们生活、工作的各个方面，我们每年都要生成和处理海量的数据，其数据量之大令人难以想象。因此，高效的数据压缩与编码算法就应运而生了。数据压缩，是用更少的存储空间对原有数据进行编码的过程，即在不丢失有用信息的前提下，缩减数据量以节省存储空间，提高传输、存储和处理效率，或按照一定的算法对数据进行重新组织，减少数据冗余和存储空间的一种技术方法。

数据压缩的核心原理是利用数据的冗余性，即数据中存在的重复、无用或冗长的部分。通过剔除这些冗余部分，可以实现数据的压缩。数据编码则是将原始数据转换为更紧凑的表示形式的过程。数据压缩与编码算法的关键在于寻找合适的编码方式。常见的编码方式包括无损编码和有损编码。无损编码是指压缩后能够完全还原出原始数据，而有损编码在压缩过程中会引起一定的信息丢失。

常见的数据压缩与编码算法涉及图像压缩、音频压缩、视频压缩、文件压缩等。我们在互联网中见到的 JPEG、PNG、GIF 等格式的图片，听到的 MP3 格式的歌曲，看到的 MP4、AVI 格式的电影，甚至我们计算机上的 RAR、ZIP、7Z 等格式的压缩文件，都离不开数据压缩与编码算法的支持。

8. 随机数生成算法——在数字世界中掷色子

在算法分析、游戏设计、科学模拟、人工智能和金融模型中，我们会大量用到随机数。随机数是创造不可预测性的基石，与此相关的随机数生成算法相当于在数字世界中掷色子，能够确保每一次产生的结果都是公平且随机的，从而为我们的数字决策提供坚实的基础。

随机数生成算法的应用非常广泛，它可以用来模拟真实世界中的随机事件，如抛硬币、抽奖等；也可以用来生成加密密钥，保证数据的安全性；还可以用来生成游戏中的随机事件，如怪物出现的位置、道具出现的概率等。我们将会在 5.4.4 节详细介绍这类算法。

上面介绍了对当今社会产生深远影响的 8 类算法的应用。综上所述，这些算法不仅仅是冰冷的代码，它们是现代世界运作的动力，是我们日常生活中不可或缺的支柱。未来，随着技术的发展，我们将继续见证这些算法如何以新的形式影响我们的世界。

5.4.2 排序算法

计算机实现排序的方法有很多，如选择排序、归并排序、冒泡排序、插入排序等，方法不同，排序效率也不同。本节主要介绍冒泡排序、选择排序和快速排序。

1. 冒泡排序

冒泡排序的基本思路是，从头到尾逐个扫描待排序数据，在扫描过程中依次比较相邻两个数据的大小，根据排序要求决定是否将这两个数据交换位置。

【例 5-18】用冒泡排序算法对{9,8,5,6,2,0}进行升序排列。

图 5-70 所示为 6 个数冒泡排序的过程，其中带方框的数据表示每次参与比较的两个相邻数组元素。

通过对排序过程的分析，可归纳出冒泡排序的一般规律。

（1）设需要对 n 个数（数组元素 a[1]~a[n]）排序，则需要进行 n−1 轮比较—交换操作，具体步骤如下。

第 1 轮：比较的元素依次为 a[1]与 a[2]、a[2]与 a[3]……a[n−1]与 a[n]，本轮比较 n−1 次。

第 2 轮：比较的元素依次为 a[1]与 a[2]、a[2]与 a[3]……a[n−2]与 a[n−1]，本轮比较 n−2 次。

第 3 轮：比较的元素依次为 a[1]与 a[2]、a[2]与 a[3]……a[n−3]与 a[n−2]，本轮比较 n−3 次。

……

第 n−1 轮：比较的元素为 a[1]与 a[2]，本轮比较 1 次。

（2）通常第 i 轮（i=1~n−1）需要比较 n−i 次，比较的相邻数组元素依次是 a[1]与 a[2]、a[2]与 a[3]……a[n−i]与 a[n−i+1]。经过一轮比较—交换后，相对较大的数值"下沉"到该轮的底部。

（3）若用变量 j 表示第 i 轮比较中的比较次序数，则 j=1~n−i，显然 j 也是每次比较的相邻数组元素的索引，即每次比较的是 a[j]与 a[j+1]，并根据比较结果决定是否进行交换。

（4）冒泡排序需要两重循环结构，外层循环控制比较轮次 i（i=1~n−1），内层循环控制第 i 轮比较过程中的比较次序数 j（j=1~n−i）。在内层循环体中，比较 a[j]与 a[j+1]，并根据比较结果决定是否进行交换。

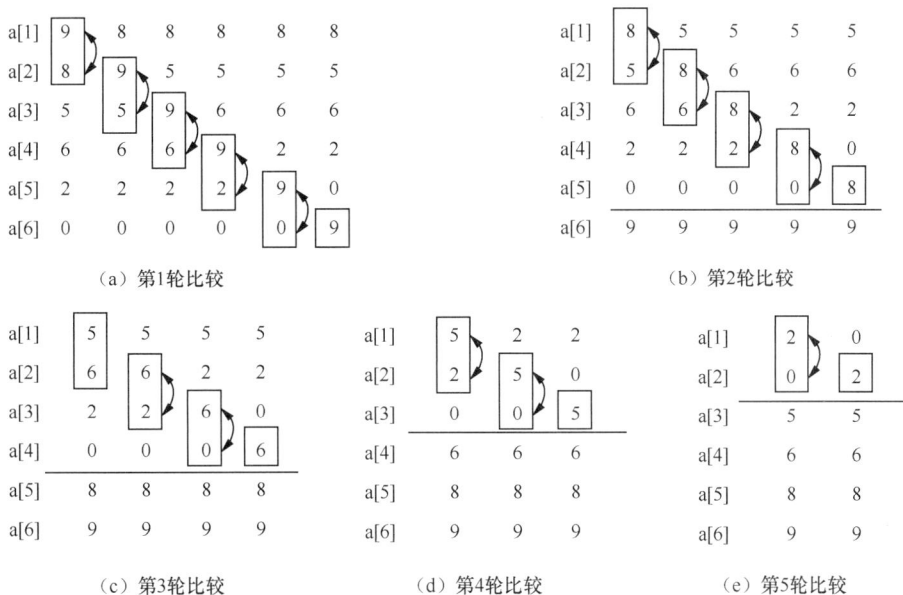

(a) 第1轮比较

(b) 第2轮比较

(c) 第3轮比较　　　　　　　(d) 第4轮比较　　　　　　　(e) 第5轮比较

图 5-70　冒泡排序过程示意图

通过上述对冒泡排序过程的分析可知，在比较—交换过程中，较小的数值像水中的气泡一样慢慢地从下向上"冒"，而较大的数值快速地往下"沉"，因此这种算法称为"冒泡排序算法"。算法的程序流程图如图 5-71 所示。

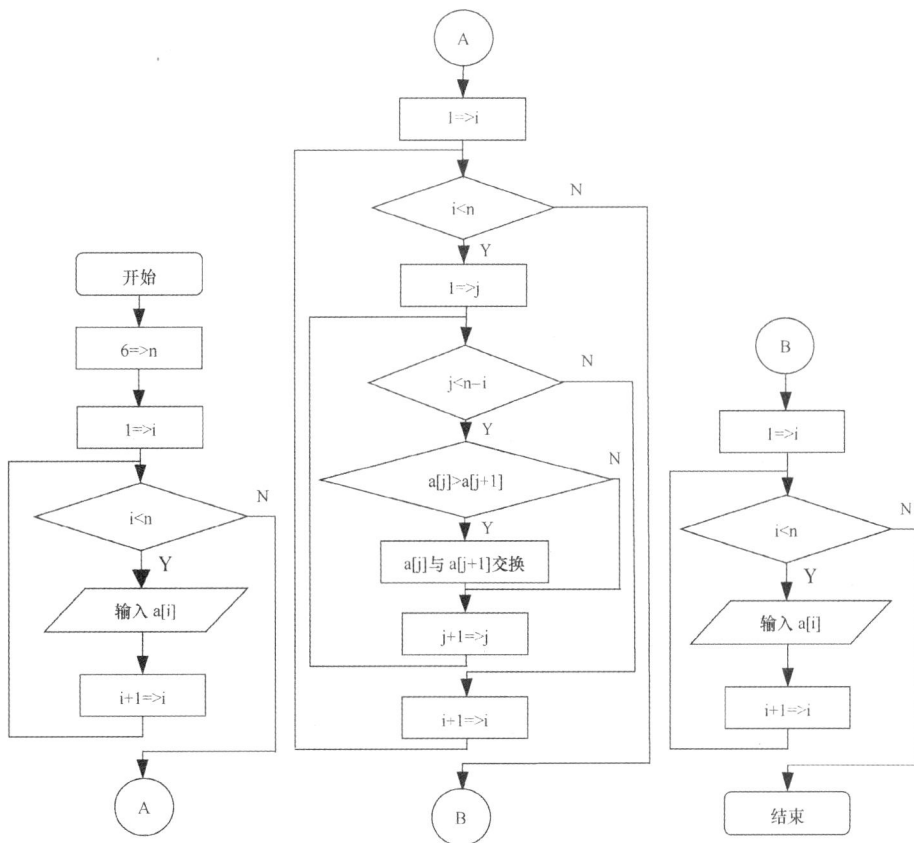

图 5-71　冒泡排序算法程序流程图

算法分析与设计 / 第 5 章

RAPTOR 程序实现如图 5-72 所示。

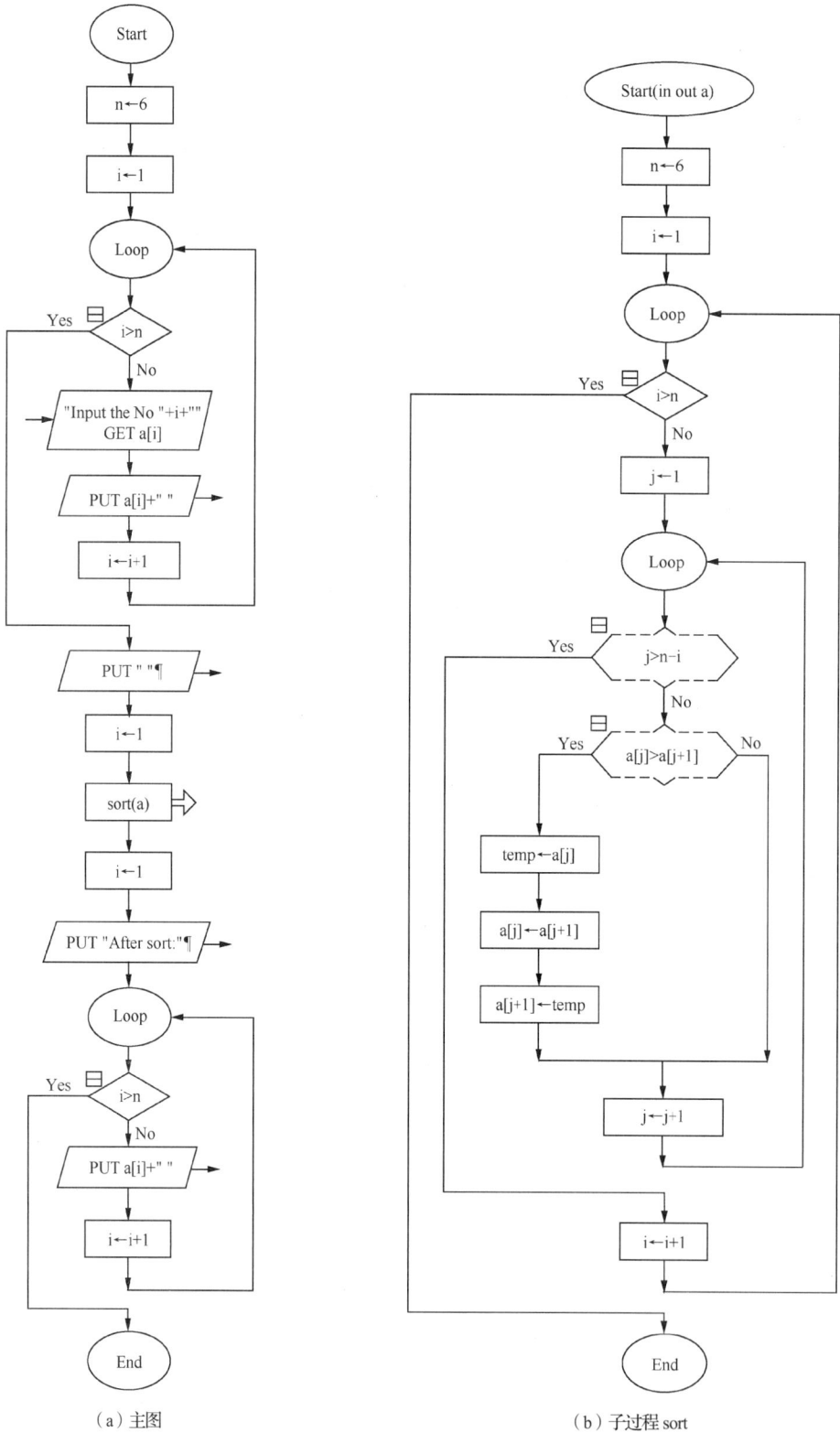

（a）主图   （b）子过程 sort

图 5-72　冒泡排序算法 RAPTOR 流程图

2．选择排序

选择排序的基本思路是，从头到尾依次扫描待排序数据，找出其中的最小值并将它交换到数据序列的起始位置，对其余的数据重复上述过程直到排序完成。

【例5-19】用选择排序算法对{9,8,5,6,2,0}进行升序排列。

如图5-73所示，变量m记录本轮比较中每次比较后当前最小值的索引，带方框的数据表示每次比较时与a[m]进行比较的数组元素。

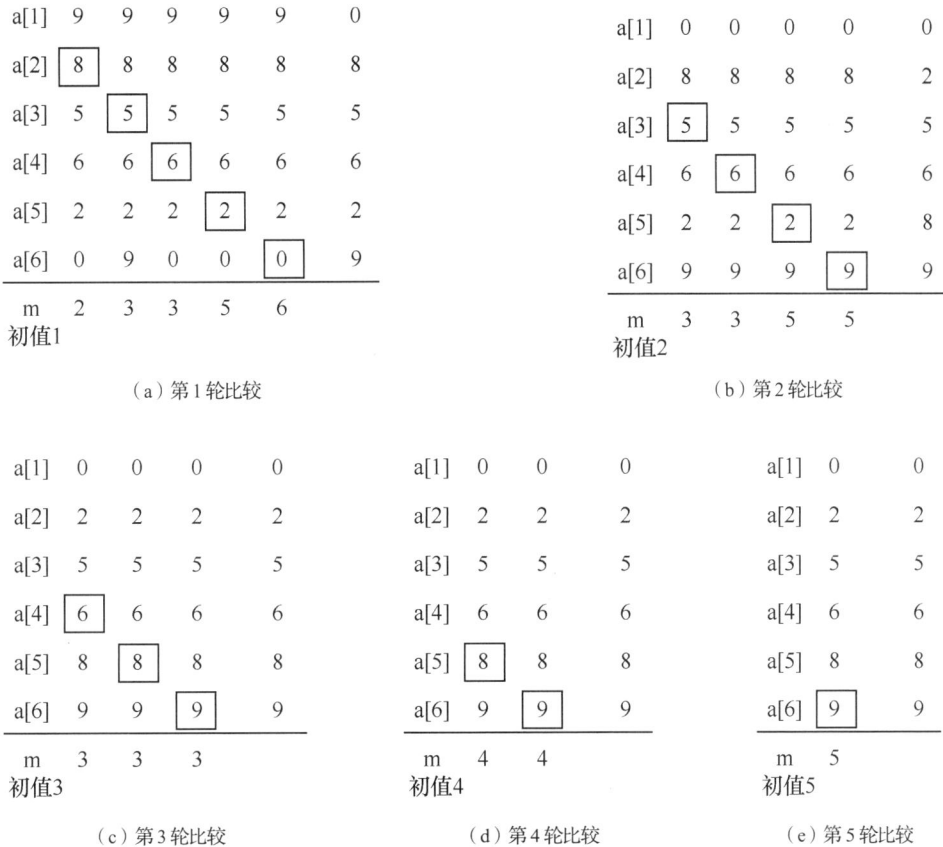

```
a[1]  9   9   9   9   9   0          a[1]  0   0   0   0   0
a[2] [8]  8   8   8   8   8          a[2]  8   8   8   8   2
a[3]  5  [5]  5   5   5   5          a[3] [5]  5   5   5   5
a[4]  6   6  [6]  6   6   6          a[4]  6  [6]  6   6   6
a[5]  2   2   2  [2]  2   2          a[5]  2   2  [2]  2   8
a[6]  0   9   0   0  [0]  9          a[6]  9   9   9  [9]  9
─────────────────────────           ─────────────────────
m     2   3   3   5   6              m     3   3       5
初值1                                初值2

   （a）第1轮比较                        （b）第2轮比较
```

```
a[1]  0   0   0   0        a[1]  0   0   0        a[1]  0   0
a[2]  2   2   2   2        a[2]  2   2   2        a[2]  2   2
a[3]  5   5   5   5        a[3]  5   5   5        a[3]  5   5
a[4] [6]  6   6   6        a[4]  6   6   6        a[4]  6   6
a[5]  8  [8]  8   8        a[5] [8]  8   8        a[5]  8   8
a[6]  9   9  [9]  9        a[6]  9  [9]  9        a[6] [9]  9
──────────────────        ──────────────         ──────────
m     3   3   3           m     4   4            m     5
初值3                     初值4                  初值5

  （c）第3轮比较             （d）第4轮比较           （e）第5轮比较
```

图 5-73　选择排序过程示意图

通过对排序过程的分析，可归纳出选择排序的一般规律。

（1）设需要对 n 个数（数组元素 a[1]～a[n]）排序，则需要进行 n−1 轮比较选择，具体步骤如下。

第1轮：m 初值为1，a[m]元素依次与 a[2],a[3],…,a[n]比较，本轮比较 n−1 次。

第2轮：m 初值为2，a[m]元素依次与 a[3],a[4],…,a[n]比较，本轮比较 n−2 次。

第3轮：m 初值为3，a[m]元素依次与 a[4],a[5],…,a[n]比较，本轮比较 n−3 次。

……

第 n−1 轮：m 初值为 n−1，a[m]元素与 a[n]比较，本轮比较 1 次。

（2）通常第 i 轮（i=1～n−1）比较时，m 的初值为 i，需要比较 n−i 次，用 a[m]依次与 a[i+1]，a[i+2],…,a[n]进行比较，并根据比较结果修改 m 的值。经过一轮比较，将 a[m]与 a[i]的值交换。

（3）若用变量 j 表示第 i 轮比较中与 a[m]比较的元素的索引，则 j=i+1～n。

（4）选择排序需要两重循环结构，外层循环控制比较轮次 i（i=1~n-1），内层循环控制第 i 轮比较过程中与 a[m]比较的元素的索引 j（j=i+1~n）。在内层循环体中，比较 a[m]与 a[j]，并根据比较结果决定是否修改 m 的值。一轮比较结束，将 a[m]与 a[i]进行交换。

选择排序算法的程序流程图如图 5-74 所示。

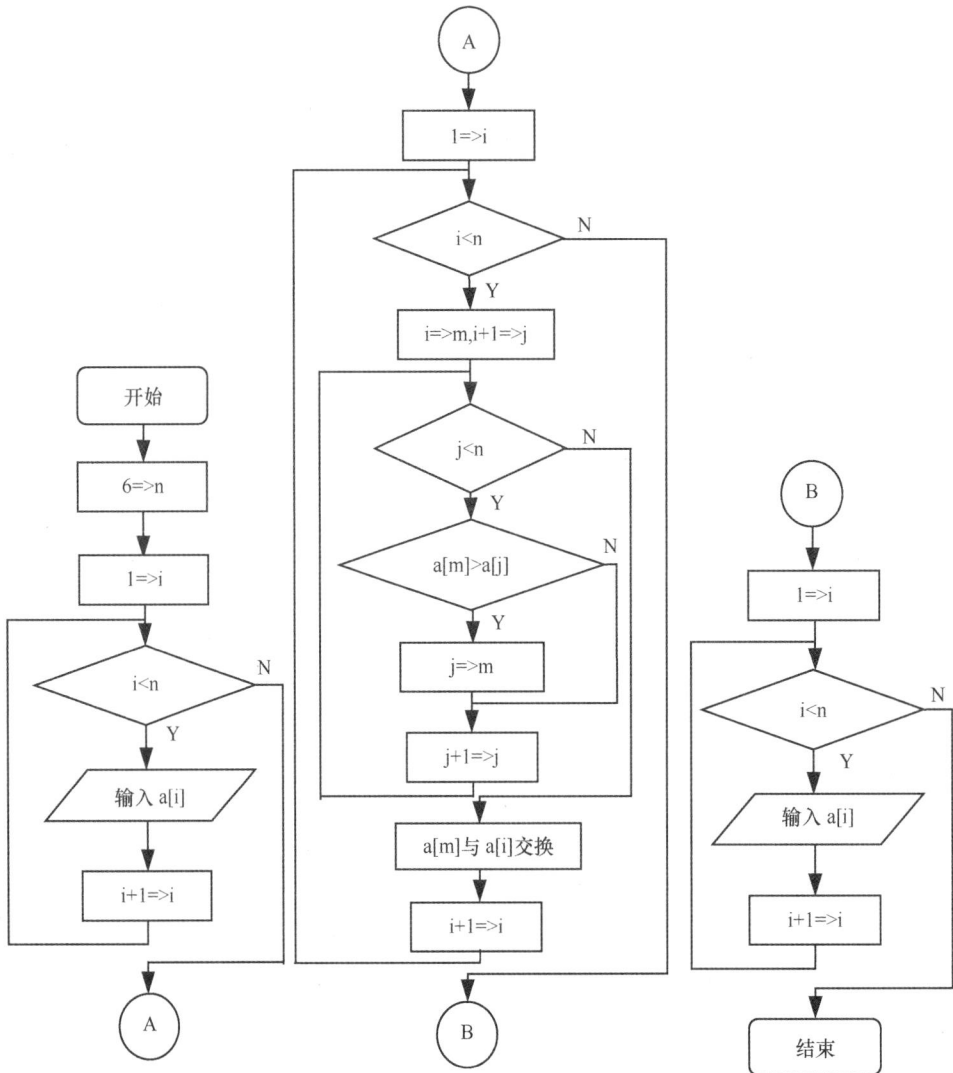

图 5-74　选择排序算法程序流程图

选择排序算法 RAPTOR 流程图如图 5-75 所示。

3．快速排序

快速排序的基本思路：从数列中选择一个数作为基数，然后根据它进行分区，将整个数列中比它小的划分到左边，比它大的划分到右边，基数左右分别两边形成序列，对左右序列分别使用递归法再进行快速排序，直到区间内只剩下一个元素。

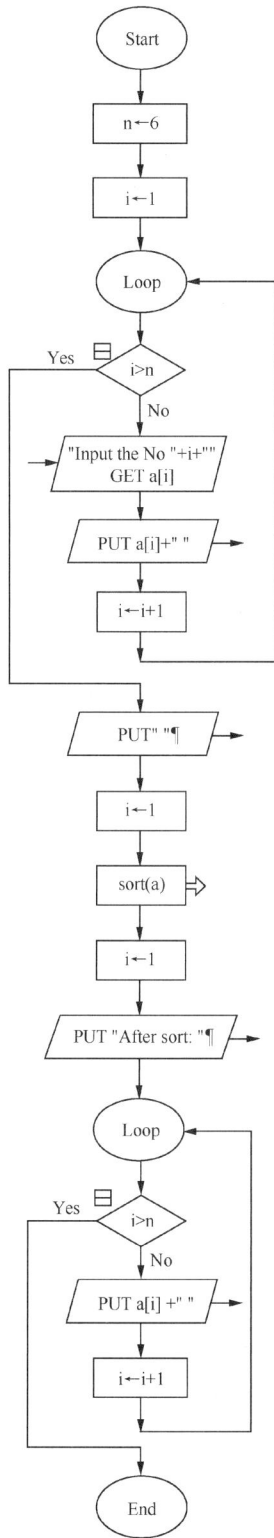

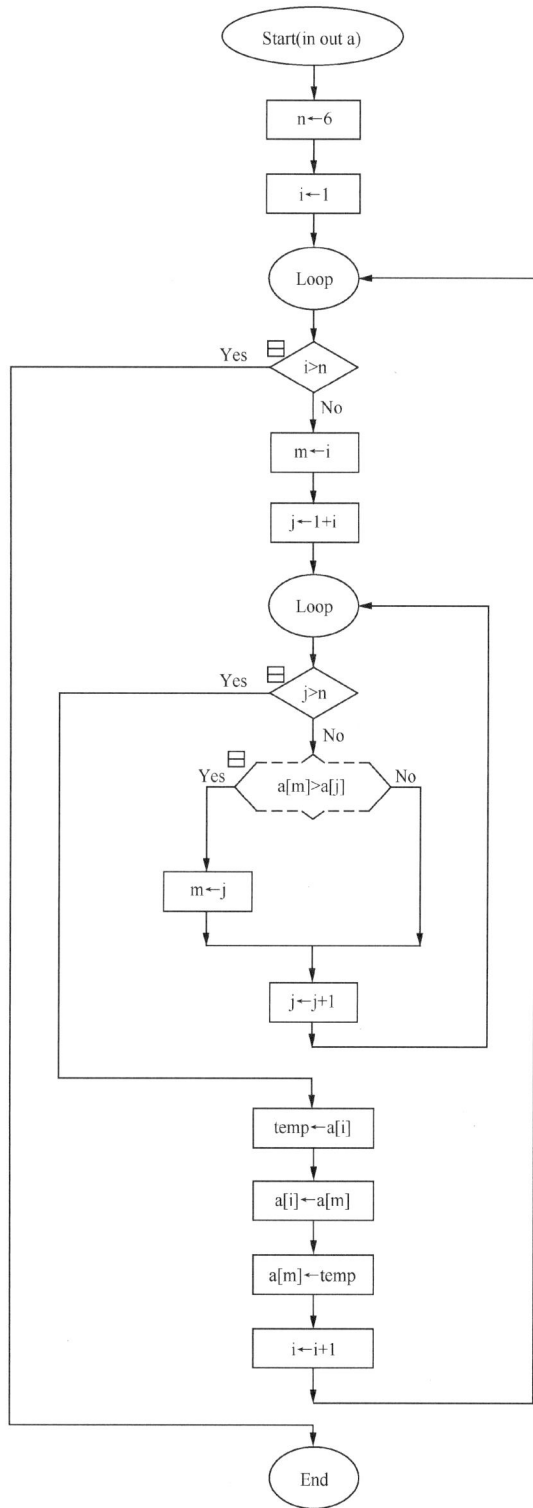

（a）主图　　　　　　　　　　　　　　　（b）子过程 sort

图 5-75　选择排序算法 RAPTOR 流程图

【例5-20】用快速排序算法对{9,8,5,6,2,0}进行升序排列。

图 5-76 所示为 6 个数快速排序的过程，其中带方框的数据表示每次参与比较的两个数组元素。带下画线的数为每轮的基数，i 和 j 表示每次进行比较的数组元素的索引。

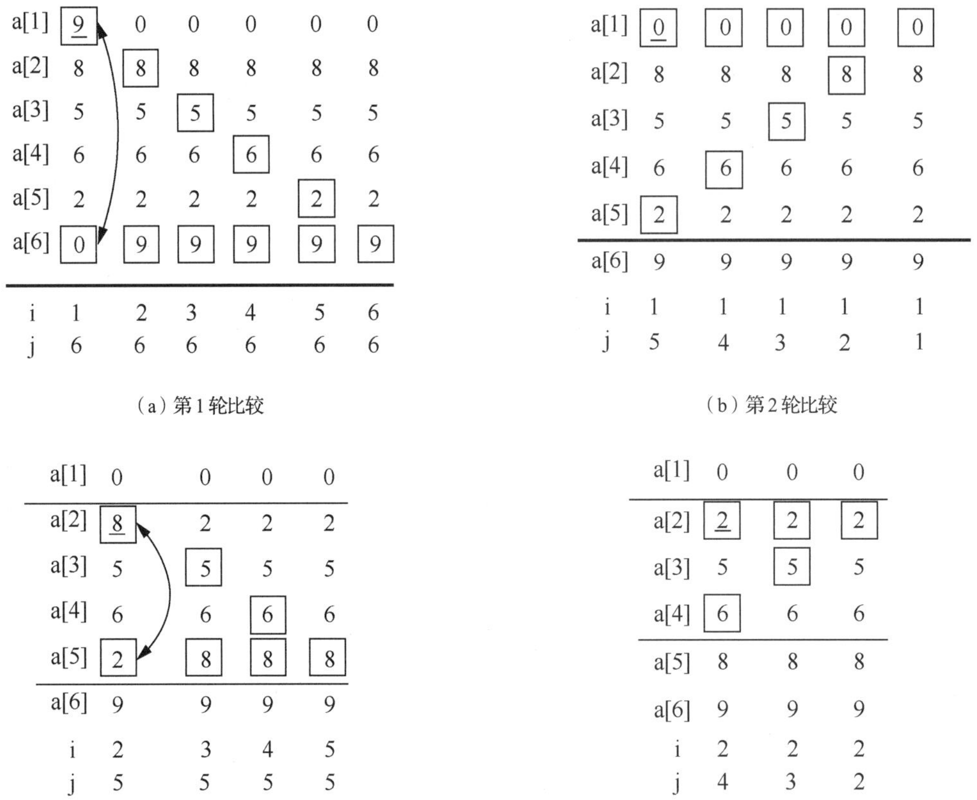

(a) 第 1 轮比较

(b) 第 2 轮比较

(c) 第 3 轮比较

(d) 第 4 轮比较

图 5-76　快速排序过程示意图

通过对排序过程的分析，可归纳出快速排序的一般规律。

（1）设需要对 n 个数（数组元素 a[1] ～a[n]）排序，则需要进行 $n^2/2$ 轮比较选择。首先设置一个基数，一般第一轮选择数组的第一个元素，因为此后的比较会带来无数次变换，所以需要一个单独的变量来保存基数。

（2）通常设置双向索引，i 指向首部，j 指向尾部，然后 j 从右向左开始扫描，一旦扫描到比基数小的数组元素，就和 a[i]进行交换；然后 i←i+1，再从左到右开始扫描，一旦扫描到比基数大的数组元素，就和 a[j]进行交换；接着 j←j−1 继续从右向左开始扫描，直到 i>=j 跳出此轮循环。

（3）一轮循环后 i=j，这样数列就会被分为两部分，a[i]左边是小于基数的序列，右边是大于基数的序列。接着对左右序列分别使用递归法再进行一次快速排序，直到子序列中不超过一个元素。

通过上述对快速排序过程的分析可知，快速排序不稳定，当数列元素较少时反而花费的时间比较长。快速排序在数列元素特别多时会占优势，因此这种算法称为"快速排序算法"。

快速排序算法 RAPTOR 流程图如图 5-77 所示。

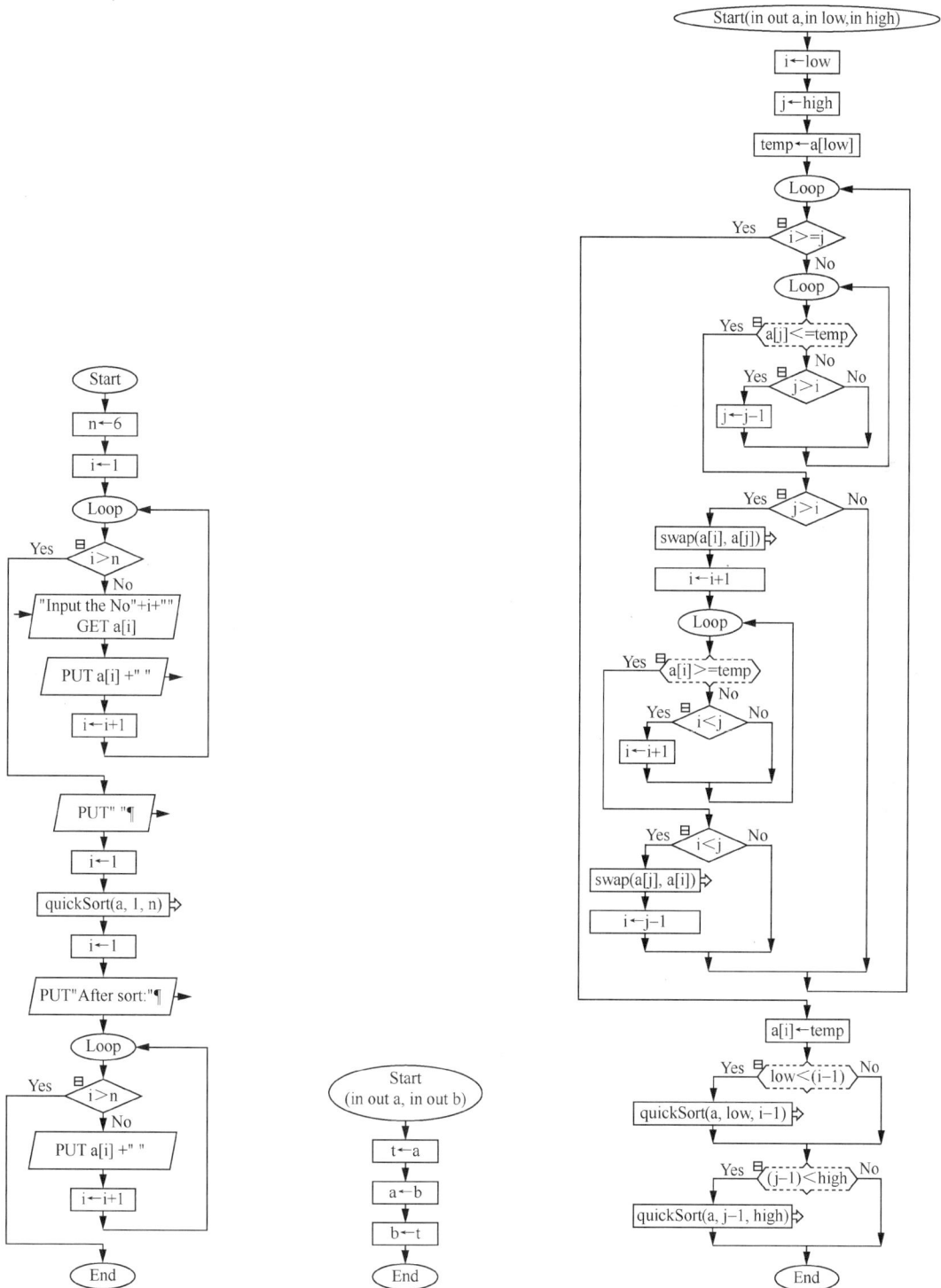

（a）主图　　　　　　（b）子过程 swap　　　　　（c）子过程 quickSort

图 5-77　快速排序算法 RAPTOR 流程图

算法分析与设计 / 第 5 章

5.4.3　狄克斯特拉算法

最短路径问题是图论研究中的一个经典算法问题，旨在寻找图中两个节点之间的最短路径。这类算法被广泛应用于网络路由规划、物流运输、地图导航等多个领域，其目的是确定从一个顶点到另一个顶点的最优路径，通常根据节点之间的距离、时间或成本等指标来计算。例如，在计算机网络中，最短路径算法可以帮助数据包选择最有效的路径从源节点传输到目标节点；在物流领域，它可以用于优化货物从起始地到目的地的运输路径，以减少运输成本和缩短运输时间。

狄克斯特拉算法是典型的单源最短路径算法，用于解决源节点到所有节点的最短路径计算问题，它采用了"分治"和"贪心"的思想搜索全局最优解。

1．算法概述

狄克斯特拉算法解决的是带权有向图中的最短路径问题。狄克斯特拉算法的主要特点是从源节点开始，采用贪心策略，每次遍历到与源节点距离最近且未访问过的顶点的邻接节点，直到扩展到终点。

为了更好地介绍算法，我们先引入带权图的概念。带权图分为带权有向图和带权无向图，是图论中一种常见的数据结构。它是由一组节点和一组连接这些节点的边组成的图，每条边都有一个与之关联的权重或者成本。在带权图中，权重用数值型数据表示，表示从一个节点到另一个节点的距离、费用等。带权有向图中的边是有方向的，即每条边都从一个起始节点指向一个终止节点。带权有向图可以用于对有向关系建模，如地图导航中的车辆行驶方向、社交网络中的关注关系、网页之间的超链接关系、货物运输中的流向关系等。

设 G=(V,E) 是一个带权有向图，V 是图 G 中顶点的集合，E 是图 G 中顶点之间边的集合。狄克斯特拉算法在实施过程中把顶点集合 V 分成两组：第一组为已求出最短路径的顶点集合，用 S 表示，初始时 S 中只有一个源节点 v，以后每求得一条最短路径，就将涉及的顶点加入集合 S，直到全部顶点都被加入 S，算法结束；第二组为其余未确定最短路径的顶点集合，用 U 表示，计算过程中按最短路径长度的递增次序依次把 U 中的顶点加入 S。

算法具体步骤如下。

（1）初始化阶段，顶点集合 S 只包含源节点 v，即 S={v}。顶点集合 U 包含除 v 外的其他顶点。此时源节点 v 到其他各顶点的最短路径计算如下：源节点 v 到自己的最短路径长度为 0；若源节点 v 和某个顶点 i 之间存在直接相连的边，则 v 到 i 的最短路径长度为该边权重；若源节点 v 和某个顶点 i 之间不存在直接相连的边，则 v 到 i 的最短路径长度为∞。

（2）从顶点集合 U 中选取一个距离 v 最近的顶点 u，把 u 加入顶点集合 S，该距离就是 v 到 u 的最短路径长度。

（3）以 u 为新考虑的中间节点，修改顶点集合 U 中各顶点的最短路径：若从源节点 v 经过顶点 u 到顶点 j（j 属于 U）的距离比不经过顶点 u 到顶点 j 的距离短，则修改顶点 j 的最短路径长度，即总是保留较小的那个数值作为当前的最短路径长度。

（4）重复步骤（2）和（3），直到所有顶点都包含在顶点集合 S 中。

算法在实施过程中需要设置一个数组 dist，用来保存从源节点 v 到其他各个顶点的最短路径长度。

2．算法示例

下面通过一个例子演示一下狄克斯特拉算法的运作过程。

【例 5-21】有一带权有向图如图 5-78 所示，各顶点之间的边和权重已在图中标出，利用狄克斯特拉算法求顶点 a 到其他顶点之间的最短路径。

算法实施过程中，求顶点 a 到其他顶点之间的最短路径时，S、U、dist 的变化情况如表 5-5 所示。

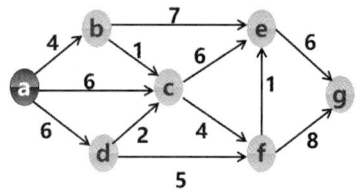

图 5-78

表 5-5　求顶点 a 到其他顶点之间的最短路径

循环轮次	S	U	dist							U 中距离 a 最近的顶点
			a	b	c	d	e	f	g	
初始化	{a}	{b,c,d,e,f,g}	0	4	6	6	∞	∞	∞	b
1	{a,b}	{c,d,e,f,g}	0	4	5	6	11	∞	∞	c
2	{a,b,c}	{d,e,f,g}	0	4	5	6	11	9	∞	d
3	{a,b,c,d}	{e,f,g}	0	4	5	6	11	9	∞	f
4	{a,b,c,d,f}	{e,g}	0	4	5	6	10	9	17	e
5	{a,b,c,d,f,e}	{g}	0	4	5	6	10	9	16	g
6	{a,b,c,d,f,e,g}	{}	0	4	5	6	10	9	16	算法结束

　　如表 5-5 所示，在算法的初始化阶段，S 只包含源节点 a，U 包含其余的所有顶点 b,c,d,e,f,g，按照算法要求，计算此时 a 到其他顶点的最短路径长度并放入数组 dist。由于顶点 b,c,d 和顶点 a 之间存在直接相连的边且有相应的权重，因此 a 到 b,c,d 的最短路径长度分别是 4,6,6，a 到自身的最短路径长度为 0，a 到其他不直连顶点的最短路径长度为∞。此时数组 dist 为{0,4,6,6,∞,∞,∞}，U 中距离 a 最近的顶点为 b。

　　算法进入第 1 轮循环，把顶点 b 从集合 U 中去除，加入集合 S，此时集合 S 为{a,b}，集合 U 为{c,d,e,f,g}。以 b 为新考虑的中间节点，修改集合 U 中各顶点的最短路径长度。由于顶点 d,f,g 和顶点 b 不直接相连，因此它们距离顶点 a 的最短路径长度没有发生变化，仍然是 6,∞,∞。顶点 c 和顶点 a 原来的最短路径长度是 6，现在由于考虑了顶点 b，a 经过 b 到达 c 的距离为 a 到 b 距离加上 b 到 c 距离（1+4=5），最短路径长度变成了 5。而顶点 e 到 a 的最短路径长度由于考虑了顶点 b，从原来的∞变成了 11（a 到 b 距离加上 b 到 e 距离，4+7=11）。因此在这一轮循环结束时，数组 dist 为{0,4,5,6,11,∞,∞}，U 中距离 a 最近的顶点为 c。

　　算法进入第 2 轮循环，把顶点 c 从集合 U 中去除，加入集合 S，此时集合 S 为{a,b,c}，集合 U 为{d,e,f,g}。以 c 为新考虑的中间节点，修改 U 中各顶点的最短路径长度。顶点 d,g 和顶点 c 不直接相连（注意：图中 d 和 c 之间虽然有连线，但方向是从 d 到 c，我们算的是 a 到 d 的距离，因此不能把 c 作为中间点），因此它们距离顶点 c 的最短路径长度没有发生变化，仍然是 6,∞。顶点 e,f 由于有了顶点 c 作为中间节点，因此距离 a 的最短路径长度需要重新计算，计算方法如前所述。最后算出 e,f 距离 a 的最短路径长度分别是 11 和 9。因此在这一轮循环结束时，数组 dist 为{0,4,5,6,11,9,∞}，U 中距离 a 最近的顶点为 d。

　　算法进入第 3 轮循环，把顶点 d 从集合 U 中去除，加入集合 S，此时集合 S 为{a,b,c,d}，集合 U 为{e,f,g}。以 d 为新考虑的中间节点，修改 U 中各顶点的最短路径长度。顶点 e,g 和顶点 d 不直接相连，因此它们距离顶点 c 的最短路径长度没有发生变化，仍然是 11,∞。顶点 f 由于有了顶点 d 作为中间节点，因此距离 a 的最短路径长度需要重新计算。最后算出最短路径长度不变，仍然是 9。因此在这一轮循环结束时，数组 dist 为{0,4,5,6,11,9,∞}，U 中距离 a 最近的顶点为 f。

　　算法进入第 4 轮循环，把顶点 f 从集合 U 中去除，加入集合 S，此时集合 S 为{a,b,c,d,f}，集合 U 为{e,g}。以 f 为新考虑的中间节点，修改 U 中各顶点的最短路径长度。顶点 e,g 由于有了顶点 f 作为中间节点，因此距离 a 的最短路径长度需要重新计算。最后算出最短路径长度分别是 10 和 17。因此在这一轮循环结束时，数组 dist 为{0,4,5,6,10,9,17}，U 中距离 a 最近的顶点为 e。

　　算法进入第 5 轮循环，把顶点 e 从集合 U 中去除，加入集合 S，此时集合 S 为{a,b,c,d,f,e}，集合 U 为{g}。以 e 为新考虑的中间节点，修改 U 中各顶点的最短路径长度。顶点 g 由于有了顶点 e 作为中间节点，因此距离 a 的最短路径长度需要重新计算。最后算出最短路径长度是 16。因此在这一轮循环结束时，数组 dist 为{0,4,5,6,10,9,16}，U 中距离 a 最近的顶点为 g。

　　最后一轮循环，取出集合 U 中最后一个顶点 g，此时 U 中的所有顶点都成功取出，算法结束。最终数组 dist 为{0,4,5,6,10,9,16}，说明源节点 a 到 b,c,d,e,f,g 各顶点的最短路径长度分别是 4,5,6,10,9

和 16，相应的最短路径也很容易在图 5-78 中指出。

通过上述例子可以看出，狄克斯特拉算法的优点在于可以方便地找到带权有向图中源节点到其他所有顶点的最短路径，并且易于理解和实现，特别适合算法初学者学习。当然，它也有一定的局限性，它所处理的图中不能有负权边，而且对于大规模图的计算效率不是很高。狄克斯特拉本人对计算机科学的发展有很多奠基性的贡献，在 1959 年提出这个历史上著名的最短路径算法只是他年轻时的一个小脚印。之后的 30 年，他创造了现在众所周知的多种计算机概念和技术，"他那巨人的肩膀，扛起了计算机科学（The Man Who Carried Computer Science on His Shoulders）"。

5.4.4　随机数生成算法

自然界是随机的、混沌的，而计算机是依靠逻辑运算建立起来的机器，每一步的执行都是确定的。如何利用计算机来模拟复杂、随机的世界，在确定性算法中引进随机性，就成为了一件非常重要的事情。因此，随机数生成器（Random Number Generator，RNG）在计算机科学中有着极为广泛的应用场景。例如，在网络安全和用户验证中，随机数被用于生成验证码，提升系统的安全性，防止机器程序攻击和恶意访问；在密码学领域，随机数被用于生成密钥、初始化向量，提升加密算法的安全性；在游戏开发中，随机数被广泛用于生成游戏中的随机事件、随机地图、随机怪物属性等，增加游戏的趣味性和挑战性；在科学计算中，随机数被用于模拟概率分布和随机变量，进行蒙特卡洛模拟、蒙特卡洛积分等，以便解决统计学和概率学中的问题。随机数的使用场景还远远不止于此，从网络互联、数据安全、模拟仿真、优化分析，到区块链、数字金融等各领域，都有它的身影。

1．真随机数和伪随机数

随机数的重要特性是无法预测、无规律性、独立分布。随机数分为真随机数和伪随机数。真随机数由物理过程生成，具有完全随机的性质；而伪随机数则是通过确定性算法计算出来的，虽然看起来像是随机的，但是在一定条件下理论上可能会被预测到。

在程序原理上，真随机的定义是，通过外置的观测设备，观测某个真正随机的事物的状态，然后在需要产生随机数的时候，记录该事物的状态值，再以此值经过一定的算法，得到一个真正的随机数。真随机数生成算法是一种非确定性算法，它通过采集外部环境的随机信号，如温度、噪声等来生成随机数，这些随机数的取值范围是无限的，而且每次生成的随机数序列是不一样的。例如，Intel 公司在 2012 年生产的 IVB 架构的第三代酷睿 CPU 中，内置了利用电阻热噪声取得硬件随机数的功能。电阻热噪声是由电子在导体中随机运动产生的，这种运动是自然界的基本物理过程之一，是真正的随机现象，这是真随机的一个典型应用。

而我们通过程序"产生"的随机数大都是伪随机数。伪随机数生成算法是一种确定性算法，它通过一个"种子"和一系列计算来生成随机数，这些随机数的取值范围是有限的，如果种子一样，则生成的随机数也一样。也就是说，从本质上来说，仅通过程序自身不能生成完全"随机"的东西。伪随机的实质就是在系统内部抓取一个无法预测准确值的值，把该值作为种子，放进随机数生成器，由此得到与之相关的随机数。

伪随机数生成算法的实现有以下 3 个步骤：初始化种子，选择合适的处理函数，实现最终的结果。首先是初始化种子。种子也叫作随机种子，它是一个用来初始化伪随机数序列的数字，可以随着时间改变，也可以由用户输入。其次是选择合适的处理函数。选择合适的处理函数是指根据种子的值，构建一个能够将每一次迭代的输出和输入转化为不同的数字的处理函数。最后，通过相关计算，生成合乎要求的伪随机数。也就是说，伪随机数生成算法的核心部分是处理函数，它可以写成 $f(x)$ 的形式，x 就是随机种子，x 的确定标准就是无法预测，比如说可以选取系统开始运行之后的时间（单位为 ms）。根据函数的特质，只要 x 的值确定，$f(x)$ 的值就唯一确定，$f(x)$ 的值就是该算法生成的一个随机数。常见的伪随机数生成算法有线性同余算法、梅森旋转算法等。伪随机数在大量计算机应用程序和数值模拟程序中使用，因为计算效率高且易于实现。

在实际应用中，选择真随机还是伪随机取决于具体需求，例如，在安全性极高的加密通信中，人们可能会倾向于使用真随机数生成算法，而在一般的科学计算或游戏设计中，则通常使用伪随机数生成算法。

2. 游戏设计中的随机数生成算法

人们在游戏设计中会大量用到随机数生成算法，而且都是伪随机数生成算法。游戏设计师可以利用这些算法来平衡游戏中的随机事件，以确保游戏的可玩性和挑战性。通过调整这些算法或算法的参数，可以调整游戏中的难度、宝物掉落率、事件频率等，从而创造出更好的游戏体验。

下面介绍几种在游戏设计中常见的伪随机数生成算法。

（1）PRD 算法

PRD（Pseudo Random Distribution，伪随机分布）算法用于生成符合特定概率分布的伪随机数序列。它最初由暴雪娱乐（Blizzard Entertainment）公司提出，用在游戏"魔兽争霸3"中，后经游戏 DOTA 发扬光大，现广泛应用于多人在线战术竞技类和其他竞技类游戏中。

PRD 是一种特别设计的随机数生成策略，旨在管理游戏中的某些随机性元素，使得随机结果在多次尝试中更加平滑和可预测。算法主要目的是防止"连续失败"的现象，即玩家在多次尝试中始终未能触发某个有一定概率发生的事件（如暴击或其他特殊技能）。PRD 通过在每次失败的尝试后逐渐增加成功的概率来减少实际概率和理论概率之间的偏差。

举个简单的例子，在 DOTA2 中，"幻影刺客"的暴击率被设定为 20%，即平均每攻击 5 次就会暴击一次。要达到这种效果，有两种设计思路。第一种是老老实实地把角色每次暴击与否设计成独立事件，每次的暴击概率都设计成 0.2，即角色每攻击一次，程序就产生一个 1～10000 的随机数，后台判断随机数处于 1～2000 时就暴击，不在这个区间内就不暴击。这么设计看似有道理，但在实际应用中存在着很大的问题。我们知道，概率只有在样本空间很大的情况下才有意义。如果只是把每次是否出暴击机械地设定成独立事件，很容易算出，连续 5 次不出暴击的概率接近 1/3，连续 10 次不出暴击的概率也高达 1/10。这意味着游戏设计师如果诚实地按照 20% 的概率在程序中掷色子，连续 10 次、20 次不出暴击的情况是家常便饭的。而如果这样，玩家可能会愤怒地砸掉键盘，离开这个游戏。

为了避免这种情况出现，暴雪娱乐公司提出了另一种设计思路：一个暴击率 20% 的英雄，在程序中并不是每一次攻击都按 20% 设置其暴击率。正确的做法是以 5.57% 作为初始暴击率，如果第一次没出暴击，则第二次的暴击率增加为初始值的 2 倍，即 11.14%；下一次如果还是不出暴击，就继续增加暴击率为初始值的 3 倍，即 16.71%，以此类推。而如果在这个过程中任何一次攻击打出了暴击，暴击率就会被重置为 5.57%。通过验算可以看到，以这种方式实现暴击，最终表现出来的暴击率整体上看仍然是 20%。

PRD 算法的基本步骤如下。

① 设定初始概率：给定事件的基本发生概率（p）。

② 概率增量：确定每次事件未发生时概率的增加量。通常这是基于初始概率的函数。

③ 概率累积和重置：每次尝试后，如果事件未发生，则增加概率；如果事件发生，则重置概率。

在 PRD 算法中，每次未触发事件时，事件在下一次尝试中触发的概率都会有所增加。这意味着，随着尝试次数的增加，实际触发该事件的概率逐渐逼近理论概率。此外，一旦事件被触发，概率将被重置为初始概率，重新开始累积。其中的关键在于如何设定初始概率，这里面用到了一个算法公式：马尔可夫链（Markov Chain）。马尔可夫链因俄国数学家安德烈·马尔可夫得名，描述的是状态空间中从一个状态到另一个状态的转换的随机过程。该过程要求具备"无记忆"的性质，下一状态的概率分布只能由当前状态决定，在时间序列中它前面的事件均与之无关。

PRD 算法的出现使得游戏的过程变得更加公平，减少了玩家因为极端随机性而感到的挫败感；同时让游戏具有可预测性，使得长时间的游戏体验更加平衡，带给玩家更好的体验。

（2）洗牌算法

在游戏设计中，洗牌算法是一种非常重要的工具，可以用于确保牌组或者元素序列的随机性。洗牌算法最典型的应用莫过于音乐播放器的随机播放。苹果公司的 MP3 播放器早期曾经被人指责这么大公司连随机播放功能都做不好，原因就是他们诚实地执行了随机，导致同一首歌经常被重复播放，或者连续多次在几首歌之间来回切换，而另外某些歌曲几百次也播放不到。这导致苹果公司不得不采用更复杂的设计，包括禁止连续重复，甚至悄悄避免同一个歌手不同歌曲的连续播放，等等。其实解决这一问题最简单的方法就是洗牌算法。洗牌算法就是，如果歌单中有 20 首歌，就建立一个 1 到 20 的数组，再把这 20 个数字像洗牌一样洗成乱序，洗完之后，如果第一个数字是 n，那么第一次就播放歌单里的第 n 首歌，以此类推。

另一个应用洗牌算法的例子是游戏"俄罗斯方块"。一个经典的问题：如果玩家水平足够高，俄罗斯方块能否无限地玩下去呢？答案：这取决于方块组合掉落的次序。假设游戏在一段时间内连续地给出足够多的正反 S 形方块组合，那游戏必然结束。如果俄罗斯方块掉落的方块组合真是随机产生的，哪怕你水平再高，只要你玩的时间足够长，这个悲剧就注定会发生。这么荒唐的游戏逻辑，必然让玩家觉得不可理喻。幸运的是游戏设计者没有采用这种"诚实"策略，而是巧妙地采用洗牌算法设计俄罗斯方块随机序列的生成方式：俄罗斯方块共有 7 种不同的方块组合，把这 7 种方块组合编为一组，组内随机排列。图 5-79 就是一种编组方式。这样的话，组内共有 7 的阶乘即总共 5040 种排列方式，也就是 5040 种可能性。在设计方块组合的掉落顺序时，游戏设计者让这些不同的排列方式依次出现，这样 7 个一组 7 个一组地衔接下去，保证了同一方块组合最多间隔 12 次掉落就会重新出现，也保证了正反 S 形方块组合不会连续出现 4 次以上。这种分层的随机机制虽然虚假，但起码保证了游戏的公平，使玩家不会被系统直接"坑杀"。

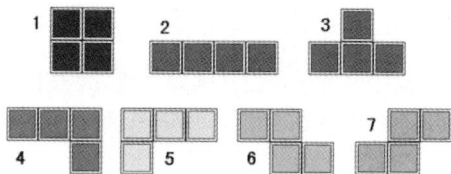

图 5-79　俄罗斯方块的一种编组方式

本小节介绍了计算机系统中随机数的作用，真随机、伪随机的概念，以及在游戏设计中常见的随机数生成算法。总的来说，随机数生成算法在现实中各领域都发挥着重要作用，它们在这些领域中提供了不可或缺的随机性元素，推动了这些领域的发展和创新。

乔治·波利亚（George Polya），美籍匈牙利数学家，法国科学院、美国国家科学院、美国艺术与科学院和匈牙利科学院院士，著有《怎样解题》《数学发现》《数学与猜想》等，它们被译成多种文字，广为流传。在《怎样解题》这本书中，波利亚为数学问题设计了问题求解策略，这个策略具有通用性，适用于解决各种问题。波利亚的策略正是计算机问题求解策略的基础。1963 年，美国数学协会（MAA）授予波利亚数学杰出贡献奖。

本章小结

本章通过实例讲述枚举法、递推法和递归法等算法的求解过程，以及冒泡排序、选择排序和快速排序的基本思想，同时通过 RAPTOR 基于流程图的可视化程序设计环境，使读者快速进入问题求解的实质性算法学习。通过对本章的学习，读者不仅能够理解计算思维，而且能够在计算机上真正地体验并实践计算思维。

趣闻轶事　　　信息素养

思考题

1. 数鸡蛋问题。一篮鸡蛋，三个三个地数余 1，五个五个地数余 2，七个七个地数余 3，这个篮子里面最少有多少个鸡蛋？用 RAPTOR 软件实现求解过程。

2. 吃馒头问题。100 个人 140 个馒头，大人 1 人分 3 个馒头，小孩 1 人分 1 个馒头。大人和小孩各有多少人？用 RAPTOR 软件实现求解过程。

3. 鸡兔同笼问题。一个笼子里关了鸡和兔子（鸡有 2 只脚，兔子有 4 只脚，没有例外）。已知鸡和兔子的总数为 19 只，总脚数为 44 只。鸡和兔子的数目分别是多少？用 RAPTOR 软件实现求解过程。

4. 涂抹单据问题。一张单据上面有一个 5 位数组成的编号，万位数是 1，百位数是 8，个位数是 9，千位数和十位数已经变得模糊不清，但是知道这个 5 位数是 67 和 59 的倍数。请找出所有满足这些条件的 5 位数。用 RAPTOR 软件实现求解过程。

5. 货币兑换问题。用 10 元和 50 元两种纸币凑成 240 元，共有多少种组合方式？用 RAPTOR 软件实现求解过程。

6. 楼梯走法问题。有一段楼梯，一共 12 级台阶，规定每一步只能跨一级或者两级台阶，要登上第 12 级台阶有多少种不同的走法？用 RAPTOR 软件实现求解过程。

7. 猴子吃桃问题。第一天，小猴子摘了若干个桃子，立即吃了一半，还觉得不过瘾，又多吃了 1 个。第二天，小猴子接着吃剩下的桃子的一半，还觉得不过瘾，又多吃了 1 个。以后每天小猴子都是吃剩下的桃子的一半多一个。到第十天，小猴子再去吃桃的时候，看到只剩下一个桃子。小猴子第一天一共摘了多少个桃子？用 RAPTOR 软件实现求解过程。

8. 求 $1+2+3+\cdots+n$，用 RAPTOR 软件实现该问题递归法的求解过程。

9. 设元素序列 {12,7,4,11,34,5,9}，画出冒泡排序（升序）的过程示意图。

10. 设元素序列 {33,7,8,11,50,22,1}，画出选择排序（降序）的过程示意图。

第**6**章 网络空间安全

第6章

本章的学习目标
- 了解网络空间安全的发展。
- 理解网络空间安全的概念。
- 了解网络空间安全的关键技术和应用。

近年来，随着信息技术的蓬勃发展，作为人类生存"第五空间"的网络空间的影响力逐渐扩大，并与我们的社会生活发展息息相关。本章介绍网络空间安全的概念、关键技术和应用。

6.1 网络空间安全概述

6.1.1 网络空间的定义

20 世纪 80 年代，"网络空间"这一术语出现在威廉·吉布森（William Gibson）笔下，他将其定义为现实世界和虚拟世界串联的产物，虚拟世界可以通过网络空间改变现实世界。尽管这一对网络空间的定义充满了科幻色彩，但人们对于远程获取和处理数据、与不同终端交换信息、实现信息共享的探索一直没有停止。

2008 年，美国国家安全 54 号总统令和国土安全 23 号总统令对"网络空间"做出了进一步详细解释："网络空间是连接各种信息技术基础设施的网络，包括互联网、各种电信网、各种计算机系统、各类关键工业设施中的嵌入式处理器和控制器"。

网络空间可以看作计算机之间的数字社会。我国方滨兴院士曾指出"网络空间就是所有由可对外交换信息的电磁设备作为载体，通过与人互动而形成的虚拟空间，包括互联网、通信网、广电网、物联网、社交网络、计算系统、通信系统、控制系统等"。其社会主体构建于人类信息通信技术基础设施之上，以互联网、通信网、物联网、控制系统等媒介进行信息交换，使用终端的人们可以作为社会中的实体，对信息进行创造、改写、保存、销毁等操作。

6.1.2 网络空间安全的定义

欧洲网络和信息安全局发布《国家网络空间安全战略：制定和实施的实践指南》，文中指出"网络空间安全尚没有统一的定义，与信息安全的概念存在重叠，后者主要关注保护特定系统或组织内的信息的安全，而网络空间安全则侧重于保护基础设施及关键信息基础设施所构成的网络"。

2014 年，美国国家标准与技术研究院在发布的《增强关键基础设施网络空间安全框架》中对"网络空间安全"进行了定义，即"通过预防、检测和响应攻击，保护信息的过程"。

我国的沈昌祥院士曾指出网络空间是继陆、海、空、天之后的第五大主权领域空间，也是国际战略在军事领域的演进。网络空间安全，首先要保证信息通信技术基础设施的安全，即保证互联网、电信网、通信系统、各类工业设施的正常可靠运行，使其在运行过程中免受攻击，保证其承载数据的完好性。其次要保证网络信息使用的私密性，避免信息因为偶然或者恶意的行为遭到破坏、更改或泄露。最后要防止对网络信息的滥用，保证合理性、合法性，避免造成政治、经济、文化等方面的安全问题。

6.1.3　信息安全法律法规

信息安全技术、信息安全法律法规和信息安全标准是保障信息安全的三大支柱。信息安全法律法规在法律层面上来规范人们的行为，使得信息安全的各项工作有法可依。一般来说，信息安全涉及 3 种法律关系：一是行政法律关系，用于解决有关部门依法行政、依法管理网络的问题；二是民事法律关系，用于解决运营者与使用者、运营者与运营者、使用者与使用者之间的民事法律纠纷问题；三是刑事法律关系，用于解决网络犯罪的问题。

本小节简要介绍《中华人民共和国网络安全法》《中华人民共和国计算机信息系统安全保护条例》《计算机信息网络国际联网安全保护管理办法》的相关规定。

《中华人民共和国网络安全法》是为保障网络安全，维护网络空间主权和国家安全、社会公共利益，保护公民、法人和其他组织的合法权益，促进经济社会信息化健康发展而制定的法律，由中华人民共和国第十二届全国人民代表大会常务委员会第二十四次会议于 2016 年 11 月 7 日通过，自 2017年 6 月 1 日起施行。《中华人民共和国网络安全法》共七章。第一章总则中的第一条提出：为了保障网络安全，维护网络空间主权和国家安全、社会公共利益，保护公民、法人和其他组织的合法权益，促进经济社会信息化健康发展，制定本法。第十二条提出：任何个人和组织使用网络应当遵守宪法法律，遵守公共秩序，尊重社会公德，不得危害网络安全，不得利用网络从事危害国家安全、荣誉和利益，煽动颠覆国家政权、推翻社会主义制度，煽动分裂国家、破坏国家统一，宣扬恐怖主义、极端主义，宣扬民族仇恨、民族歧视，传播暴力、淫秽色情信息，编造、传播虚假信息扰乱经济秩序和社会秩序，以及侵害他人名誉、隐私、知识产权和其他合法权益等活动。

《中华人民共和国计算机信息系统安全保护条例》，1994 年 2 月 18 日中华人民共和国国务院令第 147 号发布，根据 2011 年 1 月 8 日《国务院关于废止和修改部分行政法规的决定》修订。本条例共五章，第一章总则共七条。第一条，为了保护计算机信息系统的安全，促进计算机的应用和发展，保障社会主义现代化建设的顺利进行，制定本条例。第二条，本条例所称的计算机信息系统，是指由计算机及其相关的和配套的设备、设施（含网络）构成的，按照一定的应用目标和规则对信息进行采集、加工、存储、传输、检索等处理的人机系统。第三条，计算机信息系统的安全保护，应当保障计算机及其相关的和配套的设备、设施（含网络）的安全，运行环境的安全，保障信息的安全，保障计算机功能的正常发挥，以维护计算机信息系统的安全运行。第四条，计算机信息系统的安全保护工作，重点维护国家事务、经济建设、国防建设、尖端科学技术等重要领域的计算机信息系统的安全。第五条，中华人民共和国境内的计算机信息系统的安全保护，适用本条例。未联网的微型计算机的安全保护办法，另行制定。第六条，公安部主管全国计算机信息系统安全保护工作。国家安全部、国家保密局和国务院其他有关部门，在国务院规定的职责范围内做好计算机信息系统安全保护的有关工作。第七条，任何组织或者个人，不得利用计算机信息系统从事危害国家利益、集体利益和公民合法利益的活动，不得危害计算机信息系统的安全。

《计算机信息网络国际联网安全保护管理办法》于 1997 年 12 月 11 日由中华人民共和国国务院批准，1997 年 12 月 30 日公安部令第 33 号发布，根据 2011 年 1 月 8 日《国务院关于废止和修改部分行政法规的决定》修订。本办法包含五章，第一章总则包含七条。其中第五条规定，任何单位和个人不得利用国际联网制作、复制、查阅和传播下列信息：（一）煽动抗拒、破坏宪法和法律、行政法规实施的；（二）煽动颠覆国家政权，推翻社会主义制度的；（三）煽动分裂国家、破坏国家统一的；（四）煽动民族仇恨、民族歧视，破坏民族团结的；（五）捏造或者歪曲事实，散布谣言，扰乱社会秩序的；（六）宣扬封建迷信、淫秽、色情、赌博、暴力、凶杀、恐怖，教唆犯罪的；（七）公然侮辱他人或者捏造事实诽谤他人的；（八）损害国家机关信誉的；（九）其他违反宪法和法律、行政法规的。第六条规定，任何单位和个人不得从事下列危害计算机信息网络安全的活动：（一）未经允许，进入计算机信息网络或者使用计算机信息网络资源的；（二）未经允许，对计算机信息网络功能进行删除、修改或者增加的；（三）未经允许，对计算机信息网络中存储、处理或者传输的数据和应用程序进行删除、修改或者增加的；（四）故意制作、传播计算机病毒等破坏性程序的；（五）其他危害计算机信息网络安全的。第七条规定，用户的通信自由和通信秘密受法律保护。任何单位和个人不得违反法律规定，利用国际联网侵犯用户的通信自由和通信秘密。

6.2 物理安全

网络空间的物理安全风险主要指由网络周边环境和物理特性引起的网络设备和线路的不可用，进而造成网络系统的不可用。物理安全是整个网络系统安全的前提，是指保护各种硬件设备、设施，以及其他媒介免遭地震、水灾、火灾等自然灾害，人为不当操作，不当的人员管理及各种计算机犯罪行为导致的破坏。物理安全主要分为两部分：物理设备安全和芯片安全。

6.2.1 物理设备安全

网络物理设备包括主机（服务器、PC）和网络设施（集线器、路由器、中继器、交换机等）。物理设备安全主要考虑设备防毁，以及外界环境、通信线路、电磁、电源的安全性。

设备防毁：对抗人为的破坏，如使用防砸外壳、设置防盗报警系统、制定严格的管理制度以防止对物理设备的盗窃和破坏行为。

环境安全：提供对物理设备所在环境的安全保护，涉及受灾警报、受灾保护和受灾恢复等功能。此外，还需控制温度及湿度，使设备在允许的范围内工作。

通信线路安全：主要防止对网络系统通信线路的拦截和干扰，重要技术可归纳为以下4个方面：预防线路截获（使线路截获设备无法正常工作）；扫描线路截获（发现线路截获并报警）；定位线路截获（发现线路截获设备工作的位置）；对抗线路截获（阻止线路截获设备的有效使用）。

电磁安全：一方面应采用接地方式防止外界和其他相关设备对网络系统的电磁干扰，电源线和通信线缆应隔离，避免互相干扰，从而保护系统内部的信息；另一方面需要防止电磁信息泄露，提高系统内敏感信息的安全性，通常使用防止电磁信息泄露的各种涂料、材料，如屏蔽式双绞线、光纤等。

电源安全：为硬件设备的可靠运行提供能源保障，电源工作的连续性和稳定性都要保持在允许的偏差范围内。例如，使用不间断电源，并提供短期的备用电力供应，甚至建立备用供电系统，以备常用供电系统停电时启用；设置稳压器和过电压防护设备。

当前物理设备安全主要存在以下问题：第一，身份认证和安全鉴别的能力不够，在开放的公共网络环境中，恶意攻击者很容易通过伪装来冒充合法用户，对公共设备进行非授权访问；第二，缺乏数据保密性和完整性保护，使得攻击者可以通过截获数据的方式获得明文信息；第三，缺乏足够的访问控制能力；第四，安全审计功能薄弱；第五，安全漏洞严重且难以修复；第六，容易受到拒绝服务攻击，对系统实时性有严重影响；第七，普遍存在一些不必要的端口和服务，显著增加了受攻击面。

6.2.2 芯片安全

芯片是半导体元器件的统称，是集成电路的载体，是计算机或其他电子设备的"心脏"。芯片体积虽小却很重要，被誉为现代工业的粮食，是信息技术产业重要的基础性部件。它的安全关系到芯片上运行的软件和存储的数据的安全。

随着科学技术的快速发展，芯片已经融入生活的方方面面。从人们日常使用的智能手机、计算机、汽车，到飞机、高铁、电网及国防体系，再到大数据、云计算等领域，都离不开芯片产业。芯片产业也是支撑我国经济发展和保障国家安全的战略性产业。2020 年，我国安全芯片巨头紫光国微公司研发的紫光同芯 THD89 芯片通过国际 SOGIS CC EAL 6+安全认证，成为世界上安全等级最高的安全芯片中的一员，打破了我国芯片安全认证最高等级纪录。紫光同芯 THD89 芯片在汽车电子、金融安全、身份认证等多个领域发挥着关键作用。

目前，芯片面临的安全威胁主要有两大类。

（1）硬件木马植入：在芯片设计、制造、封装及二次开发过程中可能存在硬件木马植入或设计漏洞。

（2）物理攻击：芯片在使用过程中可能遭受各种外部物理攻击。

硬件木马通常是指在原始电路中植入的具有恶意功能的冗余电路，经触发后，可以篡改数据、破坏电路功能、泄露信息和拒绝服务等，甚至导致整个系统瘫痪。硬件木马长期保持休眠状态，只有在特定条件下才被触发，因此很难发现。目前，主要通过物理检测、逻辑测试、旁路信号分析等技术来检测硬件木马，但由于芯片内部集成度高，硬件木马种类多、功能各异，如何高效、准确地检测硬件木马仍然是一个亟待解决的问题。

物理攻击是指攻击者借助精密仪器采集芯片的物理特征（如侧信道泄露的功耗、电压、时钟、电磁辐射等），或者采取破坏行为（如芯片解剖、物理克隆等），从而达到窃取内部敏感信息的目的。物理攻击可分为侵入式攻击、半侵入式攻击、非侵入式攻击。

6.3 网络信息安全

6.3.1 密码学

密码学是网络信息安全技术的应用领域之一，在网络攻击和防御中扮演着重要角色。网络信息安全是新兴的技术，但密码学是一门古老的学科。我国密码学专家王小云院士曾在 2004 年提出破解 MD5 的算法，随后又在 2005 年破解了 SHA-1 算法，后者标志着曾经被美国人认为最安全的密码被破解了。

早在古罗马时期，密码学就被人们用在了军事中，比较出名的是凯撒密码是一种简单且广为人知的替换加密技术，即将明文中的每个字母按固定的偏移量进行移位后得到的字母作为密文。例如，当偏移量为 3 时，明文和密文之间的转换如图 6-1 所示。明文为 HELLO，经过替换后得到密文 khoor。

加密方法经过不断的研究和创新，在文艺复兴时期终于也有了历史性的突破。人们提出了一种对消息中不同的部分使用不同的代码进行加密的方法，这是多字符加密法的起源。多表密码最早在 1467 年左右由莱昂·巴蒂斯塔·阿尔伯蒂（Leon Battista Alberti）提出，他使用了一个金属密码盘来切换密码表，只是这个系统只能做有限的转换。1508 年，约翰尼斯·特里特

图 6-1　凯撒密码的替换加密

米乌斯（Johanners Trithemius）在《隐写术》（*Steganographia*）中发明的表格法（Tabula Recta）成了后来维吉尼亚密码的关键部分。然而当时此方法只能对密码表做一些简单的、可预测的切换。这一加密技术也称为特里特米乌斯密码。

吉奥万·巴蒂斯塔·贝拉索（Giovan Battista Bellaso）于 1553 年写出了《吉奥万·巴蒂斯塔·贝拉索先生的密码》一书。他以特里特米乌斯的表格法为基础，引入了密钥的概念，即所有的字母均可由密钥进行加密，加密与解密都需要密钥。法国外交官维吉尼亚（Vigenere）在 1585 年《论密码》一文中吸取了贝拉索提出的密钥概念，以一个共同约定的字母为起始密钥，以之对第一个密文脱密，得到第一个明文，以第一个明文为密钥对第二个密文脱密，以此类推。这一方法最早记录在贝拉索所著的《吉奥万·巴蒂斯塔·贝拉索先生的密码》一书中，后被人们误认为是维吉尼亚创造的，因此相应密码被称为"维吉尼亚密码"。

维吉尼亚密码的便捷性使其能够作为战地密码。例如，美国南北战争期间南军就使用黄铜密码盘生成维吉尼亚密码。与此同时，密钥的引入在密码学界引起了轩然大波，对密码学造成了颠覆性的改变，密码学从原来的系统隐藏转变成了密钥隐藏。即使在系统公开的情况下，如果不掌握密钥，也无法获得消息。这直接改变了整个系统因频率分析而受到威胁的局面。恩尼格玛密码机的发明在 20 世纪的密码学应用中是一个技术里程碑，它生成的密码是当时较难攻破的密码。恩尼格玛密码机应用的巅峰出现在第二次世界大战期间的德国。当时德军的各支部队都部署了恩尼格玛密码机，如图 6-2 所示，所有机器的转子的排列顺序统一，起始位置和接线板的连线也必须相同，这些设置都记录在密码本中，每天在使用前统一设置。这套方案在不清楚线路设置的情况下，密码的可能性为 10^{114} 种，在当时可以说是绝不可能被破解的。第二次世界大战成了盟军与轴心国之间加密与解密的拉锯战，当时双方顶尖的数学家、密码学家、计算机专家相继投入战场。盟军曾苦于德军的加密机制，出击总是慢一拍。1941 年英国海军捕获德国 U-110 潜艇，得到恩尼格玛密码机和密码本，这成了盟军破译德军密码的转机。

图 6-2　德军在第二次世界大战期间采用的恩尼格玛密码机

在计算上完整破解维吉尼亚密码的方法是在 1863 年由弗里德里希·卡西斯基（Friedrich Kasiski）提出的，这套方法也被称为卡西斯基试验。维吉尼亚加密的目的是打乱字母分布的统计特性，使密文的分布更趋于随机，所以直接根据统计特性分析维吉尼亚密码会失效。但纯粹的随机是极难达到的，这意味着肯定有些特别的密文内容会成为其弱点。卡西斯基试验正是基于这个思路。而恩尼格玛加密是在 1932 年被波兰密码学家们根据其运作原理破译的，并由波兰政府在 1939 年告知英国，因此盟军才得以根据截获的密码本与密码机进行解密。

1949 年，香农（Shannon）发表论文《保密系统的通信原理》，拉开了密码学从技术进化到科学的序幕。因此 1949 年也被称为密码学发展的分水岭。古典密码学体制中，数据的安全基于加密算法的保密，而现代密码学体制中，数据的安全基于密钥的保密。现代密码技术主要分为对称加密与非对称加密。

对称加密，指的是加解密过程中使用的密钥是相同的，密钥是私密的，通信双方在传递加密信息的同时需要传递密钥。置换和替换是对称加密算法的核心思想之一，对称加密是较快速、较简单的一种加密方式。

非对称加密，也称为公开密钥加密，它需要两个密钥：一个是公开密钥（公钥），另一个是私有密钥（私钥）。顾名思义，公钥可以任意对外发布，而私钥必须由用户自行严格秘密保管，绝不透过任何途径向任何人提供，也不会透露给通信的另一方，即使他被信任。

如今密码学的交锋已成为比拼加密密钥的复杂性和可用计算能力的追逐游戏，从原理上来说，任何密钥都容易受到暴力攻击。密钥越复杂，这种攻击破解就越耗时。当今密码学的目标是创建算法，使私钥在计算上无法获取。

目前量子信息技术正在成为现实并高速发展，这对网络信息安全的冲击是巨大的。量子信息的奇妙特性，让量子计算具有了天然的并行性，这使得它具备了强大的计算能力，现代密码学的基础遭受了挑战。当前很多公开密钥加密算法的设计理念是基于庞大的计算量的，其密钥以现在传统计算机的计算能力需要花费几十年甚至成百上千年才可破解。而量子计算则会使破解的效率得到大幅度提升，使得当前许多密码的破解时间缩短至几天甚至几小时、几分钟。这就导致仅使用当前的技术加密是不够的。为了应对量子计算所带来的挑战，"后量子密码学"已经成为一个活跃的研究领域。现在该领域已经有很多成果问世，如基于哈希函数的密码、基于纠错码的密码、基于格的密码等。

"当今世界正经历百年未有之大变局，科技创新是其中一个关键变量。我们要于危机中育先机、于变局中开新局，必须向科技创新要答案。要充分认识推动量子科技发展的重要性和紧迫性，加强量子科技发展战略谋划和系统布局，把握大趋势，下好先手棋。"

王小云，中国科学院院士、密码学家，国际密码协会会士（IACR Fellow），现任山东大学网络空间安全学院院长、清华大学高等研究院"杨振宁讲座"教授。王小云主要从事密码理论及相关数学问题研究。在密码分析领域，她提出了密码哈希函数的碰撞攻击理论，即模差分比特分析法，破解了包括 MD5、SHA-1 在内的 5 个国际通用哈希函数算法等；在密码设计领域，她主持设计的哈希函数 SM3 为国家密码算法标准，在金融、交通、国家电网等重要经济领域广泛使用，并于 2018 年 10 月正式成为 ISO/IEC 国际标准。

6.3.2 防火墙

防火墙（Firewall）是指出于安全考虑或其他原因在网络节点处设置的被动防御措施，用于隔离网络及阻止部分通信的建立，常部署在终端设备或园区网的出入口，是目前一种重要的网络防护手段。近年来，防火墙在联网设备中的普及率越来越高，在家用路由器、物联网设备、操作系统中已成为标准配置。

防火墙的基本功能就是隔离网络，将数据流隔离在相对安全的网络区域内，防止恶意数据流入，如图 6-3 所示。同样，在发生灾难性后果（如遭遇蠕虫病毒攻击）时，也可以将风险限制在一定区域内，从而最小化损失。

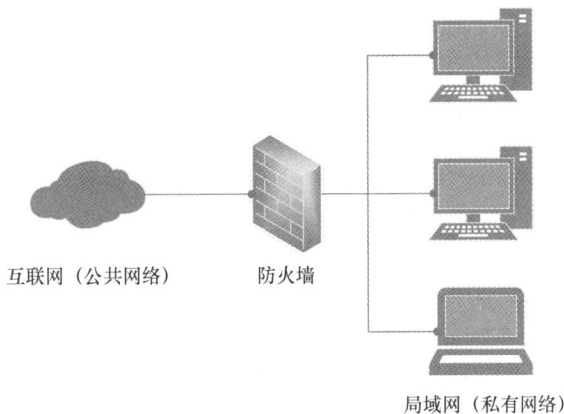

互联网（公共网络）　　防火墙

局域网（私有网络）

图 6-3　防火墙隔离了受信网络与不受信网络

专业防火墙通常特指一种特殊的网络设备，而面向个人用户的防火墙是具有网络封包过滤功能的软件，如 Windows 10 的 Windows Defender，Ubuntu 的 Gufw 等。根据运作层级的不同，防火墙又可分为网络层防火墙、应用层防火墙、电路级网关防火墙，以及下一代防火墙。

1. 网络层防火墙

网络层防火墙运作在 TCP/IP 模型上的网络层，又称为包过滤型防火墙，防火墙会遵循管理员设定的策略及默认规则，放行（Accept）符合规则的网络封包，并丢弃（Drop）或拒绝（Reject）非法的网络封包。网络层防火墙有两种过滤规则：静态包过滤与动态包过滤。

具体而言，静态包过滤（Static Packet Filter）防火墙通过检查网络封包的 IP 头与 TCP（UDP）头，获取此网络封包的通信协议、源及目标的 IP 地址、端口号。它遵循"最小特权原则"，只放行管理员明确想要放行的数据，拒绝一切其他的访问。因此一般情况下，除了代表性的服务（如 HTTP 的 80 端口，FTP 的 21 端口），大多数连接请求都会被拒绝或丢弃。这样的好处在于防火墙能够迅速做出决策，相对的，其过滤规则设定较为困难，灵活性较差。

动态包过滤（Dynamic Packet Filter）防火墙会根据 IP 分组的内容使源和目标的 IP 地址、端口号等匹配条件动态地变化来进行通信控制，是一种基于连接状态的检测机制。与静态包过滤模式必须明确地对匹配条目进行许可不同，动态包过滤模式仅对连接的首包进行过滤检查，如果能够根据规则建立会话，则后续报文将被直接转发而不需通过检测。该策略建立在对源的完全信任上，能有效提高防火墙的效率，但是由于其不检查应用层信息，因此不能完全识别网络封包中的有害信息。

2. 应用层防火墙

应用层防火墙也称为应用层网关（Application Gateway），在 TCP/IP 模型的应用层上运作，用户使用浏览器时所产生的数据流就属于这一层。应用层防火墙可以拦截进出某应用程序的所有网络封包，并拒绝其他的网络封包。理论上，这一类的防火墙可以完全阻绝外部的数据流进入受保护的机器。

应用层防火墙通过检测所有的网络封包并找出和拒绝不符合规则的内容来防范蠕虫病毒、木马程序的入侵。但实际操作方面，因软件种类极多，应用层防火墙设计相对复杂，普及较为困难。

3. 电路级网关防火墙

电路级网关防火墙简称电路级网关（Circuit Level Gateway），运作在 OSI 模型的会话层（TCP/IP 模型的传输层），为整个内部网络提供一个"安全的"入口。它监控设备通信过程中的 TCP 握手信息或 UDP 数据报是否合乎规则，当信息被识别为合法时，电路级网关将指向自身的 IP 地址和端口号调换为内部网络信息，并返回自己与外部通信的结果。较流行的电路级网关是 IBM 公司发明的 SOCKS 网关。电路级网关也有自身的缺陷，如自身设计复杂及易受 IP 欺骗攻击等。

4. 下一代防火墙

下一代防火墙（Next-Generation Firewall，NGFW）是指在包含传统防火墙功能的同时，兼顾多种其他功能（网站过滤、SSL/SSH 检测、入侵预防系统、应用层侦测与控制等），以全面应对各种威胁的高性能安全措施。下一代防火墙运作在网络的各个层级中，具有更高的执行效率。

6.3.3 入侵检测系统

入侵检测系统（Intrusion Detection System，IDS）是监视并分析系统或网络中发生的事件，对非法入侵行为（非法端口扫描、口令攻击或违反内网规定的行为等）做出反应，并通知管理者的系统。

入侵检测系统与使用一系列静态规则来匹配网络通信的传统防火墙不同。防火墙是通过限制网络间的访问来达到保护系统的目的，一般不关注网络内部发生的攻击。入侵检测系统主要用于监控对系统内部的攻击，通过对网络通信进行检验，识别出常见攻击模式并发出警告。由于入侵检测系统的工作特性使之要特别防范对其本身的攻击，因此入侵检测系统应该部署在配备有防火墙的内网环境中，与不受信网络分开，阻止任何网络主机对入侵检测系统的直接访问，以避免发生拒绝服务攻击与非法侵扰。

根据入侵检测的流程，入侵检测系统可分为 4 个部分——事件产生器、事件分析器、响应单元与事件数据库，其通用模型如图 6-4 所示。首先，事件产生器从终端所处的环境中获得事件，并向系统的其他部分提供此事件，事件分析器负责分析数据并做出判断，决定是否触发响应单元，响应单元在被触发后，会视情况发出警报，事件数据库负责存放各种事件数据。

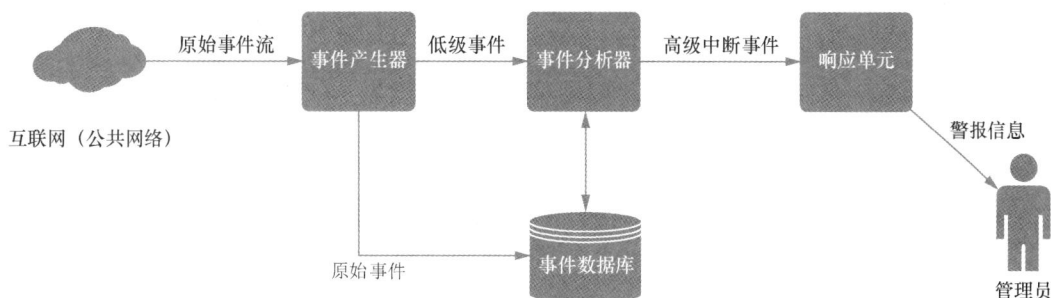

图 6-4　入侵检测的通用模型

除了及时向管理员发出警报与记录信息外，入侵检测系统还可以调动系统进行主动反应，如中断当前会话、增加过滤管理规则、对文件权限进行修改等。

入侵检测系统做出中断当前会话的决定时，会先识别并记录此次潜在的攻击行为，随后假扮会话的另一端并伪造一份报文，造成会话的中断，进而阻止攻击行为。在切断会话后，不同的入侵检测系统会视情况在一段时间内阻止从攻击者 IP 地址发出的一切通信。

中断当前会话这一举措可以及时有效地应对较长时间的攻击，但当遭遇"泪滴攻击"（一种拒绝服务攻击，短时间内向目标机器发送重复或大载荷的 IP 包，进而使操作系统瘫痪）时，入侵检测系统的中断当前会话操作将无能为力。

此外，一些入侵检测系统能在遭遇攻击时主动修改路由器或防火墙的过滤规则，以阻止可能发生的持续的攻击。入侵检测系统会视情况阻止攻击方与目标的部分通信或全部通信，在极端情况下将会阻止攻击方与目标所在网段的一切通信。相比于中断当前会话，此决策能避免很多不必要的传输。但直接修改过滤规则有可能造成拒绝服务，也无法对抗来自内网的攻击。

自入侵检测系统的概念被提出以来，其在对网络空间安全做出重大贡献的同时，也暴露了诸多缺点，如缺乏对数据的检测及自身防护薄弱等。近年来网络飞速发展，网络传输率大大提高，百兆甚至千兆网络已普及，这对入侵检测系统的工作造成了很大的负担，入侵检测系统对攻击活动的检测可靠性也在逐渐降低，着重表现为虚警率较高。而入侵检测系统在应对针对自身的攻击时，也会放松对其他传输的检测。

近年来，很多研究将入侵检测的方法与机器学习等知识相结合，派生出了新一代的自动入侵检测系统。入侵检测系统与自动入侵检测系统各有优缺点，须根据实际情况使用。

6.4　恶意代码及防护

6.4.1　计算机病毒

计算机病毒（简称病毒）在《中华人民共和国计算机信息系统安全保护条例》中的定义是编制或者在计算机程序中插入的破坏计算机功能或者毁坏数据，影响计算机使用，并能自我复制的一组计算机指令或者程序代码。病毒主要包括图 6-5 所示的 4 个模块：引导模块、触发模块、病毒感染模块和病毒破坏模块。引导模块用来引导计算机病毒运行；触发模块用于判定触发条件是否满足，若满足，就会启动病毒感染模块，然后由病毒感染模块判断是否启动病毒破坏模块，病毒破坏模块起的是破坏系统的作用。

计算机病毒类似于生物病毒，它和生物病毒有很多相似的特征。

（1）触发性

计算机病毒可以附着在各种类型的文件上或者寄生在存储媒介中，但它不会一感染就进行。病毒要想造成巨大的破坏，都要有自身的一套触发机制，触发机制控制病毒的感染和破坏动作。病毒运作时，会检测触发机制的条件是否得到了满足，如果满足，那就启动感染或破坏动作；如果不满足，病毒就将继续潜伏。病毒的触发条件有很多种，可能是时间，也可能是所附着文件的运行等。拥有越多触发条件的病毒，感染的强度和破坏性就越大。

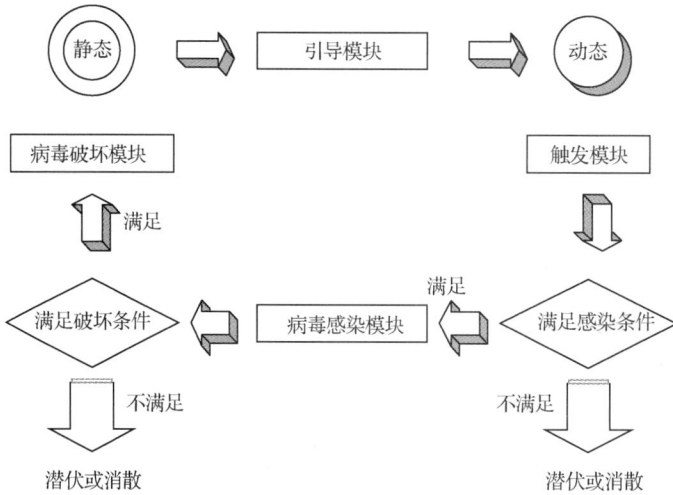

图 6-5　计算机病毒的运作流程

（2）隐蔽性

计算机病毒具备很强的隐蔽性，有的可以被反病毒软件检测出来，有的根本就查不出来，因为反病毒软件通常只能检测出一些常见的普通病毒，而那些编写极其巧妙的病毒，变化无常，极难处理，在用户没有察觉的情况下，它可能已经感染了上百万台计算机。这也是病毒能造成极大破坏的原因。而通常来说病毒的隐蔽性分为两方面：一是感染的隐蔽性，一个精巧的病毒往往只有几百或几千字节，转瞬之间就可复制到正常程序中，且不会有外部表现；二是存在的隐蔽性，病毒感染的最终目的是争夺系统的控制权，而在感染的初期计算机的各种程序都可正常运行，直到病毒代码自我繁殖到一定数量，才会导致整个系统的瘫痪。

（3）传染性

计算机病毒具备独特的复制能力和传染性，能够自我复制——主动传染，而一旦发生这种情况，其传染速度之快令人难以预防。计算机病毒是一段人为编制的程序代码，这段程序代码一旦进入计算机并得以执行，就会搜寻符合其传染条件的程序或存储介质，确定目标后，这段程序代码就会进行自我复制，插入目标，成功进行传染。

（4）潜伏性

大多数计算机感染病毒后，并不会马上发作，因为计算机病毒具备潜伏性，可以在几周甚至几年内隐藏在合法文件中，默默感染其他的文件和系统，而不被发觉。计算机病毒编制得越巧妙，它的潜伏性就会越好，危害也就会越大。

（5）破坏性

"人为的特制程序"是任何计算机病毒的固有本质属性，这也导致了病毒面目各异而且多变，会对计算机系统造成不同程度的影响。病毒的破坏性具体取决于制作者的目的，有些人制作病毒是以监听、窃取信息为目的，而有些则以破坏为主，会导致正常的程序无法运行，计算机内的文件被删除，或受到不同程度的损坏，通常有增、删、改、移几种情况。

计算机病毒对于网络世界而言是一颗不定时的炸弹，没有人知道它什么时候会爆炸，因此也没有绝对安全的系统。但现在网络中大部分漏洞都来自使用不当，即没有按照安全标准进行防护，这就要求我们掌握一定的网络安全知识，主动预防为主，被动处理为辅。因为现有病毒已有几万种，而且数目还在不断增长，所以最好还是直接阻止病毒的潜入，以防它们造成更大的破坏。

防范计算机病毒主要是做好以下几点。

① 计算机专人负责，专人管理。

② 不要随便使用移动存储器。

③ 对所有系统盘、工具盘进行写保护。

④ 对外来的软件要进行病毒检测。

⑤ 使用正版软件，不使用来历不明的软件。

⑥ 安装防火墙，并在操作系统中进行相应的安全设置，如禁止自动脚本的运行等。

防范病毒的难点在于如何准确、快速地识别病毒，反病毒软件往往是根据现有的病毒设计理念去检测的，这就导致了它们对于基于新的设计理念的病毒往往是无效的，因此计算机用户要密切关注系统的异常，尽量把计算机病毒消灭于萌芽状态。

6.4.2　木马与网页木马

特洛伊木马简称木马，是计算机软件中绕过软件的安全控制获取系统访问权的一种后门程序，一般用于盗取个人信息、破坏软件系统引起瘫痪、秘密远程监视或控制对方的电子设备等。木马与病毒极为相似，具有很强的隐蔽性。

木马的本质为一套服务器-客户端程序：服务器部分被植入目标设备，客户端部分安装在攻击者使用的主机中。攻击者利用客户端程序向被攻击的服务器发送指令，服务器运行木马，暗中打开端口，通过网络协议将盗取的个人信息向客户端或其他指定地点发送。木马攻击步骤：首先实现木马的伪装，利用文件绑定等操作为木马提供在服务器中的隐蔽生存环境；然后通过软件下载、邮件等方式传播木马，用户在下载正常软件或接收正常邮件时会自动安装隐藏在其中的木马；接着木马会随着绑定文件的运行而启动，并且一次启动后便可随系统的开关机而自动运行；最后，客户端发现木马已经运行在服务器中，即可通过发送指令的方式达到操控用户计算机的目的。

可以看出，木马植入后，整个系统的信息全部暴露在攻击者面前，会给系统造成严重的影响：出现大量垃圾广告；信息被盗取，包括网银账户、网游账户、股票账户、政府机构秘密文件、企业商业机密等；常用网站被攻击。作为普通用户，为了预防木马所产生的危害，在日常使用计算机时应尽量提高安全意识，如选购合适的反病毒软件、经常升级病毒库、不轻易浏览陌生网站、不随意查看带有附件的陌生邮件、不使用来历不明的软件、及时更新系统等。

网页木马也称为网页挂马，是指攻击者利用漏洞登录和攻击 Web 服务器，达到增加网站访问量、窃取用户信息、破坏网站数据库等目的。网页木马主要有两种形式：一种网页木马是在网页代码中插入恶意代码，利用浏览器漏洞或者系统漏洞使用户在浏览网页过程中自动从服务器下载网页木马，并在本地主机隐秘地自主安装和执行；另一种网页木马是通过一些网络技术将网页链接以不显示的形式覆盖在用户经常单击的位置，用户单击网页中该位置时就会访问攻击者设计的恶意网站，造成主机感染木马。

网页木马已形成完整的利益链，有专业的人员制作木马、开发漏洞利用工具集，还有专业的人员为客户制作高仿网站或将木马植入有漏洞的网站，从而获取收益。网页木马的恶行包括：①推装软件，计算机内会出现一些用户未曾安装的软件；②植入挖矿软件，用户网络带宽会被严重占用，出现运行卡慢现象；③截取在线交易，当用户使用购物网站等进行交易时，将用户资金转入特定账户；④利用用户计算机下载其他远程控制木马，实现对计算机的长期控制。

网页木马的实质就是一个包含木马种植器的 HTML 网页。这个网页包含了攻击者精心制作的脚本，用户一旦访问该网页，网页中的脚本就会利用浏览器或浏览器外挂程序的漏洞，在后台自动下载攻击者预先放置在网络上的木马并安装运行，或下载病毒、密码盗取程序等恶意程序，整个过程都在后台运行，无须用户操作。网页木马的防范要从提高意识开始，网站开发人员对包含下载、上传等功能的网站要进行一定的身份认证，并要保证网站操作人员具有一定的网页木马防范知识；其次，要及时更新网页程序、软件，频繁备份数据库及重要文件；最后，对于重要的网站要设置多层级的防火墙，并且时常查找和修复系统漏洞。

6.4.3 僵尸网络与后门

僵尸网络的定义是采用一种或多种传播手段，使大量主机感染僵尸程序，在攻击者和被感染主机之间形成一对多控制的网络。僵尸程序是构建僵尸网络以形成大规模攻击平台的代码，攻击者利用僵尸程序实现一对多的命令与控制，造成大规模的主机执行相同的恶意操作，导致整个基础信息网络或者重要的应用系统瘫痪，此外，攻击者能窃取大量机密或个人隐私，或从事网络欺诈。僵尸程序可以分为互联网中继交谈（Internet Relay Chat，IRC）僵尸程序、HTTP 僵尸程序、对等（Peer-to-Peer，P2P）网络僵尸程序等。而僵尸网络攻击可分为拒绝服务攻击、发送垃圾邮件、窃取秘密、滥用资源和僵尸网络挖矿等。

僵尸网络的构建依赖于入侵脆弱主机并植入僵尸程序，该过程通常称为僵尸程序传播，或者称为僵尸网络招募。早期僵尸程序的传播以远程漏洞攻击、弱口令扫描入侵、文件共享和 U 盘传播方式为主。僵尸网络工作过程包括 3 个阶段：第一是传播阶段，通过攻击系统漏洞，发送带毒邮件，利用即时通信软件、恶意网站脚本、木马等传播僵尸程序；第二是加入阶段，僵尸程序使被感染主机加入僵尸网络，登录指定的服务器，并在给定信道中等待攻击者指令；第三是控制阶段，攻击者通过中心服务器发送预先定义好的控制指令，让被感染主机执行恶意操作。对于僵尸网络的防范可以采取使用 Web 过滤服务、禁用脚本、及时升级浏览器、部署防御系统和使用应急补救工具等措施。

后门是指绕过系统安全机制而获取系统访问权的恶意程序，即后门允许攻击者绕过系统中的常规安全机制，使系统按照攻击者意愿提供访问系统的通道。从技术方面，后门主要分为网页后门、线程插入后门、拓展后门和客户-服务器后门。后门与木马有联系，也有区别：联系在于它们都隐藏在用户系统中向外发送信息，而且本身具有一定的权限，以便远程计算机对本机进行控制；区别在于木马是一个完整的软件，而后门文件较小且功能单一。常见的后门技术或工具有 IRC 后门（具有恶意代码的功能）、Netcat（瑞士军刀）、VNC（具有远程控制功能）、Login 后门、Telnetd 后门、TCP Shell 后门、ICMP Shell 后门、UDP Shell 后门、Rootkit 等。后门的危害在于它能够跟多种恶意代码结合起来，构成功能强大的恶意软件。

本章小结

网络空间的出现时间并不算长，但其已经发展得十分广阔，并与我们的生活息息相关，由于网络空间形势的复杂，全球性大规模网络冲突风险加剧。我国正在大力发展网络攻防技术、网络空间安全产业，完善网络空间安全法律法规，对于网络空间安全的总体保障能力也在逐步提升。

趣闻轶事　　　信息素养

思考题

1. 试述网络空间安全的基本定义。
2. 物理设备面临的安全威胁有哪些?
3. 举例说明生活中跟网络空间安全相关的事件。
4. 试说明芯片制造的过程中有哪些不可信的阶段。

第7章 人工智能基础

本章的学习目标

- 了解智能与人工智能的概念。
- 了解人工智能在发展过程中经历了哪些重要的阶段。
- 理解图灵测试的方法。
- 理解人工智能的研究方法和各自的认知观。
- 了解人工智能当前的重要应用领域。
- 了解知识图谱的概念及应用。
- 理解人工智能+的概念。

科幻文学大师阿瑟·查尔斯·克拉克（Arthur Charles Clarke）在他享誉世界的作品《2010：太空漫游》中写道："不管我们是碳基人类还是硅基机器人，都没有本质的区别。我们中的每一员都应获得应有的尊重"。从情感上说，人类多么渴望科技奔涌向前，多么希望有智能化平台，甚至智能机器人帮助人类解决各种问题，同时，人类能和机器和平共处。其实，这一天已经悄悄地到来，无论是谷歌公司的自动驾驶汽车，还是 AlphaGo 在围棋人机大战中的获胜，或者是阿里巴巴无人超市，无一不宣告着人类已经进入人工智能时代。从本章开始，我们将逐一介绍人工智能的概念、搜索、博弈、机器学习等相关内容。

人工智能是一门正在发展中的综合性交叉学科，它由计算机科学、控制论、信息论、神经生理学、心理学、哲学、语言学等多种学科相互渗透发展而来，是一门新思想、新观念、新理论、新技术、新应用不断涌现的新兴前沿学科。进入 21 世纪以来，随着大数据、云计算、移动互联网等新一代信息技术与智能制造技术相互融合步伐的加快，人类社会对人工智能表现出更多的认同，寄予了更大的希望，人工智能不仅改变了人们的日常生活，同时也改造着生产和管理模式，它已渗入现代社会的方方面面。

人工智能主要研究用人工的方法和技术模仿、延伸和扩展人的智能，实现机器智能。人工智能的长期目标是实现人类水平的机器智能。人工智能自诞生以来，取得了许多令人兴奋的成果，在很多领域得到了广泛的应用。本章将对人工智能做简要的介绍，包括相关概念、发展历史、研究方法，以及主要的应用领域。

7.1 认识人工智能

1955 年 8 月，美国达特茅斯学院数学系的助理教师约翰·麦卡锡（John McCarthy）、哈佛大学数学系和神经学系的马文·明斯基（Marvin Minsky）、信息论之父克劳德·香农（Claude Shannon）和 IBM 第一代通用计算机 701 的总设计师罗切斯特（Nathaniel Rochester）共同给洛克菲勒私人基金会写了一个提案来申请一笔科研资金，在这份提案中，Artificial Intelligence（人工智能）这一提法在人类学科历史上首次出现。1956 年 8 月，麦卡锡又邀请了一批认知学家和计算机学家，在达特茅斯学院组织了一次关于机器智能的研究会，这些对机器智能感兴趣的专家、学者聚集在一起进行了两个月的研讨，主要讨论了机器智能的可行性和实现方法。从那时起，这个领域被正式命名为人工智能（Artificial Intelligence，AI），为以后的人工智能研究奠定了基础。

7.1.1　智能的概念

人工智能的目标是利用现代科学技术模拟和增强人类智能，因此，下面先讨论人类的智能。

智能和智能的本质是古今中外许多哲学家、神经生理学家和心理学家一直努力探索和研究的课题，但至今仍处于研究的初级阶段。智能的发生与物质的本质、宇宙的起源、生命的本质一起被列为自然界四大奥秘。

智能的发源地——人类的大脑本身就是世界上较复杂的系统（见图7-1）。大脑含有约1000亿个神经元，神经元之间复杂的连接多达100万亿个，神经细胞间最快的传导速度可达400km/h。大脑每天能记录大约8600万条信息，但大部分都被自动忽略掉了。每一秒，大脑中进行着约10万种不同的化学反应。大脑平均重量只有人体总重的约2%，但它需要使用全身所用氧气的约25%，相比之下肾脏只需约12%，心脏只需约7%。其实，早期计算机的研制也参考了人脑的结构，人脑和计算机都含有大量基本单元，人脑中为神经元，计算机中为晶体管。这些基本单元都可组成复杂回路，处理电信号形式的信息。大体来看，人脑与计算机的架构十分相似，均由负责输入、输出、重要处理和记忆存储的几大回路构成。

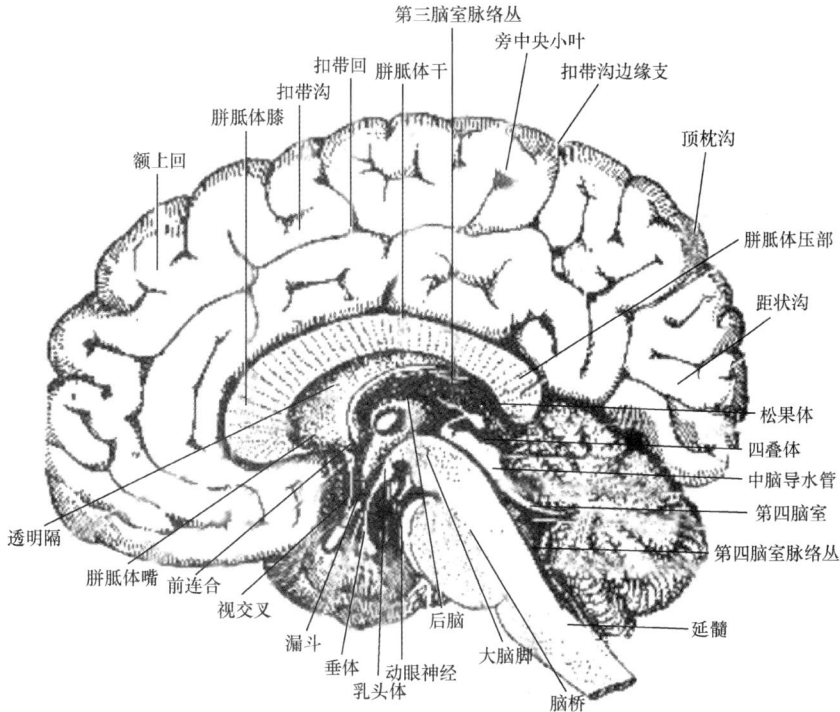

图7-1　智能的发源地——大脑

中国古代思想家一般把智和能看成两个相对独立的概念：智力和能力。孙武在《孙子兵法·始计篇》中写道："将者，智、信、仁、勇、严也。"他把智看成为一个将军的首要因素。荀子在《荀子·正名》中也提到："所以知之在人者谓之知，知有所合谓之智。所以能之在人者谓之能，能有所合谓之能。"意思是一个人所具有的认识事物的能力叫作认知能力，正确地认知客观事物的能力叫作智慧；一个人具有的用来处理事物的能力叫作本能，利用本能来处理适合的事物的能力叫作才能。这几句话恰好描述了智能的脉络，这应该算是从中国古代文献中寻找出来的最早的和人工智能相关的论述。

著名教育心理学家霍华德·加德纳（Howard Gardner）提出的多元智能理论对智能定义如下：智能是在某种社会或文化环境的价值标准下，个体用以解决自己遇到的真正难题或生产及创造出有效产品所需要的能力。加德纳认为，个体身上相对独立地存在着与特定的认知领域和知识领域相联系的8种智能：语言智能、节奏智能、数理智能、空间智能、动觉智能、自省智能、交流智能和自然观察智能。

（1）言语——语言智能

语言智能（Verbal-Linguistic Intelligence）是指听、说、读、写能力，表现为顺利而高效地利用语言描述事件、表达思想并与人交流的能力。

（2）音乐——节奏智能

节奏智能（Musical-Rhythmic Intelligence）是指感受、辨别、记忆、改变和表达音乐的能力，表现为对音乐包括节奏、音调、音色和旋律的敏感，以及通过作曲、演奏和歌唱等表达音乐的能力。

（3）逻辑——数理智能

数理智能（Logical-Mathematical Intelligence）是指运算和推理的能力，表现为对事物间各种关系如类比、对比、因果和逻辑等关系的敏感，以及通过数理运算和逻辑推理等进行思维的能力。

（4）视觉——空间智能

空间智能（Visual-Spatial Intelligence）是指感受、辨别、记忆和改变物体的空间关系并借此表达思想和感情的能力，表现为对线条、形状、结构、色彩和空间关系的敏感，以及通过平面图形和立体造型将它们表现出来的能力。

（5）身体——动觉智能

动觉智能（Bodily-Kinesthetic Intelligence）是指运用四肢和躯干的能力，表现为能够较好地控制自己的身体、对事件能够做出恰当的身体反应，以及利用身体语言来表达自己的思想和情感的能力。

（6）自知——自省智能

自省智能（Intrapersonal Intelligence）是指认识、洞察和反省自身的能力，表现为能够正确地意识和评价自身的情绪、动机、欲望、个性、意志，并在正确的自我意识和自我评价的基础上形成自尊、自律和自制的能力。

（7）交往——交流智能

交流智能（Interpersonal Intelligence）是指与人相处和交往的能力，表现为觉察、体验他人情绪、情感和意图，并据此做出适宜反应的能力。

（8）自然观察智能

自然观察智能（Naturalist Intelligence）是指个体辨别环境（自然环境和人造环境）的特征并加以分类和利用的能力。

智能是宇宙间神秘、复杂、令人敬畏的现象。凭借智能，人类经历百万年的进化，在生物界脱颖而出，成为地球系统的"万物之灵"。凭借智能，人类将世界从原始的农耕时代推进到发达的工业时代和繁荣的信息时代，不断提高自己的生存条件和发展水平。凭借智能，人类创造了无数的科学技术成就，使自己从笨重的事务中逐步得到解放，奔向越来越广阔而美好的发展前景。总之，智能是一切进步、一切成就、一切美好事物的动力和根源。

智能的魅力在于它的神奇性与复杂性：无论是群体还是个体，人们所经历的各种事件和问题通常难以预知，而且大多是此前从未经历过的事件和问题，充满各种不确知性和不确定性；但是，在大多数情况下，人类都能找到解决这些不确知、不确定问题的办法，而且能够不断地改进这些解决办法，在解决问题的过程中不断前进。

7.1.2　人工智能的概念

在1956年达特茅斯会议上，麦卡锡对人工智能做了如下定义："人工智能就是让机器的行为看起来像人所表现出的智能行为一样。"达特茅斯会议以后，众多理论和原理浮出水面，人工智能的概念也随之扩展。历史上，人工智能的定义历经多次转变。一些肤浅的、未能揭示内在规律的定义很早就被研究者抛弃，但直到今天，被广泛接受的定义仍有很多种。具体使用哪一种定义，通常取决于我们讨论问题的语境和关注的焦点。

美国斯坦福大学人工智能研究中心尼尔森教授（N. J. Nilsson）对人工智能下了这样一个定义："人工智能是关于知识的学科——研究怎样表示知识，以及怎样获得知识并使用知识的学科。"而美国麻省理工学院的温斯顿教授（Patrick Henry Winston）认为："人工智能研究如何使计算机去做过去只有人才能做的智能工作。"这些定义反映了人工智能学科的基本思想和基本内容：人工智能研究人类智能活动的规律，构造具有一定智能的人工系统，研究如何让计算机去完成以往只有人的智力才能胜任的工作，研究如何应用计算机的软硬件来模拟人类的某些智能行为。

斯图尔特·罗素（Stuart Russell）与彼得·诺维格（Peter Norvig）在《人工智能：一种现代的方法》一书中这样定义：人工智能是有关"智能主体的研究与设计"的学问，而"智能主体是指一个可以观察周遭环境并做出行动以达目标的系统"。和前面的定义相比，这个定义既强调人工智能可以根据环境感知做出主动反应，又强调人工智能所做出的反应必须达成目标，更偏重实证。

综合上述内容，我们给出关于人工智能的定义：人工智能，就是人类智能的人工实现，具体来说，是指机器根据人类给定的初始信息来生成和调度知识，进而在目标引导下由初始信息和知识生成问题求解的策略并把智能策略转换为智能行为，从而解决问题的能力。

从学科的角度而言，人工智能是一门研究如何构造智能机器或智能系统，使它能模拟、延伸、扩展人类智能的学科。这门学科最大的魅力在于为探索"智能"提供了一种媒介和实验平台：首先用计算机程序设计语言表达这些理论，然后在实际计算机上执行来进行测试和验证，其最终目标是建立关于智能的理论体系和让机器智能达到人类的智能水平。

7.2　人工智能的起源和发展

从艾伦·马西森·图灵破解恩尼格玛密码系统，为尽快结束第二次世界大战做出巨大的贡献开始，到达特茅斯会议向外界提出"人工智能"一词，再到今天，人工智能历经了几十年的发展。在此期间，它既经历过"等闲识得东风面，万紫千红总是春"的热烈，也承受过"萧萧黄叶闭疏窗，沉思往事立残阳"的悲凉，当然，更多的应该是解决一个又一个问题时"山重水复疑无路，柳暗花明又一村"的喜悦。德内拉·梅多斯（Donella Meadows）在她的《系统之美》一书中指出，"面对问题，善于系统思考的人要做的第一件事就是寻找数据，了解系统的历史及其行为随时间变化的趋势。"下面，让我们一起回顾人工智能的发展历程，来了解一下这个伟大学科的前世今生，以及背后的驱动因素。

和传统学科技术成熟度曲线相比，人工智能技术成熟度曲线显得更为复杂，如图 7-2 所示。人工智能在发展的过程中，经历过 3 次高峰和两次低谷，整个历程可大致分为孕育期、形成期、暗淡期、知识期、稳步增长期这 5 个时期。

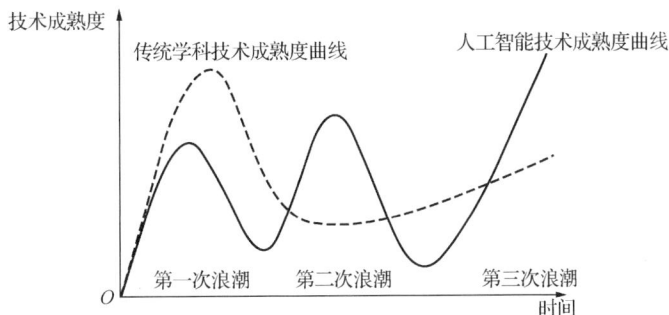

图 7-2　传统学科技术成熟度曲线和人工智能技术成熟度曲线的对比

7.2.1 孕育期

人工智能的孕育期主要是指 1956 年以前，这时候 AI 的概念还没有被提出，但是一些相关的基础理论已经具备，人们也把这段时期称为人工智能的"史前时代"。这一时期的主要成就是形式逻辑、数理逻辑、自动机理论、控制论、信息论、神经计算、电子计算机等学科的建立和发展，它们为人工智能的诞生打下了坚实的理论和物质基础。

这段时期最早可以追溯到公元前的古希腊时代，古希腊著名哲学家亚里士多德（Aristotle）写了《工具论》一书，为后来 AI 的形式逻辑奠定了基础。在书中，亚里士多德总结了以三段论为核心的演绎法，这应该是一切推理活动最早和最基本的出发点。三段论式的推理由大前提、小前提和结论三个判断构成，大前提是一个一般性的原则，小前提是一个附属于前面大前提的特殊化陈述，如果同时满足了大前提和小前提，就可以得出结论。后来，英国哲学家和自然科学家培根（Francis Bacon）系统地提出了归纳法并强调了知识的作用，这是和亚里士多德的演绎法相辅相成的思维法则。至此，形式逻辑系统已经比较严密了。而将它进一步符号化，从而能对人的思维进行运算和推理，最终形成数理逻辑的是另一个人物——德国数学家和哲学家莱布尼茨（Gottfried Wilhelm Leibniz）。数理逻辑也成了日后人工智能符号主义学派的重要理论基础。而后，英国数学家、逻辑学家布尔（George Boole）进一步将莱布尼茨的思维符号化和数学化的思想发扬光大，提出了一种崭新的代数系统——布尔代数。布尔代数已经成为现代计算机软硬件中逻辑运算的基础。这段时期还有一个重要人物是美籍奥地利数理逻辑学家哥德尔（Kurt Gödel），他提出了著名的哥德尔不完备定理，研究了数理逻辑中的根本性问题：形式系统的完备性和可判断性。这些理论基础对人工智能的创立发挥了重要作用。

时间进入 20 世纪，1936 年，英国数学家图灵创立了理想计算机模型的自动机理论，提出了以离散量的递归函数作为智能描述的数学基础，为日后计算机的诞生奠定了理论基础。

1943 年，心理学家麦卡洛克（W. S. McCulloch）和数理逻辑学家皮茨（W. Pitts）在《数学生物物理学公报》上发表了神经网络的数学模型，这被认为是人工智能领域的开山之作。这个模型现在一般称为 M-P 神经网络模型。他们总结了神经元的一些基本生理特性，提出了神经元形式化的数学描述和网络的结构方法，开创了神经计算的时代。

1946 年，世界上第一台通用电子计算机 ENIAC 在美国的宾夕法尼亚大学诞生，为人工智能打下了坚实的物质基础。

1948 年，数学家香农发表了《通信的数学理论》，这标志一门新学科——信息论的诞生。他认为人的心理活动可以用信息的形式来研究，并提出了描述心理活动的数学模型。

这一时期的标志性事件是 1950 年 10 月图灵发表了一篇名为《计算机械和智能》的论文，文章试图探讨到底什么是人工智能。图灵提出了一个有趣的测试：假如有一台宣称自己会"思考"的计算机，人们该如何辨别计算机是否真的会思考呢？一个好方法是让测试者和计算机通过键盘和屏幕进行对话，测试者并不知道与之对话的到底是一台计算机还是一个人（见图 7-3）。如果测试者分不清幕后的对话者是人还是机器，即如果计算机能在测试中表现出与人等价或至少无法区分的智能，那么我们就说这台计算机通过了测试并具备人的思考能力。这就是图灵所说的"模仿游戏"，后来也被人们称为"图灵测试"。现在世界上每年举办一次的勒布纳奖人工智能比赛就是通过图灵测试来进行角逐的。目前，获得勒布纳奖次数最多的聊天机器人叫水谷，它获得过 2013 年、2016 年、2017 年、2018 年、2019 年五年的大奖，是目前公认的模仿人类聊天能力最强的程序。在中文领域，微软亚洲互联网工程院推出了聊天机器人小冰，微软小冰目前已经进化到第九代，小冰单一品牌已覆盖多个国家共

图 7-3　图灵测试

6.6 亿在线用户、4.5 亿台第三方智能设备和 9 亿内容观众，商业客户覆盖金融、零售、汽车、地产、纺织等多个垂直领域。

直到现在许多人仍把图灵测试作为衡量机器智能的重要方法。但也有一些人认为图灵测试没有涉及思维的本质过程，即使机器通过了图灵测试，也不能认为机器有智能。针对图灵测试，美国哲学家约翰·瑟尔（John Searle）在 1980 年设计了中文房间实验（见图 7-4）。在实验中，一个完全不懂中文的人在一间密闭的屋子里，给他一本中文处理规则，他不必理解中文就可以使用这些规则。屋外的测试者不

图 7-4　中文房间实验

断通过门缝给他一些写有中文语句的纸条，他查阅处理这些中文语句的规则，根据规则将一些中文字符抄在纸条上作为对相应语句的回答，并将纸条递出房间。这样，在屋外的测试者看来，屋里的人是一个以中文为母语的人，但屋里的人实际上并不理解他所处理的中文，也不会在此过程中提高自己对中文的理解。这说明一个按照规则执行操作的计算机程序并不能真正理解其输入、输出的本质意义。许多人质疑瑟尔的中文房间实验的意义，但还没有人能够彻底将其驳倒。

在这一时期，人工智能在程序应用方面也有一定的发展。香农于 1949 年提出了下国际象棋的计算机程序的基本结构。卡内基梅隆大学的纽厄尔（A. Newell）和西蒙（H. Simon）从心理学的角度研究人是怎样解决问题的，做出了问题求解的模型，并用计算机加以实现。他们发展了香农的设想，编制了下国际象棋的程序。

7.2.2　形成期

人工智能的形成期大约从 1956 年到 1965 年。这一时期的主要成就包括 1956 年在美国达特茅斯学院召开的为期两个月的学术研讨会，会议中确定了"人工智能"这一术语，标志着这门学科的正式诞生；此外，还在定理机器证明、问题求解、LISP（List Processing，表处理）语言、模式识别等关键领域的重大突破。

1956 年，纽厄尔和西蒙开发了"逻辑理论家"程序，模拟人们用数理逻辑证明定理时的思维规律。该程序证明了怀特黑德（Atfred Whitehead）和罗素（Bertrand Russell）的《数学原理》一书第二章中的 38 条定理，后来经过改进，又于 1963 年证明了该章中的全部 52 条定理。这一工作受到高度评价，被认为是计算机模拟人的高级思维活动的一个重大成果，是人工智能应用的真正开端。

1956 年，阿瑟·塞缪尔（Arthur Samuel）研制了跳棋程序，该程序具有学习功能，能够从棋谱中学习，也能在实践中总结经验，提高棋艺。它在 1959 年打败了塞缪尔本人，又在 1962 年打败了美国一个州的跳棋冠军。这是模拟人类学习过程的一次卓有成效的探索，是人工智能的一个重大突破。

1958 年，麦卡锡开发了 LISP 语言，该语言不仅可以处理数据，而且可以处理符号，这成为人工智能程序设计语言的重要里程碑。

1959 年，塞缪尔创造了"机器学习"一词。

1960 年，纽厄尔、肖（Shaw）和西蒙等人研制了通用解题者（General Problem Solver，GPS）系统，它是对人们解题时的思维活动的总结。他们发现，人们解题时的思维活动包括 3 个步骤：第一步，想出大致的计划；第二步，根据记忆中的公理、定理和解题计划，实施解题过程；第三步，在解题过程中，不断对方法和目的进行分析，修正计划。他们还首次提出了启发式搜索的概念。

1965 年，鲁宾逊（J. A. Robinson）提出归结法，这被认为是一个重大的突破，也为定理机器证明的研究带来了又一次高潮。

在这一时期，人工智能已经成为一门独立的学科，重要的研究成果不断涌现，人工智能很快迎来了发展中的第一个高峰期。

7.2.3　暗淡期

科学的发展并不总是一帆风顺的，人工智能也不例外。1966 年到 1971 年，人工智能进入了暗淡期。上一个 10 年取得的诸多进展使得一些人工智能学者过分乐观，对人工智能下一步的发展做出了激进的预言。1958 年，纽厄尔和西蒙就预言：不出 10 年，大多数心理学理论将在计算机上形成；计算机将成为国际象棋冠军；计算机将发现和证明重要的数学定理；计算机将能谱写具有优秀作曲家水平的乐曲。有人甚至断言，20 世纪 80 年代将全面实现 AI，2000 年机器智能将超过人类智能。

这些预言的落空对人工智能的声誉造成了严重伤害。另一方面，许多人工智能理论和方法未能通用化，在推广和应用方面存在重重困难。1965 年发明的归结法很快就被发现能力有限，塞缪尔的跳棋程序打败州冠军后并没有进一步打败全国冠军，通用解题者系统的研究也只持续了 10 年，从神经生理学角度研究人工智能的学者发现他们遇到了几乎不可能逾越的障碍。1971 年，英国剑桥大学的应用数学家詹姆斯（James）在应政府要求起草的一份报告中指责人工智能的研究即使不是骗局，至少也是庸人自扰。在这个报告的影响下，英国政府削减了人工智能研究经费，解散了人工智能研究机构。甚至在人工智能研究方面颇有影响力的 IBM 公司也取消了该公司所有的人工智能研究项目。人工智能在世界范围内陷入困境，处于低潮。

挫折和困难是难免的，冬天过后，春天终将到来。纽厄尔等老一辈人工智能专家的最大弱点就是缺乏知识，通过总结经验，吸取教训，开展更为广泛、深入和有针对性的研究，人工智能终于走出了低谷，迎来它的新一轮发展高潮。

7.2.4　知识期

1972 年至 1990 年是人工智能的知识期，这一时期最具代表性的产品是专家系统。专家系统是一种人工智能系统，包含某个领域大量专家水平的知识和经验。利用这些知识和经验，专家系统能够处理该领域中普通甚至棘手的问题。也就是说，专家系统可以根据某一个领域已有的知识和经验进行推理和判断，模拟人类专家做出决策，解决原本需要人工判断的问题。

1965 年，美国斯坦福大学的费根鲍姆（Edward Feigenbaum）和化学家莱德贝格（J. Lederberg）合作研制了化工专家系统 DENDRAL。1972 年至 1976 年，费根鲍姆又成功开发了医疗专家系统 MYCIN。此后，许多著名的专家系统相继研发成功，其中较具代表性的有探矿专家系统 PROSPECTOR、青光眼诊断治疗专家系统 CASNET、钻井数据分析专家系统 ELAS 等。进入 20 世纪 80 年代，专家系统的开发趋于商品化，创造了巨大的经济效益，人工智能也迎来了属于它的第二次高峰。

1977 年费根鲍姆在第五届国际人工智能联合会议上提出知识工程的概念。他认为："知识工程是运用人工智能的原理和方法，对那些需要用专家知识来解决的应用难题提供求解的手段。专家知识的获取、表达和推理过程的构成与解释，是设计基于知识的系统的重要技术问题。"知识工程是一门以知识为研究对象的学科，它以解决智能系统研究中那些共同的基本问题作为核心内容，指导各类智能系统的具体研制。知识工程的兴起，确立了知识处理在人工智能学科中的核心地位，使人工智能摆脱了纯学术研究的困境，也使人工智能的研究从理论转向应用，从基于推理的模型转向基于知识的模型，使人工智能的研究更具实用价值。

专家系统的热潮一直持续到 20 世纪 80 年代中期，但是，随着专家系统应用的不断深入，专家系统自身存在的知识获取难、知识领域窄、推理能力弱、智能水平低、没有分布式功能、实用性差等问题逐步暴露出来。日本、美国、英国等国家制订的那些针对人工智能的大型专家系统计划多数执行到 20 世纪 80 年代中期就开始面临重重困难，无望达到预想的目标。人们很快发现，这些困难不是个别项目的问题，而是涉及人工智能研究的根本性问题。

这些问题大致可以分为两类：一类是交互（Interaction）问题，即传统人工智能方法只能模拟人类深思熟虑的行为，而无法模拟人与环境的交互行为；另一类是扩展（Scaling Up）问题，即大规模问题，传统人工智能方法只适合于建造领域狭窄的专家系统，无法把这种方法简单地推广到规模更大、领域更宽的复杂系统中。这些计划的失败，对人工智能的发展是一个打击。于是到了 20 世纪 80 年代中期，人工智能特别是专家系统的研究热度大幅度降低，进而导致了一部分人对人工智能前景持悲观态度，甚至有人认为人工智能的冬天已经来临。人工智能走进了第二次低谷。

7.2.5 稳步增长期

1991 年至今是人工智能的稳步增长期。尽管 20 世纪 80 年代中期人工智能研究的"淘金热"跌到谷底，但大部分人工智能研究者都还保持着清醒的头脑。一些老资格的学者早就呼吁不要过于渲染人工智能的威力，应多做些脚踏实地的工作，甚至在"淘金热"到来时就已预言其很快就会降温。也正是在这批人的领导下，大量扎实的研究工作持续进行，从而使人工智能技术和方法论的发展始终保持了较快的速度。

20 世纪 80 年代中期的低谷并不意味着人工智能研究停滞不前或遭受重大挫折，因为未达到过高的期望是预料中的事。低谷过后，人工智能研究进入稳健的线性增长时期，而人工智能技术的实用化进程也步入成熟时期。

这一时期有两项代表性研究成果：智能体兴起和机器学习大发展。

1. 智能体兴起（1993 年至今）

20 世纪 90 年代，随着计算机网络、计算机通信等技术的发展，关于智能体（Agent）的研究成为人工智能的热点。1993 年，肖哈姆（Y. Shoham）提出面向智能体的程序设计。1995 年，罗素（S. Russell）和诺维格（P. Norvig）出版了《人工智能：一种现代的方法》一书，提出"将人工智能定义为对从环境中接收、感知信息并执行行动的智能体的研究"。所以，智能体研究应该是人工智能的核心。美国斯坦福大学计算机科学系的海斯·罗斯（Hayes Roth）在 1995 年国际人工智能联合会议的特约报告中谈到："智能体既是人工智能最初的目标，也是人工智能最终的目标"。

在人工智能研究中，智能体概念的回归并不单单是因为人们认识到了应该把人工智能各个领域的研究成果集成为一个具有智能行为概念的"人"，更重要的原因是人们认识到了人类智能的本质是一种社会性的智能。构成社会的基本构件"人"的对应物"智能体"理所当然地成为人工智能研究的基本对象，而社会的对应物"多智能体系统"也成为人工智能研究的基本对象。

2. 机器学习大发展（20 世纪 90 年代中期至今）

20 世纪 90 年代以来，互联网快速发展，并且逐渐成为人们日常生活不可分割的一部分。在人工智能第二次低谷中，人工智能最大的发展障碍就是缺乏快速获取知识的途径，互联网的出现正好解决了这一大难题。人工智能终于从"寒冬"中走出来，进入了一个新的发展时代。在激增数据的支持下，人工智能的发展从推理、搜索升华到知识获取阶段后，进一步迈入了机器学习阶段。早在 1996 年，人们就已经系统地定义了机器学习，它是人工智能的一个研究领域，其主要研究对象是如何通过经验学习改进具体算法的性能。到了 1997 年，随着互联网的发展，机器学习被进一步定义为"对能够通过经验自动改进的计算机算法的研究"。

数据是载体，智能是目标，而机器学习是从数据通往智能的技术途径。提升方法（Boosting）、支持向量机（Support Vector Machine，SVM）、集成学习和稀疏学习是机器学习界及统计界 20 年来最为活跃的研究方向，相关成果来自统计界和计算机科学界的共同努力。例如，数学家瓦普尼克（Vapnik）等人早在 20 世纪 60 年代就提出了支持向量机的理论，但直到 20 世纪 90 年代末计算机科学界提出非常有效的求解算法，实现代码的开源，支持向量机才成为分类算法的一个基准模型。再如，核主成分分析（Kernel Principal Component Analysis，KPCA）是由计算机科学家提出的一个非线性降维方法，它等价于经典多维尺度分析（Multi-Dimensional Scaling，MDS）。

2006 年，加拿大多伦多大学教授杰弗里·辛顿（Geoffrey Hinton）在前向神经网络的基础上，提出了深度学习。深度学习在 AlphaGo、自动驾驶汽车、人工智能助理、语音识别、图像识别、自然语言处理等方面取得了良好进展，对工业界产生了巨大的影响。

随着深度学习的兴起，人工智能又迎来了它的第三波发展热潮。近年来，谷歌、微软、百度、Meta 等拥有大数据的知名高科技公司争相投入资源，占领深度学习的技术制高点。在大数据时代，更加复杂且更加强大的深度学习模型能深刻揭示海量数据所承载的复杂而丰富的信息，并对未来或未知事件做出更精准的预测。今天，人工智能领域的研究者几乎无人不谈深度学习，很多人甚至高喊出了"深度学习=人工智能"的口号。当然，深度学习绝对不是人工智能领域的唯一解决方案，二者之间也无法画上等号。但说深度学习是当今乃至未来很长一段时间内引领人工智能发展的核心技术，则可能并不为过。

> **姚期智**，计算机科学专家，图灵奖获得者，中国科学院院士、美国国家科学院外籍院士、美国艺术与科学院外籍院士，现任清华大学人工智能学院院长。姚期智的研究方向包括计算理论及其在密码学和量子计算中的应用，1993 年最先提出量子通信复杂性，基本上完成了量子计算机的理论基础，1995 年提出分布式量子计算模式，后来成为分布式量子算法和量子通信协议安全性的基础。

7.3 人工智能的研究方法

人工智能自 1956 年诞生至今，尚未形成一个统一的理论体系，不同的人工智能学派因学术观点、研究重点的不同，在人工智能的研究方法上有一些争论。目前人工智能的主要研究学派有符号主义（Symbolicism）、连接主义（Connectionism）和行为主义（Actionism）。符号主义的原理主要为物理符号系统（即符号操作系统）假设和有限合理性原理。连接主义的原理主要为神经网络及神经网络间的连接机制与学习算法。行为主义的原理主要为控制论及感知-动作型控制系统。三个学派具有不同的哲学观点、计算方法和适应范围。三者都有着令人叹为观止的壮丽，但也都有着自身难以打破的魔咒。

7.3.1 符号主义

符号主义，又称为逻辑主义、心理学派或计算机学派，认为人的思维基元是符号，而认知过程即符号操作过程。它认为智能是一个物理符号系统，计算机也是一个物理符号系统，因此，我们就能够用计算机来模拟人的智能行为，即用计算机的符号操作来模拟人的认知过程。也就是说，人的思维是可操作的。

其实，绝大部分自然科学里面多多少少都有符号主义思想的影子。数学中的阿拉伯数字、加、减、乘、除、乘方、开方、求解的各种方程、各种函数都是用符号表示的，现在常用的数学符号已超过了 200 个，大部分数学运算都可以归结为符号的运算。物理学中的物理量，如电磁波在真空中的速度 c，普朗克常量 h、元电荷 e、电子静质量 m_e 和阿伏伽德罗常数 N_A 等都可以用符号表示。著名的牛顿力学三定律、热力学定律，电路，乃至相对论等也是用符号或符号的运算表示的。更不用说化学，其根基元素周期表完全就是基于符号建立的。符号主义如此深入人心，因此它在人工智能概念诞生后很长一段时间内一枝独秀，早期的人工智能学者大部分都是符号主义坚定的追随者，人工智能前 30 年取得的大部分成果，如定理机器证明、启发式算法，专家系统、知识工程也都是符号主义的代表性成果。

符号主义强调对知识的处理，它认为知识是信息的一种形式，是构成智能的基础，人工智能的核心问题是知识表示、知识推理和知识运用，知识可用符号表示，也可用符号进行推理，因而有可能建立起基于知识的人类智能和机器智能的统一理论体系。也就是说，它将所有的知识和规则以逻辑的形式编码。符号主义还认为人工智能的研究方法应为功能模拟方法，即分析人类认知系统所具备的功能，然后用计算机模拟这些功能，最终实现人工智能。这是一种典型的以符号处理为核心的方法。

符号主义的主要特征总结如下。

（1）符号主义立足于逻辑运算和符号操作，适合于模拟人的逻辑思维过程，解决需要逻辑推理的复杂问题，因此很多传统的自然科学问题利用符号主义解决是非常合适的。

（2）知识可用显式的符号表示，在已知基本规则的情况下，无须输入大量的细节知识。

（3）符号主义便于模块化，当个别事实发生变化时，系统易于修改。在人工智能的三大学派中，单从编程的角度而言，符号主义最具优势。

（4）符号主义能与传统的符号数据库进行连接。

（5）符号主义可对推理结论进行解释，便于对各种可能性进行选择。

符号主义力图用数学逻辑方法来建立人工智能的统一理论体系，但遇到了不少暂时无法解决的困难，例如：它可以顺利解决逻辑思维问题，但难以对形象思维进行模拟；信息被表示成符号后，在处理或转换时，存在信息丢失的情况。

7.3.2　连接主义

连接主义又称为仿生学派或生理学派，认为人的思维基元是神经元，而不是符号。它对物理符号系统假设持反对意见，认为人脑不同于计算机。连接主义主张人工智能应着重于结构模拟，即模拟人的生理神经网络结构，并认为功能、结构和智能行为是密切相关的，不同的结构表现出不同的功能和行为，目前已经提出多种人工神经网络结构和众多的学习算法。相较于符号主义，连接主义显然更看重智能赖以实现的"硬件"。

人的大脑通过神经元传输信息，数量巨大的神经元构成了神经网络。每个神经元具有树突、轴突、突触小体和细胞体等结构（见图7-5）。树突可以接收信号，轴突用于输出信号，突触小体与其他神经元的树突相接触形成突触，不同的突触具有不同的权重。树突传入的信号强度与相应的突触权重相乘，经过细胞体设置的非线性阈值检验，触发轴突的兴奋或抑制。某一个神经元接收刺激信号后，会将其传输给另一个神经元，这样逐层传递到大脑，大脑进行处理后就形成了感知。这就好比传感器，只有刺激达到某一个值，传感器才会做出反应。数目庞大的神经元连接成结构复杂的网络，从而实现灵活多样的功能。

人工神经网络是对生理神经网络的抽象模拟，它从信息处理的角度来建立简单的模型，按照不同的连接方式组成各种各样的"神经网络"（见图7-6）。人工神经网络并不是由神经元组成的，而是由大量的节点相互连接而成。每个节点都可以看作一个独立的输出系统，每两个节点之间的连接具有不同的权重。当信息在节点之间传输时，根据权重的不同，信息所经过的节点也会有所不同，最终整个人工神经网络会在不断筛选和传输的过程中逐步逼近自然界中存在的某种算法或者逻辑，从而完成机器学习。

短短几十年，人工神经网络几经沉浮。在学术界和工程界，研究者数度一哄而上，旋即一哄而散。近年来，计算能力的突飞猛进，特别是图形处理单元（Graphics Processing Unit，GPU）的大规模普及，使人工神经网络以深度学习的崭新姿态再度登场。深度学习在图像处理、模式识别等领域狂飙突进，横扫几乎所有经典算法，势不可当。几乎在一夜之间，自然语音的处理和理解、人脸检测和识别都变成了现实。

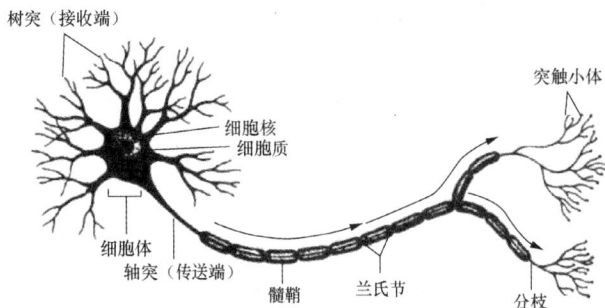

图 7-5　大脑神经元结构

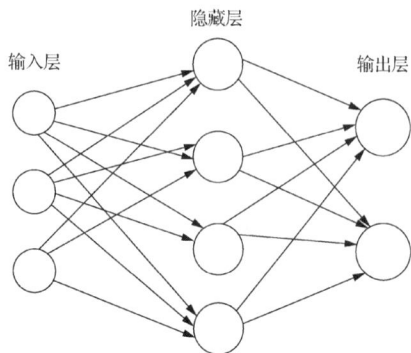

图 7-6　人工神经网络示意图

连接主义的研究离不开大数据的支持，现在有种说法：对于深度学习而言，算法的优越性不再重要，真正的决定性要素是数据的庞大和完全。所以说，深度学习方法深刻改变了学术研究的模式。以前学者们所采用的观察现象、提炼规律、数学建模、模拟解析、实验检验、修正模型的研究套路被彻底颠覆，取代它的是数据科学的方法：收集数据、训练网络、实验检验、加强训练。

连接主义的主要特征总结如下。

（1）人工神经网络通过"神经元"的并行协作实现信息处理，处理过程具有并行性、动态性、全局性。

（2）人工神经网络可以实现联想的功能，便于对有噪声的信息进行处理。

（3）人工神经网络可以通过对"神经元"之间连接强度的调整实现学习和分类等。

（4）人工神经网络适合模拟人类的形象思维过程。

（5）人工神经网络进行问题求解时，可以较快地得到一个近似解。

但是连接主义同样也有缺点，它不适合解决逻辑思维问题，而且神经网络模型具备的"黑盒"属性，也一直是困扰研究人员和开发者的问题之一。

表 7-1 给出了符号主义和连接主义的比较。应该说符号主义和连接主义的思想和方法各有千秋，它们在各自的领域都无可争议地取得了巨大成功。

表 7-1　符号主义和连接主义的比较

比较内容	符号主义	连接主义
智能产生的根源	符号运算	大量简单元素的并行分布式连接
智能基本单元	符号	神经元的相互连接
智能行为的起因	符号运算	连接计算
适用领域	抽象思维	形象思维

7.3.3　行为主义

行为主义又称为进化主义或控制论学派，认为人工智能的研究应采用行为模拟方法，功能、结构和智能行为是不可分的，不同的行为对应不同的功能和不同的控制结构，智能只取决于感知和行动。该学派认为：智能不需要知识，不需要表示，不需要推理；人工智能可以像人类智能一样逐步进化；智能行为产生于现实世界中与周围环境的交互；符号主义和连接主义对真实世界客观事物及其智能行为工作模式的描述过于简化和抽象，因而不能真实地反映客观存在。

如果说符号主义强调用知识去教，连接主义强调用数据去学，那么行为主义强调的则是用问题引导学习，就是把一个智能体放到一个环境里面，它对这个环境做出一定的反应，这个环境对它给出奖励或者惩罚。行为主义的典型应用就是强化学习。例如，我们要教会一台机器人走路，如果它撞到一张桌子，它就知道这是一个障碍，下一次，它会左转、右转或后退。它不停地从失败走向失败，最后从失败走向成功。智能在感知—改进的过程中逐步产生。

人工智能发展的 60 多年间，三大学派也得到了长足的发展。在人工智能诞生的早期，符号主义的研究占据绝对优势，近 10 年来，随着机器学习尤其是深度学习的兴起，连接主义思想又开始盛行。其实，单纯地追随某一学派不足以实现人工智能，现在人工智能的研究早就综合了多个学派的观点。例如，AlphaGo 有 3 个核心技术：强化学习、蒙特卡洛树搜索和深度学习，其中强化学习属于行为主义，蒙特卡洛树搜索属于符号主义，深度学习属于连接主义。同样，现在的无人驾驶技术也是突破了三大学派界限的综合技术。人工智能发展至今，各个学派互相融合已是大势所趋。

7.4 人工智能的应用

当前，在深度学习算法的助推下，人工智能携带着云计算、大数据、卷积神经网络，突破了自然语言语音处理、图像识别的瓶颈，为人类社会带来了翻天覆地的变化。博观而约取，厚积而薄发，人工智能方兴未艾，全面向社会的各领域渗透。下面介绍人工智能的一些热点应用领域。

7.4.1 问题求解与博弈

人工智能最早的尝试是智力难题求解和下棋程序，后者又称为博弈。下棋程序中应用的某些技术，如向前看几步、把复杂的问题分成一些比较简单的子问题，最终发展成为搜索和问题归约这样的人工智能基本技术。直到今天，这类研究仍在进行。问题求解是把各种数学公式、符号汇编在一起，搜索解答空间，寻求较优答案。有些程序甚至能利用经验来自我改善。

7.4.2 专家系统

专家系统是依靠人类专家已有的知识建立起来的知识系统，是人工智能应用较早、成效较多的领域。它应用人工智能技术，模拟人类专家解决问题时的思维过程来解决领域内的各种问题，达到或接近专家的水平。专家系统的研究起源于前述的 DENDRAL 系统，它和后来研制的 MYCIN 系统一起推动了专家系统技术的大发展。

专家系统已经历了 3 个发展阶段，正在向第四代过渡。第一代专家系统（DENDRAL、MACSYMA等）以高度专业化、解决专门问题的能力强为特点，但在体系结构的完整性、可移植性、系统的透明性和灵活性等方面存在缺陷，解决综合问题的能力弱。第二代专家系统（MYCIN、CASNET、PROSPECTOR、HEARSAY 等）属单学科专业型、应用型系统，其体系结构较完整，可移植性也有所改善，而且在系统的人机接口、解释机制、知识获取技术、不确定推理技术、知识表示和推理方法的启发性、通用性等方面都有所改进。第三代专家系统属多学科综合型系统，采用多种人工智能程序设计语言，综合采用各种知识表示方法和多种推理机制及控制策略。同一时期，人们开始运用各种知识工程语言、骨架系统及专家系统开发工具和环境来研制大型综合专家系统。如今，在总结前三代专家系统的设计方法和实现技术的基础上，人们已开始采用大型多专家协作系统、多种知识表示、综合知识库、自组织解题机制、多学科协同解题与并行推理、专家系统工具与环境、人工神经网络知识获取及学习机制等最新人工智能技术来实现具有多知识库、多主体的第四代专家系统。

目前，专家系统已广泛用于工业、农业、医疗、地质、气象、交通、军事、教育、空间技术、信息管理等各方面，大大提高了工作效率和工作质量，创造了较为可观的经济效益和积极的社会效益。

7.4.3 知识图谱

在信息时代，海量的数据充斥现实世界的方方面面。这些数据的结构和组织形式各有不同，构建知识图谱（Knowledge Graph）的主要目的是从中获取大量计算机可读的知识。知识图谱的概念最早于 2012 年由谷歌公司正式提出，其初衷是优化搜索引擎返回的结果，提高搜索质量，改善用户体验。知识图谱提供了对互联网中数据信息的全新组织形式，将大量相关联的数据用人们易于理解的形式表示出来。作为一种语义网络知识库，它为互联网中复杂信息的存储与检索提供了一种新的手段。如今知识图谱发展迅速，其应用更是广泛，除了用于搜索引擎的结果优化，它还在深度问答、社交网络、自然语言处理、智能助手，以及金融、医疗、电商等很多垂直领域发挥着重要作用，成为支撑这些应用发展的动力源泉。

知识图谱本质上是一种结构化的语义知识库，是一种基于图的数据结构。通俗地讲，现实中存在的事物在知识图谱中表示为节点，而事物之间的联系则表示为边，这种网络表示形式为人们提供了一种更为直观的方式来观察世界。

构造一个完整的知识图谱是一项非常复杂的系统工程，涉及本体（Schema）构建、知识提取、知识表示、知识推理、知识更新、知识存储等。知识图谱的架构如图 7-7 所示。

从图 7-7 中可以看出，知识图谱构建从原始数据出发，通过知识提取技术，从一些公开的半结构化数据、非结构化数据和第三方结构化数据库的数据中抽取实体、关系和属性等知识要素。知识表示是通过某些有效手段表示知识，并且对知识进一步处理，如消除歧义、检测冲突等，从而提高知识库的质量。知识推理是在已有的知识库的基础上进一步挖掘隐藏知识，从而丰富和拓展知识库。

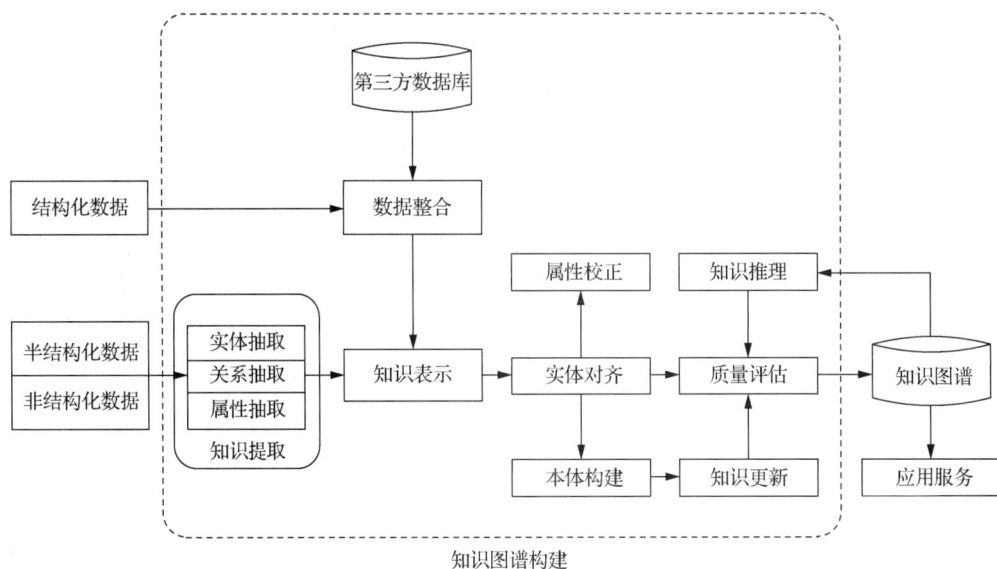

图 7-7　知识图谱的架构

知识图谱的存储有两种方式：一种是基于资源描述框架（Resource Description Framework，RDF）的存储；另一种是基于图数据库的存储。RDF 的一个重要的设计原则是数据的易发布性及易共享性，而图数据库则把重点放在了高效的图查询和搜索上。RDF 以三元组的方式来存储数据，但图数据库一般以属性图作为基本的表示形式，所以实体和关系可以包含属性，这就意味着它更容易表达现实中的业务场景。目前，主流的图数据库有 Neo4j、GraphDB、OrientDB、HugeGraph 等。

图 7-8 所示为用 Neo4j 构建的一个疾病诊疗知识图谱实例，可用于智慧医疗等相关的系统。Neo4j 可以实现对知识图谱的可视化访问，并可根据个人需要对每个节点和边自定义颜色和大小，最终通过 Cypher 语句实现对某个节点或关系的查找。

总之，知识图谱为互联网上海量、异构、动态的大数据的表达、组织、管理，以及利用提供了一种更为有效的方式，使得网络的智能化水平更高，更加接近于人类的认知思维。知识图谱、大数据、深度学习这三大"秘密武器"已经成为推动互联网和人工智能发展的核心驱动力。

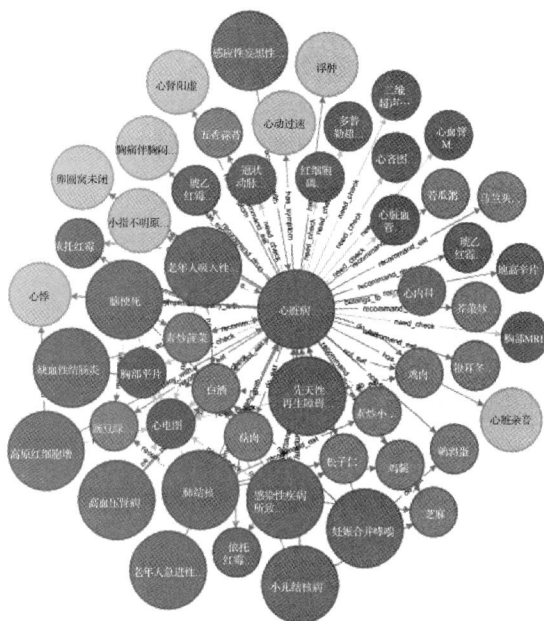

图 7-8　用 Neo4j 构建的疾病诊疗知识图谱

7.4.4　模式识别

模式识别，就是通过计算机用数学技术方法来研究模式的自动处理和判读。我们把环境与客体统称为"模式"。随着计算机技术的发展，人类得以研究复杂的信息处理过程。信息处理的一个重要形式是生命体对环境及客体的识别。对人类来说，特别重要的是对光学信息（通过视觉器官来获得）和声学信息（通过听觉器官来获得）的识别。这是模式识别的两个重要方面。

模式识别是一个不断进步的新学科，它的理论基础和研究范围也在不断扩展。近年来，应用模糊数学模式、人工神经网络模式的模式识别方法得到了迅速发展，逐渐取代了传统的应用统计模式和结构模式的模式识别方法。深度学习方法更是在模式识别中找到了用武之地。

模式识别在生活中的应用场景较多，常见的有文字识别、语音识别、人脸识别、指纹识别、遥感和医学诊断等。

（1）文字识别

汉字已有数千年的历史，也是世界上使用人数较多的文字，对中华民族灿烂文化的形成和发展有着不可磨灭的功勋。在信息技术及计算机技术日益普及的今天，文字输入速度已成为提高人机接口效率的瓶颈。目前，汉字输入主要分为人工键盘输入和机器自动识别输入，其中人工键盘输入速度慢而且劳动强度大，机器自动识别输入又分为汉字识别输入及语音识别输入。从识别技术的难度来说，手写体识别的难度高于印刷体识别的难度，而在手写体识别中，脱机手写体识别的难度又远远超过了联机手写体识别的难度。到目前为止，除了脱机手写体数字的识别已有实际应用，汉字等文字的脱机手写体识别还处在研究阶段。

（2）语音识别

语音识别技术所涉及的领域包括信号处理、模式识别、概率论和信息论、发声机理和听觉机理等。近年来，在生物识别技术领域中，声纹识别技术以其独特的方便性、经济性和准确性等优势受到世人瞩目，并日益成为人们生活和工作中重要且普及的安全验证技术。利用基于深度神经网络的声学模型构建的语音识别方法现已成为语音识别的主流方法，该方法识别速度较快，也有较高的识别率。

（3）人脸识别

人脸识别，是基于人的脸部特征信息进行身份识别的一种生物识别技术，具体来说就是用摄像机或摄像头采集含有人脸的图像或视频，并自动在图像中检测和跟踪人脸，进而对检测到的人脸进行识别的一系列相关技术。传统的人脸识别技术基于可见光图像，这也是人们熟悉的识别方式，已有30多年的研发历史。但这种方式有着难以克服的缺陷：在环境光照条件发生变化时，识别效果会急剧下降，无法满足实际系统的需要。解决这个问题可以采用三维图像人脸识别和热成像人脸识别，但这两种技术还远不成熟，识别效果不尽如人意。广为采用的一种解决方案是基于主动近红外图像的多光源人脸识别。它可以克服光线变化的影响，具有较好的识别性能，在精度、稳定性和速度方面的整体系统性能超过三维图像人脸识别。这项技术近年来发展迅速，使人脸识别逐渐走向实用化。

（4）指纹识别

我们的手指指腹、脚趾趾腹表面的皮肤纹路形成各种各样的图案，这些图案各不相同。依靠这种唯一性，可以将一个人同他的指纹对应起来，通过比较他的指纹和预先保存的指纹，便可以验证他的身份。一般指纹可分为以下几个大的类别：环型（Loop）、螺旋型（Whorl）、弓型（Arch）。这样就可以将每个人的指纹分别归类，进行检索。指纹识别有预处理、特征选择和模式分类几个大的步骤。

（5）遥感

遥感图像识别技术已广泛用于农作物估产、资源勘察、气象预报和军事侦察等。

（6）医学诊断

在癌细胞检测、X射线照片分析、血液化验、染色体分析、心电图诊断和脑电图诊断等方面，模式识别已取得了很大成效。

除了上述应用场景，模式识别还有很多其他方面的应用，如谷歌公司的 DeepMind 团队和牛津大学相关实验室合作推出的唇语识别系统（见图7-9）。英语读唇比汉语更难，这是因为很多英文单词发音的双唇开合程度比中文更小。该系统采用英国广播公司约 5000 小时的流行电视节目作为训练实例，包括《晚间新闻》《提问时间》《今日世界》等，共包含 11 万个不同的句子、1.75 万个不同的单词，特定环境下识

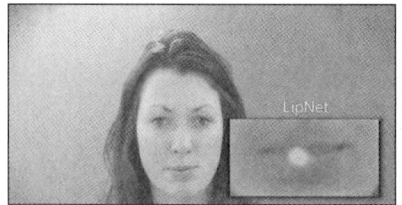

图7-9　唇语识别

别准确率高达 93.4%。相比之下，基于同样的测试内容，人类专家读唇的准确率只有 20%～60%，计算机远远胜出。

7.4.5　智能决策支持系统

决策支持系统属于管理科学的范畴，它涉及知识到智能的转化。20 世纪 80 年代以来，专家系统在许多方面取得成功，将知识处理技术应用于决策支持系统，扩大了决策支持系统的应用范围，提高了系统解决问题的能力，这被称为智能决策支持系统（Intelligent Decision Support System，IDSS）。

IDSS 是以信息技术为手段，应用管理科学、计算机科学及相关学科的理论与方法，针对半结构化和非结构化的决策问题，通过提供背景材料、协助明确问题、修改完善模型、列举可行性方案、进行分析比较等方式，为管理者做出决策提供帮助的智能型人机互助式信息系统。在席卷全球的"信息革命"浪潮中，IDSS 作为决策支持系统研究的热点和主要发展方向，引起了国内外学术界和产业界的极大重视。

7.4.6　自然语言处理

自然语言处理是用自然语言同计算机进行通信的技术，因为处理自然语言的关键是要让计算机"理解"自然语言，所以自然语言处理又称为自然语言理解，也称为计算语言学。一方面它是语言信

息处理的一个分支，另一方面它也是人工智能的核心课题。计算机理解自然语言的研究有以下 3 个目标：一是计算机能正确理解人类用自然语言输入的信息，并能正确答复（或响应）输入的信息；二是计算机对输入的信息能摘取重点，并能复述输入的内容；三是计算机能将输入的自然语言按要求翻译成另一种语言，如将汉语译成英语或将英语译成汉语。

与计算机视觉、语音识别取得的突破相比，目前人工智能对人类语言的理解还处在相对滞后的阶段。基于深度学习的人工智能算法已经可以十分准确地完成"听写"或"看图识字"，但对听到的、看到的文字的意思，机器还是难以准确掌握。

未来 5~10 年里，在自然语言处理方面，较可能取得重大突破的是机器翻译。目前，对于多数非专业类的普通文本内容，机器翻译的结果已经可以做到基本表达原文语意，不影响理解与沟通。

7.4.7　智能检索

随着互联网的迅速发展，出现了"知识爆炸"的情况，这对传统的检索方法提出了挑战，因此智能检索研究已成为当代科技持续发展的重要保障。智能搜索引擎是结合了人工智能技术的新一代搜索引擎。它除了具有传统搜索引擎的快速检索、相关度排序等功能，还具有用户角色登记、用户兴趣自动识别、内容的语义理解、智能化信息过滤和推送等功能。

传统的搜索引擎公司谷歌和百度很早就开始用机器学习技术帮助搜索引擎完成结果排序。这一思路和传统算法不同，计算结果排序的数学模型及模型中的每一个参数不完全是由人预先定义的，多数是由计算机在大数据的基础上，通过复杂的迭代过程自动学习得到的。影响结果排序的每个因素到底有多重要，如何参与最终的排名计算，主要由人工智能算法通过自我学习来确定。通过智能检索技术，搜索结果的相关性和准确度得到了大幅提高。毫不夸张地说，现代搜索引擎的核心技术已经从传统的网页排序转变成由人工智能支撑的新一代智能检索技术。

7.4.8　自动驾驶

自动驾驶汽车又称为无人驾驶汽车或轮式移动机器人，是一种通过计算机系统实现无人驾驶的智能汽车。该技术在 20 世纪已有数十年的发展历史，21 世纪初呈现出实用化的趋势。自动驾驶汽车依靠人工智能、视觉计算、激光雷达、监控装置和全球定位系统协同合作，让计算机可以在没有人类主动操作的情况下，自动安全地驾驶机动车辆。

自从谷歌公司正式公布自动驾驶汽车项目，自动驾驶行业逐渐呈现出整体布局、多元配置、多角度切入的格局，5~10 年后可具备千亿美元乃至万亿美元规模的庞大产业生态已具雏形。我们也许还无法准确预测全功能、高等级的自动驾驶汽车会在什么样的时间点真正走入普通人的生活，但毫无疑问的是，在这次人工智能热潮中，自动驾驶是较大的应用场景。

其实，在特定封闭道路如高速公路上的自动驾驶技术已经比较成熟，接近落地实用化程度，目前主要的障碍有两个，第一个障碍是成本问题。自动驾驶汽车上的核心部件是激光雷达，激光雷达也称为光学雷达，是一种用于精确获得三维位置信息的传感器，在机器中的作用相当于人类的眼睛，能够确定物体的位置、大小、外形，甚至材质。但是目前高精度的激光雷达价格较高，这是自动驾驶技术普及的第一个障碍。第二个障碍就是法律和道德问题，这始终是阻碍自动驾驶商业化和大规模普及的关键因素。有一个著名的伦理测试叫作"有轨电车难题"，是由英国哲学家菲莉帕·富特（Philippa Foot）在 1967 年提出的。问题很简单，如图 7-10 所示。假设你看到一辆失控的有轨电车在轨道上高速行驶，电车前方的轨道上有 5 个毫不知情的行人。如果你什么都不做，那么那 5 个人会被电车撞死。生死瞬间，你唯一的解决方案是扳动手边的道岔扳手，让电车驶入备用轨道。但备用轨道上有 1 个不知情的行人，扳动道岔扳手的结果是拯救了原轨道上的 5 个人，牺牲了备用轨道上的 1 个人。这种情况下，你会扳动道岔扳手吗？如果你感到难以定夺，那么，假设牺牲 1 个人可以救 50 个人呢？自动驾驶场景中也会有类似的问题，要想解决它不能只靠技术。现在有一个单独的人工智能研究分支叫 AI 伦理学，主要探讨人工智能方面的道德哲学、道德算法、设计伦理和社会伦理等问题，已经得到了各国政府和学术界的重视。

图 7-10　有轨电车难题

7.4.9　机器人学

人工智能研究中日益受到重视的另一个分支是机器人学，包括对操作机器人装置的程序的研究。这个领域覆盖了从机器人手臂的最佳移动路径到实现机器人目标动作序列的规划方法的各种问题。

机器人学的研究促进了人工智能思想的发展，相关的一些技术可用来模拟世界的状态，描述从一种世界状态转变为另一种世界状态的过程。机器人学对于产生动作序列的规划，以及怎样监督这些规划的执行有较好的理解。复杂的机器人控制问题迫使我们发展一些方法，先在抽象和忽略细节的高层进行规划，然后逐步在细节越来越重要的低层进行规划。智能机器人的研究和应用体现出广泛的学科交叉，涉及众多的课题。

7.4.10　AIGC

AIGC（Artificial Intelligence Generated Content），即"人工智能生成内容"，指的是利用人工智能技术自动创建或生成文本、图像、语音、视频等内容的过程。AIGC 技术涉及多个领域，包括但不限于自然语言处理、计算机视觉、音频分析、视频分析和深度学习等。这些技术使得 AI 不仅能够理解和处理人类语言及其他形式的数据，还能创造出全新的、有创意的作品。

目前，主要的 AIGC 技术和应用场景如下。

（1）文本生成

文本生成基于训练有素的大型语言模型，如 ChatGPT、文心一言等，能够模仿人类的语言行为，生成类似人类语言的内容。文本生成应用范围非常广泛，可以应用于文学、新闻、社交、娱乐、教育、营销等领域。

（2）图像生成

图像生成技术近年来取得了显著进展，尤其是在生成式对抗网络（Generative Adversarial Network，GAN）和变换器（Transformer）模型的发展方面。GAN 模型中代表性的产品是 StyleGAN 和 BigGAN，前者能生成高度逼真的人脸及其他类型的图像，而后者在生成更高分辨率和质量更稳定的图像方面取得了进展。变换器模型原本用于自然语言处理，但现在也已被成功应用于图像生成领域，代表产品有 DALL-E 系列。DALL-E 和 DALL-E 2 由 OpenAI 公司开发，这类模型可以基于文本描述生成图像，显示了非常高的创造力和多样性。DALL-E 2 通过改进图像质量和细节处理，使生成的图像更加清晰和逼真。

（3）语音合成和转换

利用WaveNet等技术可以生成非常自然的语音。此外，AI还可以改变语音的情感或声音的性质，使其听起来像不同的人。

（4）视频生成和编辑

AI可以生成短视频或修改视频中的特定元素，如改变视频中的背景或生成动画。

AIGC的兴起，引发了对人工智能的创造性的新一轮讨论。一些观点认为，AIGC虽然可以模仿人类的创作，但缺乏人类的情感、经验和直觉，因此不能完全替代人类的创造力。另一些观点认为，AIGC可以作为一种新的创作工具，帮助人类提高创作效率和质量，甚至有可能创造出全新的艺术形式和风格。总的来说，AIGC作为一种新兴的技术，正在逐渐改变我们的生活方式和工作方式。它的发展潜力巨大，值得我们关注和期待。

7.4.11　人工智能+

除了上述应用领域，人工智能另一重要的应用模式是和传统行业结合，即"人工智能+"。今天，"互联网+"的理念向各行业、各应用的纵深不断渗透，逐渐积累起来的高质量的大数据为许多前沿行业打下了全面运用人工智能的基础，"人工智能+"模式迎来了蓬勃发展的大好时机。图7-11展示了智慧医疗中的一个应用场景：利用深度学习检测癌症。其检测速度、质量和精确度已经超过了现在的人类专家。

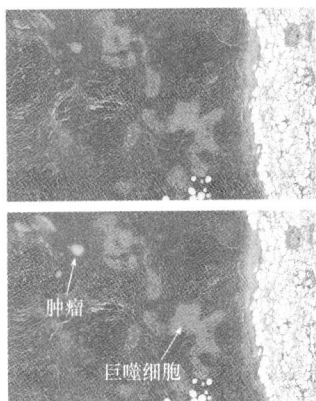

图7-11　AI利用深度学习检测癌症

大多数情况下，人工智能并不是一种全新的业务流程或全新的商业模式，而是对现有业务流程、商业模式的根本性改造。人工智能重在提升效率，而非发明新流程、新业务。未来10年，不仅是高科技领域，任何一个企业，如果不尽早为自己的业务流程引入"人工智能+"的先进思维方式，就很容易处于落后的追随者地位。

本章小结

本章首先讨论了什么是人工智能的问题。人工智能是可以理性地进行思考和执行动作的计算模型，是人类智能在计算机上的模拟。人工智能作为一门学科，经历了孕育、形成等几个阶段，并且还在不断地进步。尽管人工智能已经构建了一些实用系统，但我们不得不承认它们远未达到人类的智能水平。

目前，人工智能的主要研究学派有符号主义、连接主义和行为主义。人工智能的研究是与具体领域相结合进行的，主要包括问题求解与博弈、专家系统、知识图谱、模式识别、智能决策支持系统、自然语言处理、智能检索、自动驾驶、机器人学、AIGC 和人工智能+等。人工智能的大量应用深刻体现了计算思维的价值。

趣闻轶事

信息素养

思考题

1. 什么是人工智能？它的研究目标是什么？
2. 简述人工智能的各发展阶段及其特点。
3. 机器要通过图灵测试，所需要的主要技术有哪些？
4. 人工智能有哪些重要的学派？它们的认知观是什么？
5. 请列举人工智能的主要应用领域。
6. 你认为人工智能作为一门学科，今后的发展方向如何？
7. 人工智能应如何更好地和传统行业融合，实现人工智能+?

第 8 章

搜索与博弈

本章的学习目标

- 了解搜索的本质。
- 了解状态空间图的概念。
- 掌握利用状态空间表示法表示搜索的过程。
- 掌握盲目搜索、宽度优先搜索、深度优先搜索的概念。
- 了解启发式函数的构成，了解 A 算法和 A*算法的基本流程。
- 了解问题规约的概念，了解 AO*算法的基本流程。
- 理解博弈的概念，掌握博弈树的特点。
- 掌握利用极大极小过程实现博弈搜索的方法。

从工程应用的角度而言，开发人工智能的一个主要目的就是解决非平凡问题，即难以用常规（数值计算、数据库应用等）技术直接解决的问题。这些问题的求解依赖于问题本身的描述和相关领域知识的运用。人工智能在广义上可以看作一个问题求解的过程，因此问题求解是人工智能的核心，其要求在给定条件下寻求一个能解决某类问题且能在有限步内完成的算法，这就是本章介绍的搜索。

搜索直接关系到人工智能系统的性能与运行效率，因而美国人工智能专家尼尔森把它列为人工智能研究的核心问题之一。

现在，搜索技术渗透在各种人工智能系统中，在专家系统、自然语言处理、自动程序设计、模式识别、机器人学、信息检索和博弈等领域均有广泛的应用。

8.1 引言

搜索是大多数人生活的一部分。几乎每个人都有找不到钥匙而检查口袋、翻箱倒柜的经历，而更多的时候，搜索可能在大脑中直接进行，人的思维过程就可以看作一个搜索过程。你可能突然想不起一个英文单词的拼写，忘掉了身边同事的名字，唱不出曾经烂熟于心的歌词，这个时候就需要你在大脑中进行搜索，而且通常很快就能得出答案。

但是计算机处理搜索和人的思维过程又不完全相同。计算机能够更加深刻地体现出符号主义的思想。以大家熟悉的走迷宫为例。假设我们面前有一幅迷宫图（见图 8-1），通常我们会用一支笔或直接用手指点在图上向出口的方向移动。当我们发现沿某条路无法走到出口时，就会回到起点或者分叉点，寻找另外一条通向出口的道路。如果迷宫图比较简单，那么我们可能一眼就能找出合适的路线。

让计算机直接像人一样实现这种思维显然是不现实的。那么怎么办呢？可以采用一种既简单又复杂的方法。将迷宫的每个分叉点都标上一个记号（见图 8-2），将这些记号设置为节点。计算机系统从入口位置也就是 S 出发后，可以选择通过 A 或 B 或 C，通过 A 后又可以选择通过 D 或者是 E，到达 E 后发现不能再前进，于是再尝试选择 D……计算机就这样不断地搜索，最后判断出 S 到 B 到 L 是正确路径。

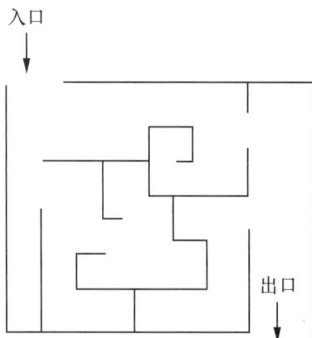

图 8-1 迷宫图示例

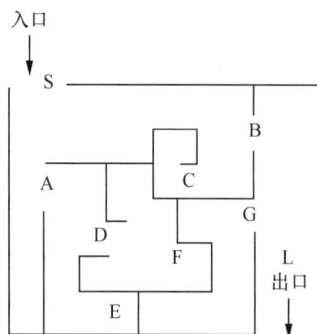

图 8-2 用字母标记后的迷宫图

通过将所有可能的选择全部列出，就能够得到一张路径图。通常来说，越复杂的迷宫，搜索树的分支就越多，扩展的面也就越大。其实对于人类来说，这种搜索就是情景分析。我们迷路时先分析往左边走是什么样，往右边走是什么样，等到了左边再根据当时的情景继续分析。这样不停地分析，不停地尝试，迟早会到达最终的目的地。计算机也是这样不厌其烦地试错，然后根据指示找到正确的目标。

在人工智能中，搜索一般包括两个重要的问题：搜索什么和在哪里搜索。前者通常指搜索目标，而后者通常指搜索空间。在走迷宫问题中，显而易见，搜索目标是出口，搜索空间是整个迷宫。在计算机内部，搜索空间通常是指一系列状态的集合，因此也称为状态空间。和生活中的搜索空间不同，人工智能中大多数问题的状态空间在解题之前并不明确。所以，人工智能中的搜索又可以分成两个阶段：状态空间的生成阶段和在该状态空间中对目标的搜索阶段。

总结一下搜索的本质。对于给定的问题，人工智能系统的行为一般是找到能够达成目标的动作序列，并使其所付出的代价最小、性能最好。搜索就是找到人工智能系统的动作序列的过程。

在人工智能系统中，即使对于结构性能较好、理论上有算法可依的问题，由于问题本身的复杂性，以及计算机在时间、空间上的局限性，有时也需要通过搜索来求解。

8.2 基于状态空间图的搜索技术

搜索最适合被设计成一个基于操作算子集的问题求解任务，每个操作算子的执行均可使求解更接近目标状态，搜索路径将由实际选用的操作算子的序列构成。

用搜索技术来解题就是通过适当的搜索算法在状态空间中搜索答案或解答路径。状态空间就是搜索空间，它是对问题的表示，基于问题表示，人们可以搜索和分析通往问题解的可能路径。现实中的许多智力问题（如梵塔问题、旅行商问题、八皇后问题、过河问题等）和实际问题（如路径规划、机器人行动规划等）都可以归结为状态空间搜索。

状态空间搜索的研究焦点在于设计高效的搜索算法，以降低搜索代价并避免出现组合爆炸。

8.2.1 状态空间图

我们通过一个例子来引入状态空间搜索。

【例 8-1】钱币翻转问题。设有 3 个钱币，其初始状态为正、反、正，欲得的目标状态为正、正、正或反、反、反。每次只能且必须翻转一个钱币，连翻 3 次。问：怎样翻转才能达到目标状态？

这个问题在现实中只需多试几次就可以解答，但是在短时间内找出全部的解也不是那么容易。现在通过状态空间搜索来求解，需要解决两个核心问题：一是怎么样把系统的状态合理地表示出来，二是怎么样定义系统的操作。如果这两个核心问题解决了，那么画出它的搜索图就是水到渠成的事。

先来解决第一个问题。系统关注的是每一个钱币展示正面还是反面，所以可以给每一个钱币编号，然后用 0 表示反面，1 表示正面，显而易见，3 个钱币正反面的组合总共有 2^3，也就是 8 种。

可以通过引入一个三维变量表示状态。设三维变量为 $Q=[q_1,q_2,q_3]$，式中 q_i $(i=1,2,3)=1$ 表示钱币展示正面，q_i $(i=1,2,3)=0$ 表示钱币展示反面，则 3 个钱币可能出现的状态有 8 种组合：$Q_0=(0,0,0)$，$Q_1=(0,0,1)$，$Q_2=(0,1,0)$，$Q_3=(0,1,1)$，$Q_4=(1,0,0)$，$Q_5=(1,0,1)$，$Q_6=(1,1,0)$，$Q_7=(1,1,1)$。

第二个问题也很好解决，无非就是将钱币从一个状态翻成另外一个状态。我们用操作 a 表示翻第一个钱币，用操作 b 表示翻第二个钱币，用操作 c 表示翻第三个钱币。

这两个核心问题都解决以后，下面要做的就是把所有状态之间的变化表示出来。状态空间图，从本质上来说，就是用来反映系统如何从一个状态转变成另外一个状态的有向图。例 8-1 可以表示为图 8-3 所示，在图中我们可以看到全部可能的 8 种组合状态及其转换关系，其中每个组合状态表示为一个节点，节点间的连线表示了两节点间的转换关系（例如，Q_5 节点与 Q_4 节点间的连线表示要将 $q_3=1$ 翻成 $q_3=0$，或反之）。现在的问题就是要从初始状态 Q_5 出发，在图 8-3 中选择适当的路径（即连线），经过 3 步到达目标状态 Q_0 或 Q_7。从图 8-3 中可以清楚地看出，从 Q_5 不可能恰好经过 3 步到达 Q_0，即不存在从 Q_5 出发到达 Q_0 的解。但从 Q_5 出发到达 Q_7 的解有 7 个，它们是 aab、aba、baa、bbb、bcc、cbc 和 ccb。

从这个问题的求解过程可看到，某个具体问题可经过抽象变为在某个有向图中寻找目标或路径的问题。人工智能科学中，这种描述问题的有向图被称为状态空间图，简称状态图。状态图中的节点代表问题的一种格局，一般称为问题的一个状态；连线表示两节点之间的某种联系，可以是某种操作算子、规则、变换或关系等。在状态图中，目标节点，或者从初始节点到目标节点的一条路径，就是相应问题的一个解。其一般描述如图 8-4 所示。

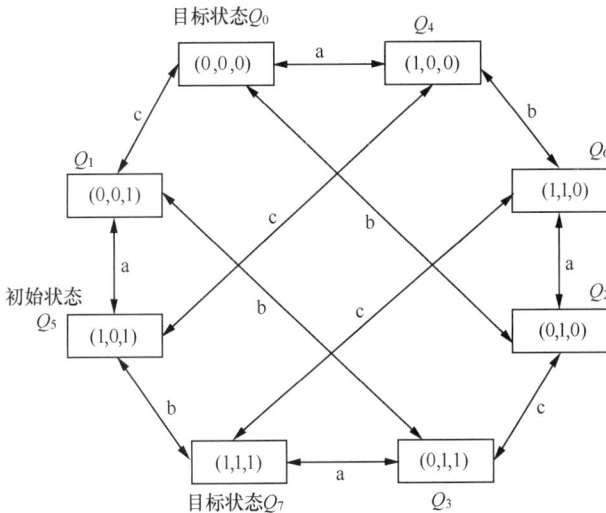

图 8-3　钱币翻转问题的状态空间图　　　　图 8-4　状态空间图的一般描述

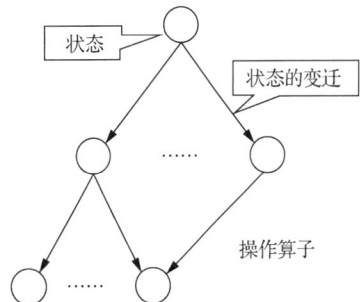

8.2.2　问题的状态空间表示法

那么，什么是状态空间表示法呢？显然，状态空间表示法是指用"状态"和"操作"组成的"状态空间"来表示问题继而求解的一种方法。这里的状态指的是搜索过程中所有可能达到的合法状态的集合，而操作是指能够导致状态变迁的一个动作。下面我们来解决"传教士和野人的过河问题"，这是状态空间表示法的经典案例。

【例 8-2】3 个传教士带领 3 个野人划船过河，从左岸划到右岸。船一次最多承载 2 个人。为了保证安全，要求在任何时刻两岸或船上野人的数目不超过传教士的数目。但是允许在河的某一岸或者船上只有野人而没有传教士。那么，传教士应该如何规划摆渡方案呢？

如果让你来做这个智力游戏，面对每一次过河的几种组合方案，你会想：究竟哪种方案才有利于在题目所规定的约束条件下顺利过河呢？经过反复的努力和试探，你可能终于找到一种解决办法。但在高兴之余，你马上又会想：这个方案所用的步骤是最少的吗？或者说，它是最优方案吗？如果不是，那如何才能找到最优方案呢？下面，我们就用状态空间搜索来解决这个问题。

首先要考虑的是状态的定义。在这个问题中，我们可以使用一个三元组(m,c,b)来表示传教士在左岸的人数、野人在左岸的人数和船是否在左岸。当然，左岸的人数确定以后，右岸的人数用 3 来减就出来了。m 和 c 的取值范围都是 0、1、2 和 3，分别代表左岸没有人、1 个人、2 个人和 3 个人。b 的取值范围是 0 和 1，等于 1 时表示船在左岸，等于 0 时表示船在右岸。由于初始状态下，传教士、野人和船都在左岸，目标状态下这三者均在右岸，则问题求解任务可描述如下。

$$(3,3,1) \rightarrow (0,0,0)$$

下面考虑安全约束条件。根据题目可以得出，在三种情况下系统均是安全的。一是左岸安全且右岸安全，则系统安全。为什么不单独考虑船安全？原因很简单，因为船只能承载 2 人，在任何情况下它一定是安全的。还有另外两种情况下系统也是安全的：如果左岸没有传教士，右岸则一定安全；或者如果右岸没有传教士，左岸也一定安全。

根据 m、c、b 取值的组合，状态空间中可能的状态总数为 $4 \times 4 \times 2 = 32$，但由于要遵守安全约束，因此只有 20 个状态是合法的。下面是几个不合法状态的例子。

$$(1,0,1), \quad (1,2,1), \quad (2,3,1)$$

除此之外，(0,0,1)、(0,3,0)、(3,0,1)和(3,3,0)这 4 种状态从安全约束的角度来说是合法的，但是在现实中根本无法达到。因此，这个问题总共只有 16 个可达的合法状态。

下面要解决的问题是定义操作。由于系统中只有划船操作，因此我们用 $L(x,y)$ 表示把船从左岸划到右岸，$R(x,y)$ 表示把船从右岸划到左岸，其中 x 代表船上传教士的人数，y 代表船上野人的人数。由于船的载重限制，x 和 y 取值的可能组合只有 5 个，分别是(1,0)、(2,0)、(1,1)、(0,1)、(0,2)，再加上和 L、R 的不同组合，系统总共有 10 个不同的操作。

我们可以画出过河问题的状态空间图，如图 8-5 所示。

通过图 8-5 很容易得出完整的搜索过程。初始状态是(3,3,1)，传教士、野人和船都在左岸。受到安全约束，下一步可供选择的操作有三种，一种是 1 个传教士和 1 个野人将船从左岸划到右岸，系统状态变成(2,2,0)。另一种是 2 个野人将船从左岸划到右岸，系统状态变成(3,1,0)。还有一种是单独 1 个野人将船从左岸划到右岸，但这个操作没有意义，因为下一轮只能由他再将船划回来。假设我们选择第一种，1 个传教士和 1 个野人将船从左岸划到右岸，系统状态变成(2,2,0)，那么下一步只能由 1 个传教士将船从右岸划回左岸，系统状态变成(3,2,1)，即 3 个传教士、2 个野人和船在左岸。再下一步 2 个野人将船从左岸划到右岸，系统状态变成(3,0,0)，然后 1 个野人将船划回来，系统状态变成(3,1,1)，即 3 个传教士、1 个野人和船在左岸。再下一步 2 个传教士将船从左岸划到右岸，系统状态变成(1,1,0)。然后 1 个传教士、1 个野人再将船划回来，系统状态变成(2,2,1)。再下一步 2 个传教士将船划过去，系统状态变成(0,2,0)。

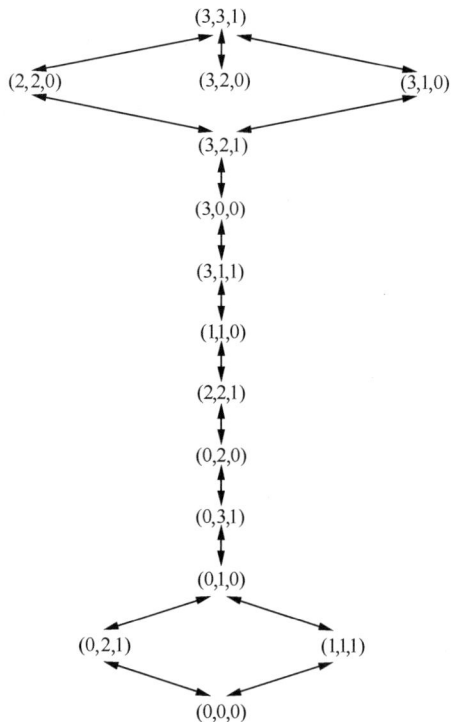

图 8-5 过河问题的状态空间图

最后 1 个野人再将船划回来，系统状态变成 (0,3,1)。2 个野人再将船划过去，系统状态变成 (0,1,0)，即左岸只有 1 个野人，其他人和船在右岸。注意，此时又有两种操作可供选择。一种是 1 个野人将船划回来，系统状态变成 (0,2,1)。另一种是 1 个传教士将船划回来，系统状态变成 (1,1,1)。不管他们做哪种选择，下一步都是左岸的 2 个人将船划过去，系统状态变成 (0,0,0)。这就是我们的目标状态。

需要说明的是，上述每一步的操作都是可逆的，因此我们在图中画的所有的线段都是双向箭头。可以从图 8-5 中清楚地看出，系统从初始状态变成目标状态，最少需要 11 步，这 11 步所构成的路径就是最优解。

由此例可以得出以下结论。

（1）用状态空间来表示问题时，首先必须定义状态的描述形式，通过这种描述形式可以把问题的一切状态都表示出来。另外，还要定义一组操作，通过这些操作可以把系统由一种状态转变为另一种状态。

（2）问题的求解过程是一个不断把操作作用于状态的过程。如果在使用某个操作后得到的新状态是目标状态，就得到了问题的一个解。这个解是从初始状态到目标状态所用操作构成的序列。

（3）要使系统由一种状态转变到另一种状态，必须使用一次操作。从初始状态到目标状态可能存在多个操作序列（即得到多个解），其中使用操作最少的解为最优解（付出的代价最小）。

（4）对于其中的某一个状态，可能存在多个操作可使该状态分别转变为几个不同的后继状态。那么到底用哪个操作呢？这取决于搜索策略。不同的搜索策略有不同的访问顺序。

在人工智能系统中，为了解题，首先必须用某种形式把问题表示出来，表示是否适当，将直接影响求解效率。状态空间表示法就是用来表示问题及其搜索过程的一种方法。它是人工智能科学中较基本的形式化方法，也是问题求解技术的基础。

8.2.3 状态空间搜索的基本思想

状态空间搜索的基本思想就是通过搜索引擎寻找操作算子的一个调用序列，使问题从初始状态变迁到目标状态，变迁过程中的状态序列或相应的操作算子调用序列称为从初始状态到目标状态的解答路径。搜索引擎可以设计为灵活实现搜索算法的控制系统。

通常，状态空间的解答路径有多条，但其中最短的只有 1 条或少数几条。上述过河问题就有无数条解答路径（因为划船操作可逆），但只有 4 条是最短的，都包含 11 个操作算子的调用。一个状态可以有多个可供选择的操作算子，导致有多个待搜索的解答路径。例如，图 8-5 中初始状态节点就有 3 个操作算子供选用。这些选择在逻辑上为"或"关系，即只要其中有一条路径通往目标状态，就能成功解题。因此，这样的有向图又称为或图。常见的状态空间一般都表示为或图，因而也称一般图。

除了少数像过河问题这样的简单问题，描述状态空间的一般图都很大，无法直观地画出，只能在搜索解答路径的过程中画出搜索时直接涉及的节点和连线，构成搜索图。下面来观察八数码游戏。

八数码游戏在由 3 行和 3 列构成的九宫棋盘上进行，棋盘上放置数码为 1~8 的 8 个棋子，剩下一个空格，游戏者只能通过棋盘上空格的移动来改变棋盘的布局。这种游戏的玩法是，给定初始布局（即初始状态）和目标布局（即目标状态），找出移动棋子的方法，如图 8-6 所示。显然，解答路径实际上就是一个合法的走步序列。

用一般图搜索方法来解决该问题。先为系统状态的表示建立数据结构，再制定操作算子集。我们以 3×3 的一个矩阵来表示系统状态，每个矩阵元素 $S_{ij} \in \{0,1,\cdots,8\}$；其中 $1 \leqslant i,j \leqslant 3$，数字 0 指示空格，数字 1~8 指示数码。于是图 8-6 中的八数码问题可表示为矩阵形式，如图 8-7 所示。

定义操作算子的直观方法是为每个棋子制定一套可能的走步：左、上、右、下 4 种移动。这样就需 32 个操作算子。简单易行的方法是仅为空格制定这 4 种走步，因为只有空格才能移动。空格移动的唯一约束是不能移出棋盘。假设搜索过程的每一步都选择有意义的操作算子，则图 8-6 中的八数码问题的一次搜索过程涉及的状态所构成的搜索图（这里实际上是搜索树）如图 8-8 所示，其中粗线代表解答路径。

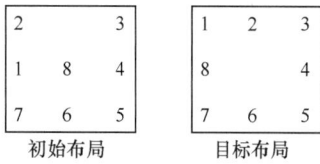

图 8-6　八数码游戏示例

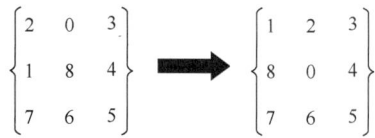

图 8-7　八数码问题的矩阵表示

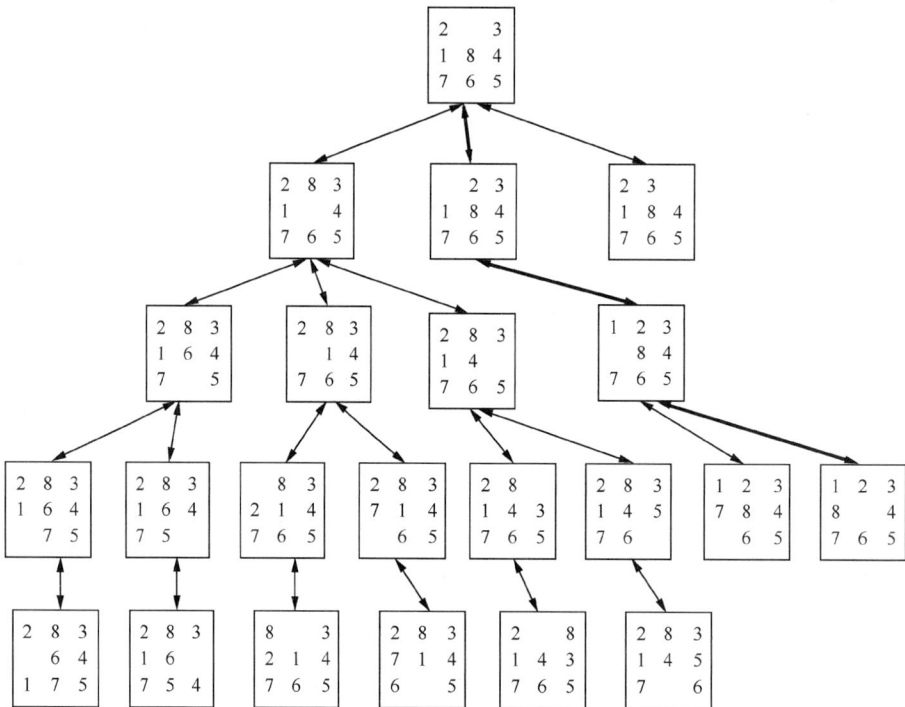

图 8-8　八数码问题的一次搜索图

八数码游戏可能的棋盘布局（系统状态）共 9!=362880 个，由于棋盘的对称性，实际上只有这个总数的一半。显然，我们无法直观地画出整个状态空间的一般图，但搜索图则小得多，可以画出。所以，尽管状态空间可以很大（如国际象棋），但只要确保搜索空间足够小，就能在合理的时间范围内搜索到问题答案。

搜索空间的压缩程度主要取决于搜索引擎采用的搜索算法。换言之，当问题有解时，使用不同的搜索策略，搜索图的大小是有区别的。一般来说，对于状态空间很大的问题，设计搜索策略的关键是避免出现组合爆炸。复杂的问题求解任务往往涉及许多解题因素，系统状态可以通过解题因素的特征组合来加以表示（解题因素可设计为状态变量，如传教士和野人问题中的 m、c 和 b）。组合爆炸指解题因素过多时，解题因素的特征组合个数会爆炸性（呈指数级）增长，引起状态空间的急剧膨胀。例如，某问题有 4 个解题因素，每个解题因素有 3 个可选值，则解题因素的特征组合（即系统状态）有 $3^4 =81$ 个；但若解题因素增加到 10 个，则特征组合的个数达 $3^{10} =3^4 \times 3^6 =81 \times 729$，即状态空间扩大到 729 倍。避免出现组合爆炸的方法就是选用好的搜索策略，只搜索状态空间的很小部分就找到答案。

8.3 盲目搜索

人工智能系统所要解决的问题是各种各样的，其中大部分是结构不良或非结构化的问题，对这样的问题一般没有算法可以直接求解，只能利用已有的知识一步步地摸索前进。在此过程中，存在着如何寻找可用知识的问题，即如何确定推理路线，使付出的代价尽可能小，而问题又能得到解决。例如，在搜索中可能存在多条可行路径，需要判断按哪一条路径进行求解能获得较高的运行效率。因此，在搜索过程中搜索策略尤为重要。

8.3.1 盲目搜索的概念

搜索策略反映了搜索空间或问题空间的扩展方法，也决定了搜索中的访问顺序。按搜索过程中是否考虑问题本身的特性来划分，常见的搜索策略有两种：启发式搜索和盲目搜索。

启发式搜索又称为有信息搜索，它利用问题的背景信息来引导搜索过程，达到缩小搜索范围、降低问题复杂度的目的。启发式搜索的关键在于在搜索过程中加入与问题有关的启发性信息，用于指导搜索朝着最有希望的方向前进，节省时间并找到最优解。

假设某个搜索过程的中间情况如图 8-9 所示。图中节点表示状态，实心圆表示已经扩展的节点，即已经生成了连接该节点的所有后继节点，空心圆代表还没有扩展的节点。搜索策略，就是如何从空心圆即叶节点中选择一个节点扩展，以便尽快地找到一条符合条件的路径。如果在选择节点时利用了与问题相关的背景信息，则是启发式搜索，否则就是盲目搜索。

还有一个值得一提的概念称为节点的深度。在一个图中，我们把初始节点即根节点的深度定义成 0，其他节点的深度定义为其父节点的深度加 1，例如，在图 8-9 中，根节点 S 的深度为 0，节点 a、b 的深度分别为 1 和 2。

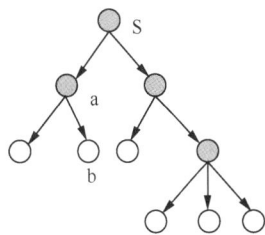

图 8-9 搜索示意图

盲目搜索是一种无信息搜索，一般只适用于比较简单的问题，它通常是按预定的或随机的搜索策略进行搜索，而不会考虑问题本身的特性。正如其名，这种搜索具有盲目性，效率不高，不适合复杂问题的求解。前面讲的走迷宫就是一种典型的盲目搜索，在搜索过程中遇到分岔，我们并没有采用行之有效的方法来判断走哪条路能更快找到出口，而是直接随机选取一条路走下去，遇到死胡同时再返回。这种听天由命的选择方法在现实中往往浪费大量的时间才找到问题的解，有时甚至找不到解。

8.3.2 深度优先搜索和宽度优先搜索

常见的盲目搜索有两种：深度优先搜索和宽度优先搜索。深度优先搜索每次选择一个深度最深的节点进行扩展，如果这样的节点有多个，则按照事先的约定从中选择一个。如果所选节点没有子节点，再选择除该节点之外的深度最深的节点进行扩展，依次进行下去，直到找到问题的解。宽度优先搜索的策略与此相反，它优先搜索深度浅的节点，即每次选择深度最浅的节点进行扩展，如果这样的节点有多个，则按照事先的约定从中选择一个。与深度优先搜索的"竖着搜"不同，宽度优先是"横着搜"。

同样都是盲目搜索，这两种搜索究竟有哪些不同呢？从搜索过程可以看出，宽度优先搜索是逐层向下搜索，在本层搜索完毕之前，是不会搜索到下一层的。这就保证在问题有解的情况下，宽度优先搜索一定能够找到最优解。但由于在搜索过程中需要保留已有的搜索结果，因此宽度优先搜索通常需要占用比较大的存储空间。深度优先搜索往往沿着一条路径搜索到底，到底时不能保证找到最优解，但是可以回溯，只保留从初始节点到当前节点的路径即可，大大节省了存储空间。所以说，不管是哪种搜索方法，都有自己的优点和缺点。

下面来看如何利用深度优先搜索解决八数码问题。将深度限制为 4，搜索图如图 8-10 所示，图中用带圆圈的数字给出了节点的扩展顺序。

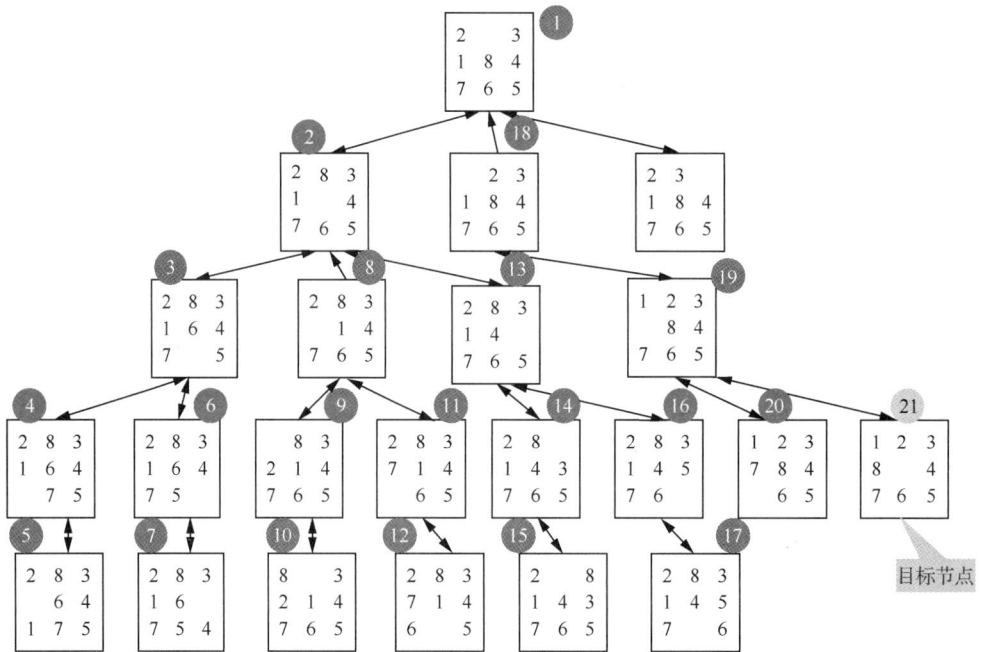

图 8-10　深度优先搜索解决八数码问题

如图 8-10 所示，先从根节点开始扩展。空格和 8 交换扩展出 2 号节点，根据深度优先搜索的规则，此时 2 号节点的深度为 1，因此下面从 2 号节点开始扩展。假设选择空格和 6 交换生成 3 号节点。此时 3 号节点的深度为 2，是整个搜索树中目前最深的节点。因此扩展 3 号节点，选择空格和 7 交换，扩展出 4 号节点。此时 4 号节点的深度为 3，因此下一步选择 4 号节点进行扩展。空格和 1 交换，扩展出 5 号节点。注意，此时已经达到了最大深度 4，搜索图无法继续往下扩展，只能向上回溯。由于在搜索图中已经出现过的节点不会重复出现，因此一直向上回溯到 3 号节点，继续扩展出另外一个分支。空格和 5 交换，扩展出 6 号节点。继续对 6 号节点进行扩展，空格和 4 交换扩展出 7 号节点。此时又达到了最大深度 4，因此需要再次回溯。考虑到不能出现重复节点，因此一路向上回溯到 2 号节点，继续扩展。以此类推，从 2 号节点扩展出 8 号节点，再依次扩展出 9 号节点、10 号节点……最后经过多次扩展，一直扩展到 21 号节点，找到问题的解。这就是深度优先搜索。从这个过程我们可以清晰地看出，深度优先搜索从根节点开始，沿着一条路径一路扩展下去，直到达到深度限制，再向上回溯，最终找到问题的解。

通过上面的过程，很容易得出深度优先搜索的性质。可以证明，对于任何单步代价都相等的问题，深度优先一般不能保证找到最优解。尤其是当深度限制不合理时，甚至可能找不到解。最坏情况下，深度优先的搜索空间等同于穷举。其主要问题是可能搜索到错误的路径上。很多问题可能具有很深，甚至深度几乎无限的搜索树，在不加深度限制的情况下，如果一开始不幸选择了错误的路径，则深度优先搜索会一直搜索下去，而不会回到正确的路径上。这样一来，对于这些问题，深度优先搜索要么陷入无限的循环而不能给出一个答案，要么最后找到一个答案，但路径很长而且不是最优的答案。因此现实中不加任何深度限制的深度优先搜索很少使用，我们往往需要在算法中设定一个合理的深度限制。

接着尝试宽度优先搜索。由于宽度优先搜索是一层一层往下扩展的，当前层次没有扩展完，下一层的节点不会扩展，因此它的扩展顺序如图 8-11 所示。

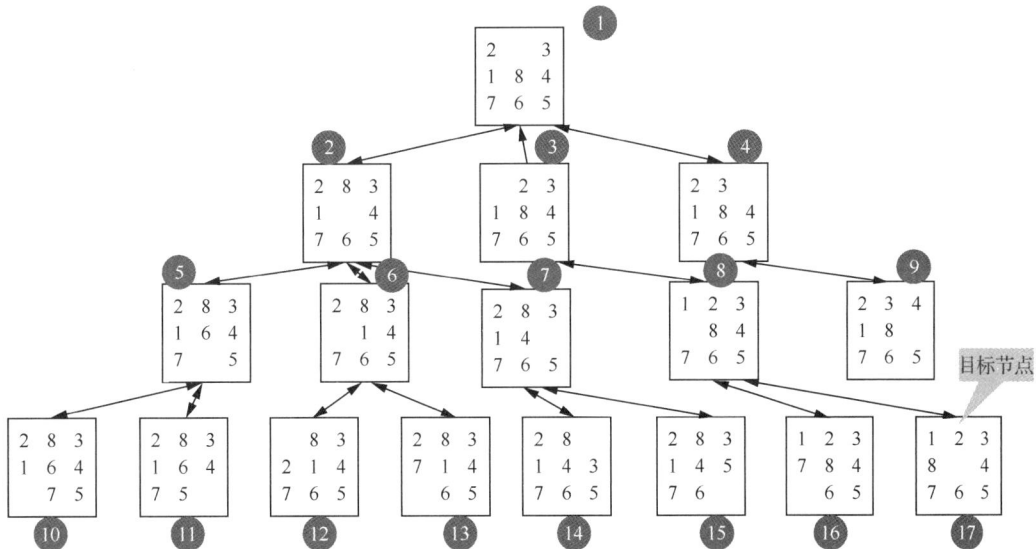

图 8-11　宽度优先搜索解决八数码问题

如图 8-11 所示，首先从根节点开始，扩展出 2 号、3 号、4 号节点。由于这三个节点位于同一层，因此下面先扩展哪个节点都可以。我们假设就随机选择 2 号节点扩展，扩展出 5 号、6 号、7 号三个节点。注意，此时上层的 3 号节点和 4 号节点还没有扩展。因此下一轮我们只能从 3 号或 4 号两个节点中选择其一进行扩展。假设我们随机选择 3 号节点扩展，扩展出 8 号节点。下一轮只能选择 4 号节点，扩展出 9 号节点。然后按照这种方法层层推进，最终扩展出的 17 号节点就是目标节点。

通过上面的过程，同样可以得出宽度优先搜索的性质。可以证明，对于任何单步代价都相等的问题，当问题有解时，宽度优先一定能找到解，并且一定能找到最优解。例如，在八数码问题中，如果移动每个棋子的代价都是相同的，比如都设成 1，利用宽度优先搜索找的解一定是将棋子移动次数最少的最优解，只是可能搜索效率不高。但是，宽度优先搜索在搜索过程中需要保留已有的搜索结果，需要占用比较大的存储空间，而且节点数会随着搜索深度的加深呈几何级增长。而深度优先搜索虽然不能保证找到最优解，甚至不能保证找到解，但是在搜索过程中可以采用回溯的方法，只保留从初始节点到当前节点的一条路径即可，可以大大节省存储空间，其所需的存储空间与搜索深度呈线性关系。

深度优先搜索适用于一个问题有多个解或多条解答路径，且只需找到其中一个的场合，并且往往应对搜索深度加以限制。而宽度优先搜索适用于那些需要确保搜索到最短的解答路径的场合。这两种算法实现起来简单易行，适合于许多复杂度不高的问题求解任务。但在搜索过程中它们都具有节点选择的盲目性，由于不采用专门领域知识去指导节点的选择，往往会在白白搜索了大量无关的节点后才碰到解，因此它们都是典型的盲目搜索。

8.3.3　有界深度优先搜索和迭代加深搜索

如果一开始就选择了错误的路径进行搜索，深度优先搜索往往需要很长的运行时间，而且还可能得不到解答路径。一种比较好的问题求解方法是对搜索树的深度加以限制，即有界深度优先搜索。有界深度优先搜索过程总体上按深度优先搜索的方法进行，但对搜索深度需要给出一个深度限制 d_m，当深度达到 d_m 时，如果还没有找到解答路径，就停止对该分支的搜索，换到另外一个分支继续搜索。前述的例子就是一个深度限制为 4 的有界深度优先搜索。

在有界深度优先搜索中，深度限制 d_m 的大小很重要。当问题有解，且解的路径长度小于或等于 d_m 时，搜索过程中一定能够找到解，但是和深度优先搜索一样，并不能保证最先找到的是最优解，因为在另一条路径上可能会有更优解。而当 d_m 取得太小，解的路径长度大于 d_m 时，搜索过程中就找不到解。同样，深度限制 d_m 也不能取得太大。当 d_m 太大时，搜索过程会产生过多的无用节点，这样既浪费了计算机资源，又降低了搜索效率。

因此可以看出，有界深度优先搜索的主要问题是深度限制 d_m 的选取。该值也被称为状态空间的直径，如果该值设置得比较合适，有界深度优先搜索效果就会比较好。但是对于很多问题，我们一开始并不知道该值到底应该设置为多少，往往直到该问题求解完成，才可以确定合理的深度限制。

为了解决上述问题，可采用如下改进方法：先任意给定一个较小的数作为 d_m，然后进行有界深度优先搜索，若在此深度限制内找到了解，则算法结束；如在此深度限制内没有找到解，则增大深度限制 d_m，继续搜索。这就是迭代加深搜索的基本思想。

迭代加深搜索采用一种回避选择最优深度限制的策略，它试图尝试所有可能的深度限制：首先尝试深度限制为 0，然后为 1，接着为 2……这样一直进行下去，直到找到解。初始深度限制为 0，此时该算法只生成根节点，并检测它。如果根节点不是目标节点，则深度限制加 1，通过典型的深度优先搜索，生成深度为 1 的树。同样，当深度限制为 d_m 时，树的深度也为 d_m。

迭代加深搜索看起来会很浪费，因为很多节点都可能扩展多次。然而对于很多问题，这种多次的扩展负担实际上很小，可以想象，如果一棵树的分支系数很大，几乎所有的节点都在底层，则上面各层节点扩展多次对整个系统来说影响并不是很大。

从本质上来说，迭代加深搜索对一棵深度受控的树采用深度优先搜索，它结合了宽度优先和深度优先的特点，既能满足深度优先搜索的线性存储要求，又能保证发现一个最小深度的目标节点。从实际应用来看，迭代加深搜索并不比宽度优先搜索慢很多，但对存储空间的需求与深度优先搜索相同，比宽度优先搜索小很多。在一些层次遍历的题目中，选择迭代加深搜索不失为一种较好的策略。

最后比较本节介绍的四种盲目搜索，如表 8-1 所示，d 是解的深度，d_m 是深度限制。对于任何单步代价都相等的问题，当问题有解时，宽度优先搜索确保能够找到解和最优解；深度优先搜索既不能确保找到最优解，也不能确保找到解；对有界深度优先搜索而言，当深度限制 d_m 大于或等于解的深度时，能确保找到解，但是并不能确保找到的是最优解；而迭代加深搜索和宽度优先搜索一样，既能确保找到解，又能确保找到最优解。

表 8-1　四种搜索策略的比较

标准	宽度优先搜索	深度优先搜索	有界深度优先搜索	迭代加深搜索
是否确保找到解	是	否	如果 $d_m \geq d$，是	是
是否确保找到最优解	是	否	否	是

8.4　启发式搜索

8.3 节介绍了典型的盲目搜索：深度优先搜索和宽度优先搜索。它们都是按事先规定好的策略进行搜索的，没有用到问题本身的特征信息，因此都具有较大的盲目性，产生的无用节点较多，搜索空间较大，搜索效率也不高。试想一下，如果能够利用问题自身的一些特征信息来指导搜索过程，则可以缩小搜索范围，提高搜索效率。通过前面的学习，我们很容易得出结论，提高搜索效率的关键在于总是选中那些离目标节点最近的、最有希望的节点。

来看个例子，如图 8-12 所示，对于八数码问题，这就是一个非常理想的搜索图。假设最优解是沿着编号为 1、2、3、4、5、6 的节点形成的路径，可以发现，系统在每次选择节点进行扩展的时候，总是选择那个离目标节点最接近的"正确"的节点，绝不走岔路。例如，开始时根节点扩展出 3 个子节点，下一轮继续搜索，此时共有 3 个节点可供选择，系统正确选中排在中间的 2 号节点进行扩展。同理，下一轮进行搜索的时候，共有 5 个节点可供选择，系统正确选中 3 号节点进行扩展，以此类推。也就是说，系统在每次进行节点选择的时候，总是能够如有神助地选中那个位于最优搜索路径上的节点。算法要想接近或者达到这种理想状态，必须采用科学的方法来制订选择节点的策略，这就是本节要介绍的启发式搜索。

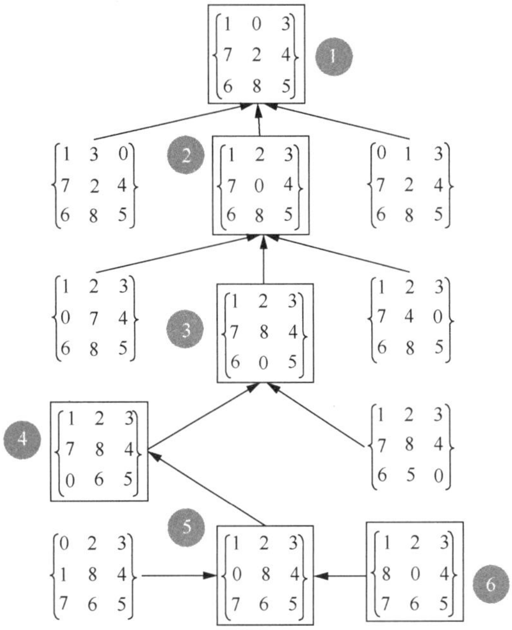

图 8-12　理想的搜索图示例

8.4.1　启发性信息和评价函数

如果在搜索过程中选择节点时能充分利用和问题相关的特征信息，估计出节点的重要性，就能在搜索时选择重要性较高的节点，以利于求得最优解。我们把这个过程称为启发式搜索。"启发式"实际上代表了"经验"：在大多数情况下是成功的，但不保证一定成功。根据对节点选择的指导方式不同，启发式搜索分为两种：全局排序和局部排序。全局排序是指对所有可供选择的节点进行考量，新老节点一视同仁，从中选择最有希望的节点，其代表算法是 A 算法和 A*算法。局部排序是指选择节点时仅考虑那些新扩展出来的子节点，使这些新节点中最有希望者能优先被取出考察和扩展，而此前产生的老节点则直接丢弃，其代表算法是爬山法。全局排序因为更加科学，使用的范围也更广。因此本节后面重点给大家介绍采用全局排序的 A 算法和 A*算法。

和问题的某些特征相关的控制信息（如解的出现规律、解的结构特征等）称为搜索的启发性信息，它反映在评价函数中。评价函数的作用是估计各个待扩展节点在问题求解中的价值，即评估节点的重要性。需要说明的是，根据问题的不同，搜索代价可以是路径的长度、需要的时间、花费的财物等。为了方便问题的描述，本节后面描述的问题中搜索代价均指路径的长度，并且相邻两个节点之间的路径代价都为 1。

如图 8-13 所示，把搜索图设为 G，当前扩展出的节点称为 n，目标节点称为 n_g，同时把评价函数记作 $f(n)$，其定义式为

$$f(n)=g(n)+h(n)$$

其中 $f(n)$ 为图 G 中从初始节点 s 经由节点 n 到达目标节点 n_g 的估计最小路径代价，$g(n)$ 为图 G 中从 s 到 n 目前实际的路径代价，$h(n)$ 为图 G 中从 n 到 n_g 的估计最小路径代价。注意，因为此时搜索图 G

的上半部分已经被绘制出来，因此 $g(n)$ 就可以精确地计算出来，大部分情况下可以简单地用节点深度代表 $g(n)$ 的值，因此定义式里 $g(n)$ 为实际的路径代价；而搜索图 G 的下半部分还未绘制出来，此时无法精确计算出 $h(n)$ 的值，必须依靠问题本身的背景信息即启发性信息加以评估，也正是因为 $h(n)$ 是依靠启发性信息估算出来的，我们们就把 $h(n)$ 叫作启发式函数。最后看一下评价函数 $f(n)$，$f(n)$ 由 $g(n)$ 和 $h(n)$ 两部分共同组成，$g(n)$ 是精确值，$h(n)$ 是估计值，因此 $f(n)$ 也是估计值。

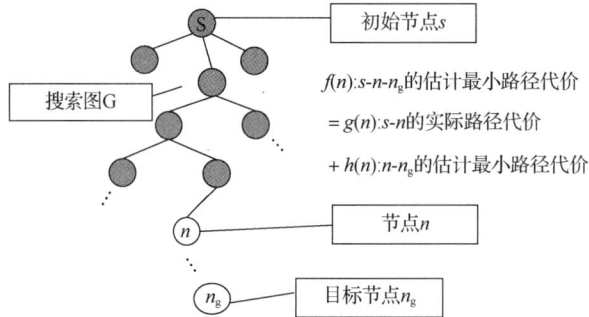

图 8-13　评价函数的定义

综上可知，启发式函数 $h(n)$ 需要根据具体问题具体分析，分析的出发点不同，同一个问题就可能定义出不同的启发式函数。如何定义一个好的启发式函数是用 A 算法求解的关键所在。

8.4.2　A 算法和 A*算法

下面以八数码游戏为例，说明 A 算法的搜索过程。初始布局和目标布局如图 8-14 所示。

算法的关键在于评价函数 $f(n)$ 的设计。考虑到问题的背景，可以这样设计 $f(n)$：$f(n)=g(n)+h(n)$。其中，$g(n)$ 是节点 n 在搜索图中的深度；而启发式函数 $h(n)$ 的值是节点 n 与目标节点 n_g 相比较，除空格外错位的棋子个数。这么设计的原因很好理解。错位的棋子越多，说明离目标状态越远；错位的棋子越少，说明离目标状态越近。因此错位棋子的个数大体反映了该节点与目标节点的距离。具体到本例很容易看出，初始状态和目标状态相比，错位的棋子有 7、2、6、8 这 4 个。因此初始节点的评价函数 $f(n)$ 的值就为节点深度 0 加上错位的棋子个数 4，等于 4。其他节点的评价函数也依此方式计算。

图 8-14　八数码游戏示例

A 算法可以这样实现：设置一个变量 OPEN 表用于存放当前搜索图中的叶节点，也就是已经被生成，但还没有被扩展的节点；设置另一个变量 CLOSE 表用于存放当前搜索图中的非叶节点，就是那些不但被生成，还已经被扩展过的节点。OPEN 表中的节点按照评价函数 $f(n)$ 的值从小到大排列，相同 $f(n)$ 值的节点次序随意。算法主体由多轮循环构成。每轮循环开始时算法从 OPEN 表中取出第一个元素，即评价函数 $f(n)$ 值最小的那个节点 n 进行扩展，如果 n 是目标节点，则算法找到一个解，算法结束；否则扩展 n，扩展完毕将 n 从 OPEN 表中移出，并移入 CLOSE 表。对于 n 扩展出的每一个子节点 m，根据需要计算出其评价函数的值，如果 m 既不在 OPEN 表中，也不在 CLOSE 表中，说明 m 是全新节点，则将 m 加入 OPEN 表；如果 m 在 OPEN 表中已出现，说明从初始节点到 m 找到了两条路径，应该保留较短的那条路径；如果 m 在 CLOSE 表中已出现，也说明从初始节点到 m 有两条路径，此时仍需要保留较短的那条路径，并将 m 重新移入 OPEN 表。每一轮循环结束时，都需要对 OPEN 表中的节点按评价函数的值从小到大进行重新排序。不断重复以上过程，直到找到一个解，算法结束，或者算法在运行过程中遇到 OPEN 表为空，失败退出，说明问题没有解。

下面我们就以图 8-14 给出的状态为例，演示一下 A 算法。算法的整个搜索过程如图 8-15 所示。

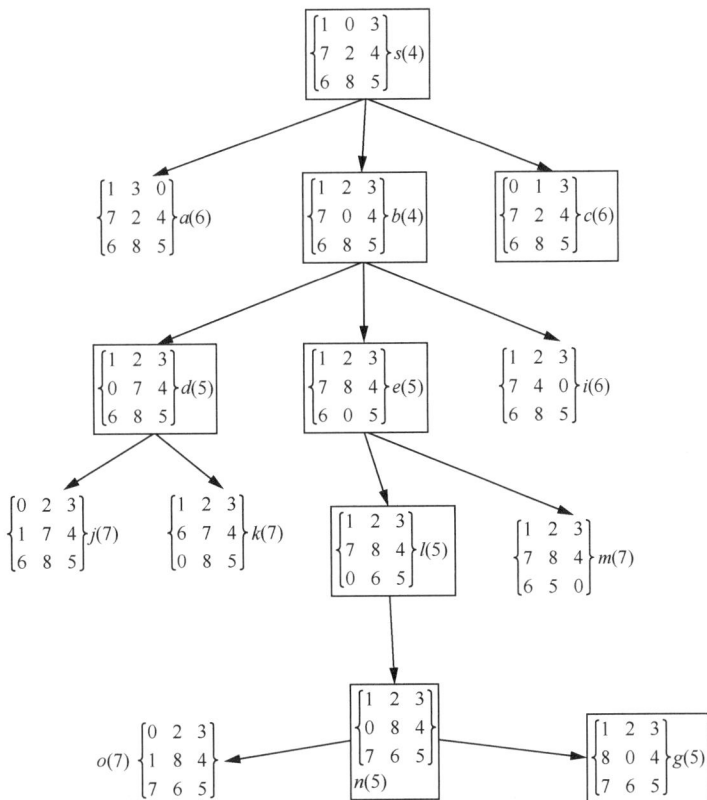

图 8-15　应用 A 算法解决八数码问题的搜索过程

每一轮循环结束时，OPEN 表和 CLOSE 表中的节点如表 8-2 所示。

表 8-2　每轮循环结束时 OPEN 表和 CLOSE 表中的节点

循环轮次	OPEN 表	CLOSE 表
初始化	(s)	()
1	(b a c)	(s)
2	(d e a c i)	(s b)
3	(e a c i k j)	(s b d)
4	(l a c i k j m)	(s b d e)
5	(n a c i k j m)	(s b d e l)
6	(g a c i k j m o)	(s b d e l n)
7	成功结束	

　　首先是初始化阶段。选中初始状态，也就是根节点 s，把它放入 OPEN 表，我们刚才已经计算出它的评价函数的值是 4。此时 CLOSE 表为空。

　　然后进入第一轮循环。从 OPEN 表中取出 s，对 s 进行扩展，并在扩展后把它放入 CLOSE 表。s 可以扩展出三个子节点，分别是空格和 3 交换扩展出 a，空格和 2 交换扩展出 b，空格和 1 交换扩展出 c。当新的节点被扩展出来时，我们均需要计算它们的评价函数值。可以看出，a 节点和目标状态相比，错位的棋子有 5 个，加上此时的节点深度 1，a 节点的评价函数的值为 6。用同样的方法，计算出 b 节点和 c 节点的评价函数的值分别是 4 和 6。这时到了第一轮循环的最后一步，把 a、b、c 三个节点按照其评价函数值的大小放入 OPEN 表并排序。毫无疑问，b 节点应该放在 OPEN 表表首；a 节点和 c 节点的评价函数值一样，它们在 OPEN 表中的次序可以随意，假设我们把 a 放前，c 放后。此时第一轮循环结束，OPEN 表中是 b、a、c 三个节点，CLOSE 表中是 s 节点。

　　下面进入第二轮循环。选中 OPEN 表的表首节点 b，对其进行扩展，扩展后将其放入 CLOSE 表。

b 节点可以扩展出三个子节点 d、e、i，我们很容易算出 d、e、i 错位的棋子个数分别是 3、3、4，再加上此时的节点深度 2，因此 d、e、i 的评价函数值分别为 5、5、6。把这三个新扩展出的节点按照评价函数值的大小放入 OPEN 表。因为 d 和 e 的评价函数值相同，因此它们的次序可以随意，假设我们把 d 放前面。第二轮循环结束时 OPEN 表中共有五个节点 d、e、a、c、i，CLOSE 表中有两个节点 s、b。

进入第三轮循环。从 OPEN 表中选出表首节点 d 进行扩展，扩展后把它放入 CLOSE 表。扩展出两个节点 j 和 k，按照前述的方法，分别计算出它们的评价函数的值 7 和 6。把这两个新扩展出的节点按照评价函数值的大小放入 OPEN 表。第三轮循环结束时，OPEN 表中共有六个节点 e、a、c、i、k、j，CLOSE 表中有三个节点 s、b、d。

下面进行第四轮循环。从 OPEN 表中选出表首节点 e 进行扩展，扩展后把它放入 CLOSE 表。扩展出两个节点 l 和 m，分别计算出它们的评价函数的值 5 和 7。把这两个新扩展出的节点按照评价函数值的大小放入 OPEN 表。第四轮循环结束时，OPEN 表中共有七个节点 l、a、c、i、k、j、m，CLOSE 表中有四个节点：s、b、d、e。

进入第五轮循环。从 OPEN 表中选中表首节点 l 进行扩展，扩展后把它放入 CLOSE 表。扩展出一个节点 n，计算出它的评价函数的值 5。把这个新扩展出的节点按照评价函数值的大小放入 OPEN 表。第五轮循环结束时，OPEN 表中共有七个节点 n、a、c、i、k、j、m，CLOSE 表中有五个节点 s、b、d、e、l。

下面进行第六轮循环。从 OPEN 表中选出表首节点 n 进行扩展，扩展后把它放入 CLOSE 表。扩展出两个节点 o 和 g，分别计算出它们的评价函数的值 7 和 5。把这两个新扩展出的节点按照评价函数值的大小放入 OPEN 表。第六轮循环结束时，OPEN 表中共有八个节点 g、a、c、i、k、j、m、o，CLOSE 表中有六个节点 s、b、d、e、l、n。

在第七轮循环开始前，算法发现此时 OPEN 表表首节点 g 就是我们要找的目标节点，算法成功结束。

我们仔细分析一下，这个算法总共用了 6 轮完整的循环才搜索到系统的目标状态。但是前面分析过了，如果是理想的搜索图，如图 8-12 所示，则只需要 5 轮循环就能够找到目标状态。也就是说，如果在搜索过程中进行节点选择的时候，每次都能选中最优的节点，即每次最优节点一定位于 OPEN 表的表首位置，这样的话，算法的每一步选择都是正确的，绝对不会出现无用的岔路。

我们很容易分析出判断失误的原因：算法在第二轮循环时，扩展出的两个节点 d 和 e 评价函数的值相同，都是 5，这就导致在第三轮循环的时候，算法错误地选择了 d 节点进行扩展，做了"无用功"，在下一轮循环时，才重新回到 e 节点这个正确的分支上，使得最后整个算法多进行了一轮循环。再深入思考一下，为什么 d 和 e 这两个节点明明与目标节点距离不同，评价函数值却会相同呢？当然是因为设计的评价函数并不是非常准确，或者说并没有把启发性信息考虑得足够充分和完整。

那么如何才能更准确地设计评价函数呢？为了解决这个问题，首先探讨一下搜索算法的可采纳性。在搜索图中存在从初始节点到目标节点的解答路径的情况下，若一个搜索算法总能找到最短即代价最小的解答路径，则称该状态空间中的搜索算法具有可采纳性，也叫作最优性。例如，宽度优先的搜索算法就是可采纳的，只是其搜索效率不高。

为考察 A 算法的可采纳性，我们需要引入评价函数 $f^*(n)$：$f^*(n)=g^*(n)+h^*(n)$。$f^*(n)$ 是指通过节点 n 的最短解答路径实际的路径代价；$g^*(n)$ 是指该路径前段——自初始节点 s 到节点 n 的代价；$h^*(n)$ 是指该路径后段——自节点 n 到目标节点的代价。

将评价函数 $f(n)$ 与 $f^*(n)$ 相比较可以发现，实际上 $f(n)$、$g(n)$ 和 $h(n)$ 分别是 $f^*(n)$、$g^*(n)$ 和 $h^*(n)$ 的近似值。在理想情况下，设计评价函数 $f(n)$ 时可以让 $g(n)=g^*(n)$，$h(n)=h^*(n)$，则应用该评价函数的算法就能在搜索过程中每次都正确地选择下一个从 OPEN 表中取出加以扩展的节点，从而不会扩展任何无关的节点，顺利地获取最优解答路径。然而在实际应用中，$g^*(n)$ 和 $h^*(n)$ 在最优解答路径被找到前是未知的，因而几乎不可能设计出这种理想的评价函数；而且对于复杂的应用领域，设计接

近于 $f*(n)$ 的 $f(n)$ 往往也是十分困难的。一般来讲，$g(n)$ 的值容易从迄今已生成的搜索树中计算出来，不必专门定义计算公式。例如，就以节点深度作为 $g(n)$，则 $g(n) \geqslant g*(n)$。然而 $h(n)$ 的设计则依赖于启发性信息的应用，所以如何挖掘贴切的启发性信息，使 $h(n)$ 尽可能靠近 $h*(n)$，是设计评价函数乃至整个算法的关键。

上述例子中使用的启发式函数 $h(n)$ 就不够贴切，因此我们在搜索过程中错误地选用了节点 d 加以扩展。其实我们可以设计出更接近于 $h*(n)$ 的 $h(n)$，其值是节点 n 与目标节点相比较，每个错位棋子在不受阻挡的情况下移动到目标状态相应位置所需移动次数的总和。显然这次的 $h(n)$ 比先前的 $h(n)$ 更接近于 $h*(n)$，因为这次的 $h(n)$ 不仅考虑了错位棋子的个数，还考虑了错位的距离。

仍以图 8-14 为例，采用新的评价函数，重新执行一下算法，看看有没有改进。很容易看出，初始状态和目标状态相比，错位的棋子有 2、6、7、8 这 4 个，其中 2、6、7 这三个棋子和目标状态相比错位的距离均是 1，而棋子 8 和目标状态相比错位的距离是 2。因此初始节点的评价函数 $f(n)$ 的值就为节点深度 0 加上错位的棋子移动步数之和 5，等于 5，这和先前的旧的评价函数计算出来的 4 不相同。算法的整个搜索过程如图 8-16 所示。

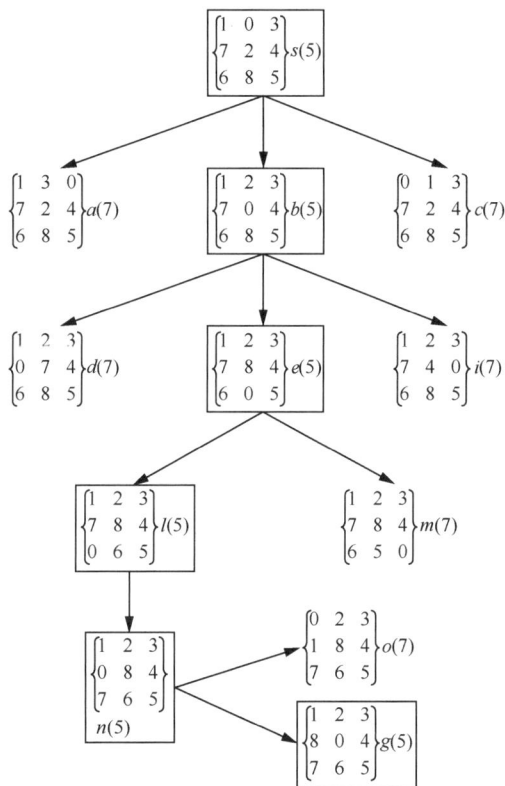

图 8-16　改进评价函数后的搜索过程

每一轮循环结束时，OPEN 表和 CLOSE 表中的节点如表 8-3 所示。

表 8-3　每轮循环结束时 OPEN 表和 CLOSE 表中的节点

循环轮次	OPEN 表	CLOSE 表
初始化	(s)	( )
1	(b a c)	(s)
2	(e a c d i)	(s b)
3	(l a c d i m)	(s b e)
4	(n a c d i m)	(s b e l)
5	(g a c d i m o)	(s b e l n)
6	成功结束	

执行算法，进入初始化阶段。选中初始状态，也就是根节点 s，把它放入 OPEN 表，我们刚才已经计算出它的评价函数的值是 5。此时 CLOSE 表为空。

然后进入第一轮循环。从 OPEN 表中取出 s，对 s 进行扩展，并在扩展后把它放入 CLOSE 表。S 扩展出三个子节点 a、b、c，分别计算出它们的评价函数的值 7、5、7。这时到了第一轮循环的最后一步，把 a、b、c 按照其评价函数值的大小放入 OPEN 表并排序。毫无疑问，b 节点应该放在 OPEN 表表首，a 节点和 c 节点的评价函数值一样，它们在 OPEN 表中的次序可以随意，假设我们把 a 放在前，c 放在后。此时第一轮循环结束，OPEN 表中是 b、a、c 三节点，CLOSE 表中是 s 节点。

下面进入第二轮循环。选中 OPEN 表的表首节点 b，对其进行扩展，扩展后将其放入 CLOSE 表。b 节点可以扩展出三个子节点 d、e、i，计算出它们的评价函数值分别为 7、5、7（注意和上一次计算结果的不同）。把这三个新扩展出的节点按照评价函数值的大小放入 OPEN 表。因为 d 和 i 的评价函数值相同，因此它们的次序可以随意，假设我们把 d 放前面。第二轮循环结束时，OPEN 表中共有五个节点 e、a、c、d、i，CLOSE 表中有两个节点 s、b。

进入第三轮循环。从 OPEN 表中选出表首节点 e 进行扩展，扩展后把它放入 CLOSE 表。扩展出两个节点 l 和 m，按照前述的方法，分别计算出它们的评价函数的值 5 和 7。把这两个新扩展出的节点按照评价函数值的大小放入 OPEN 表。第三轮循环结束时 OPEN 表中共有六个节点 l、a、c、d、i、m，CLOSE 表中有三个节点 s、b、e。

下面进行第四轮循环。从 OPEN 表中选出表首节点 l 进行扩展，扩展后把它放入 CLOSE 表。扩展出一个节点 n，评价函数的值为 5。把新扩展出的节点按照评价函数值的大小放入 OPEN 表。第四轮循环结束时，OPEN 表中共有六个节点 n、a、c、d、i、m，CLOSE 表中有四个节点 s、b、e、l。

接着进行第五轮循环。从 OPEN 表中选出表首节点 n 进行扩展，扩展后把它放入 CLOSE 表。扩展出两个节点 o 和 g，分别计算出它们的评价函数的值 7 和 5。把这两个新扩展出的节点按照评价函数值的大小放入 OPEN 表。第五轮循环结束时，OPEN 表中共有七个节点 g、a、c、d、i、m、o，CLOSE 表中有五个节点 s、b、e、l、n。

在第六轮循环开始前，算法发现此时 OPEN 表表首节点 g 就是我们要达到的目标节点，算法成功结束。此时产生理想的搜索图 G。

由此可以看出，和上次执行算法相比，因为启发式函数设计得更为准确，这次在第二轮循环时扩展出的两个节点 d 和 e 评价函数的值不再相同，所以避免了错误选择路径，使算法经过 5 轮完整的循环就成功结束，搜索效率更高。

总结：我们通常规定，在 A 算法中，若确保对于搜索图中的节点 n，总是有 $h(n) \leqslant h^*(n)$，则算法具有可采纳性，即总能搜索到最短或代价最小的解答路径。我们称满足 $h(n) \leqslant h^*(n)$ 的 A 算法为 A^* 算法。

对于八数码游戏，从当前被扩展节点 n 到目标节点的最短路径——棋子移动的最少次数必定不少于错位棋子的个数（有些棋子可能需移动多于一次才能到达目标状态的相应位置），也必定不会少于错位棋子在不受阻挡情况下移动到目标状态相应位置的移动次数总和（有些棋子的移动可能受阻挡），因而采用上述两个评价函数时，算法都是可采纳的。

我们可以用 $h(n)$ 接近 $h^*(n)$ 的程度去衡量启发式函数的强弱。当 $h(n) < h^*(n)$ 且两者差距较大时，$h(n)$ 过弱，从而导致 OPEN 表中节点排序的误差较大，易于产生较大的搜索图；反之，当 $h(n) > h^*(n)$，则 $h(n)$ 过强，使算法 A 失去可采纳性，从而不能确保找到最短解答路径。显然，设计恒等于 $h^*(n)$ 的 $h(n)$ 是最为理想的，其确保产生最小的搜索图，且搜索到的解答路径是最短的。

但对于复杂的问题求解任务，设计恒等于 $h^*(n)$ 的 $h(n)$ 是不可能的。为此，取消恒等约束，设计接近又总是小于或等于 $h^*(n)$ 的 $h(n)$ 成为应用 A^* 算法搜索问题解答路径的关键，目标是压缩搜索图，提高搜索效率。我们可以总结出 A^* 算法搜索问题解答路径的原则：$h(n)$ 在满足 $h(n) \leqslant h^*(n)$ 的条件下，越大越好！

可以证明，对于解决同一问题的两个算法 A_1 和 A_2，若总有 $h_1(n) \leq h_2(n) \leq h^*(n)$，则 $t(A_1) \geq t(A_2)$。其中，h_1、h_2 分别是算法采用的不同的启发式函数，t 表示相应算法成功结束时搜索图含的节点总数。再以刚才的八数码游戏为例，正因为 $h_1(n) \leq h_2(n) \leq h^*(n)$，所以采用 $h_2(n)$ 扩展出的节点不会比采用 $h_1(n)$ 时多。一个明显的例子是采用宽度优先搜索解决八数码问题时，相当于 $h(n)=0$，则实际的搜索树会比采用 $h_1(n)$ 时大得多。

从评价函数 $f(n)=g(n)+h(n)$ 可以看出，若 $h(n)=0$，则先进入 OPEN 表的节点会优先被考察和扩展，因为即使不以节点深度作为 $g(n)$，通常先进入 OPEN 表的节点 n 也具有较小的 $g(n)$ 值，从而使搜索过程接近于宽度优先的搜索策略；反之若 $g(n)=0$，则后进入 OPEN 表的节点会优先被考察和扩展，因为后进入 OPEN 表的节点 n 往往更接近于目标状态，即 $h(n)$ 值较小，从而使搜索过程接近于深度优先的搜索策略。

为了更有效地搜索解答路径，现实中可使用评价函数 $f(n)=g(n)+wh(n)$，w 用于加权。在搜索图的浅层，可让 w 取较大值，以使 $g(n)$ 所占比例很小，从而突出启发式函数的作用，加速向纵深方向搜索；一旦搜索到较深的层次，又让 w 取较小值，以使 $g(n)$ 所占比例很大，并确保 $wh(n) \leq h^*(n)$，从而引导搜索向横向发展，寻找到较短的解答路径。

在实际情况中，随着问题求解任务复杂程度的提升，即便是设计接近又总是小于等于 $h^*(n)$ 的 $h(n)$ 也变得很困难，而且往往会导致在 $h(n)$ 上的计算工作量繁重。若 $h(n)$ 的计算开销过大，即使找到最短路径，实际的搜索代价也会居高不下，因为路径选择代价会随 $h(n)$ 的计算开销而大增。删除 $h(n) \leq h^*(n)$ 的约束，将会使 $h(n)$ 的设计容易得多，但算法由此也丢失了可采纳性。不过在许多实用场合，人们并不要求找到最优解答路径，通过牺牲可采纳性来换取 $h(n)$ 设计的简化和 $h(n)$ 计算工作量的减少还是可行的。

8.5 问题规约和与或图启发式搜索

8.5.1 问题规约

问题规约是人们解决问题常用的策略，即把复杂的问题变换为若干需要同时处理的较为简单的子问题后再分别求解。只有当这些子问题全部被解决时，问题才算解决，问题的解就由子问题的解联合构成。问题规约可以递归地进行，直到把问题变换为本原问题的集合。本原问题就是不可或不需再通过变换化简的"原子"问题，本原问题的解可以直接得到或通过一个"黑箱"操作得到。

问题规约是一种广义的状态空间搜索技术，其状态空间可表示为三元组：

$$SP = (S_0, O, P)$$

其中，S_0 是初始问题，即要求解的问题；O 是操作算子集，它是一组变换规则，通过一个操作算子把一个问题化成若干个子问题；P 是本原问题集，其中的每一个问题的解是不用证明的，自然成立的，如公理、已知事实等，或已证明过。

问题的变换可分为以下 3 种情况。

（1）状态变迁：使系统从上一状态变迁到下一状态，这就是一般图搜索中操作算子的作用。

（2）问题分解：分解问题为需同时处理的子问题，但不改变系统状态。

（3）基于状态变迁的问题分解：先实现状态变迁，再实现问题分解，实际上就是前两种情况的结合。

作为问题规约的例子，观察下面的积分求解问题：初始状态为 $\int f(x)\mathrm{d}x$，目标状态为可直接求原函数和积分的本原问题，如 $\int \sin(x)\mathrm{d}x$、$\int \cos(x)\mathrm{d}x$ 等，而操作算子就是积分变换规则。

下面就是一次典型的积分变换：

$$\int (\sin^3 x + x^4/(x^2+1))\,\mathrm{d}x = \int \sin^3 x\,\mathrm{d}x + \int (x^4/(x^2+1))\,\mathrm{d}x$$
$$= \int -(1-\cos^2 x)\mathrm{d}\cos x + \int (x^2 - 1 + 1/(1+x^2))\mathrm{d}x$$
$$= (\int -\mathrm{d}\cos x + \int \cos^2 x \mathrm{d}\cos x) + (\int x^2\mathrm{d}x - \int \mathrm{d}x + \int (1/(1+x^2))\mathrm{d}x)$$
$$= -\cos x + \cos^3 x/3 + x^3/3 - x + \arctan x$$

通过上面的变换可以看出，问题规约的实质是从目标（要解决的问题）出发逆向推理，建立子问题及子问题的子问题，直至最后把初始问题规约为一个平凡的本原问题集合。

在简单问题的规约过程中，各子问题相互独立，所以子问题的进一步规约和本原问题的求解无交互作用，可按任意次序进行。然而对于许多复杂问题，子问题仅相对独立，它们之间仍存在一定的交互作用。这种情况下，正确安排子问题求解的次序是非常重要的。

比如梵塔问题，其问题描述如下。

有编号为 1、2、3 的三个柱子和标识为 A、B、C 的尺寸依次为小、中、大的三个有中心孔的圆盘；初始状态下三个圆盘按 A、B、C 顺序穿放在 1 号柱子上，目标状态下三个圆盘以同样顺序穿放在 3 号柱子上，圆盘的搬移须遵守以下规则：每次只能搬一个圆盘，且较大圆盘不能压放在较小圆盘之上，如图 8-17 所示。

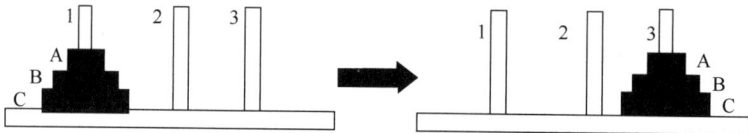

图 8-17　梵塔问题

以三元素列表作为数据结构描述系统状态，三个元素依次表示圆盘 A、B、C 所在的柱子编号，则梵塔问题描述为（1,1,1）⇒（3,3,3）。可以把该问题规约为三个子问题（1,1,1）⇒（2,2,1）、（2,2,1）⇒（2,2,3）和（2,2,3）⇒（3,3,3），即先把 A、B 圆盘搬到 2 号柱子，再把 C 圆盘搬到 3 号柱子，最后把 A、B 圆盘搬到 3 号柱子。前两个子问题再分别规约为子问题：（1,1,1）⇒（3,1,1）、（3,1,1）⇒（3,2,1）、（3,2,1）⇒（2,2,1），即依次搬 A 圆盘到 3 号柱子、B 圆盘到 2 号柱子、A 圆盘到 2 号柱子；（2,2,3）⇒(1,2,3)、(1,2,3)⇒(1,3,3)、(1,3,3)⇒(3,3,3)，即依次搬 A 圆盘到 1 号柱子、B 圆盘到 3 号柱子、A 圆盘到 3 号柱子。现在所有问题均为本原问题，只要依次解决就可到达目标状态。梵塔问题的各层子问题间有交互作用，必须注意正确的排序。其状态空间图如图 8-18 所示，图中已标出正确的节点生成顺序。

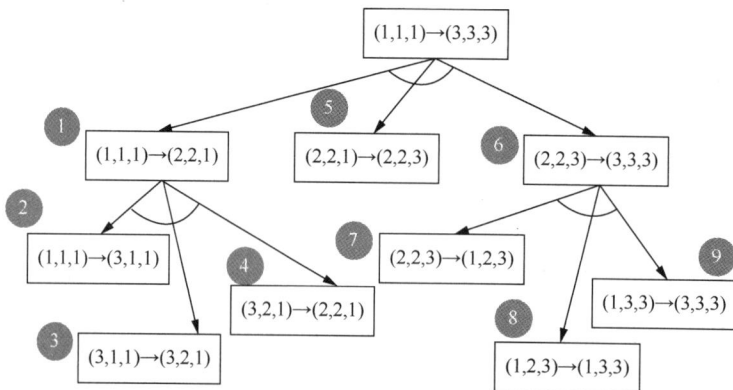

图 8-18　梵塔问题的状态空间图

通过上述例子可以看出，应用问题规约进行问题求解，原理简单，方法有效，所以得到了广泛和深入的研究和应用。

8.5.2 与或图表示

通过问题规约我们可以看到，一个复杂的问题可以分解成若干个子问题，如果把每个子问题都解决了，整个问题也就解决了；如果子问题不容易解决，还可以再分解成子问题，直至所有的子问题都解决了，则这些子问题的解的组合就构成了整个问题的解。与或图（AND/OR Graph）就是用于表示此类求解过程的一种树图，它体现的是人们解决问题时的一种思维方法。

（1）分解：与图

把一个复杂的问题 P 分解为一组简单的子问题 $P_1,P_2,\cdots,P_n$，而子问题还可分解为更小、更简单的子问题，以此类推。当这些子问题全都解决时，原问题 P 也就解决了；任何一个子问题 $P_i(i=1,2,\cdots,n)$ 无解，都将导致原问题 P 无解。这样的问题与这一组子问题之间形成了"与"的逻辑关系。这一分解过程可用一个有向图来表示，问题和子问题都用相应的节点表示，从问题 P 到每个子问题 P_i 都只用一条有向边连接，然后用一段弧将这些有向边连起来，以表明它们之间存在"与"的关系。这种有向图称为与图或者与树。

（2）等价变换：或图

把一个复杂的问题 P 等价变换为一组简单的子问题 $P_1,P_2,\cdots,P_n$，而子问题还可再等价变换为若干更小、更简单的子问题，以此类推。当这些子问题中有任何一个子问题 $P_i(i=1,2,\cdots,n)$ 有解时，原问题 P 就解决了；只有当全部子问题无解时，原问题 P 才无解。这样的问题与这一组子问题之间形成了"或"的逻辑关系。这一等价变换过程同样可用一个有向图来表示，表示方法类似与图，只是不用弧将有向边连起来。这种有向图称为或图或者或树。

在实际问题求解过程中，常常是既有分解，又有等价变换，因而人们常将与图和或图结合起来用于表示问题的求解过程。此时，所形成的图就称为与或图或与或树。

我们可以把与或图视为对一般图（或图）的扩展，或反之，把一般图视为与或图的特例。与一般图类似，与或图也有根节点，用于指示初始状态，由于同父子节点间可以存在"与"关系，因此父、子节点间不能简单地以连线关联，需要引入超连接概念。同样的原因，在典型的与或图中，解答路径往往不存在，代之以广义的解答路径——解图。

图 8-19 所示为一个抽象的与或图简例，节点的状态描述没有显式给出。下面我们基于该简例解释与或图搜索的基本概念。

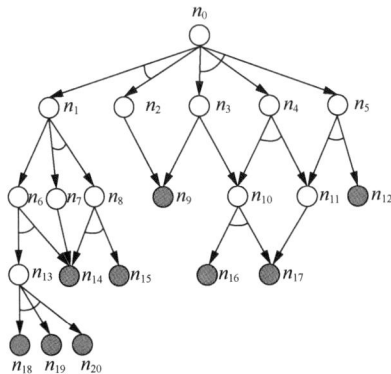

图 8-19 与或图简例

（1）K-连接

K-连接用于表示从父节点到子节点的连接，也称为父节点的外向连接，并以一段弧指示同父子节点间的"与"关系，K 为这些子节点的个数。一个父节点可以有多个 K-连接。例如，根节点 n_0 就有两个 K-连接：一个 2-连接指向子节点 n_1 和 n_2，一个 3-连接指向子节点 n_3、n_4 和 n_5。K 大于 1

的连接也称为超连接，K 等于 1 时超连接蜕化为普通连接，而当所有超连接的 K 都等于 1 时，与或图蜕化为一般图。

（2）根节点、叶节点、终节点

无父节点的节点称为根节点，用于指示问题的初始状态；无子节点的节点称为叶节点；由于问题规约伴随着问题分解，因此目标状态不再由单一节点表示，而是由一组节点联合表示，能用于联合表示目标状态的节点称为终节点。终节点必定是叶节点，反之不然。非终节点的叶节点往往指示了搜索失败。

（3）解图的生成

在与或图搜索过程中，可以建立解图：自根节点开始选一外向连接，并从该连接指向的每个子节点出发，再选一外向连接，以此类推，直到所有外向连接都指向终节点。例如，从图 8-19 所示的与或图根节点 n_0 开始，选左边的 K 等于 2 的外向连接，再从 n_1、n_2 分别选外向连接：从 n_1 选左边的 K 等于 1 的外向连接，指向 n_6，以此类推，直到终节点 n_{14}、n_{18}、n_{19} 和 n_{20}；从 n_2 只有一个 K 等于 1 的外向连接指向终节点 n_9。如此，生成图 8-20（a）所示的一个解图。注意，解图是遵从问题规约策略而搜索到的，解图中不存在节点或节点组之间的"或"关系，也就是说，解图纯粹是一种"与"图。另外，正因为与或图中存在"或"关系，所以往往会搜索到多个解图，本例中就有 4 个可能的解图，如图 8-20 所示。

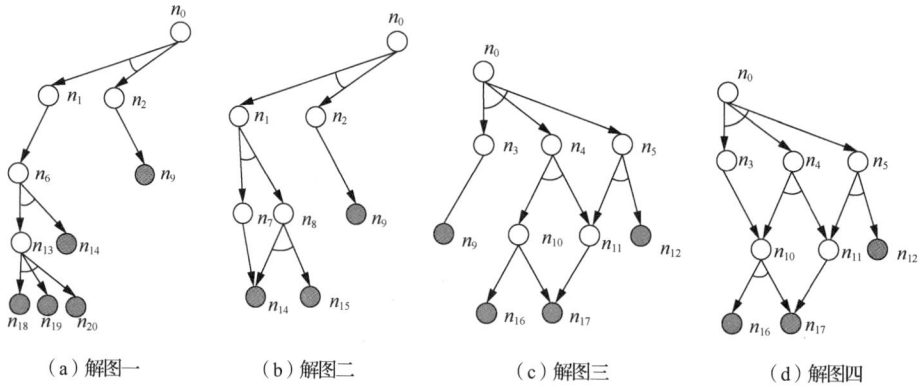

（a）解图一　　　　（b）解图二　　　　（c）解图三　　　　（d）解图四

图 8-20　4 个可能的解图

为确保在与或图中搜索解图的有效性，要求解图是无环的，即任何节点的外向连接均不得指向自己或自己的先辈节点，否则会使搜索陷入死循环。也就是说，会导致解图有环的外向连接不能选用。下面，我们给出解图、解图代价、能解节点和不能解节点的定义。

（1）解图

与或图（记为 G）任一节点（记为 n）到终节点集合的解图（记为 G'）是 G 的子图。

① 若 n 是终节点，则 G' 由单一节点 n 构成。

② 若 n 有一外向 K-连接指向子节点 $n_1, n_2, \cdots, n_k$，且这些子节点都有到终节点集合的解图，则 G 由该 K-连接和与这些子节点相应的解图构成。

③ 否则不存在 n 到终节点集合的解图。

（2）解图代价

以 $C(n)$ 指示节点 n 到终节点集合的解图的代价，并令 K-连接的代价为 K，则有

① 若 n 是终节点，则 $C(n) = 0$。

② 若 n 有一外向 K-连接指向子节点 $n_1, n_2, \cdots, n_k$，且这些子节点都有到终节点集合的解图，则

$$C(n) = K + C(n_1) + C(n_2) + \cdots + C(n_k)$$

（3）能解节点

① 终节点是能解节点。

② 若节点 n 有一外向 K-连接指向子节点 $n_1, n_2, \cdots, n_k$，且这些子节点都是能解节点，则 n 是能解节点。

（4）不能解节点

① 非终节点的叶节点是不能解节点。

② 若节点 n 的每一个外向连接都至少指向一个不能解节点，则 n 是不能解节点。

能解节点和不能解节点如图 8-21 所示。

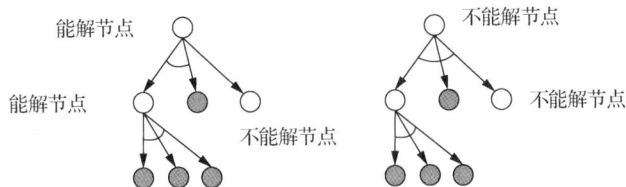

图 8-21　能解节点和不能解节点

8.5.3　与或图启发式搜索

与一般图（或图）的搜索过程类似，引入应用领域的启发性信息去指导搜索过程，可以显著提高搜索的有效性，加速搜索算法的收敛。考虑到与或图中搜索的是解图，而非由相邻节点间路径连接成的解答路径，估算评价函数 $f(n)$ 的第 1 分量 $g(n)$ 没有意义，只需估算第 2 分量 $h(n)$。注意，这里的 $h(n)$ 也非对最短解答路径代价的估计，而是对于最小解图代价的估计。另外，由于与或图中子节点或子节点组间可以存在"或"关系，所以在搜索过程中会同时出现多个候选的待扩展局部解图，应估计所有这些局部解图的可能代价，并从中选择一个可能代价最小的用于下一步搜索。由于解图以递归方式生成，解图的代价也以递归方式计算，所以一旦某父节点 n 的 K-连接指向的子节点 $(n_1, n_2, \cdots, n_k)$ 每个都估算了 $h(n_i)$（$i = 1, 2, \cdots, k$），则从父节点 n 到终节点集合的解图的可能代价 $f(n)$ 可以表示为

$$f(n) = K + h(n_1) + h(n_2) + \cdots + h(n_k)$$

并用于取代原先在扩展出节点 n 时直接基于 $h(n)$ 估算而得出的 $f(n)$。显然，基于子节点 $h(n_i)$ 算出的 $f(n)$ 更为准确。如此递归计算，可以计算出更为准确的 $f(n_0)$，即从初始节点到终节点集合的解图的可能代价。

下面介绍实现与或图启发式搜索的 AO*算法，然后讨论该算法应用的若干问题。

1．AO*算法

设 G 为搜索图，G'为被选中的待扩展局部解图，LGS 为候选的待扩展局部解图集，n_0 为根节点，即初始状态节点；n 为被选中的待扩展节点；$f_i(n_0)$ 为第 i 个候选的待扩展局部解图的可能代价。

该算法的实现过程如下。

（1）G ＝ n_0，LGS 为空集。

（2）若 n_0 是终节点，则标记 n_0 为能解节点；否则计算 $f(n_0) = h(n_0)$，并把 G 作为 0 号候选局部解图加进 LGS。

（3）若 n_0 标记为能解节点，则算法成功结束。

（4）若 LGS 为空集，则算法失败结束；否则从 LGS 选择 $f_i(n_0)$ 最小的待扩展局部解图作为 G'。

（5）在 G'中选择一个非终节点的外端节点（尚未用于扩展出子节点的节点）作为 n。

（6）扩展 n，生成其子节点集，并从中删去导致解图有环的子节点，以及和它们有"与"关系的子节点。若子节点集为空，则 n 是不能解节点，从 LGS 删去 G'（因为 G'不可能再扩展为解图）；否则计算每个子节点 n_i 的 $f(n_i)$，并通过建立外向 K-连接将所有子节点加到 G 中。

（7）若存在 j（$j>1$）个外向 K-连接，则从 LGS 删去 G'，并将 j 个新局部解图加进 LGS。

（8）在 G'中或在取代 G'的 j 个新局部解图中用 $f(n)=K+h(n_1)+h(n_2)+\cdots+h(n_k)$ 的计算结果取代原先的 $f(n)$，并以此类推到 $f_i(n_0)$（$i=1,2,\cdots,j$）；同时将作为终节点的子节点标记为能解节点，并传递节点的能解性。

（9）返回步骤（3）。

下面就以图 8-22 所示与或图为例，观察如何应用上述 AO*算法来搜索解图。

假定在搜索过程中扩展出来的某些节点的启发式函数 $h(n_i)$ 如下：

$h(n_0)=3, h(n_1)=2, h(n_2)=1, h(n_3)=1, h(n_4)=4,$

$h(n_5)=2, h(n_6)=2, h(n_7)=1, h(n_8)=1, h(n_{13})=3$

AO*算法的第 1 轮循环扩展根节点 n_0，产生 2 个候选的局部解图，分别编号为 1（对应于 2-连接）和 2（对应于 3-连接），加入 LGS 并删去 0 号局部解图。鉴于 $f_1(n_0)=5$ 而 $f_2(n_0)=10$，第 2 轮循环就选中 1 号局部解图作为 G'，如图 8-23（a）所示。随机选中 n_1 加以扩展，建立 2 个外向连接，从 LGS 删去 1 号局部解图，将 2 个扩展出的新局部解图分别编号为

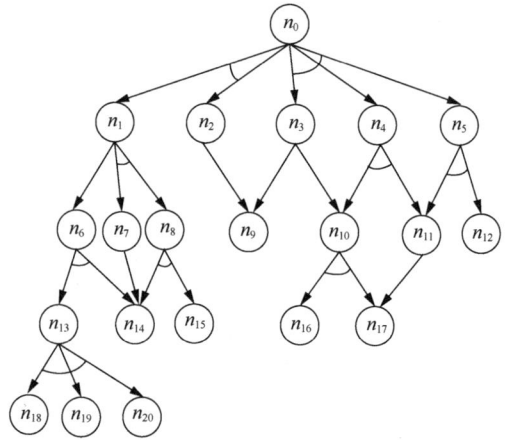

图 8-22　待搜索的与或图

3（对应于 1-连接）和 4（对应于 2-连接），加入 LGS。鉴于 $f_3(n_0)=6$ 而 $f_4(n_0)=7$，第 3 轮循环就选中 3 号局部解图作为 G'，如图 8-23（b）所示。随机选中 n_6 加以扩展，建立 1 个外向连接（并由此扩展了 3 号局部解图），并使 $f_3(n_0)=9$。第 4 轮循环就选中 4 号局部解图作为 G'（此时 $f_4(n_0)=7$，最小），如图 8-23（c）所示。随机选中 n_7 加以扩展，建立 1 个外向连接，并维持 $f_4(n_0)$ 不变，如图 8-23（d）所示。由于新扩展出的节点 n_{14} 是终节点，标记其为能解节点，并递归地标记节点 n_7 为能解节点。第 5 轮循环仍选中 4 号局部解图作为 G'，随机选中 n_8 加以扩展，建立 1 个外向连接，并使 $f_4(n_0)=8$。标记新扩展出的终节点 n_{15} 为能解节点，递归地标记节点 n_8 和 n_1 为能解节点。第 6 轮循环仍选中 4 号局部解图作为 G'，扩展节点 n_2，标记新扩展出的终节点 n_9 为能解节点，递归地标记节点 n_2 和 n_0 为能解节点。至此算法 AO*成功搜索到解图，且解图代价为 8，如图 8-23（e）所示。

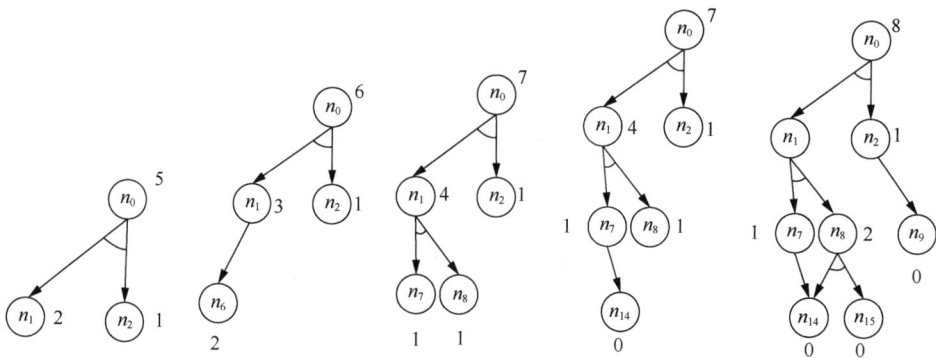

（a）第 2 轮循环 G'　（b）第 3 轮循环 G'　（c）第 4 轮循环 G'　（d）第 4 轮循环结果　（e）第 6 轮循环结果

图 8-23　AO*算法搜索过程中解图的形成

2．算法应用的若干问题

（1）从局部解图中选择加以扩展的节点

鉴于在与或图中搜索的是解图而非解答路径，所以选择 $f(n)=h(n)$ 的值最小的节点加以扩展并不

一定会加速搜索过程。倒是应选择导致解图代价发生较大变化的节点优先加以扩展，以使搜索的注意力快速地聚焦到实际代价较小的候选解图上。然而，这种选择需要附加的启发性信息。若应用领域挖掘不出这样的启发性信息，可随机选择加以扩展的节点。

（2）AO*算法的可采纳性

AO*算法的应用要求遵从以下约束：总能满足 $h(n) \leqslant h*(n)$，且确保 $h(n)$ 满足单调限制条件。只有遵从该约束，AO*算法才是可采纳的，即当某与或图存在解图时，应用 AO*算法一定能找出代价最小的解图。

类似于 A*算法，$h*(n)$ 是实际的代价最小解图的代价，我们通常只能设计接近于 $h*(n)$ 的 $h(n)$。单调限制条件表示为

$$h(n) \leqslant K + h(n_1) + h(n_2) + \cdots + h(n_k)$$

$n_1, n_2, \cdots, n_k$ 是节点 n 通过 K-连接指向的子节点。若将 $h(n)$ 的值视为粗略的估计值，而将 $K + h(n_1) + h(n_2) + \cdots + h(n_k)$ 的值视为细致的计算值，则单调限制条件可理解为，粗略的估计值总是不超过细致的计算值。

（3）搜索算法 AO* 与 A* 的比较

① AO*应用于与或图搜索，且搜索的是解图；而 A*应用于一般图（或图）搜索，且搜索的是解答路径。

② AO*选择估算代价最小的局部解图加以优先扩展；而 A*选择估算代价最小的路径加以优先扩展。

③ 因为②，所以 AO*不需考虑评价函数 $f(n)$ 的分量 $g(n)$，只需对新扩展出的节点 n 计算 $h(n)$，用于修正 $f(n_0)$；而 A*则需同时计算分量 $g(n)$ 和 $h(n)$，以评价节点 n 是否在代价最小的路径上。

④ 同样因为②，所以 AO*用 LGS 存放候选的待扩展局部解图，并依据 $f(n_0)$ 值排序；而 A*则用 OPEN 表和 CLOSE 表分别存放待扩展节点和已扩展节点，并依据 $f(n)$ 值排序。

8.6 博弈

广义的博弈涉及人类社会各方面的对策问题，如军事冲突、政治斗争、经济竞争等。博弈提供了一个可构造的任务领域，在这个领域中，存在明确的胜利和失败。本节所讲的博弈，单指人机对弈，也称为机器博弈。博弈问题对人工智能研究提出了严峻的挑战，例如，要设法表示博弈问题的状态、博弈过程和博弈知识等。所以，在人工智能中，通过计算机下棋等研究博弈的规律、策略和方法，是有实用意义的。

棋类运动一直被认为代表人类智力活动的最高水平，关于机器博弈的研究从人工智能概念诞生伊始就广泛而深入。早在 20 世纪 50 年代，就有人设想利用机器智能来实现机器与人的对弈。国内外许多知名学者和知名科研机构都曾经涉足这方面的研究。历经半个多世纪，机器博弈已经取得了许多惊人的成就。1962 年，IBM 公司的阿瑟·塞缪尔开发的跳棋程序就战胜过一位美国的州冠军。1997 年 IBM 公司的"深蓝"战胜了当时的国际象棋世界冠军卡斯帕罗夫。2016 年 3 月，谷歌公司的 AlphaGo 战胜了韩国围棋选手李世石，并在次年 5 月战胜了中国棋手柯洁。这些事件都震惊了世界。

纵观人工智能发展史，机器博弈研究的起起落落是人工智能在公众心目中地位的一个缩影。对于人工智能的技术研究者而言，选择机器博弈作为算法的突破口，一方面是因为棋类游戏代表着一大类典型的、有清晰定义和规则、容易评估效果的智能问题；另一方面也是因为优秀棋手通常会被公众视为人类顶级智慧的代表，一旦机器博弈取得成绩，公众对人工智能的接受度将大幅度提升，"深蓝"、AlphaGo 的成功无不体现了这一点。

回顾机器博弈的发展史，计算机早在 1997 年就战胜了当时的人类国际象棋世界冠军，为什么又

等了近20年才攻克"人类最后的堡垒"——围棋？要想回答这个问题，就得从博弈背后的核心技术谈起了。

博弈一向被认为是极富挑战性的智力游戏，有着难以言喻的魅力。人工智能自诞生以来，关于博弈的研究就从未停止。人工智能之父约翰·麦卡锡在20世纪50年代就开始从事计算机下棋方面的研究工作，并提出了著名的$\alpha\text{-}\beta$剪枝算法，很长时间内，该算法一直是计算机下棋程序的核心算法，"深蓝"采用的就是该算法的框架。剪枝算法是指在对弈过程中，将那些无用的分支选择"剪去"。我们知道，博弈问题中很容易出现组合爆炸的现象。哪怕是像五子棋这样简单的棋类，其走法加在一起也是一个天文数字，用最快的计算机计算几百年，也不可能穷尽它所有的走法，更不用说复杂的象棋、围棋了。所以"剪枝"非常有必要，它可以大幅度缩小博弈问题的搜索空间。

"深蓝"的另一个核心是程序中的评价函数，这是下棋程序中一种衡量局面好坏的计算方法。"深蓝"每走一步都要对子力、位置、王的安全性和速度等进行评估，然后选择一种可以使评价函数得分最高的做法，这样，看似智力比赛的对弈，实际上就变成了一种计算比赛。IBM公司为"深蓝"提供了当时世界上最强大的计算机，它重达1.4吨，配有32个节点，每个节点配有8块专门为人机对弈设计的处理器，从而使系统的计算能力达到了每秒2亿步棋。超强的计算力，加上精确的"剪枝"，再加上设计起来相对简单的评价函数，这就是"深蓝"制胜的法宝。

但是围棋的情况就不一样了，它的棋盘空间更大，变化更复杂，胜负的评判方法也更加模糊。通过表8-4可以看出围棋与国际象棋的主要不同之处。围棋的步数比国际象棋要多得多，其状态空间比国际象棋也要大得多。国际象棋的博弈树复杂度是10^{120}，这已经是非常惊人的数字了，而围棋的博弈树复杂度达到了10^{360}，其复杂程度和国际象棋相比，如果形象地描述出来，大概相当于太阳系直径和原子核直径的差别。因此，在AlphaGo出现以前，并没有一款真正的计算机软件可以和围棋高手相抗衡。

表8-4　围棋和国际象棋在机器博弈中的比较

比较内容	国际象棋	围棋
步数方面	每盘棋的走步是20～40步，每步的合法走法有32～38种	每盘棋的走步是250～300步，布局和中盘阶段每步的合法走法也有200种以上
整体与局部的关系	如果忽略将丢失重要棋子的走步，国际象棋可以剪掉大量的分支，使得战术大为简化	存在局部与整体之间的复杂关系，在每个局部都走出合理的走法，并不能导致最后的胜利
评价函数	以国王为主，胜负全集中在国王身上，这导致了很多算法上的简化，特别是导致了评价函数的简化	没有中心，各个子功能相同，子子平等，处处平等，很难设计简单而又精确的评价函数
博弈树复杂度	10^{120}	10^{360}
可选状态数	从多到少	从少到多

那么AlphaGo为什么能够成功呢？最关键的一点是它将围棋巨大无比的搜索空间压缩到了可控范围之内。与其他只是给计算机写搜索指令的对弈软件不同，AlphaGo和自己下棋，和不同版本的自己下棋，而且每下一次都会有小小的进步。这种自我对局达到了3000万次，一个人即使每天下10局棋，也要花费超过8200年。正是这种近乎无限的学习能力，赋予了AlphaGo和传统对弈软件不同的思维方式，它可以通过经验判断未来10～20步走棋，从而规避大量的运算。这是一套专门针对围棋周密设计的深度学习系统，对强化学习、深度神经网络、策略网络、快速走子、估值网络和蒙特卡洛树搜索等多种机器学习技术进行整合，依靠谷歌公司强大的硬件支撑和云计算资源，结合高速的CPU和GPU，通过自我博弈不断提高自身的水平。

下面总结一下博弈的特点。博弈具有"二人零和、全信息、非偶然"的特点，博弈双方的利益是完全对立的。

"二人零和"是指在博弈中只有"敌、我"两方，且双方的利益完全对立，其赢得函数之和为零，表示如下。

$$\phi_1+\phi_2=0$$

式中，ϕ_1为我方赢得（利益）；ϕ_2为敌方赢得（利益）。

博弈的双方有3种结局。

（1）我方胜：$\phi_1>0$。敌方负：$\phi_2=-\phi_1<0$。

（2）我方负：$\phi_1=-\phi_2<0$。敌方胜：$\phi_2>0$。

（3）平局：$\phi_1=0$，$\phi_2=0$。

通常，在博弈过程中，任何一方都希望自己胜利。双方都采用保险的博弈策略，在最不利的情况下，争取最有利的结果。因此，某一方在当前有多个行动方案可供选择时，总是挑选对自己最为有利而对敌方最为不利的那个行动方案。

"全信息"是指博弈双方都了解当前的格局及过去的格局。

"非偶然"是指博弈双方都可根据得失大小进行分析，选取我方赢得（利益）最大，敌方赢得（利益）最小的对策，而不是偶然的随机对策。

另外一种博弈是机遇性博弈，是指具有不可预测性的博弈，如掷钱币游戏等。这种博弈不在本节讨论的范围。

先来看一个例子。假设有7个钱币，任一选手只能将已分好的一堆钱币分成两堆个数不等的钱币，两位选手轮流进行，直到每一堆都只有一个或两个钱币，不能再分为止，哪一方遇到不能再分的情况，则为输。

用数字序列加上一个说明表示一个状态，其中数字表示不同堆中钱币的个数，说明表示下一步由谁来分，如(7,MIN)表示只有一个由7个钱币组成的堆，由MIN分。MIN有三种可供选择的分法，即(6,1,MAX)、(5,2,MAX)、(4,3,MAX)，其中MAX表示下一步由另一方分，整个过程如图8-24所示。图8-24已将双方可能的分法完全表示出来，而且从中可以看出，无论MIN开始时怎么分，MAX采取特定的策略总可以获胜，其取胜的策略用双线箭头表示。

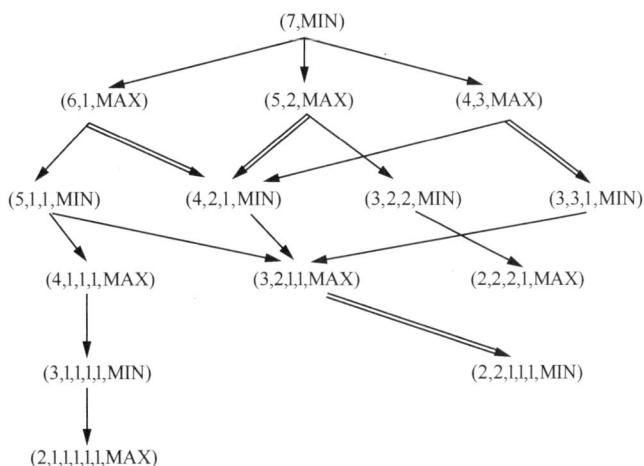

图8-24　分钱币的博弈

实际的博弈没有这么简单，为避免组合爆炸，对于任何一种棋都不可能将所有情况列尽，因此，只能模拟人"向前看几步"，然后做出决策。也就是说，只能列出几层走法，然后通过一定的估算方法，决定走哪一步棋。在双人完备信息博弈过程中，双方都希望自己能够获胜，因此一方走步时，总是选择对自己最有利，而对对方最不利的走法。

假设博弈双方为MAX和MIN。在博弈的每一步，可供他们选择的方案都有很多种。假设我们现在站在MAX一方。从我方的观点看，可供自己选择的方案之间是"或"的关系，原因是主动权在自己手里，选择哪个方案完全由自己决定；而那些可供敌方选择的方案之间是"与"的关系，这是因为主动权在敌方手中，任何一个方案都可能被敌方选中，我方必须防止对自己最不利的情况出现。

把双人博弈过程用图的形式表示出来，就得到一棵博弈树。博弈是敌我双方的智能活动，任何一方不能单独控制博弈过程，双方轮流实施控制对策。

图 8-25 就是一棵向前看两步、共四层的博弈树，用□表示 MAX，用○表示 MIN。从图 8-25 中可以看出，博弈树是一种特殊的与或树。其中，不同深度的节点分别交替属于敌我双方，在博弈树生成过程中，由敌我双方轮流进行扩展。

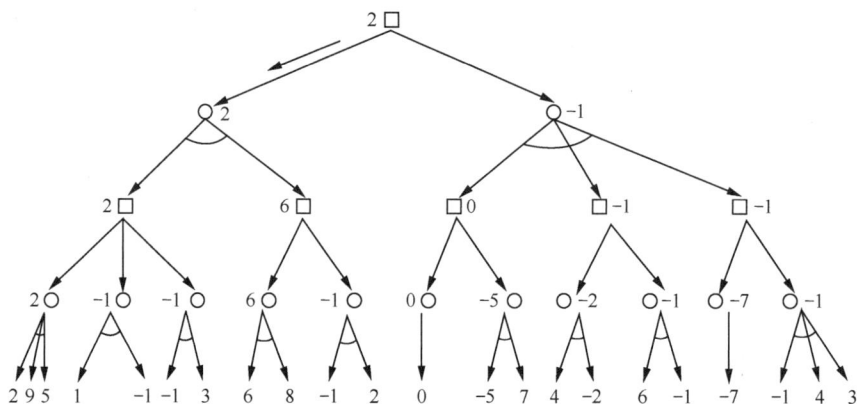

图 8-25　四层博弈树

经过分析，博弈树的特点如下。

（1）与节点、或节点逐级交替出现，也就是说，敌方、我方逐级轮流扩展其所属节点。

（2）从我方观点来看，所有敌方节点都是与节点。因敌方必然选取最不利于我方的一着，扩展其子节点。只要其中有一着棋步对我方不利，该节点就对我方不利。也就是说，只有该节点的所有棋步即所有的子节点均对我方有利，该节点才对我方有利。

（3）从我的观点来看，所有属于我方的节点都是或节点。因为，扩展我方节点的主动权在我方，可以选取最有利于我方的一着，只要可走的棋步中有一着是有利的，该节点对我方就是有利的，即其子节点中任何一个对我方有利，则该节点对我方有利。

（4）所有能使我方获胜的终局，都是我们追求的解。

（5）先走步的一方（我方或敌方）的初始状态对应根节点。

在人工智能中可以采用搜索方法来解决博弈问题。下面就来讨论博弈中两种基本的搜索方法：极大极小过程和 α-β 剪枝。

> **约翰·纳什（John Nash）**，提出纳什均衡的概念和均衡存在定理，是著名数学家、经济学家、电影《美丽心灵》男主角原型，主要研究博弈论、微分几何学和偏微分方程。1994 年，纳什与另外两位数学家在非合作博弈的均衡分析理论方面做出了开创性的贡献，对博弈论和经济学产生了重大影响，获得诺贝尔经济学奖。1999 年，美国数学协会授予纳什勒罗伊·斯蒂尔奖（Leroy P Steele Prize）。

8.6.1　极大极小过程

在博弈中，博弈的双方都站在各自的立场，决定下一步棋走法的时候，总是选择对自己最有利，而对对方最不利的走法。如果我们要编写一个人机对弈程序，怎样才能站在程序的立场，判断下一步棋如何走才能战胜对手呢？我们可以用"如果—那么—然后"来做出询问：如果我选择走这步，那么对手会如何反应？然后我们会遇到何种情况？在描述这步棋的走法之后，可以评估这步棋的有效性来确定走这步棋是否会提高赢棋的概率。当然，如果把这个过程用图表示出来，就是博弈树。博弈树从本质上来说，反映的是对弈过程中站在一方立场上的决策过程。

那么，什么是极大极小过程呢？极大极小过程，就是考虑双方对弈若干步之后，从可能的走法中选一步相对较好的走法，即在有限的搜索深度范围内进行求解。定义中涉及两个修饰语："相对较好"和"有限的搜索深度范围"。为什么有这两个修饰语呢？原因很简单，除那些极简单的游戏外，考虑到组合爆炸，我们无法创建出一棵包含所有走法的完整博弈树，在这种情况下，我们需要使用特定的评估方法来确定最有效的走法。

极大极小过程需要定义一个评价函数，以便对当前棋局的态势做出评价。这个函数可以根据棋局的态势特征进行定义。假定对弈双方分别为我方和敌方，规定态势有利于我方，评价函数取正值；态势有利于敌方，评价函数取负值；态势均衡，评价函数取零。

其实，评价函数本质上就是一种通过对当前的棋局打分来进行评判的方法，哪一方打的分高，说明当前的态势对哪一方有利。计算机博弈的灵魂是其中的搜索技术，搜索技术的核心就是评价函数。评价函数评价的是整个棋局，它将局面的性质量化为一个数字，方便在计算机中进行计算，为搜索提供依据。越简单的棋类，其评价函数的设计越容易。越复杂的棋类，其评价函数的设计越困难。拿中国象棋来说，想要给棋局正确打分，除了考虑当前一方剩下多少棋子，是哪些棋子，还需要考虑这些棋子的位置、灵活度，以及棋子间的配合值、将帅的威胁和保护值，涉及的参数可能达到几百个之多，都需要认真选择与权衡，这往往也是系统开发的难点。

因此，极大极小过程的基本思想如下。

（1）当轮到敌方走步时，我方应考虑最坏的情况，即此时评价函数取极小值。

（2）当轮到我方走步时，我方应考虑最好的情况，即此时评价函数取极大值。

（3）往回倒推时，根据以上对抗策略，交替使用（1）和（2）两种方法传递评估值。所以这种方法称为极大极小过程。

下面利用井字棋说明极大极小过程。井字棋是较简单的棋类游戏，其规则如下：设有一个三行三列的棋盘，如图 8-26 所示，两个棋手轮流走步，每个棋手走步时往棋盘的空格上摆一个自己的棋子，谁先使自己的棋子成三子一线为赢。这里的三子一线横着、竖着、斜着都算。设我方的棋子用×标记，敌方的棋子用○标记，并规定我方先走步。

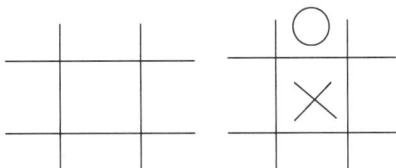

图 8-26　井字棋示例

为了不至于生成太大的博弈树，假设每次仅扩展两层。评价函数定义如下：设棋局为 P，评价函数记作 $e(P)$。我们来看一下评价函数怎么设计。先考虑两种极端情况。若棋局是我方获胜，则评价函数的值为$+\infty$，若棋局是敌方获胜，则评价函数的值为$-\infty$。再考虑一般情况。若棋局任何一方都未获胜，则评价函数的值=所有空格都放上我方的棋子后三子成一线的总数-所有空格都放上敌方的棋子后三子成一线的总数。

为什么这样设计？井字棋的胜利条件是任何一方下成三子一线，假设棋局进行到某一步，如何判断当前局面对谁有利呢？把当前的所有空格都放上我方棋子，看一下三子成一线的数目，再把当前的所有空格都放上敌方棋子，看一下三子成一线的数目。如果放上我方棋子后，三子一线的数目比较多，说明未来我方赢的机会更多一些，可能性更大一些，因此评价函数取正值。如果放上敌方棋子后，三子一线的数目比较多，说明未来敌方赢的机会更多一些，可能性更大一些，因此评价函数取负值。

若当前棋局状态如图 8-27 所示，我们来看一下评价函数的值。首先要说明的是，由于井字棋的四面对称性，图 8-27 中显示的四种状态其实等同于一种状态，因此我们只需计算左上角那个棋局。按照评价函数的定义，当前局面已经下了 2 步棋，九宫格中还剩下 7 个空格。如果我们把这 7 个空格全部都放上×，形成三点一线的有 2 条横线、2 条竖线，再加上从右上到左下的斜对角线，总共 5 条。如果把这 7 个空格全放上○，形成三点一线的只有 2 条横线和 2 条竖线，由于×已经占据了中心点，因此不可能有斜线，所以说总共有 4 条。因此当前评价函数的值就是 5-4 等于 1。

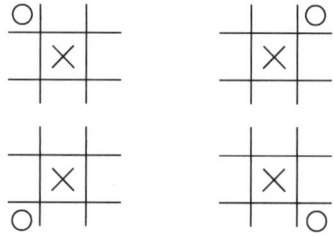

图 8-27 井字棋的棋局状态

下面我们来看一个扩展两层的井字棋的完整走法。我方先走一步，敌方再走一步。由于敌方走步的节点是与节点，为了使其和我方走步的或节点相区别，我们在敌方节点处用圆弧表示与关系。如图 8-28 所示，首先画出两层博弈树的所有节点，然后计算出所有叶节点，也就是最下层节点的评估值，即评价函数的值。自下而上进行倒推，计算出根节点的评估值，然后就能确定合适的走法了。

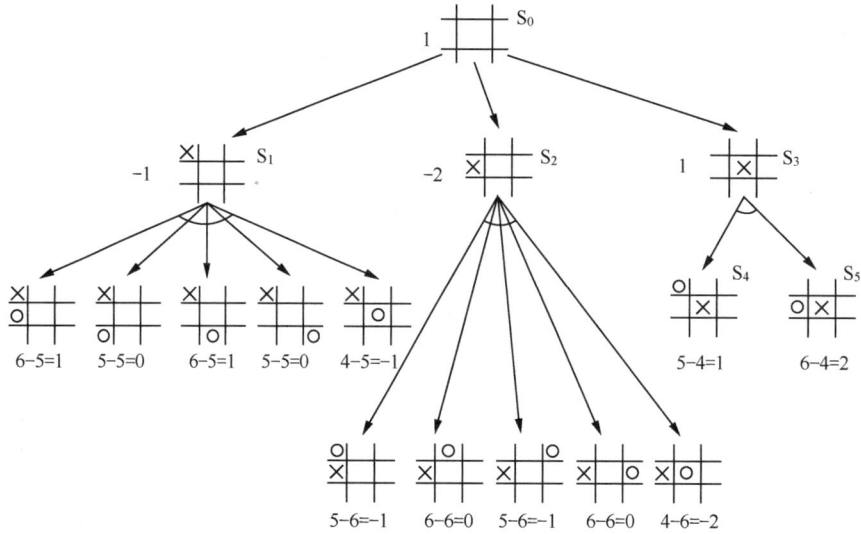

图 8-28 井字棋极大极小过程

为了方便描述，把根节点记作 S_0，把根节点的 3 个子节点分别记作 S_1、S_2、S_3。首先来看一下 S_1 节点，它有 5 个子节点，代表着如果我方选择 S_1 走法，敌方有 5 种不同的应对方法。下面来看一下 S_1 最左边的那个子节点，它的评价函数的值是 6-5 等于 1，计算方法同前面的说明。评价函数的值大于 0 意味着这个棋局当前是对我方有利的。S_1 的剩下的 4 个子节点的评价函数的值分别是 0、1、0、-1。接着，我们要根据 S_1 的这 5 个子节点倒推出 S_1 的评估值。由于此时是敌方走步，这 5 个不同的走步间是与关系。既然是敌方走步，我们无法预见未来真正对弈时敌方会在这 5 步中选择哪一步，因此只能考虑最坏的情况，在这 5 个值中取最小值。因此，S_1 的评估值是-1。同理，对于 S_2 来说，它的 5 个子节点的评估值分别是-1、0、-1、0、-2，取其中的最小值，S_2 的评估值是-2。对于 S_3 来说，它只有 2 个子节点，评估值分别是 1 和 2，因此 S_3 的评估值是 1。最后我们来计算一下根节点 S_0 的评估值。S_0 是我方节点，既然是我方节点，选择权尽在我方手中，我方肯定会选择对我方最有利，而对敌方最不利的走步。S_0 的 3 个子节点 S_1、S_2、S_3 的评估值分别是刚计算出来的–1、–2、1。在这 3 个值中取最大值，因此根节点 S_0 的评估值是 1。对于我方来说最好的一着棋是 S_3，因为 S_3 比 S_1 和 S_2 有更大的评估值。这就是极大极小过程。

总结一下这个过程。极大极小过程首先画出一棵完整的博弈树，然后计算出所有叶节点的评价函数值，接着自下而上进行倒推，遇到敌方节点也就是与节点取最小值，遇到我方节点也就是或节点取最大值，直到推出根节点的值，这时正确的路径也出来了。

8.6.2　α-β 剪枝

上面讨论的极大极小过程先生成一棵博弈树，而且会生成规定深度内的所有节点，然后进行评估值的倒推计算。这使得生成博弈树和评估值的倒推计算两个过程完全分离，因此搜索效率较低。如果能边生成博弈树，边进行评估值的计算，则可能不必生成规定深度内的所有节点，可减少搜索的次数，这就是下面要讨论的 α-β 剪枝。

α-β 剪枝就是把生成后继节点和倒推评估值结合起来，及时剪掉一些无用分支，以此来提高算法的效率。具体的剪枝方法如下。

（1）对于一个与节点 MIN，若能倒推出其评估值的上确界 β，并且这个 β 值不大于 MIN 的父节点（一定是或节点）的倒推评估值的下确界 α，即 $\alpha \geq \beta$，则不必再扩展该 MIN 节点的其余子节点（因为这些节点的评估值对 MIN 父节点的倒推评估值已无任何影响）。这一过程称为 α 剪枝。

（2）对于一个或节点 MAX，若能倒推出其评估值的下确界 α，并且这个 α 值不小于 MAX 的父节点（一定是与节点）的倒推评估值的上确界 β，即 $\alpha \geq \beta$，则不必再扩展该 MAX 节点的其余子节点（因为这些节点的评估值对 MAX 父节点的倒推评估值已无任何影响）。这一过程称为 β 剪枝。

一个 α-β 剪枝的具体例子如图 8-29 所示。其中最下层节点对应的数字是假设的评估值。

在图 8-29 中，由 K、L、M 的评估值倒推出节点 F 的评估值为 4，即 F 的 β 值为 4，由此可倒推出节点 C 的评估值≥4。C 的倒推评估值的下确界为 4，不可能再比 4 小，故 C 的 α 值为 4。

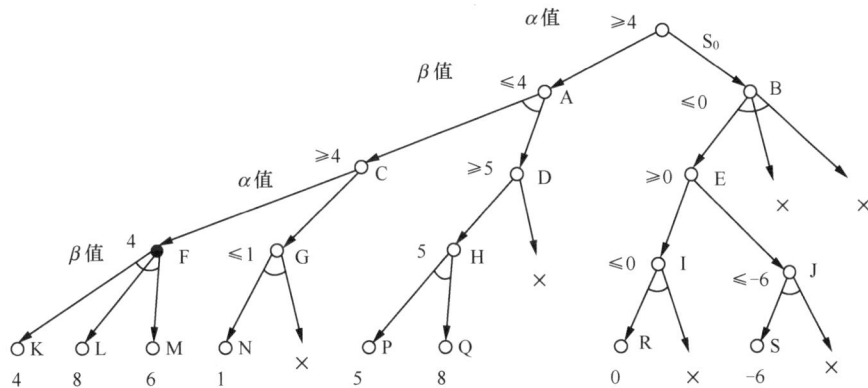

图 8-29　α-β 剪枝

由节点 N 的评估值推知节点 G 的评估值≤1，无论 G 的其他子节点的评估值是多少，G 的倒推评估值都不可能比 1 大。因此，1 是 G 的倒推评估值的上确界。另已知 C 的倒推评估值≥4，G 的其他子节点又不可能使 C 的倒推评估值增大，因此对 G 的其他分支不必再搜索，相当于把这些分支剪去。由 F、G 的倒推评估值可推出节点 C 的评估值≥4，再由 C 可推出节点 A 的评估值≤4，即 A 的 β 值为 4。另外，由节点 P、Q 推出的节点 H 的评估值为 5，因此 D 的倒推评估值≥5，即 D 的 α 值为 5。此时，D 的其他子节点的倒推评估值无论是多少都不能使 A 的倒推评估值减小或增大，所以 D 的其他分支被剪去，并可确定 A 的倒推评估值为 4。以此类推，最终推出 S_0 的评估值为 4。

通过上面的讨论可以看出，α-β 剪枝首先使博弈树的某一部分达到最大深度，这时计算出某些

MAX 节点的 α 值，或者某些 MIN 节点的 β 值。随着搜索的继续，不断修改个别节点的 α 值或 β 值。对任一节点，当其某一后继节点的评估值给定时，就可以确定该节点的 α 值或 β 值。当该节点的其他后继节点的评估值给定时，就可以对该节点的 α 值或 β 值进行修正。注意：α 值、β 值修正有如下规律。

（1）MAX 节点的 α 值永不减小。

（2）MIN 节点的 β 值永不增大。

因此可以利用上述规律进行剪枝，停止对某个节点的搜索剪枝的规则表述如下。

（1）若任何 MIN 节点的 β 值小于或等于它的任何 MAX 先辈节点的 α 值，则可停止该 MIN 节点以下的搜索，这个 MIN 节点的倒推评估值即它的 β 值。该值与极大极小过程的搜索结果可能不相同，但是对初始节点而言，倒推评估值是相同的，使用它选择的走步也是相同的。

（2）若任何 MAX 节点的 α 值大于或等于它的任何 MIN 先辈节点的 β 值，则可停止该 MAX 节点以下的搜索，这个 MAX 节点的倒推评估值即它的 α 值。

当满足规则（1）而减少搜索时，进行 α 剪枝；当满足规则（2）而减少搜索时，进行 β 剪枝。保存 α 值和 β 值，并且一旦可能就进行剪枝，这整个过程称为 α-β 剪枝。当初始节点的全体后继节点的倒推评估值全部给出时，上述过程便结束。在搜索深度相同的条件下，采用这个过程所获得的走步跟简单的极大极小过程的结果是相同的，区别在于 α-β 剪枝通常用少得多的搜索便可以找到理想的走步。

8.6.3 蒙特卡洛树搜索

蒙特卡洛方法（Monte Carlo Method）是 20 世纪 40 年代中期由 S. M. 乌拉姆和冯·诺依曼提出的一种以概率统计理论为指导思想的随机模拟方法。其基本思想是，当所求解是某种随机事件出现的概率，或者是某个随机变量的期望值时，可以通过某种实验的方法，以这种事件出现的频率估计这一随机事件的概率，或者得到这个随机变量的某些数字特征，并将其作为问题的解。1777 年，法国数学家布丰（Buffon）提出用投针实验的方法求圆周率 π，这被认为是蒙特卡洛方法的起源。

蒙特卡洛树搜索（Monte Carlo Tree Search，MCTS）就是将蒙特卡洛方法这种随机模拟的方法应用到树搜索上。传统的搜索算法如极大极小过程搜索到某个节点时，利用一个评价函数较精确地评估该节点的价值，但是当搜索空间巨大时，这个方法就可能会超出计算机的计算能力，产生组合爆炸。蒙特卡洛树搜索通过蒙特卡洛方法来估计该节点的价值，而不是用一个评价函数。如图 8-30 所示，蒙特卡洛树搜索可以分为选择（Selection）、扩展（Expansion）、模拟（Simulation）、回溯（Backpropagation）4 个阶段。

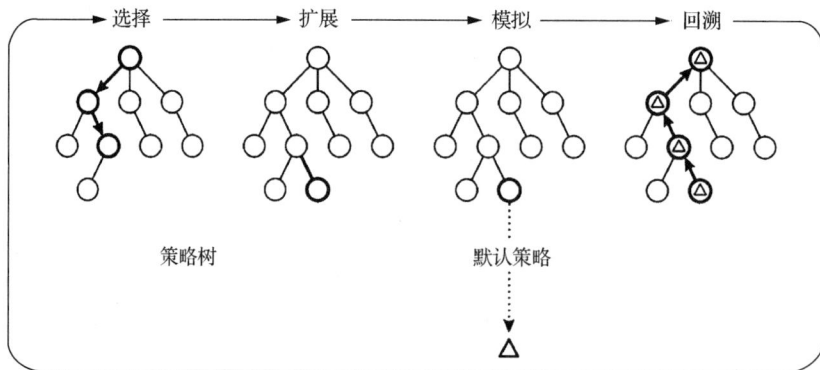

图 8-30 蒙特卡洛树搜索的迭代过程

（1）选择。从根节点开始，递归选择最优的子节点，直到达到某个叶节点。可供选择的节点通常存在 3 种情况，不同的情况有不同的处理方法：如果该节点的所有可行动作都已经被扩展，则该节点已经完成了一个完整搜索（Complete Search），那么我们需要用上置信界算法（Upper Confidence Bound，UCB）公式计算该节点所有子节点的 UCB 值，选择具有最大 UCB 值的子节点继续向下迭代；如果该节点还有可行动作未被扩展，我们需要在剩下的可行动作中随机选取一个动作进行扩展；如果该节点是一个终止节点（指那些导致博弈结束即一方获胜的节点），那么从该节点直接执行回溯。

在这一步，我们采用 UCB 公式来确定何时进行探索和利用。公式如下：

$$v_i + C \times \sqrt{\frac{\ln N}{n_i}}$$

其中，v_i 是节点的估计价值（如胜率）；n_i 是节点被访问的次数；N 是其父节点已经被访问的总次数；C 是可调整参数。

（2）扩展。如果选中的叶节点不是一个终止节点，那么就创建一个或者更多的子节点，选择其中一个扩展。

（3）模拟。从扩展的节点开始运行一个模拟的输出，直到博弈结束。

（4）回溯。用模拟的输出更新当前行动序列。

如果发现一个不错的走步，蒙特卡洛树搜索会较快地把它看到很深，可以说它结合了宽度优先搜索和深度优先搜索，类似于启发式搜索。下面通过一个例子看一下具体的过程。

图 8-31 中每个节点代表一个棋局状态，假设黑棋代表我方，A/B 代表这个节点被访问 B 次，而黑棋胜利了 A 次。例如，一开始的根节点是 12/21，代表总共模拟了 21 次，黑棋胜了 12 次。

第一步是选择：从根节点往下走，每次都选一个最优子节点，直到来到一个还未扩展的节点，如图 8-31（a）所示的 3/3 节点。

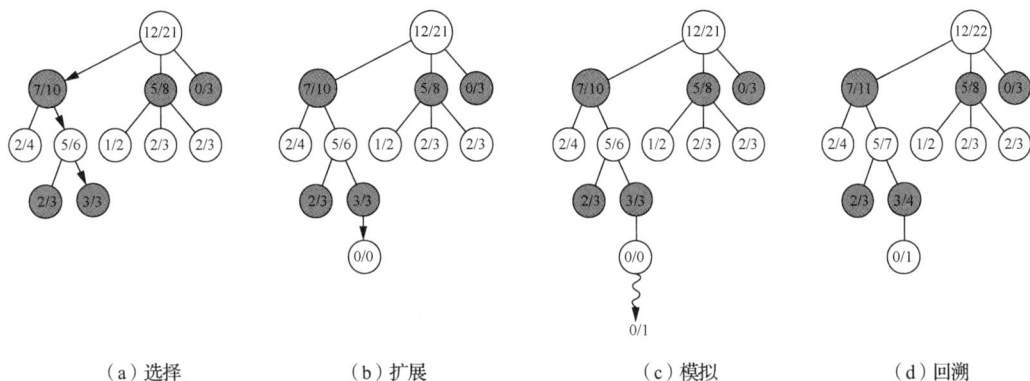

(a) 选择　　　　　　(b) 扩展　　　　　　(c) 模拟　　　　　　(d) 回溯

图 8-31　蒙特卡洛树搜索的一次搜索过程

第二步是扩展：给这个节点扩展出一个 0/0 子节点，如图 8-31（b）所示。

第三步是模拟：从这个 0/0 子节点开始，采用快速走子策略（Rollout Policy）走到底，得到一个胜负结果，如图 8-31（c）所示。

第四步是回溯：把模拟的结果加到它的所有父节点上。例如，第三步模拟的结果是 0/1（代表黑棋失败），那么就把这个节点的所有父节点加上 0/1，如图 8-31（d）所示。

上述过程会迭代很多次，直到整个博弈树生成。按照最为简单和最节约内存的实现方法，蒙特卡洛树搜索将在每次迭代中增加一个子节点。不过，要注意，其实根据不同的应用这里也可以在每次迭代中增加超过一个子节点。

蒙特卡洛树搜索被引入博弈以后，计算机围棋水平得到了很大的提高，最好的围棋程序已经可以达到人类业余六段的水平。DeepMind 团队的 AlphaGo 在蒙特卡洛树搜索的基础上，引入卷积神经网络用于评估棋局，通过自我博弈进行神经网络训练，最终才战胜了人类的顶尖棋手。

本章小结

搜索是指利用计算机强大的计算能力来解决凭人自身的智能难以解决的问题。其思路很简单，就是把问题的各个可能解交给计算机处理，从中找出问题的最终解或令人较为满意的解。因此，可以从接近算法的角度，把搜索的过程理解为根据初始条件和扩展规则构造一个状态空间，并在这个空间中寻找目标状态的过程。

本章首先讨论了搜索的有关概念；然后着重介绍状态空间的表示和盲目搜索的概念，并重点引入常见的两种盲目搜索策略——深度优先搜索和宽度优先搜索；接着介绍了启发式搜索的相关概念和典型的启发式搜索算法 A 算法和 A*算法；随后介绍了问题规约的概念和与之相关的与或图启发式搜索 AO*算法；最后讨论了博弈问题的智能搜索算法。博弈同样也是计算思维的深刻体现。计算思维能力主要包括形式化描述能力、抽象思维能力和逻辑思维能力，而博弈过程完美覆盖了计算思维能力涉及的各个方面：博弈树是一种形式化描述，通过对博弈树的学习，我们对形式化描述博弈过程有了一个直观的认识，进而能够深刻理解对实际问题进行形式化描述的意义；通过对极大极小过程的分析，我们能够理解算法背后的原理，以及算法可以选出最优结果的核心逻辑，从而提升抽象思维能力和逻辑思维能力。

趣闻轶事

信息素养

思考题

1. 简述人工智能中搜索的本质。

2. 什么是状态空间图？简述状态空间表示法的步骤。

3. 有一农夫带一只狐狸、一只小羊和一篮菜过河（从左岸到右岸）。假设船太小，农夫每次只能带一样东西过河；考虑到安全，无农夫看管时，狐狸和小羊不能在一起，小羊和那篮菜也不能在一起。请为该问题的解决设计状态空间，并画出状态空间图。

4. 用状态空间表示法解决二阶梵塔问题：已知三个柱子 1、2、3 和两个圆盘 A、B（A 比 B 小），初始状态下，A、B 依次放在 1 号柱子上，目标状态是 A、B 依次放在 3 号柱子上，条件是每次可移动一个圆盘，而且任何时候都不允许大圆盘在小圆盘之上，如图 8-32 所示。请为该问题的解决设计状态空间，并画出状态空间图。

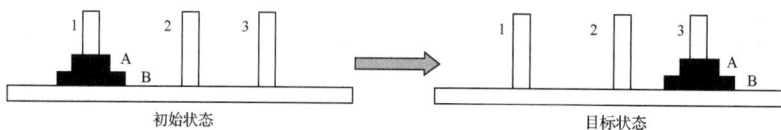
图 8-32　二阶梵塔问题

5. 什么是盲目搜索？典型的盲目搜索算法有哪些？它们各自有什么特点？

6. 什么是启发式搜索？如何合理设计评价函数？

7. 简述博弈树的特点。

8. 在博弈搜索过程中某一时刻的搜索图如图 8-33 所示，其中 MAX 代表我方，MIN 代表敌方，最下层的 MAX 评估值已经在图中标出，求此时根节点的 MAX 倒推评估值。

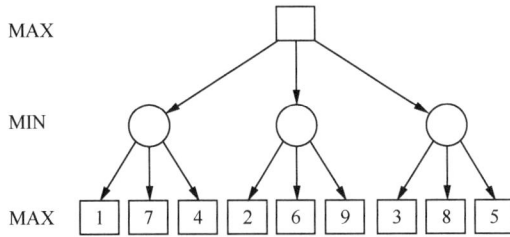

图 8-33　博弈搜索过程中某一时刻的搜索图

9. 简述 $\alpha\text{-}\beta$ 剪枝的规律。

第9章 机器学习

本章的学习目标

- 了解什么是机器学习及机器学习的发展历程、分类。
- 了解聚类算法和分类算法。
- 理解分类评价指标精确率、召回率等。
- 掌握几种距离及相似度的计算方法。
- 掌握 ID3 算法的原理与步骤。
- 掌握 K 近邻算法的原理与步骤。
- 掌握 K 均值聚类算法的原理与步骤。
- 了解深度学习的经典算法。
- 了解深度学习的发展趋势。

学习是人类获取知识的基本手段和人类智能的主要标志，而机器学习（Machine Learning）则是使计算机具有智能的根本途径，它是研究如何使用机器模拟人类学习活动的一门综合学科。机器学习在模式识别、自然语言处理等场景中有着广泛的应用。本章将介绍有关机器学习的基本概念，以及一些经典的机器学习算法。

9.1 机器学习概述

9.1.1 机器学习的定义

机器学习的核心是"学习"，但究竟什么是学习，至今都没有一个统一的定义。来自神经学、心理学、计算机科学等不同学科的研究人员，从不同角度对学习给出了不同的解释。以下是关于学习的比较有影响力的定义。

1983 年西蒙（Simon）给出的定义：学习就是系统中的适应性变化，这种变化使系统在重复同样工作或类似工作时，能够做得更好或效率更高。

1985 年明斯基（Minsky）给出的定义：学习是人们头脑里（心理上）有用的变化。

1986 年迈克尔斯基（Michalski）给出的定义：学习是对经历描述的建立和修改。

综合众多观点，可以这样认为，学习是一个有特定目的的知识获取和能力增长过程，其内在行为是获得知识、积累经验、发现规律等，其外部表现是改进性能、适应环境和实现系统的自我完善。

人们通常认为，机器学习研究如何让计算机根据数据自动产生"模型"，是人工智能中最具有智能特征的前沿研究领域。

在大数据的支撑下，机器通过各种算法对数据进行深层次的统计分析以"自学"；利用机器学习，人工智能系统获得了归纳推理和决策能力；而深度学习将这一能力推向了更高的层次。

深度学习是机器学习的一种，属于人工神经网络体系。现在很多应用领域中性能最佳的机器学习系统都是基于模仿人类大脑结构的人工神经网络设计的，这些计算机系统能够完全自主地学习、发现并应用规则，在解决更复杂的问题上表现更优异。

总而言之，人工智能是社会发展的重要推动力，而机器学习，尤其是深度学习是当前人工智能发展的核心，三者之间是包含与被包含的关系。如图 9-1 所示。

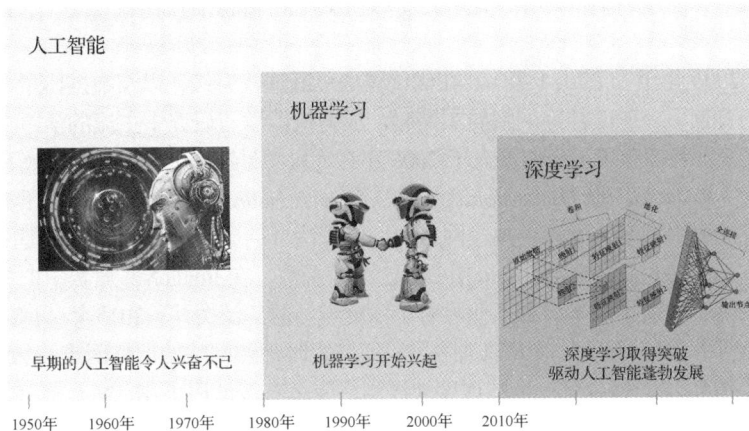

图 9-1　人工智能、机器学习和深度学习三者之间的关系

9.1.2　机器学习的发展历程

机器学习的发展历程可以划分为五个阶段。

第一阶段：20 世纪 50 年代中叶至 60 年代中叶，是机器学习研究的热烈时期。这一阶段的研究对象是非知识性学习，包括各种自组织系统和自适应系统，基本目标是，如果给系统一组刺激、一个反馈源及修改自身的足够自由度，那么系统将能自适应地趋向最优组织。该时期所采用的研究方法主要是不断修改控制参数，以改进系统的执行能力，而不涉及与具体任务有关的知识。研究所依据的主要理论基础是人们早在 20 世纪 40 年代就开始研究的神经网络模型。在这个时期，我国研究了数字识别学习机。

第二阶段：20 世纪 60 年代中叶至 70 年代中叶，是机器学习研究的冷静时期。本阶段的研究主要是模拟人类的学习过程，采用逻辑结构或图结构作为系统内部描述。温斯顿的结构学习系统和海斯·罗思等人提出的基于逻辑的归纳学习系统是该时期的代表性成果。虽然这类学习系统取得了较大的成功，但它们只能学习单一的概念，并且未能投入实际应用。另外，神经网络学习机因理论缺陷未能达到预期效果，机器学习的研究转入低潮。

第三阶段：20 世纪 70 年代中叶至 80 年代中叶，是机器学习研究的复兴时期。研究从单一概念的学习延伸至多概念的学习，探索不同的学习策略和各种学习方法。令人鼓舞的是，此阶段研究者已经将机器学习系统与现实应用相结合，并取得了很大的成功，很好地促进了机器学习的发展。1980 年，第一届机器学习国际研讨会在美国卡内基梅隆大学召开，标志着机器学习在全世界范围内的全面兴起。1981 年，多层感知机的提出，解决了线性模型无法解决的非线性问题。20 世纪 70 年代末，中国科学院自动化研究所进行了质谱分析和模式文法推断研究，表明我国的机器学习研究得到了恢复。1980 年西蒙来华传播机器学习的火种后，我国的机器学习研究出现了新局面。

第四阶段：20 世纪 80 年代中叶至 2005 年，机器学习研究进入了蓬勃发展时期。随着 1986 年反向传播（Back Propagation，BP）算法及 1989 年卷积神经网络（Convolutional Neural Networks，CNN）的提出，神经网络研究再度兴起。但在 1995 年，可解释性更强的支持向量机（Support Vector

Machine，SVM）方法被提出，神经网络梯度爆炸和梯度消失两大严重缺陷被证明，并且在随后 10 年中 SVM 在大多数任务中的表现都优于神经网络，导致神经网络研究发展缓慢。另一方面，随着 1984 年分类回归决策树（Classification And Regression Tree，CART）算法、1986 年 ID3（Iterative Dichotomiser 3）决策树算法、1997 年 Adaboost 算法，以及 2001 年随机森林算法的提出，传统的符号学习研究也取得了很大的进展。实际上，连接学习和符号学习各有所长，并具有互补性。如果能将二者很好地融合在一起，就可以在一定程度上模拟人类逻辑思维和直觉思维，这将是人工智能的一个重大突破。

第五阶段：2006 年至今（2024 年），在优化算法不断迭代升级，以及数据体量与并行计算能力呈爆发式增长的背景下，深度神经网络异军突起，成为机器学习研究中主流的学习方法。在优化算法方面，图灵奖获得者杰弗里·辛顿等人于 2006 年在《科学》期刊上发表的论文《利用神经网络降低数据的维度》（*Reducing the Dimensionality of Data with Neural Networks*）给出了深度学习"梯度消失"问题的有效解决方案，为深层神经网络的训练算法开启了新篇章，并正式提出了深度学习的概念；2012 年，AlexNet 深度神经网络采用 ReLU 激活函数，在 ImageNet 竞赛中把图像分类错误率从 26% 降低到 15%，吸引了学术界和工业界对于深度学习的广泛关注；2015 年，何凯明、孙剑等人提出的残差神经网络（ResNet），极大地消除了深度过大时神经网络的训练困难，令神经网络的"深度"首次突破了 100 层，当今有一半的深度神经网络要么直接使用了 ResNet，要么是基于 ResNet 的变种进行了改进；2016 年，谷歌公司基于深度学习开发的 AlphaGo，以 4：1 的比分战胜了国际顶尖围棋高手李世石，使人们开始相信基于深度学习的人工智能在可计算领域能够超过人类智能；2017 年，谷歌公司提出的 Transformer 网络架构，利用自注意力机制来捕捉序列中各个位置之间的依赖关系，解决了自然语言处理领域的序列建模问题，是当今大语言模型（Large Language Model，LLM）和视觉语言模型（Vision Language Model，VLM）的基本网络架构；美国计算机学会宣布把 2018 年图灵奖颁给深度学习领军人物约书亚·本吉奥（Yoshua Bengio）、杰弗里·辛顿和杨立昆（Yann LeCun），以表彰他们为当前人工智能的繁荣发展所奠定的基础；2022 年底，OpenAI 公司研发的 ChatGPT（Chat Generative Pre-trained Transformer）聊天机器人程序横空出世，首次实现了人工智能技术的大规模消费级应用，被英伟达 CEO 黄仁勋称为人工智能产业发展的 iPhone 时刻，"引爆"了基于大语言模型的通用人工智能发展方向；2023 年 8 月 31 日，我国《生成式人工智能服务管理暂行办法》通过了首批大模型备案，使国产大模型正式上线并面向公众提供服务，包括百度公司的文心一言、字节跳动公司的云雀大模型、智谱 AI 公司的 GLM 大模型、中国科学院的紫东太初大模型等。在数据方面，随着包含 60 000 幅训练图像和 10 000 幅测试图像的手写体数字识别 MNIST 数据集（2006 年）、包含 10 个类别 60 000 幅图像的 CIFAR10 数据集（2009 年）、包含 100 个类别每个类别 600 幅图像的 CIFAR100 数据集（2009 年），以及包含超过 2 万个类别、共计超过 1400 万幅图像的 ImageNet 数据集（2009 年）等大规模数据集的提出，深度神经网络获得了充足的训练样本和信息，极大地降低了过拟合风险，改善了泛化能力。因此，深度学习也被称为数据驱动的机器学习方法。在并行计算能力方面，英伟达公司于 2006 年推出基于 GPU 的 CUDA（Compute Unified Device Architecture，统一计算设备架构）并行计算平台，为深度学习提供了高度并行化的计算环境；GPU 推理能力的发展遵循指数级增长的"黄氏定律"，2020 年发布的 A100 比 2012 年发布的 K20X 的推理能力提升了 317 倍，不仅加快了深度学习模型的训练速度，还使研究人员能够设计更复杂、更庞大的深度学习模型，为大模型的发展铺平了硬件道路；深度学习框架（如 MindSpore、PaddlePaddle、TensorFlow 和 PyTorch）的不断演进和优化，使得开发者能够更轻松地完成各种深度学习任务，推动了深度学习技术的快速发展和广泛应用。

9.1.3 机器学习的基本要素

机器学习包括四个基本要素：数据、模型、策略和优化。

数据是机器学习的基石，数据的质量和数量对模型的性能和泛化能力有着重要影响。优质的数据集能够帮助模型学习数据中的模式和规律，从而更好地进行预测和泛化。不同的数据类型，决定了学习的不同方式。数据预处理、数据增强、数据集划分等工作是机器学习在数据方面的重要工作。

模型是机器学习任务的核心组成部分，它定义了输入数据与输出预测之间的映射关系。选择合适的模型结构和架构对于任务的成功至关重要。常见的模型包括神经网络、决策树、支持向量机等，不同模型适用于不同类型的任务。

训练机器学习模型需要设计合适的策略来指导模型的学习过程。策略包括损失函数的选择、评估指标的设定、超参数的调整等。合理的策略能够帮助模型更快地收敛并获得更好的性能。

优化是指通过调整模型的参数来最小化损失函数，从而使模型能够更好地拟合数据。常见的优化算法包括梯度下降法、随机梯度下降法、Adam 算法等。优化算法的选择和调参对模型的训练速度和性能都有重要影响。

9.1.4 机器学习的基本流程

前文提到，机器学习研究如何让计算机根据数据自动产生"模型"。同时，机器学习的目标是使学得的模型能够很好地适用于"新样本"，即令模型具备良好的泛化性。机器学习的基本流程包括训练和测试两个过程。图 9-2 所示为机器学习中监督学习的基本流程，其中图 9-2（a）描述的是机器学习的训练过程，图 9-2（b）描述的是机器学习的测试过程。监督学习的数据包括样本和标签，本例中训练数据的样本和标签分别是 x 和 y，测试数据的样本和标签分别是 x_{test} 和 y_{test}，模型 f 在训练过程和测试过程中的预测标签分别为 $\hat{y}$ 和 $\hat{y}_{test}$。机器学习的基本流程是在训练过程中使模型预测标签与训练标签尽可能接近，同时在测试过程中模型的预测标签与测试标签也相差不大，令模型具备良好的泛化性。

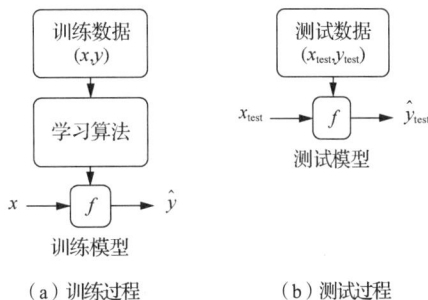

图 9-2　机器学习中监督学习的基本流程

9.1.5 "没有免费午餐"定理

"没有免费午餐"（No Free Lunch，NFL）定理由戴维·沃尔珀特（David Wolpert）和威廉·麦克里迪（William Macready）于 1997 年提出，该定理证明：

① 在基于迭代的最优化算法中，不存在某种算法对所有问题（有限的搜索空间内）都有效；

② 如果一个算法对某些问题有效，那么它一定在另外一些问题上比纯随机搜索算法更差。

以上结论可进一步缩略表述：任意两个算法，它们在所有问题空间上性能的均值相同；不存在任何一个算法，在所有的问题空间上都比乱猜（Blind Search）的性能更好。

"没有免费午餐"定理也同样适用于机器学习，即不能脱离具体问题来谈论算法的优劣，任何算法都有局限性，必须要"具体问题具体分析"。无须追求研发某一个机器学习算法，使其在所有问题空间上都表现最好，也不存在某种机器学习算法适用于所有领域或任务。

9.1.6 机器学习的分类

机器学习可以按照不同的标准来分类。按使用函数的不同，机器学习可以分为线性模型和非线性模型；按学习准则的不同，机器学习也可以分为统计方法和非统计方法。但一般来说，我们通常会按照训练样本提供的信息，以及反馈方式的不同，将机器学习分为以下几类。

1. 监督学习

监督学习（Supervised Learning）是通过已有的训练样本（即已知数据及其对应的输出）进行训练，从而得到一个最优模型，再利用这个模型将所有新的样本数据映射为相应的输出结果，对输出结果进行简单的判断，从而实现分类。因此，监督学习的根本目标是训练机器学习的泛化能力。监督学习的典型算法有决策树算法、支持向量机算法、K 近邻算法等。监督学习算法在文字识别、垃圾邮件分类、网页检索及股票预测等各领域都有着广泛的应用。

2. 无监督学习

无监督学习（Unsupervised Learning）是在用来学习的数据没有任何类别信息及给定目标值的情况下，通过学习寻求数据间的内在关系和统计规律，从而获得样本数据的结构特征。因此，无监督学习的根本目标是在学习过程中根据相似性原理对数据进行区分。无监督学习的典型算法有 K 均值聚类算法、DBSCAN 密度聚类算法、最大期望算法等。无监督学习算法在人造卫星故障诊断、视频分析、社交网站解析和异常检测等方面大显身手的同时，在数据可视化及监督学习的预先处理方面也有着广泛的应用。

3. 强化学习

强化学习（Reinforcement Learning），也称为增强学习，是一类通过交互来学习的机器学习算法。在强化学习中，智能体根据环境的状态做出一个动作，并得到即时或延时的反馈。智能体在和环境的交互中不断学习并调整策略。强化学习最早主要用于智能控制领域，如机器人控制、电梯调度、电信通信等，如今已经在自动驾驶、自然语言处理和语音交互领域得到应用。

表 9-1 给出了三种机器学习的比较。

表 9-1　三种机器学习的比较

基本要素	监督学习	无监督学习	强化学习
数据	有标签数据	无标签数据	与环境互动
模型	回归、分类	聚类、降维	深度 Q（动作值方程）网络
策略	均方误差损失、交叉熵损失	交叉熵损失	动作值损失
优化	随机梯度下降	随机梯度下降	随机梯度下降

监督学习需要每个样本都有标签，而无监督学习不需要标签。监督学习所用数据集的标签一般需要人工标注，成本很高，因此，出现了弱监督学习（Weak Supervised Learning）和半监督学习（Semi-Supervised Learning），以便从大规模的无标签数据中充分挖掘有用的信息，降低对标签数量的要求。强化学习和监督学习的不同在于强化学习不需要显式地以"输入输出对"的形式给出训练样本，是一种在线学习机制。

9.1.7　机器学习与人类思考的类比

我们把机器学习的过程与人类思考的过程做比较，如图 9-3 所示。

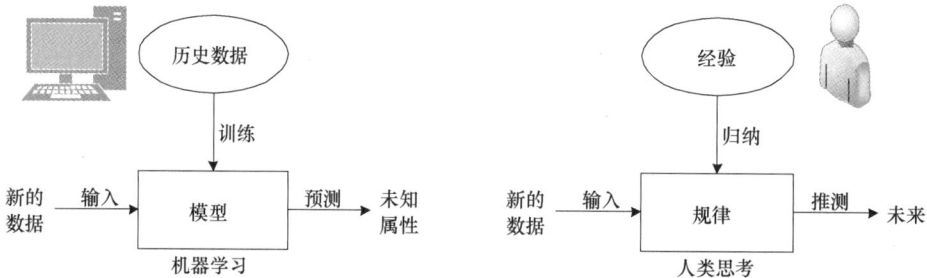

图 9-3　机器学习与人类思考的类比

人类在成长过程中积累了很多经验，我们定期地对这些经验进行"归纳"，获得生活的"规律"。当人类遇到未知的问题或者需要对未来进行"推测"的时候，人类使用这些"规律"，对未知问题与未来进行"推测"，从而指导自己的生活和工作。

机器学习中的"训练"与"预测"过程对应人类思考的"归纳"和"推测"过程。通过这样的对应我们可以发现，机器学习并不复杂，仅仅是对人类在生活中学习成长的模拟。由于机器学习不是基于编程形成的结果，因此它的处理过程不是逻辑推理，而是通过归纳思想得出相关结论。

人类为什么要学习历史？历史实际上是对人类过往经验的总结。有句话说得好：历史总是惊人的相似。通过学习历史，我们归纳出事物发展的规律，指导我们下一步的行动。

杰弗里·辛顿（Geoffrey Hinton），2018 年度图灵奖获得者，英国皇家学会院士，加拿大皇家学会院士，美国国家科学院外籍院士，加拿大多伦多大学名誉教授，2016～2023 年担任谷歌公司副总裁兼工程研究员，2023 年从谷歌公司辞职。杰弗里·辛顿致力于神经网络、机器学习、分类监督学习、机器学习理论、细胞神经网络、信息系统应用、马尔可夫决策过程、认知科学等方面的研究。

9.2 机器学习的常用策略——距离函数及相似度度量函数

距离函数及相似度度量函数是机器学习的分类算法/模型（如 K 近邻算法，见例 9-5）和聚类算法/模型（如 K 均值聚类算法，见例 9-6）的常用函数，用于刻画样本之间的亲疏远近程度。

距离函数：可以把每个样本看作高维空间中的一个点，进而使用距离来表示样本之间的相似性，距离较近的样本性质较相似，距离较远的样本差异较大。距离函数表示的常见距离有欧氏距离、曼哈顿距离等。

一般而言，定义一个距离函数，需要遵守下面几个准则。

（1）距离永远非负，点到自身的距离为 0。

（2）距离具有对称性，在计算点之间的距离时考虑点的顺序无所谓先后。

（3）距离符合三角不等式，即 x 到 y 的距离加上 y 到 z 的距离不小于 x 到 z 的距离。

相似度度量函数：综合评定两个样本之间的相似程度。两个样本越相似，它们的相似度越接近 1；两个样本越疏远，它们的相似度越接近 0。常见的相似度度量方法有 Jaccard 相似系数、余弦相似度等。

9.2.1 距离函数

1．欧氏距离

欧氏距离（也称为欧几里得度量）是我们通常采用的距离定义，是指在 m 维空间中两个点之间的真实距离，或者向量的自然长度（即该点到原点的距离）。在二维平面和三维空间中，欧氏距离就是两点之间的实际距离。

二维平面上两点 $p_1(x_1, y_1)$ 与 $p_2(x_2, y_2)$ 间的欧氏距离公式如下。

$$d = \sqrt{(x_1 - x_2)^2 + (y_1 - y_2)^2}$$

同理，三维空间中两点 $p_1(x_1, y_1, z_1)$ 与 $p_2(x_2, y_2, z_2)$ 间的欧氏距离公式如下。

$$d = \sqrt{(x_1 - x_2)^2 + (y_1 - y_2)^2 + (z_1 - z_2)^2}$$

欧氏距离较常用，日常生活中的大部分距离都可以通过欧氏距离公式进行计算。

2．曼哈顿距离

曼哈顿距离由 19 世纪的赫尔曼·闵可夫斯基（Hermann Minkowski）提出，是使用在几何度量空间的几何学用语,用以说明两个点在标准坐标系中的绝对轴距总和。它表示的不是两点的直线距离,而是实际从p_1点"走"到p_2点的路程,这是因为在城市街区中,不可能走直线到达目的地,如图9-4所示。其中,c线表示欧氏距离,a线、b线、d线表示相等的曼哈顿距离。

二维平面上两点$p_1(x_1, y_1)$与$p_2(x_2, y_2)$间的曼哈顿距离公式如下。

$$d = |x_1 - x_2| + |y_1 - y_2|$$

3．切比雪夫距离

切比雪夫距离是向量空间中的一种度量值,两个点之间的距离被定义为其各坐标数值差的最大值。若将国际象棋棋盘放在二维直角坐标系中,格子的边长定义为1,坐标的x轴及y轴和棋盘方格线平行,原点恰落在某一格的中心点,则王从一个位置走到其他位置需要的步数恰为两个位置的切比雪夫距离,因此切比雪夫距离也称为棋盘距离,如图9-5所示。

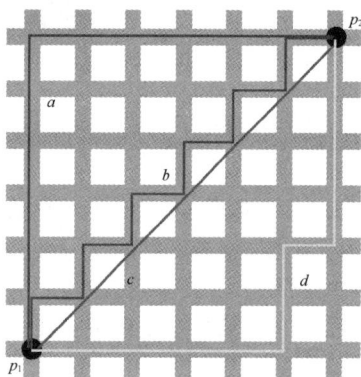

图9-4　曼哈顿距离示例

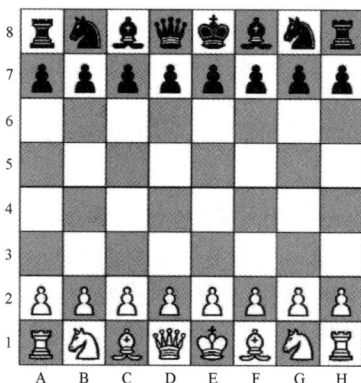

图9-5　切比雪夫距离示例

二维平面上两点$p_1(x_1, y_1)$与$p_2(x_2, y_2)$间的切比雪夫距离公式如下。

$$d = \max(|x_1 - x_2|, |y_1 - y_2|)$$

4．海明距离

在信息论中,两个等长字符串之间的海明距离是两个字符串对应位置的不同字符的个数。换句话说,它就是将一个字符串变换成另外一个字符串所需要替换的字符个数。例如,"1001101"与"1001011"之间的海明距离是2,"2143896"与"2233796"之间的海明距离是3,"toned"与"roses"之间的海明距离是3。

9.2.2　相似度度量函数

相似度度量(Similarity),即计算样本之间的相似程度。与距离度量相反,相似度度量的值越小,说明样本间的距离越大。

1．Jaccard 相似系数

Jaccard 相似系数(Jaccard Similarity Coefficient)也称为雅可比相似度系数,用于比较有限的样本集,一般用J表示,公式如下。

$$J(A,B) = \frac{|A \cap B|}{|A \cup B|} = \frac{|A \cap B|}{|A| + |B| - |A \cap B|}$$

其中,$|A|$表示集合A中元素的个数。根据上述公式,集合A和集合B的交集越大,表示两者相似度越高。Jaccard 相似系数与元素的顺序无关,仅与元素在集合中是否出现有关,是一种简单的相似性表示方法,实质是集合交集与并集的比值。

【例9-1】 图9-6中有两个集合A和B，求$J(A,B)$。

解

集合A和B的交集中有2个元素，并集中有7个元素。因此，$J(A,B)=2/7$。

2. 余弦相似度

余弦相似度，又称为余弦相似性，通过计算两个向量的夹角余弦值来评估它们的相似度。余弦相似度将向量根据坐标值绘制到向量空间中，如较常见的二维空间。

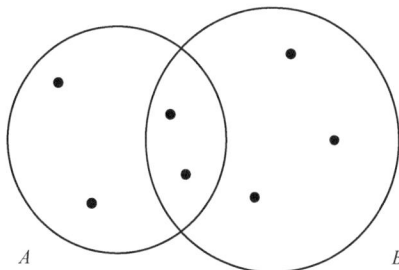

图9-6 Jaccard相似系数为2/7的两个集合A和B

二维空间中向量$\boldsymbol{a}(x_1, y_1)$与向量$\boldsymbol{b}(x_2, y_2)$的夹角余弦公式如下。

$$\cos\theta = \frac{x_1 x_2 + y_1 y_2}{\sqrt{x_1^2 + y_1^2} \times \sqrt{x_2^2 + y_2^2}}$$

在实际工作中，我们很可能遇到n维向量的计算。对于任意两个n维样本向量$\boldsymbol{a}(x_1, x_2, \cdots, x_n)$和$\boldsymbol{b}(y_1, y_2, \cdots, y_n)$，其夹角余弦公式如下。

$$\cos\theta = \frac{\sum_{i=1}^{n}(x_i \times y_i)}{\sqrt{\sum_{i=1}^{n} x_i^2} \times \sqrt{\sum_{i=1}^{n} y_i^2}}$$

夹角余弦取值范围为$[-1,1]$。其值越大，表示两个向量的夹角越小；其值越小，表示两个向量的夹角越大。当两个向量的方向重合时，夹角余弦取最大值1；当两个向量的方向相反时，夹角余弦取最小值-1。

【例9-2】 给定下列两个文本，分别使用Jaccard相似系数和余弦相似度计算这两个文本的相似程度。

文本t_1：机器学习促进了人工智能的发展

文本t_2：人工智能的发展改变了人们的生活

解

（1）使用Jaccard相似系数计算文本t_1和文本t_2的相似度。

第一步：分词处理。对文本t_1和文本t_2分别进行分词处理，结果是"机器学习 促进 人工智能 发展"和"人工智能 发展 改变 人们 生活"。

第二步：将文本t_1的分词结果当作一个集合，则$t_1=\{$机器学习,促进,人工智能,发展$\}$；同理，$t_2=\{$人工智能,发展,改变,人们,生活$\}$。

第三步：计算集合t_1与集合t_2的交集和并集。集合t_1与集合t_2的交集为$\{$人工智能,发展$\}$，并集为$\{$机器学习,促进,人工智能,发展,改变,人们,生活$\}$。

第四步：相似度计算。

$$J(t_1, t_2) = \frac{|t_1 \bigcap t_2|}{|t_1 \bigcup t_2|} = \frac{2}{7} \approx 0.286$$

通过上述过程，最终计算出文本t_1与文本t_2的Jaccard相似系数约为0.286。

（2）使用余弦相似度计算文本t_1和文本t_2的相似度。

第一步：分词处理。对文本t_1和文本t_2分别进行分词处理后，结果是"机器学习 促进 人工智能 发展"和"人工智能 发展 改变 人们 生活"。

第二步：获得特征集。根据第一步的分词结果，将所有词语合并，相同词语仅记一次，获得的特征集为$\{$机器学习,促进,人工智能,发展,改变,人们,生活$\}$。

第三步：形成特征向量。特征向量以特征集为基础，词语在文本中出现，则在相应位置记1，未出现记0。则文本t_1的特征向量是$\boldsymbol{t}_1 = (1,1,1,1,0,0,0)$，文本$t_2$的特征向量是$\boldsymbol{t}_2 = (0,0,1,1,1,1,1)$。

第四步：相似度计算。通过第三步已经获得了文本t_1和文本t_2的特征向量，将问题转化为对向量求夹角余弦值。

$$\cos(t_1, t_2) = \frac{t_1 \cdot t_2}{\sqrt{t_1^2} \times \sqrt{t_2^2}} = \frac{1 \times 0 + 1 \times 0 + 1 \times 1 + 1 \times 1 + 0 \times 1 + 0 \times 1 + 0 \times 1}{\sqrt{1^2 + 1^2 + 1^2 + 1^2 + 0^2 + 0^2 + 0^2} \times \sqrt{0^2 + 0^2 + 1^2 + 1^2 + 1^2 + 1^2 + 1^2}} \approx 0.447$$

通过上述过程，最终计算出余弦值约为 0.447，则文本 t_1 与文本 t_2 的余弦相似度约为 0.447。

9.3 分类算法

分类问题在现实生活中普遍存在，因此分类算法有着广泛的应用领域。例如，根据标题和内容从大量电子邮件中筛选出垃圾邮件；从大量照片中区分出风景照和人物照。分类任务就是令机器从带标签的数据中自动学习一个分类模型，使该模型能够把每个样本 x 映射到一个类别标签 y。

9.3.1 分类概述

分类（Classification）是机器学习的一项重要任务，即通过计算数据集中各样本之间的距离或相似度，按照分类模型对它们进行分类。分类的训练是根据"训练集"中样本的类别标签（类标号），对类进行描述或建模，令模型不仅能够拟合训练样本的标注类别标签与预测类别标签，而且能准确预测新样本的类别标签。

1. 解决分类问题的一般过程

（1）建立分类模型

分类模型是通过分析训练样本数据总结出的一般性的分类规则，模型以分类规则、决策树或数学公式的形式给出。分类模型的训练如图 9-7 所示。

（2）分类模型的应用

应用分类模型之前，需要对其进行评估，在确保分类的准确性和精确率的情况下，才能运用该分类模型对未知类型的样本进行分类处理，如图 9-8 所示。

图 9-7　分类模型的训练　　　　　　图 9-8　分类模型的应用

近年来，国内外的研究人员在分类知识发现领域进行了大量的研究和实际应用的推广。分类算法已被广泛、有效地应用于科学实验、医疗诊断、气象预报、信贷审核、案件侦破等领域，引起了工业界和学术界的广泛关注。

2. 分类模型的评估

分类模型的性能根据模型正确和错误的测试记录计数进行评估，这些计数存放在混淆矩阵里，如表 9-2 所示。对于类别 c 来说，模型的测试结果可以分为以下四种情况。

表 9-2　类别预测结果的混淆矩阵

真实类别	预测类别	
	正例	负例
正例	TP	FN
负例	FP	TN

真正例（True Positive，TP）：一个样本的真实类别为 c 并且被模型正确地预测为类别 c。

假负例（False Negative，FN）：一个样本的真实类别为 c，被模型错误地预测为其他类别。

假正例（False Positive，FP）：一个样本的真实类别为其他类别，被模型错误地预测为类别 c。

真负例（True Negative，TN）：一个样本的真实类别为其他类别并且被模型预测为其他类别。

不同的机器学习任务有着不同的评估指标，同一种机器学习任务也有着不同的评估指标，每个指标的着重点不一样。而很多指标又可以用来评估多种机器学习模型，如精确率-召回率（Precision-Recall）。精确率和召回率是广泛应用于信息检索和统计学分类领域的两个度量值，在机器学习的评估中也被大量使用。

精确率（Precision），也称为查准率或精度，类别 c 的精确率为在所有被预测为类别 c 的样本中预测正确的比例，定义如下。

$$P_c = \frac{预测正确的样本数}{预测类别为c的样本总数} = \frac{TP_c}{TP_c + FP_c}$$

召回率（Recall），也称为查全率，类别 c 的召回率为在所有真实类别为 c 的样本中预测正确的比例，定义如下。

$$R_c = \frac{预测正确的样本数}{真实类别为c的样本总数} = \frac{TP_c}{TP_c + FN_c}$$

就评估结果来说，我们希望精确率高，召回率也高，但事实上这两者在某些情况下是对立的。比如极端情况下，我们只检索出了一个结果，且是真正例，那么精确率就是 100%，但是召回率可能很低；而如果大量样本中只有一个正例，且对该样本预测正确，那么召回率是 100%，但是精确率可能很低。因此需要综合考虑它们，较常见的方法就是采用综合评估指标 F 值，它是精确率和召回率的加权调和平均值，定义如下。

$$F_c = \frac{(1+\beta^2) \times P_c \times R_c}{\beta^2 \times P_c + R_c}$$

其中，β 用于平衡精确率和召回率的重要性，一般取值为 1，此时 F 值又称为 F_1 值。

【例 9-3】某池塘有 1400 条鲤鱼、300 只虾、300 只鳖。现在以捕捞鲤鱼为目的，渔民往池塘撒一大网，收获 700 条鲤鱼的同时，也捞出了 200 只虾和 100 只鳖。请问此次捕捞的精确率、召回率及 F_1 值分别是多少？如果把池塘里所有的鲤鱼、虾和鳖都一网收获，这些值又有什么变化？

解

收获 700 条鲤鱼的同时，也捞出了 200 只虾和 100 只鳖，精确率、召回率及 F_1 值计算如下。

$$P = \frac{捕捞正确的样本数}{捕捞总数} = \frac{700}{700+200+100} = 70\%$$

$$R = \frac{捕捞正确的样本数}{鲤鱼总数} = \frac{700}{1400} = 50\%$$

$$F_1 = \frac{2 \times P \times R}{P + R} = \frac{2 \times 0.7 \times 0.5}{0.7 + 0.5} \approx 58.3\%$$

把池塘里所有的鲤鱼、虾和鳖都一网收获，此时精确率、召回率及 F_1 值计算如下。

$$P = \frac{1400}{1400+300+300} = 70\%$$

$$R = \frac{1400}{1400} = 100\% \qquad F_1 = \frac{2 \times 0.7 \times 1}{0.7 + 1} \approx 82.35\%$$

由此可见，精确率是捕获成果中目标成果所占的比例，召回率是从关注领域中召回目标类别的比例，而 F 值是综合这两个比例的评估指标，用于综合反映整体情况。

9.3.2 分类算法介绍

解决分类问题的方法有很多，取决于采用的分类模型。分类的主要方法有决策树算法、K 近邻算法、贝叶斯分类算法、支持向量机分类算法和关联规则分类等，前两种方法后文有详细讲解。

贝叶斯分类算法：贝叶斯分类算法是利用概率统计知识进行分类的算法，该算法主要利用贝叶斯定理来预测一个未知类别的样本属于各类别的可能性，选择其中可能性最大的一个类别作为该样本的预测类别。由于贝叶斯定理本身有一个条件独立性假设前提，而此假设在实际情况中经常是不成立的，因此其分类准确性不太稳定。

支持向量机分类算法：支持向量机分类算法是根据统计学习理论提出的一种新的学习方法，它的最大特点是基于结构风险最小化准则，以最大化分类间隔构造最优分类超平面来提升学习机的泛化能力，较好地解决了非线性、高维数、局部极小点等问题。对于分类问题，此算法根据区域中的样本计算该区域的决策曲面，由此确定该区域中新样本的类别。

关联规则分类：关联规则挖掘是机器学习重要的研究领域，近年来，对于如何将关联规则挖掘用于分类问题，学者们进行了广泛的研究。关联规则分类一般由两步组成：第一步，用关联规则挖掘算法从训练集中挖掘出所有满足指定支持度和置信度的类关联规则；第二步，使用启发式方法从挖掘出的类关联规则中挑选出一组高质量的规则用于分类。

经典案例

"啤酒与尿布"的故事

"啤酒与尿布"的故事发生于 20 世纪 90 年代的美国沃尔玛超市。沃尔玛超市的管理人员分析销售数据时发现了一个令人难以理解的现象："啤酒"与"尿布"两种看上去毫无关系的商品会经常出现在同一个购物篮中。这种独特的销售现象引起了管理人员的注意，他们经过后续调查发现，这种现象出现在年轻的父亲身上。

在有婴儿的美国家庭中，一般是母亲在家中照看婴儿，年轻的父亲前去超市购买尿布。父亲在购买尿布的同时，往往会顺便为自己购买啤酒，这样就会让啤酒与尿布这两种看上去不相干的商品出现在同一个购物篮里。如果某个年轻的父亲在超市只能买到这两种商品之一，他很有可能会选择其他商店，直到可以同时买到啤酒与尿布。沃尔玛超市发现这一独特的现象后，开始在超市尝试将啤酒与尿布摆放在同一区域，让年轻的父亲可以同时找到这两种商品。

9.3.3 决策树算法

决策树（Decision Tree）可以用于监督学习的分类任务和回归任务，本小节主要讨论用于分类任务的分类决策树。决策树呈树形，在分类过程中可以被认为是 if-then 规则的集合，也可以被认为是定义在特征空间与类空间上的条件概率分布。与其他分类模型相比，决策树的优势在于其结构类似于人类的决策过程，易于理解和解释，使非专业人士也能够理解分类模型的工作原理和预测依据。

1. 决策树

决策树由节点和有向边组成。节点有两种类型：内部节点和叶节点。内部节点表示一个特征或属性，叶节点表示一个类。决策树在预测过程中，从根节点开始，将新样本的特征值/属性值与内部节点的特征值/属性值进行比较、决策，最终将新样本分配到决策树的叶节点，即完成了对新样本的分类。

举一个通俗的例子帮助读者理解决策树。有一辆自动驾驶汽车根据导航指示需在当前十字路口左转，但此时左转灯熄灭，直行灯亮红灯，如图 9-9 所示。该自动驾驶汽车应继续前进，还是停车等待？

图 9-9　自动驾驶汽车所面对的红绿灯示意图

第 1 次决策：是否直行？

自动驾驶汽车：否。

第 2 次决策：是否左转？

自动驾驶汽车：是。

第 3 次决策：是否红灯？

自动驾驶汽车：否。

第 4 次决策：是否绿灯？

自动驾驶汽车：否。

第 5 次决策：是否直行红灯？

自动驾驶汽车：是，停止。

本例中，自动驾驶汽车的决策过程属于典型的决策树分类任务。自动驾驶汽车根据导航前进方向，以及导航前进方向所对应的红绿灯状态，判别应该停止或是前进。自动驾驶汽车的决策逻辑如图 9-10 所示。

图 9-10 中实线圆圈节点（内部节点）表示判定条件，虚线圆圈节点（叶节点）表示判定结果，箭头表示在判定条件不同的情况下的决策路径。

图 9-10 基本可以算是一棵决策树，说它"基本可以算"是因为图中的判定条件没有具体量化，如果将所有条件量化，它就会成为真正的决策树。有了上面的直观认识，接下来我们来学习决策树经典算法——ID3 算法。

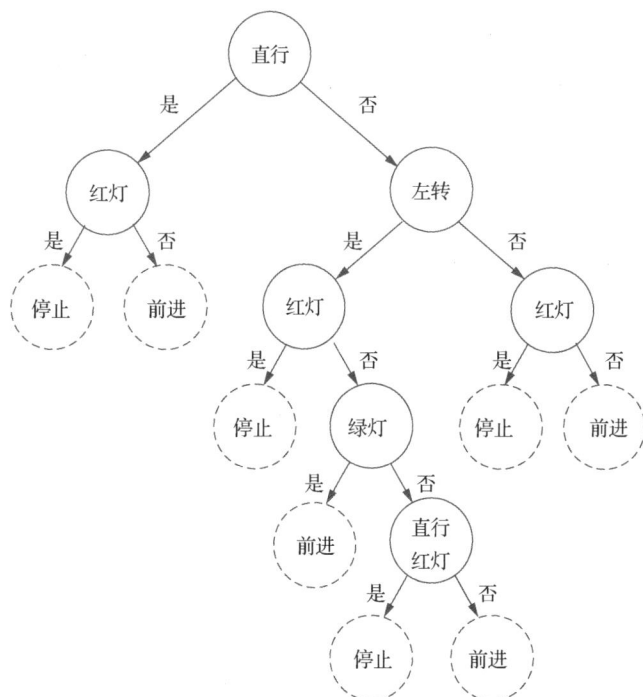

图 9-10　自动驾驶汽车的决策逻辑

2. ID3 算法

ID3 算法是罗斯・昆兰（Ross Quinlan）于 1986 年提出的分类预测算法，该算法以信息论为基础，以信息熵和信息增益为衡量标准，实现对数据的归纳分类。具体方法是，计算数据集中所有属性的信息增益，选择其中信息增益最大的属性作为决策树当前节点，依据该属性的不同取值建立不同分支，再对各分支对应的数据子集递归地调用此方法。由此构造的决策树，每一个节点的属性都是具有最大信息增益的属性，通过它可以实现数据记录的分类。

信息熵描述信息源各种可能事件发生的不确定性。数学上信息熵是信息量的期望，表示为以下公式：

$$H(P) = -\sum_{i=1}^{m} p_i \cdot \log_2 p_i$$

其中，p_i 是事件 i 发生的概率。

下面举例说明理想属性的选择及决策树的构造过程。

【例 9-4】某路段进行施工作业，需要对车辆进行限行。给定一个判断车辆是否限行的样本集 C，如表 9-3 所示，并预先定义指定的一组属性及其可取值：车辆规格{5 座及以下,5 座以上}，车牌类型{黄色,蓝色,绿色}，车高{高,低}。将是否限行分为两类，分别以是、否来表示。

表 9-3　判断车辆是否限行的样本数据集

车牌类型	车辆规格	车高	是否限行
黄色	5 座及以下	高	是
黄色	5 座及以下	低	是
黄色	5 座以上	高	是
黄色	5 座以上	低	是
绿色	5 座及以下	高	否
蓝色	5 座以上	高	是
蓝色	5 座及以下	低	否
蓝色	5 座以上	低	是

ID3 算法的决策树可看作信息源，即给定一个样本，可从决策树获得一个对该样本所属类别的预测（如类别"是"或"否"）。决策树的复杂程度与样本所传递的信息量密切相关。若决策树传递不同预测类别的概率分别是 P^+（对应"是"类）、P^-（对应"否"类），那么这个样本的期望信息量表示如下。

$$M(C) = H(P) = -P^+ \log_2 P^+ - P^- \log_2 P^-$$

对给定的样本集 C，可以把概率近似地表示为相对频数，即 P^+ 和 P^- 分别等于样本集 C 中类别为"是"和"否"的样本所占的比例。

对于上述例子，则期望信息量计算如下。

$$M(C) = -(3/4)\log_2(3/4) - (1/4)\log_2(1/4) \approx 0.811 \text{ bit}$$

假定 A 为构造决策树时下一个可能选取的属性，$\{A_1, A_2, \cdots, A_n\}$ 为属性 A 的取值且是互斥的。属性 A 将集合 C 划分为 n 个子集 $\{C_1, C_2, \cdots, C_n\}$，如图 9-11 所示。

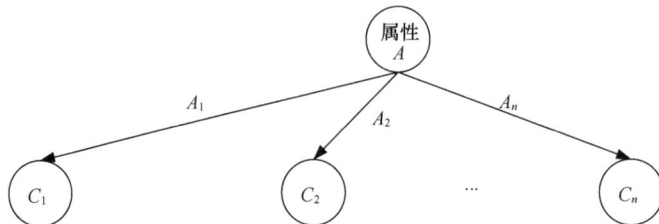

图 9-11　关于属性 A 的局部决策树

设 $M(C_i)$ 是 A 取值为 A_i 的子集 C_i 所对应决策树的期望信息量，则以属性 A 作为根节点的决策树的期望信息量 $B(C,A)$ 可通过权值平均而得到。

$$B(C,A) = \sum (\text{属性} A \text{取值为} A_i \text{的概率}) \times M(C_i)$$

同样可以把 A 取值为 A_i 的概率用相对频数来代替，即样本集中 A 取值为 A_i 的样本所占的比例。

我们希望待选的属性能使决策树获得最大的信息增益，即 $M(C) - B(C,A)$ 为最大值。因为 $M(C)$ 为判定一个样本的类别所要求的总的期望信息量，$B(C,A)$ 为按属性 A 构造局部决策树后还需要的期望信息量，二者的差越大，说明这个属性所能传递的信息量越大，判定的速度也就越快。

例如，选取的属性为"车高"，对取值为"高"的分支所需期望信息量如下。

$$-(3/4)\log_2(3/4) - (1/4)\log_2(1/4) \approx 0.811 \text{ bit}$$

同样，取值为"低"的分支所需期望信息量如下。

$$-(3/4)\log_2(3/4) - (1/4)\log_2(1/4) \approx 0.811 \text{ bit}$$

则以属性"车高"对样本集 C 做划分后进一步判定所需的期望信息量如下。

$$B(C,\text{"车高"}) = (1/2) \times 0.811 + (1/2) \times 0.811 = 0.811 \text{bit}$$

因此，属性"车高"的信息增益值如下。

$$M(C) - B(C,\text{"车高"}) = 0.811 - 0.811 = 0 \text{ bit}$$

同理，以属性"车牌类型"对样本集 C 做划分后进一步判定所需的期望信息量如下。

$$B(C,\text{"车牌类型"}) = (1/2) \times 0 + (1/8) \times 0 + (3/8) \times 0.918 \approx 0.34 \text{ bit}$$

属性"车牌类型"的信息增益值如下。

$$M(C) - B(C,\text{"车牌类型"}) = 0.811 - 0.34 = 0.471 \text{ bit}$$

同样，计算出属性"车辆规格"的信息增益值约为 0.311 bit。最后比较各属性的信息增益，由于属性"车牌类型"的信息增益最大，因此选择属性"车牌类型"作为根节点。它将样本集 C 划分为 3 个子集 C_1（取值为"绿色"）、C_2（取值为"蓝色"）和 C_3（取值为"黄色"）。由于子集 C_1、C_3 中的所有样本都是同一类的，因此它们成为叶节点，预测类别标签分别为"否"和"是"；对于子集 C_2 则需要从"车高"和"车辆规格"中选择新的属性。计算属性的信息增益值如下。

$$M(C_2) - B(C_2,\text{"车高"}) = 0.918 - 0.667 = 0.251 \text{ bit}$$

$$M(C_2) - B(C_2,\text{"车辆规格"}) = 0.918 - 0 = 0.918 \text{ bit}$$

比较这两个属性的信息增益，选择信息增益大的属性"车辆规格"作为节点，它将子集 C_2 划分为两部分。属性"车辆规格"取值为"5 座以上"的部分包含两个样本，且同属一类，所以这是一个叶节点，预测类别标签为"是"；取值为"5 座及以下"的部分仅包含一类，所以这是一个叶节点，预测类别标签为"否"。至此，该决策树构造完成，如图 9-12 所示。

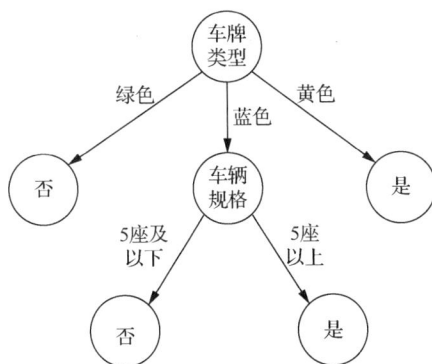

图 9-12　根据表 9-3 构造的决策树

ID3 算法的优点是计算复杂度不高，输出结果易于理解，可以处理具有不相关属性（特征）的数据。缺点是该算法不能处理带有缺失值的数据集，故在进行算法学习之前需要对缺失值进行预处理。

9.3.4　K 近邻算法

K 近邻（K-Nearest Neighbor，KNN）算法的每个训练样本都被分配了类别标签，因此属于监督学习分类算法。但该算法没有学习/训练的过程，其在预测时，根据新样本与训练样本之间的距离或相似度，直接对新样本的类别进行预测，属于基于实例的推理方法。该算法的思路：以待分类的新样本为中心，分析距其最近的 K 个训练样本的类别，将出现次数最多的类别作为新样本的预测类别。因此该算法被称为 K 近邻算法。当训练样本足够多时，K 近邻算法能够达到很好的分类效果。

例如，在图 9-13 中，K=3，即选择离新样本 x 最近的 3 个点，由于三角形样本占近邻样本的比例为 2/3，因此新样本 x 被预测为三角形；同理，当 K=5 时，由于矩形样本占近邻样本的比例为 3/5，因此新样本 x 被预测为矩形。

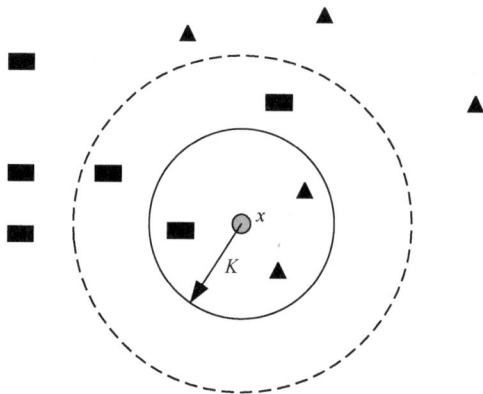

图 9-13　K 近邻算法示例

1. K 近邻算法原理与描述

K 近邻算法的优点是，在对新样本进行类别预测时，只需要扫描其附近训练样本的类别，然后依据少数服从多数的原则，就可以对新样本进行分类。

虽然 K 近邻算法比较容易理解，但计算复杂度较高，需要计算新样本与所有训练样本的距离或相似度，才能够筛选出最近的 K 个训练样本。以下是 K 近邻算法的描述。

（1）计算新样本与每个训练样本之间的距离或相似度。

（2）按照距离或相似度的递增关系进行排序。

（3）选取距离最小（或相似度最大）的 K 个样本。

（4）统计 K 个样本各类别出现的频率。

（5）将 K 个样本中出现频率最高的类别作为新样本的预测类别。

综上所述，K 近邻算法首先计算样本距离，然后找出近邻，最后对样本进行分类。

2. K 近邻算法示例

【例 9-5】某电影院要上映一部电影《绿皮书》，推广部准备策划一系列活动邀请部分会员参加。已知 A、B、C、D、E、F 六位 VIP 会员的近期观影记录如表 9-4 所示，其中，会员 A、B、D 对该电影表现出观影兴趣。推广部试图根据表 9-4 的数据了解其他观众的观影兴趣，以便确定活动邀请名单。

表 9-4　观看电影的会员与电影类型示例

序号	电影名称	电影类型	会员
1	《无名之辈》	剧情｜搞笑	C、D、F
2	《邪不压正》	搞笑｜爱情｜动作	B、D、E
3	《流浪地球》	科幻	A、B、C、D、F
4	《疯狂地球人》	喜剧｜剧情｜科幻	B、C、D、E、F
5	《熊出没·原始时代》	剧情｜搞笑｜喜剧	E
6	《飞驰人生》	喜剧｜动作	A、C、D、E
7	《阿丽塔：战斗天使》	动作｜冒险｜爱情	A、B、E
8	《一出好戏》	喜剧｜动画｜冒险	B、C、D、F
9	《我不是药神》	搞笑｜剧情	A、B、C、D、E、F
10	《廉政风云》	犯罪｜悬疑	C、F

解

第一步：将表 9-4 转换为每个会员的观影记录，并通过例 9-2 的方法将会员的观影记录转化为特征向量，如表 9-5 所示，为下一步计算用户间相似度做好准备。

表 9-5　会员观看电影的记录

会员	电影名称	特征向量
A	《流浪地球》｜《飞驰人生》｜《阿丽塔：战斗天使》｜《我不是药神》	$(0,0,1,0,0,1,1,0,1,0)$
B	《邪不压正》｜《流浪地球》｜《疯狂地球人》｜《阿丽塔：战斗天使》｜《一出好戏》｜《我不是药神》	$(0,1,1,1,0,0,1,1,1,0)$
C	《无名之辈》｜《流浪地球》｜《疯狂地球人》｜《飞驰人生》｜《一出好戏》｜《我不是药神》｜《廉政风云》	$(1,0,1,1,0,1,0,1,1,1)$
D	《无名之辈》｜《邪不压正》｜《流浪地球》｜《疯狂地球人》｜《飞驰人生》｜《一出好戏》｜《我不是药神》	$(1,1,1,1,0,1,0,1,1,0)$
E	《邪不压正》｜《疯狂地球人》｜《熊出没·原始时代》｜《飞驰人生》｜《阿丽塔：战斗天使》｜《我不是药神》	$(0,1,0,1,1,1,1,0,1,0)$
F	《无名之辈》｜《流浪地球》｜《疯狂地球人》｜《一出好戏》｜《我不是药神》｜《廉政风云》	$(1,0,1,1,0,0,0,1,1,1)$

第二步：利用余弦相似度或 Jaccard 相似系数计算会员之间的观影相似度，如采用余弦相似度，具体计算方法见例 9-2，计算结果如表 9-6 所示。

表 9-6　会员之间的观影相似度（余弦相似度）

	会员 A	会员 B	会员 C	会员 D	会员 E	会员 F
会员 A	1	0.61	0.57	0.57	0.61	0.41
会员 B	0.61	1	0.62	0.77	0.67	0.67
会员 C	0.57	0.62	1	0.86	0.46	0.93
会员 D	0.57	0.77	0.86	1	0.62	0.77
会员 E	0.61	0.67	0.46	0.62	1	0.33
会员 F	0.41	0.67	0.93	0.77	0.33	1

第三步：根据表 9-6，设定会员之间的观影相似度阈值为 0.5，若相似度大于阈值，则视两会员间存在观影关联关系，对关联会员进行权重排序，可得到表 9-7。

表 9-7 对每个会员分析与其存在观影关联关系的会员

会员	存在观影关联关系的会员
会员 A	会员 B（0.61）、会员 E（0.61）、会员 C（0.57）、会员 D（0.57）
会员 B	会员 D（0.77）、会员 E（0.67）、会员 F（0.67）、会员 C（0.62）、会员 A（0.61）
会员 C	会员 F（0.93）、会员 D（0.86）、会员 B（0.62）、会员 A（0.57）
会员 D	会员 C（0.86）、会员 B（0.77）、会员 F（0.77）、会员 E（0.62）、会员 A（0.57）
会员 E	会员 B（0.67）、会员 D（0.62）、会员 A（0.61）
会员 F	会员 C（0.93）、会员 D（0.77）、会员 B（0.67）

第四步：根据上述数据可以有效地进行很多后续操作。已知会员 A、B、D 对电影《绿皮书》表现出兴趣，可根据表 9-7 分析会员 C、E、F 对电影《绿皮书》系列宣传活动的感兴趣程度，通过相似度叠加的方式确定兴趣值。约定 $K=3$，分别找出与会员 C、E、F 观影关联关系最强的 3 个会员，在此范围内对会员 C、E、F 与存在观影兴趣会员的相似度进行平均值分析，可得到表 9-8。

表 9-8　会员与 $K=3$ 的近邻会员的平均兴趣值

会员	$K=3$ 的近邻会员	兴趣值
会员 C	会员 F（0.93）、会员 D（0.86）、会员 B（0.62）	（0.86+0.62）/ 2 = 0.74
会员 E	会员 B（0.67）、会员 D（0.62）、会员 A（0.61）	（0.67+0.62+0.61）/ 3 ≈ 0.63
会员 F	会员 C（0.93）、会员 D（0.77）、会员 B（0.67）	（0.77+0.67）/ 2 = 0.72

通过表 9-8 可以发现会员 C 更有可能去参加电影《绿皮书》的宣传活动，会员 E 和会员 F 也有较大可能去参加宣传活动。上述过程就是通过 K 近邻算法的思想，对具有观影关联关系的会员进行分析来判定会员的可能行为。

K 近邻算法的优点在于非常简单，便于理解和实现，应用范围广，分类效果好，而且无须进行参数估计，但是缺点也比较明显，不足之处在于以下几点：样本小时误差难以控制，存储所有样本需要较大存储空间，对于大样本的计算量大。

除此之外，K 值的设定也对算法的结果有较大的影响。如果 K 值过小，算法将对数据中存在的噪声过于敏感；如果 K 值过大，结果的误差将明显增大。

9.4 聚类算法

聚类（Clustering）是一种无监督的学习方法，目标是通过对无标签训练样本的学习来揭示数据的内在性质和规律，为进一步的数据分析提供基础。聚类基于"物以类聚"的思想，通过计算样本之间的相似程度，将满足相似条件的样本分入同一类（簇），不满足相似条件的样本分入不同类（簇），使划分结果满足类内样本相似度高、类间样本相似度低的要求。聚类既能作为一个单独过程，用于揭示数据内在的分布规律，也可作为分类等其他学习方法的预处理过程。例如，可以根据聚类结果将每个簇定义为一个类，然后基于这些类训练分类模型，用于对数据的预测。无论是旨在理解还是实用，聚类都在广泛的领域扮演着重要角色，这些领域包括电子商务、生物信息、信息检索及网络信息安全等。

9.4.1 聚类算法介绍

聚类算法/模型使用的策略主要是计算样本之间的距离和相似度。机器学习经过长时间的发展，形成了大量的聚类算法。根据不同的数据类型和聚类目的可以选择不同的聚类算法。常见的聚类算法可以归入以下 4 个聚类方法。

（1）基于划分的聚类方法：给定一个包含 N 个样本的数据集，将其划分为 K 个簇（$K < N$），并满足如下两个条件：

① 每个簇至少包含一个样本；

② 每个样本只能属于一个簇（在某些模糊聚类算法中可以放宽）。

对于给定的 K，算法首先给出一个初始的划分方案，然后通过反复迭代改变分组，使得每一次迭代之后的划分结果都较前一次更好。好的标准是，同一个簇中样本越相似越好，不同簇之间样本越不相似越好。常用的基于划分的聚类算法有 K 均值聚类（K-means）算法、K 中心聚类（K-medoids）算法、CLARANS 算法等。

（2）基于层次的聚类方法：创建给定数据集的层次分解。基于层次的聚类方法可以根据层次分解的不同，分为自底向上和自顶向下两种。自底向上的聚类方法，开始时将每个样本作为单独的一个簇，然后逐次合并相似的样本，直到所有样本都在单独的一个簇中，或者满足某个终止条件。自顶向下的聚类方法，开始时将所有样本作为单独的一个簇，然后基于一定的原则将这个簇划分为更小的簇，直到每个样本在单独的一个簇中，或者满足某个终止条件。代表算法有 BIRCH 算法、CURE 算法、CHAMELEON 算法等。

（3）基于密度的聚类方法：基于样本的密度信息进行聚类，以克服基于划分的聚类方法只能发现"球状簇"的聚类缺点。主要思想是，只要邻近区域的密度（样本的数目）超过某个阈值，就继续扩张给定的簇。也就是说，对给定簇中的每个样本，在给定半径的邻域内必须至少包含某个数目的样本。这样的方法可以用来过滤噪声和孤立样本，发现任意形状的簇。代表算法有 DBSCAN 算法、OPTICS 算法、DENCLUE 算法等。

（4）基于网格的聚类方法：把样本空间量化为有限个单元，形成网格结构，所有的聚类操作都在这个网格结构（即量化的空间）中进行。这种方法的主要优点就是处理速度很快，其处理时间通常与数据集中样本的个数无关，而仅取决于量化空间中每一维的单元数。基于网格的聚类方法通常用于空间数据挖掘（包括聚类），代表算法有 STING 算法、CLIQUE 算法、WAVE-CLUSTER 算法等。

9.4.2　K 均值聚类算法

K 均值聚类算法是一种无监督学习算法，广泛应用于机器学习领域。它的思想是选取 K 个样本代表初始聚类中心，将 N 个样本分到 K 个类中，使得同类的样本之间具有较高的相似度，而不同类的样本之间具有较低的相似度，同时令类内样本到聚类中心的距离之和最小化，然后通过计算各类内样本属性/特征的平均值获得新的聚类中心。该算法中，样本之间的相似度通常采用某个距离函数来度量，样本之间的距离越小，它们就越相似。

1．K 均值聚类算法原理与描述

该算法包含两个部分。第一，选定聚类个数 K，然后随机选取 K 个样本，每个初始聚类中心分别用这 K 个样本表示。第二，计算每个样本到这 K 个样本的距离，根据距离的远近将这些样本分配到相应的类别中，然后重新计算每个类的聚类中心，不断重复这个过程，直到满足终止条件。终止条件可以是以下任何一个：一是没有样本被重新分配；二是聚类中心不再发生变化；三是样本与聚类中心之间的距离小于设定的阈值。

下面给出 K 均值聚类算法的描述。

输入：聚类个数 K，样本集 $D = (d_1, d_2, \cdots, d_n)$。

输出：K 个聚类。

```
1    确定 K 个样本作为初始聚类中心
2    Repeat
3    For 对于样本集 D 中的每一个样本 d_n
```

4	计算 d_n 到每个聚类中心的距离
5	将 d_n 分配到最近的那个聚类中心所属的类
6	End for
7	计算当前每个类的均值,得到新的聚类中心
8	满足终止条件结束,否则执行循环部分

2. K 均值聚类算法示例

【例9-6】给定一个数据集{1, 2, 30, 15, 10, 18, 3, 9, 8, 25},用 K 均值聚类算法对这些数据进行聚类。

解

首先给定 $K=3$,即将数据聚成 3 类。随机选取后面 3 个样本作为初始聚类中心,分别是 $m_1=8$,$m_2=9$,$m_3=25$,开始迭代。

第一次迭代:分别计算数据集中其余每个样本到这 3 个聚类中心的距离,并将其分配给距离最近的聚类中心所代表的类。这里采用的距离值为两个数的差的绝对值。这样就可以得到以下 3 个类。

$$K_1=\{1, 2, 3, 8\},\quad K_2=\{9, 10, 15\},\quad K_3=\{18, 25, 30\}$$

对这个结果重新计算每个类的均值。将聚类中心更新为 $m_1=3.5$,$m_2=11.3$,$m_3=24.3$。

第二次迭代:重复第一次迭代中的方法,得到新的 3 个类。

$$K_1=\{1, 2, 3\},\quad K_2=\{8, 9, 10, 15\},\quad K_3=\{18, 25, 30\}$$

更新后的聚类中心为 $m_1=2$,$m_2=10.5$,$m_3=24.3$。

第三次迭代:重复第一次迭代中的方法,得到新的 3 个类。

$$K_1=\{1, 2, 3\},\quad K_2=\{8, 9, 10, 15\},\quad K_3=\{18, 25, 30\}$$

更新后的聚类中心为 $m_1=2$,$m_2=10.5$,$m_3=24.3$。

比较第三次与第二次的迭代结果,可以发现:每个类中的样本不再被重新分配。聚类结果稳定,算法结束。

【例9-7】某公司行政岗位的职责之一是收集门户网站、论坛、博客、微信、微博等载体的新闻信息,整理汇总形成报告,所收集的部分新闻标题文本集 D 如表 9-9 所示。面对每天数量庞大的新闻,不难发现很多新闻内容是相似的,需要对其进行归并。用 K 均值聚类算法对这些文本数据进行聚类(文本分词结果已给出)。

表9-9　新闻标题文本集合 D

文本编号	文本内容
t_1	世界杯亚洲足球进步快 中国足球差距被拉大
	世界杯 亚洲 足球 进步 快 中国 足球 差距 拉大
t_2	中国新能源产业发展是全球性贡献和机遇
	中国 新能源 产业 发展 是 全球性 贡献 和 机遇
t_3	没有国足的俄罗斯世界杯:10 万中国游客贡献 30 亿元
	没有 国足 俄罗斯 世界杯 10 万 中国 游客 贡献 30 亿元
t_4	"超"车有道,领"跑"全球! 中国新能源引领全球技术创新
	超车 有 道 领跑 全球 中国 新能源 引领 全球 技术 创新
t_5	美国记者亲身体验中日韩俄高铁 中国的不仅舒服速度还快
	美国 记者 亲身 体验 中日韩俄 高铁 中国 不仅 舒服 速度 还快
t_6	足球速报! 东南亚劲旅爆冷胜世界杯球队, 国足再迎一强敌
	足球 速报 东南亚 劲旅 爆冷 胜 世界杯 球队 国足 再迎 强敌

文本编号	文本内容
t_7	中国新能源产业助力全球绿色低碳转型
	中国 新能源 产业 助力 全球 绿色 低碳 转型
t_8	中国高铁递出"国家名片"中国创新让世界共享
	中国 高铁 递出 国家名片 创新 世界 共享
t_9	从高铁速度感受中国发展强劲脉搏
	高铁 速度 感受 中国 发展 强劲 脉搏
t_{10}	中国新能源汽车如何"一路疾驰"——中国高质量发展亮点透视之二
	中国 新能源 能源 汽车 如何 一路 疾驰 中国 高质 高质量 质量 发展 亮点 透视 之二

解

从直观上看，上述新闻标题属于三大类：体育、经济、交通。但是从机器学习的角度分析，需要通过以下步骤进行聚类才可将同类别的新闻聚集在一起。

第一步：设定聚类个数及选取初始聚类中心。

设定 $K=3$，即将新闻标题文本集 D 聚成 3 类。在迭代计算之前，需要假定初始状态下的 3 个聚类中心，通常是随机选择数据集中的 K 个样本（本例中为文本）作为初始聚类中心。根据实际经验，选择彼此距离较远的 3 个样本有助于减少迭代次数。

第二步：对聚类中心进行调整，并不断地迭代计算，直至满足终止条件。

选择 3 个初始聚类中心后，分别计算其他文本与 3 个初始聚类中心的相似度（计算方法见例 9-2）。例如，第 m 个文本，分别计算其与类 K_1、K_2、K_3 的聚类中心文本的相似度，计算结果分别是 S_{m1}、S_{m2}、S_{m3}，若 S_{m1} 值最大，则说明在本次迭代中文本 m 属于类 K_1，以此类推。完成一次迭代之后，需要重新确定类 K_1、K_2、K_3 的聚类中心。确定聚类中心的方式是计算该类中每个文本与其他所有文本相似度的平均值，取平均值较大的文本为该类的聚类中心。确定聚类中心文本之后，再次计算每个文本和聚类中心的相似度，将每个文本划分到对应的类中。重复此过程，直至满足终止条件。

第三步：通过 K 均值聚类算法不断迭代，最终聚类结果如表 9-10 所示。

表 9-10　新闻标题文本集合 D 聚类结果示例

类	文本编号	文本内容
类 K_1	t_1	世界杯亚洲足球进步步快 中国足球差距被拉大
	t_3	没有国足的俄罗斯世界杯：10 万中国游客贡献 30 亿元
	t_6	足球速报！东南亚劲旅爆冷胜世界杯球队，国足再迎一强敌
类 K_2	t_2	中国新能源产业发展是全球性贡献和机遇
	t_4	"超"车有道，领"跑"全球！中国新能源引领全球技术创新
	t_7	中国新能源产业助力全球绿色低碳转型
	t_{10}	中国新能源汽车如何"一路疾驰"——中国高质量发展亮点透视之二
类 K_3	t_5	美国记者亲身体验中日韩俄高铁 中国的不仅舒服速度还快
	t_8	中国高铁递出"国家名片"中国创新让世界共享
	t_9	从高铁速度感受中国发展强劲脉搏

K 均值聚类算法是一种应用非常广泛的算法，简单，易于理解，实现方便，内存使用率低，时间复杂度和数据集大小呈线性关系，适用于大规模的数据挖掘任务；但是该算法的初始聚类

中心和聚类个数是随机选取的，这种盲目的选取方法在很大程度上降低了算法的有效性。在调整聚类中心方面，K 均值聚类算法的处理办法是根据样本属性/特征的平均值选取新的聚类中心。然而当数据集中有噪声和孤立点时，算法变得不稳定，此调整聚类中心的策略受孤立点的影响较明显。

9.5 深度学习的发展与应用

得益于数据量的快速增长、计算能力的大幅提升，深度学习作为机器学习的重要分支近年来发展迅猛，在图像处理、语音识别、自然语言处理等领域取得了非常多的突破。语音助手、虚拟现实、扫地机器人、无人驾驶、机器翻译等大量与人们生活息息相关的产品正深刻改变着大家的生活方式，这都离不开深度学习算法的支持。深度学习的核心是表示/特征学习，旨在通过分层网络获取分层次的特征信息，从而突破传统人工设计特征的局限。深度学习是一个框架，包含多个重要算法。本节主要介绍深度学习经典算法卷积神经网络、循环神经网络、自编码网络，以及生成式对抗网络，并通过对深度学习的发展趋势与应用进行分析，使读者对深度学习有清晰的了解。

9.5.1 卷积神经网络

卷积神经网络（Convolutional Neural Network，CNN）是深度学习的代表性算法之一，已成为计算机视觉领域产生突破性成果的基石，其利用像素的位置信息，采用局部连接代替全连接、权值共享、降采样减少权重参数，成功地将数据量庞大的图像识别问题不断降维，最终使模型能够被训练。CNN 之父 Yann LeCun 于 1998 年提出 LeNet-5，这是第一个通过卷积神经网络在 MNIST 数据集上实现手写体数字识别的模型，结构如图 9-14 所示，其包括两个卷积层、两个池化层和两个全连接层。

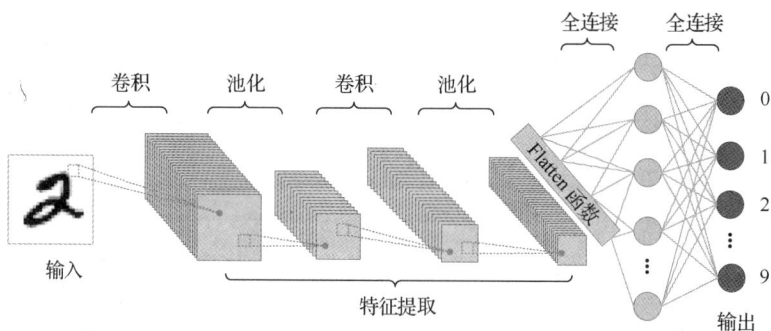

图 9-14　LeNet-5 的结构示意图

典型的卷积神经网络通常由卷积层、池化层、全连接层组成。其中卷积层与池化层结合，组成卷积组，逐层提取特征，最终通过全连接层完成类别的输出。接下来我们对卷积神经网络的关键技术——卷积、池化、激活函数和扁平化操作进行详细介绍。

（1）卷积

卷积核（Kernel）是卷积层的核心组件，也称为过滤器（Filter），有高和宽两个空间维度，常用来处理图像数据，实现神经网络权值参数共享和图像局部特征提取等重要操作。图 9-15 所示为数字 8 及其图像的像素值，可以用肉眼观察到形状"8"的边缘像素值之间有着显著差异，而 CNN 通过在原始图像上平移卷积核来捕捉这些信息，从而进行图像识别。

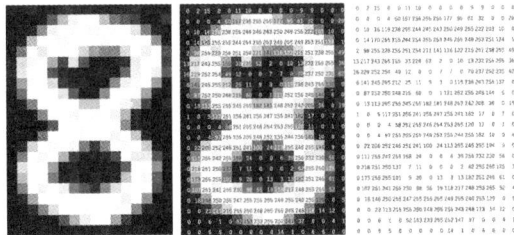

图 9-15　数字 8 及其图像的像素值

在卷积运算中，卷积窗口从输入数组的左上方开始，按从左往右、从上往下的顺序，依次在输入数组上滑动。当卷积窗口滑动到某一位置时，窗口中的子数组与卷积核按元素相乘并求和，得到输出数组中相应位置的元素。

（2）池化

池化是一种降采样操作，主要目标是去除特征图中不重要的样本，减小特征图的尺寸、参数量和计算量，防止过拟合。常用的池化方法有最大值池化和平均值池化。

最大值池化是在 $n×n$ 的样本中取最大值作为采样后的样本值。步长为 2、大小为 2×2 的最大值池化就是取 4 个像素中的最大值保留，如图 9-16 所示。

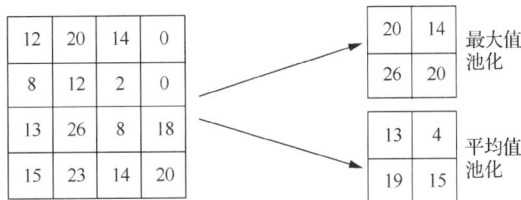

图 9-16　池化过程示意图

平均值池化是在 $n×n$ 的样本中取平均值作为采样后的样本值。步长为 2、大小为 2×2 的平均值池化就是取 4 个像素的平均值保留，如图 9-16 所示。

（3）激活函数

激活函数对卷积神经网络的效率和稳定性起着至关重要的作用。卷积的处理方式是线性的，但是实际情况中，图像像素之间的关系不一定是线性可分的。因此在卷积之后，通常会引入非线性激活函数来刻画更复杂的模型，常用的激活函数有 Sigmoid 函数、Tanh 函数、ReLU 函数。

（4）扁平化操作

扁平化操作是卷积神经网络中的一种常见操作，这是因为全连接层只能处理一维数据，而网络输入在经过多重卷积层、池化层处理之后，呈现的是一个二维矩阵。因此，要通过扁平化操作将其转换成一维数组。全连接层在整个卷积神经网络中起到"分类器"的作用，即扁平化后的特征通过全连接层进行加权求和，得到预测值。

LeNet-5 作为早期卷积神经网络的经典代表，由于输入图像太小、数据量不足等原因，并没有在除手写体数字识别之外的其他计算机视觉任务上取得太大的突破。2012 年，亚历克斯·克里日夫斯基（Alex Krizhevsky）在其论文中正式提出了 AlexNet，该网络将图像分类的错误率降低了约 10%，获得了 ILSVRC 2012 的冠军，并且远远超过当时的第二名。ILSVRC（ImageNet Large Scale Visual Recognition Challenge，ImageNet 大规模视觉识别挑战赛）是近年来计算机视觉领域备受青睐，也颇具权威的学术竞赛，代表了图像领域的较高水平。

AlexNet 的提出是数据量、计算能力，以及正则化技术不断发展的共同结果，其包含 5 个卷积层、5 个池化层和 3 个全连接层。与 LeNet-5 相比，AlexNet 具有以下特点：①使用了新的激活函数 ReLU，加快了网络的收敛速度;②加入了 Dropout 层,防止网络过拟合;③使用了归一化层及数据增强操作,增强了模型的泛化能力。然而,AlexNet 也存在两方面的局限性:一是网络使用了非常大的卷积核,导致计算量较大;二是受限于硬件条件,网络的深度不够。

随着 GPU 等硬件设备的发展,计算机计算能力不断提升,卷积神经网络的性能也得到了飞速发展。接下来我们介绍几种经典的卷积神经网络,分别是使用重复元素的网络(VGG)、含并行连接的网络(GoogLeNet)、残差网络(ResNet),这 3 种网络都是 ILSVRC 历年的佼佼者。

VGG 模型是 ILSVRC 2014 定位任务的第一名,分类任务的第二名。该模型最明显的特点是采用了小卷积核和小池化核,这样网络就能够以小的计算量获得较好的性能。VGG 主要有两种结构,分别是 VGG16 和 VGG19,两者并没有本质上的区别,只是网络深度不一样,前者网络深度为 16层,后者为 19 层。值得注意的是,VGG 模型证明了网络深度的增加能够在一定程度上影响最终网络的性能。

GoogLeNet 模型是 ILSVRC 2014 分类任务和检测任务的冠军。该模型除了层数加深到 22 层,还设计了 Inception 块,通过堆叠 Inception 块形成网中网(Network In Network)结构。Inception 块的加入使整个网络的宽度和深度都扩大了,性能也得到了大幅度提升。Inception 块的结构如图 9-17(a)所示。

ResNet 模型是 ILSVRC 2015 分类任务、检测任务和定位任务的冠军。ResNet 通过使用残差块将网络加深到 152 层,解决了网络层次较深时无法训练的问题。此外,残差结构很好地避免了网络加深带来的退化问题,相反,网络越深,错误率越低。残差块的结构如图 9-17(b)所示。

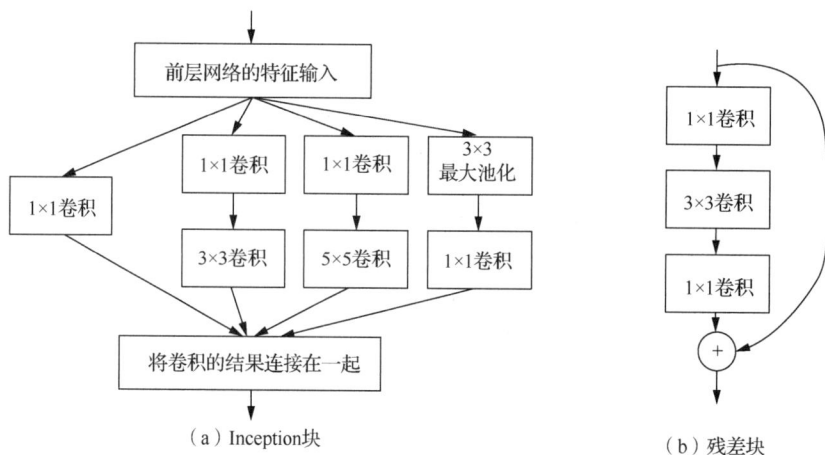

图 9-17 GoogLeNet 和 ResNet 中关键模块的结构

9.5.2 循环神经网络

在 9.5.1 小节中,我们学习了卷积神经网络,其输入和输出都是一个固定大小的向量,适用于图像分类、目标检测等视觉场景。然而,现实中还有非常多的信息是非固定长度或大小的时序信息,如文本、语音等。此外,卷积神经网络无法处理需要前一个输入和后一个输入有关的任务,例如,视频中运动状态的估计,不仅需要前一帧的状态,还需要后一帧的状态。与卷积神经网络能够有效处理空间信息不同,循环神经网络(Recurrent Neural Network,RNN)是一类具有短期记忆能力的神经网络,适用于处理视频、语音、文本等与时序相关的任务,如中文分词、词性标注、命名实体识别、机器翻译、语音识别、推荐系统等。

基本的循环神经网络由一个输入层、一个隐藏层和一个输出层组成,如图 9-18 所示,展开前后是两种等价形式。从图 9-18 中可以看出,RNN 在学习当前时刻的信息时,会依赖先前的序列信息。

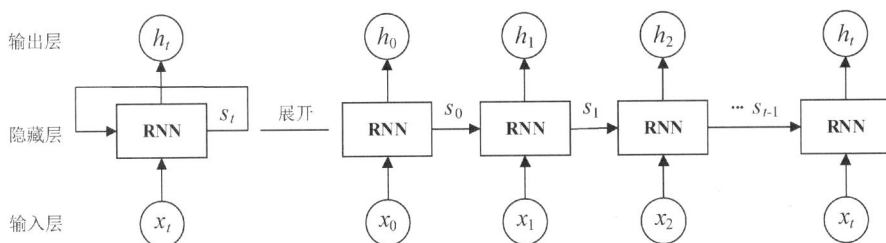

图 9-18　循环神经网络结构示意图

RNN 之所以可以解决序列问题，是因为它可以记住每一时刻的信息，每一时刻的隐藏状态不仅由该时刻的输入决定，还由上一时刻的隐藏状态决定。在 RNN 中，神经元不但可以接收其他神经元的信息，还可以接收自身的信息，形成具有环路的网络结构。传统 RNN 模型的优点是具备记忆性，然而其缺点是不能记忆太前或者太后的内容，从而导致训练中出现梯度爆炸或梯度消失的情况，这种问题称为长距离依赖。

接下来举例说明长距离依赖问题。比如："明天早上有'计算思维与人工智能基础'的课程，大家一定要记得带＿＿＿。"由于相关信息"课程"与横线之间的距离较近，因此 RNN 很容易利用过去的信息，预测出横线上应该是"课本"。可是当相关信息与需要预测的信息距离较远时，比如："中国共产党是中国工人阶级的先锋队，同时是中国人民和中华民族的先锋队，是中国特色社会主义事业的领导核心，代表中国先进生产力的发展要求，代表中国先进文化的前进方向，代表中国最广大人民的根本利益。党的最高理想和最终目标是实现＿＿＿。"用 RNN 来预测横线上的内容时就存在一定的困难，依靠离横线最近的信息很难预测出下一个词应该是什么。

长短期记忆网络（Long Short-Term Memory Network，LSTM）是一种时间循环神经网络，是为解决循环神经网络的长距离依赖问题而专门设计的。长距离依赖产生的原因是随着网络的不断加深，最初的时间片信息会被覆盖。针对梯度消失问题，LSTM 采用了门控机制。而对于短期记忆覆盖长期记忆的问题，LSTM 采用一个细胞状态来保存长期记忆，再配合门控机制对信息进行过滤，从而达到对长期记忆的控制。LSTM 的单元结构如图 9-19 所示。

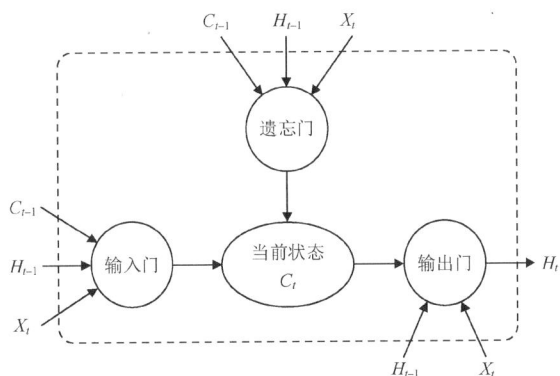

图 9-19　LSTM 单元结构示意图

LSTM 是一种具有 3 个"门"结构的特殊网络，分别是输入门、遗忘门、输出门。其中，遗忘门和输入门至关重要。通过这两个门的操作，LSTM 可以更加有效地决定哪些信息应该被遗忘，哪些信息应该被保留。遗忘门会根据当前的输入 X_t、上一时刻状态 C_{t-1}、上一时刻的输出 H_{t-1} 决定哪一部分记忆需要被遗忘，输入门会根据 X_t、C_{t-1}、H_{t-1} 决定当前的网络输入中有多少信息将进入当前状态 C_t，输出门控制当前状态中有多少信息是此时刻真正需要用于预测判断的信息。目前，在自然语言处理领域中，LSTM 的应用非常广泛，且效果显著。

RNN 和 LSTM 只能依据先前时刻的信息来预测下一时刻的输出，状态是从前往后单向传播的，然而在有些问题中，当前时刻的输出不仅与先前的状态有关，还可能和未来的状态有关。例如，预测一句话中缺失的单词时不仅需要根据前文信息来判断，还需要考虑它后面的内容。双向循环神经网络（Bidirectional RNN，BRNN）通过增加从后往前传递信息的隐藏层来更灵活地处理这类信息，该网络由两个方向相反的 RNN 上下叠加在一起组成，输出则由这两个 RNN 的隐藏状态共同决定。BRNN 可以双向传播，而循环神经网络只能前向传播。这意味着在处理时间序列数据时，前项数据可以影响后项数据，后项数据也可以影响前项数据。这个结构可以有效保证给输出层的输入中有每一个时间点完整的过去和未来的上下文信息。

9.5.3 自编码网络

自编码（Autoencoder，AE）网络是一种无监督或自监督算法，可以自动从无标签数据中学习特征，是一种以重构输入信号为目标的神经网络，它可以给出比原始数据更好的特征描述，具有较强的特征学习能力，其结构如图 9-20 所示。深度学习常常用自编码网络生成的特征取代原始数据来取得更好的结果。自编码网络本质上是一种数据压缩算法，具有一般意义上表征学习算法的功能，常被应用于数据降维、数据去噪、图像压缩、特征学习等领域。在缺乏高质量有标签数据的监督学习时代，无监督学习方法上的突破对于深度学习的发展意义重大。

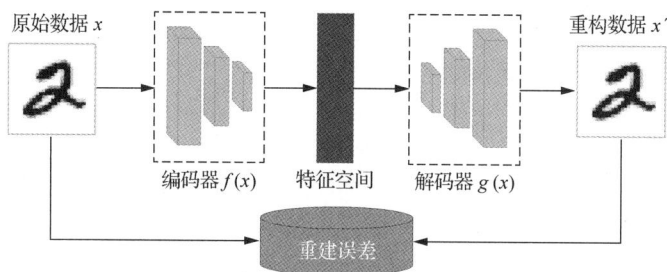

图 9-20 自编码网络结构示意图

自编码网络由编码器和解码器两部分组成，编码过程中编码器 $f(x)$ 将原始数据 x 映射到特征空间，解码过程中解码器 $g(x)$ 通过将抽象特征映射回原始空间得到重构数据 x'。其优化目标则是通过最小化重构误差来同时优化编码器和解码器，从而学习得到 x 的抽象特征。

根据网络表征形式，自编码网络主要分为以下几类。

去噪自编码器（Denoising Autoencoder）：对输入数据进行部分"摧毁"，然后通过训练自编码器模型，重构出原始数据，以提高自编码网络的稳健性。对输入数据进行"摧毁"的过程其实类似于对数据加噪声。去噪自编码器采用有噪声的输入数据来训练网络参数，可提高自编码网络的泛化能力。

稀疏自编码器（Sparse Autoencoder）：通过在重构误差中加入一个正则化项，约束隐藏层神经元节点大部分输出 0，少部分输出非 0。稀疏自编码器可大大减少需要训练的参数，降低训练的难度，同时克服自编码网络容易陷入局部极小值和存在过拟合的问题。

栈式自编码器（Stacked Autoencoder）：对自编码网络的一种使用方法，是一个由多层训练好的自编码网络组成的神经网络。由于网络中的每一层都是单独训练而来的，相当于都初始化了一个合理的数值，因此，这样的网络会更容易训练，并且有更快的收敛速度及更高的准确度。

变分自编码器（Variational Autoencoder）：传统自编码网络因其潜在空间的不连续性，从潜在空间随机采样，解码器将产生不切实际的输出，所以无法随机生成与原始图像类似的图像，为改善这一点，研究人员在传统自编码网络的基础上衍生出了变分自编码器，其结构如图 9-21 所示。

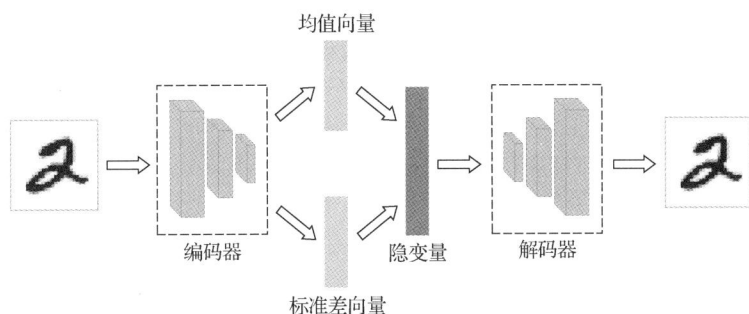

图 9-21　变分自编码器结构示意图

与传统自编码网络不同，变分自编码器的编码器有两个：一个用来计算均值，其本质是在常规的自编码网络基础上，对编码器的结果加上"高斯噪声"，使得解码器对噪声有更好的稳健性；另一个用来计算标准差，其本质是动态调节噪声的强度。变分自编码器通过优化相对熵（KL 散度）损失函数使得隐变量服从正态分布，此时潜在空间具有连续性，隐藏层便可通过随机在正态分布上取值的方法生成与原始图像类似的图像。

9.5.4　生成式对抗网络

生成式对抗网络（Generative Adversarial Network，GAN）由伊恩·古德费洛（Ian Goodfellow）于 2014 年首次提出，是一种无监督学习网络。它能够不依赖任何先验假设，学习到高维复杂的数据分布，这一特性使其成为近年来研究的热点，在图像修复、风格迁移、机器翻译、音乐合成、对话生成等诸多应用领域取得了显著效果。

GAN 主要包含两个独立的神经网络：生成器（Generator）网络和判别器（Discriminator）网络。其核心思想来源于博弈论的纳什均衡，通过判别器和生成器不断迭代、此消彼长，最终达到平衡态。GAN 模型框架如图 9-22 所示。

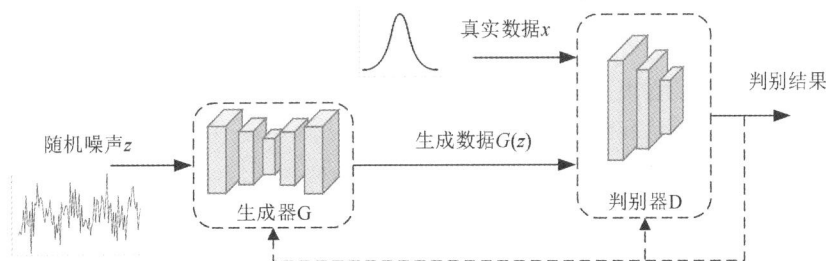

图 9-22　GAN 模型框架

图 9-22 中生成器 G 的任务是从一个随机分布里采样随机噪声 z，根据分布特征生成近似的数据 $G(z)$；然后将 $G(z)$ 与真实数据 x 输入判别器 D，让判别器去判别，再将判别结果反馈到生成器中。在训练的过程中，生成器努力地欺骗判别器，而判别器努力地学习如何正确区分真假样本，最终迫使生成器生成足以以假乱真的伪样本。

生成器与判别器的博弈使生成器生成的伪样本越来越逼真，这种博弈就像著名电影《猫鼠游戏》的罪犯和 FBI 探员的博弈一样。电影讲述了 FBI 探员卡尔与擅长伪造文件、支票的罪犯弗兰克之间发生的"猫抓老鼠"的故事。生成器就是造假者弗兰克，根据真实的文件与支票，学习并制造出假文件和假支票；卡尔相当于判别器，需要判断出现的文件或支票是真还是假。弗兰克的目的是造出卡尔识别不出的假文件和假支票，卡尔则要想办法准确地识别，两者在博弈的过程中能力都有了极大的提升。

经过近几年的发展，各种基于 GAN 的衍生模型被提出，这些模型的创新包括模型结构改进、理论扩展及应用等。由于生成器的输入是一个连续的噪声变量，该变量服从某种分布，但这个分布背后的含义不得而知，可解释性很差，因此，研究者从信息论的角度出发，提出信息最大化的生成式对抗网络（InfoGAN），尝试解决 GAN 的变量可解释性问题。

InfoGAN 把输入的随机变量分为 c 和 z 两部分。c 为可解释的隐变量，z 为不可压缩的噪声，希望通过约束 c 与生成数据的关系，使得 c 包含对数据的可解释性信息，如手写体数字中的笔画粗细、倾斜度等特征。具体操作是将生成器的生成数据送入一个分类器，看是否能得到 c，其余部分与普通 GAN 一样，如图 9-23 所示。

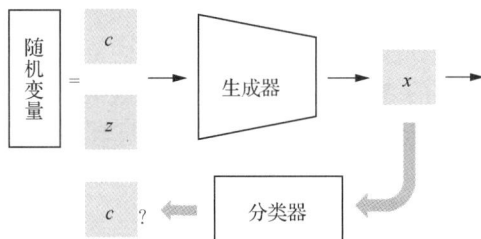

图 9-23　InfoGAN 模型框架

除了信息最大化的生成式对抗网络（InfoGAN），还有带有辅助分类信息的生成式对抗网络（AC-GAN）、基于循环一致性对抗网络（CycleGAN）、深度卷积生成式对抗网络（DCGAN）、耦合生成式对抗网络（CoGAN）、双向生成式对抗网络（BiGAN）等。

9.5.5　深度学习的发展趋势

深度学习目前已经成功应用于计算机视觉、语音识别、自然语言处理等领域，使人工智能迎来了新一轮的爆炸式发展，其正潜移默化地改变着我们的生活。和传统的机器学习相比，深度学习有两方面的优势：一是深度学习可随着数据规模的增大不断提升性能；二是深度学习可以从数据中直接提取特征，有效避免人工提取特征。然而，深度学习技术受限于需要大量高精度标签及模型复杂度高。因此，深度学习仍需在很多方面取得突破。为了解决目前深度学习存在的问题，学术界和工业界探索并提出了大量的算法和框架，在一定程度上突破了深度学习的局限，其中较具代表性的有迁移学习、增量学习、联邦学习、小样本学习等。

（1）迁移学习

随着数据获取和存储技术的快速发展，数据量呈现指数级增长。然而，这些数据往往没有标签，而要获取有标签的数据则需要耗费巨大的人力、物力。在实际应用中，大量无标签的数据难以支撑深度学习的广泛应用。如何充分利用现成的有数据，同时保证在新任务上的模型精度？基于这样的考虑，迁移学习受到越来越多的关注。

迁移学习（Transfer Learning）是一种机器学习方法，它利用数据、任务或模型之间的相似性，把一个域（即源域）已有的知识迁移到另一个域（即目标域）来学习新的知识，使目标域能够取得更好的学习效果。迁移学习的源域和目标域不同，但有一定的关联，其目标是减小源域和目标域的分布差异，从而实现知识迁移。通常，源域数据量充足，而目标域数据量较小，迁移学习需要通过发现源域和目标域之间的关联，把知识从大数据中迁移到小数据问题，使得目标任务需要的数据量大幅度减小，从而打破人工智能对大数据的依赖，如图 9-24 所示。

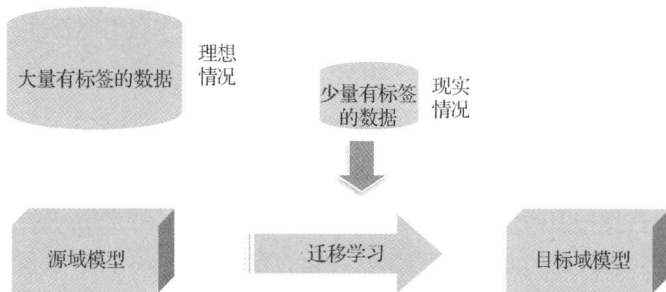

图 9-24　迁移学习示意图

我们在实际生活中有很多迁移学习，例如，学会了自由泳，就比较容易学仰泳；学会了 C 语言，学其他编程语言就会简单很多。总之，迁移学习将成为接下来令人兴奋的研究方向，特别是许多应用需要能够将知识迁移到新的任务和域中的模型，这将会成为人工智能的又一个重要助推力。

（2）增量学习

终身式、持续式的学习是人类较重要的能力，我们希望深度学习网络模型像人一样拥有持续获取并不断微调和累积知识的能力，能够较快地对新增数据蕴涵的知识进行学习，从而显著缩短训练时间，减少对存储空间的占用。近年来，数据量和数据类别急剧增加，传统的批量式机器学习显然无法满足应用需求，这对大规模数据分析提出了新的挑战。增量学习通过增量式地学习新数据、更新已有模型的方法实现对大规模数据的处理，受到了越来越多研究领域的广泛关注。

增量学习（Incremental Learning）是指不断地从新样本中学习新的知识，并保存大部分已经学习到的知识，其类似于人类的学习模式，是一个逐渐积累和更新的过程。所以增量学习主要关注的是灾难性遗忘和平衡新知识与旧知识之间的关系，即如何在学习新知识的情况下不忘记旧知识。举一个简单的例子：一个数字识别神经网络可以很好地识别 0~9，若经过增量学习，学习了如何识别字母 A~Z，该模型就既可以实现数字的识别，也可以实现字母的识别。而迁移学习则只把识别字母 A~Z 当成新知识，之前的旧知识并没有得到保留。

增量学习与迁移学习最大的区别就是对已有知识的处理：增量学习在学习新知识的同时尽可能保持旧知识，不管它们类别相关还是不相关；而迁移学习只是借助旧知识来学习新知识，学习完成后只关注在新知识上的性能，不再考虑在旧知识上的性能。

（3）联邦学习

随着人工智能逐步落地于各个应用场景，以及数据的爆发式增长，数据安全问题愈发严重。解决实际问题通常需要多方协作，而各方数据由于保密，无法共享，数据的交互使用与隐私保护成了不可调和的矛盾，因此出现了"数据孤岛"的概念。联邦学习的出现可以很好地解决这一实际问题。

联邦学习（Federated Learning）是一种加密的分布式机器学习技术，由谷歌公司于 2016 年最先提出，原本用于解决安卓手机用户在本地更新模型的问题。联邦学习的目标是在保证数据安全及合法合规的基础上，实现共同建模，提升模型效果。联邦学习集成的算法并不局限于神经网络，还包括随机森林等重要算法。在数据安全越来越被重视的趋势下，其有望成为下一代人工智能协同算法和协作网络的基础。

（4）小样本学习

深度学习模型的成功很大程度上依赖于在大规模有标签数据上进行的模型训练。但是在很多应用场景中，样本量很少或者有标签样本很少，而对大量无标签样本进行标注会耗费很大的人力。与机器相比，人类只需要少量数据就能做到快速学习，例如，小孩子只需要看过一些图片就可以识别什么是"猫"，什么是"狗"。受到人类学习的启发，如何用少量样本进行学习成了当前深度学习领域的热点问题。

小样本学习（Few-Shot Learning）也称为少样本学习，其目标是从少量样本中学到解决问题的方法。与小样本学习相关的概念还有零样本学习，零样本学习是指在没有训练数据的情况下，利用类别的属性等信息训练模型识别新样本。根据先验知识的不同，小样本学习方法大致可分为基于数据增强的方法、基于模型改进的方法、基于算法优化的方法。小样本学习与迁移学习的区别在于所利用的有标签数据量，迁移学习是把在充足的有标签数据上学习的知识迁移到数据匮乏的任务上，而小样本学习只利用有限的有标签数据。

在人类的学习过程中，知识与经验是通过不断学习获得的，学到的知识被（无灾难性遗忘地）保存起来，用于应对相关任务，同时被有选择性地迁移到新的任务，助力新的学习。当前深度学习主要面临两方面的挑战：一是如何利用大量无标签数据或少量有标签数据进行学习；二是如何使复杂的神经网络模型轻量化，提升算法的稳健性和泛化性。深度学习还有其他一些前沿研究方向，如对比学习、图学习、架构搜索、模型压缩等，限于篇幅，本节不详细介绍。

9.5.6　深度学习的应用

深度学习是人工智能研究的核心内容，其动机在于建立、模拟人脑进行分析学习的神经网络。深度学习通过自动机器学习形成更加抽象的高层以表示属性类别或特征，从而减少传统提取特征方式造成的不完备性，迄今已在语音识别、计算机视觉、自然语言处理等领域引发了突破性的变革。下面介绍深度学习的部分应用。

（1）行人检测

行人检测是指利用计算机视觉技术判断图像或视频中是否存在行人并给予精确定位。该技术可与行人跟踪、行人重识别等技术结合，实现让计算机自动检测出监控摄像头下的每一个行人，对指定行人进行跟踪，对行人身份进行识别，以及对行人行为进行分析等。其在智能化视频监控、自动驾驶、智能机器人等方面都发挥了核心作用。

（2）语音识别

在语音识别和智能语音助手领域，深度神经网络可以开发出更为精确的声学模型，即通过建立一个学习新特征的系统，以预测所有可能性的方式来提供更好的帮助。目前，国内外较知名的语音识别应用有苹果公司的 Siri、小米公司的小爱、百度公司的小度等。

（3）自动机器翻译

现在越来越多的翻译软件被大家所熟知，如谷歌翻译、百度翻译、有道翻译等，它们均支持上百种语言的即时翻译，并且有着翻译速度快、质量高的特点。这一成果主要归功于深度学习在自然语言处理领域的成功嵌入，它利用大型递归神经网络的堆叠来学习文字与指向语言之间的关系。

（4）自动驾驶汽车

得益于深度学习在场景感知、路径规划和运动控制等算法上的出色表现，自动驾驶汽车成为现实。百度 Apollo 被列为全球自动驾驶领域四大"领导者"之一，其已在多个城市试运营自动驾驶服务。自动驾驶汽车的部署将减少道路事故和交通拥堵，并改善人们在拥挤城市中的流动性。

（5）图像描述生成

图像描述生成是融合计算机视觉、自然语言处理和机器学习的综合应用，它类似于将一幅图片用一段文字描述。该任务对于人类来说非常容易完成，但是对于机器非常具有挑战性。图像描述生成可以帮助失明的人在不依赖其他人的情况下对现实世界进行感知。

本章小结

机器学习是关于理解与研究学习的内在机制、建立能够通过学习自动提高自身水平的计算机程序的学科。近年来机器学习理论在诸多领域得到成功应用与发展，机器学习已成为计算机科学的热点之一。本章对机器学习进行了较为全面的介绍，包括机器学习的定义、发展历程、分类、经典算法，以及深度学习的发展趋势，重点分析了机器学习的 3 个经典算法——决策树 ID3 算法、K 近邻算法和 K 均值聚类算法，并通过具体实例帮助读者对机器学习算法建立直观的、清晰的认识。

随着机器学习与大数据、云计算、物联网的深度融合，一场新的"智能化技术革命"已拉开序幕，自动驾驶、虚拟现实、智能机器人等都正在成为现实，机器学习在医疗、金融、教育等领域也带给了人们更多智能化、个性化的服务。

目前，机器学习在诸多领域取得了巨大进展，并且显示出强大的发展潜力。但是我们更应该看到，机器学习的研究仍然处于初级阶段，机器学习仍然主要依赖监督学习，还没有跨越弱人工智能。作为机器学习模型基础的人脑认知研究也还有诸多空白需要填补，机器学习理论本身亟待新的突破，相关学科领域的发展与支撑也有待进一步加强。

趣闻轶事　　　信息素养

思考题

1. 什么是机器学习？机器学习的研究目标是什么？
2. 什么是监督学习？什么是无监督学习？
3. 简述机器学习的一般过程。
4. 机器学习的四要素是什么？
5. 什么是聚类？常见的聚类算法有哪些？
6. 什么是分类？常见的分类算法有哪些？
7. 给定秋游决策样本数据集，如表 9-11 所示。
（1）决策树 ID3 算法会选择哪个属性作为根节点？
（2）构造该决策树。

表 9-11　秋游决策样本数据集

序号	天气	温度	风速	秋游
1	晴天	炎热	微风	是
2	晴天	炎热	强风	否
3	多云	炎热	微风	是
4	下雨	凉爽	微风	否
5	下雨	凉爽	强风	否
6	多云	凉爽	强风	否

序号	天气	温度	风速	秋游
7	下雨	适中	微风	是
8	晴天	凉爽	强风	是
9	晴天	适中	微风	是
10	晴天	适中	强风	是

8. 假设数据集 D 中有如下 10 个数据样本（用二维空间的点表示）

$$A_1(4,1)，A_2(3,8)，A_3(8,5)，B_1(9,5)，B_2(2,4)$$
$$B_3(3,3)，B_4(4,9)，C_1(4,8)，C_2(9,6)，C_3(2,2)$$

用 K 均值聚类算法对这些数据进行聚类，距离计算采用欧氏距离。

9. 数据集 S 如表 9-12 所示，根据前 7 个样本构造 ID3 决策树，并预测样本 S_8 的类别。

表 9-12 数据集 S

样本	属性 A	属性 B	类别
S_1	a_0	b_0	c_1
S_2	a_0	b_1	c_1
S_3	a_0	b_2	c_1
S_4	a_1	b_0	c_1
S_5	a_1	b_1	c_1
S_6	a_1	b_2	c_2
S_7	a_2	b_0	c_2
S_8	a_2	b_1	

第10章 区块链

本章的学习目标

- 了解区块链的发展历程。
- 理解区块链的概念。
- 熟悉区块链架构与关键技术。
- 掌握区块链类型。
- 了解区块链的应用。

互联网通过 TCP/IP 等实现了文本、图像、音频、视频等信息的传输，区块链则实现了不依赖于中心机构的价值传输，这使得信息互联网向价值互联网的转变成为可能。

10.1 区块链初窥

10.1.1 区块链的概念

目前，对于区块链的定义尚未有一个统一的说法。关于区块链的技术描述最早出现在中本聪所撰写的论文中，但该论文并没有明确提出与区块链相关的术语。在虚拟货币出现几年后，金融领域意识到，虚拟货币的底层技术实际上就是一个设计非常巧妙的去中心化的分布式公共账本，这一技术对未来金融乃至对其他各领域的潜在影响将不亚于沿用至今的复式记账法，因此区块链慢慢地脱离虚拟货币成为重要的研究对象。

从狭义上来讲，区块链是一个开放的分布式账本或分布式数据库，也就是一个不断增长的列表，这个列表是由一个个区块按照时间先后顺序、以加密的方式连接而成的，每个区块都记录了一系列交易，并且每一个区块都包含了前一个区块的哈希值、时间戳和交易数据等。从广义上来讲，区块链是利用加密链式区块结构来验证和存储数据、利用分布式节点共识算法来生成和更新数据、利用自动化脚本代码（智能合约）来编程和操作数据的一种全新的去中心化基础架构和分布式计算范式。

10.1.2 区块链的特点

区块是区块链中的主要数据存储结构，一个区块由区块头和区块体两部分组成，区块头保存着区块之间的连接信息，区块体保存着交易数据，一个区块头中保存着上一个区块的哈希值，通过某个区块就可以找到整个区块链的第一个区块，如图 10-1 所示。

我们可以将区块链想象为一个遍布全球的公共账本，任何参与的节点都能够拥有这个账本的所有记录，可以追根溯源。因为所有的参与节点共同维护这个公共账本，所以任何一个节点不能随意对其进行更改、伪造。假设有一个可信任的中心服务器，那么按照需求去编写代码，就可以轻松地把状态记录在中心服务器的硬盘上；但如果试图去建立一个去中心化的系统，就需要考虑将状态转移系统与一致性系统相结合，从而确保每个人都同意交易的顺序。区块链主要具有以下 7 个特点。

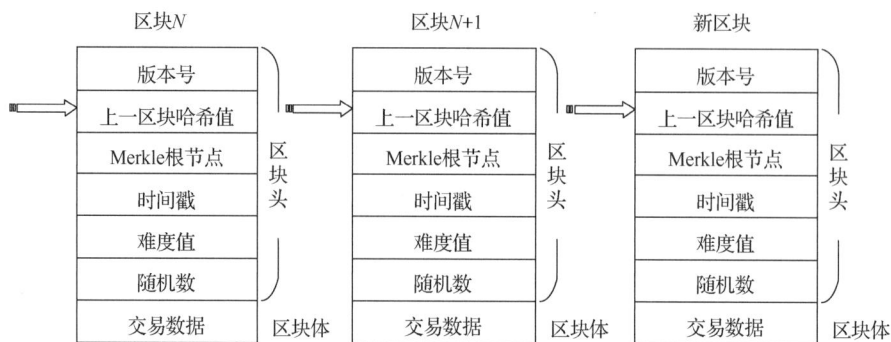

图 10-1　区块链中区块的结构

1．分布式对等结构

区块链利用点对点网络技术将各个参与的节点组成一个分布式网络，每个节点地位平等，交易数据通过网络传递给各节点，节点验证交易的有效性，由初始节点把通过验证的交易打包成区块，每个节点都保存有一份完整的可以同步更新的交易账本副本。这种模式不同于以往将交易账本集中存放在中心服务器或者交由第三方权威机构来控制管理，它完全实现了去中心化控制。

2．达成去中心化的信任

传统的信任达成需要中心权威机构来支撑，而区块链完全采用技术手段构建信任。整套系统没有任何第三方干扰，也不需要中心权威机构的信用背书，系统各个节点只在技术的保障下按照既定的规则运作，继而达成去中心化共识，建立起相互信任关系，使得信任成为系统的一种自然属性。

3．数据公开透明

区块链作为交易账本的唯一记录方式，其账本存储于全网的各个节点中。每个节点加入网络后都能同步到最新的区块链数据，同步之后的区块链数据与全网其他节点所存储的数据都是一致的，同时任何人在任何时候都能够查询区块链里的交易数据。

4．数据不可篡改

区块链采用密码学算法来保证交易数据不可篡改，其链式结构保证了攻击者很难成功篡改数据，一旦篡改单个节点的部分数据，攻击行为就很容易被发现，同时区块链技术的共识机制也最大限度地保证了无法人为伪造一条虚假的链。存有交易数据的区块带有时间戳，区块加入区块链都是按照时间先后顺序排列的，能很好地支持交易追溯。

5．价值转移

区块链能实现真正的价值转移。传统的金融体系，包括互联网金融，都是用中心化的方式来管理资金的。我们进行交易时，并不能实现资金从一个账户直接转移到另一个账户，而是需要金融机构对账户资金进行划拨。区块链是一个所有节点根据既定规则达成互信的去中心化系统，规则不受权威机构的影响，同时受到严格的安全保护，从而可实现价值的直接转入或转出，省去传统体系中烦琐的中间步骤和时间成本。

6．匿名性

由于节点之间的交易遵循固定的算法，其数据交互不需要以信任为前提，区块链中的程序规则会自行判断交易是否有效，因此，交易双方无须知道彼此的身份和个人信息。

7．智能合约

智能合约的出现使得区块链不仅可以进行简单的价值转移，而且可以设定复杂的规则，由智能合约自动、自治地执行，这极大地扩展了区块链的应用可能性。

10.1.3　区块链的发展阶段

虚拟货币是区块链技术发展的第一个阶段。随着时间的推移，很多人开始意识到区块链技术不仅能简单地记录数据，还能在资产和信托协议、契约管理等方面发挥巨大的作用，引入智能合约技术的以太坊（Ethereum）成为区块链技术发展的第二个阶段。目前，区块链的行业精英们正在积极地将区块链技术拓展到金融领域之外，为各行各业提供去中心化的解决方案，这也是区块链技术正在经历的第三个阶段。下面详细介绍这 3 个阶段。

1. 区块链 1.0

虚拟货币是区块链的第一个应用。2008 年，中本聪结合密码学、博弈论和计算机科学中分布式数据库的相关知识，解决了双重支付问题，而区块链技术正是虚拟货币的核心所在，区块链技术解决了无第三方情况下的交易信任问题。

注意，在我国，比特币、以太币等虚拟货币是特定虚拟商品，不具有与货币同等的法律地位，不能在市场上流通使用，且不得为虚拟货币提供定价信息中介等服务。

2. 区块链 2.0

区块链 2.0 是将区块链技术和现实产业结合的第一次尝试，是针对经济、市场和金融领域的区块链应用。为了突破虚拟货币的编程限制，2013 年出现了可塑性区块链——以太坊。以太坊的最大亮点在于智能合约的出现。智能合约，实际上是一组决定区块链如何传递信息的可编程规则或程序指令，很多场景中的操作可以采用智能合约的形式来自动运转，无须第三方进行担保和授信。智能合约可以高效率地存储和传输价值，将区块链的商用范围扩展到一切数字化信息，将区块链技术的发展从虚拟货币中解放出来。除以太坊外还有很多常用的区块链开发平台，如图 10-2 所示，其中较著名的莫过于 IBM 公司的 Hyperledger Fabric，它突破了以太坊只能用特定语言编写智能合约的限制，可以使用 Java、Go、Node.js 等主流语言或平台编写智能合约，大大降低了区块链技术推广的难度。

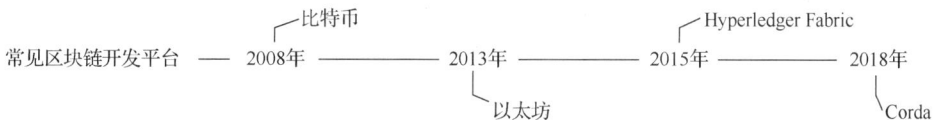

图 10-2　常见区块链开发平台

3. 区块链 3.0

区块链 1.0 和区块链 2.0 是我们已经经历并定义的阶段，而区块链 3.0 是我们正在经历和即将经历的阶段。那么对区块链 3.0 阶段的定义是什么呢？有些人认为区块链 3.0 是网络化计算机协作的人工智能操作系统，有些人认为超越金融领域智能合约的区块链应用就是区块链 3.0，还有人认为新的共识算法就代表区块链 3.0。目前，对于区块链 3.0 没有统一的定义。因为互联网时代技术日新月异，所以定义什么是区块链 3.0 是一件很困难的事情。区块链要发生的变化无法预估，甚至无法想象。但是可以预见，随着技术的不断完善和更多人员的关注与加入，区块链技术会实现对人们真实生活的编程。区块链因为虚拟货币而被人熟知，但现在已经超越虚拟货币，它的创新性和独特性证明了它不仅是一项技术革新，而且是一种全新的去中心化的思想浪潮。人们都试图用区块链来挑战传统的商业模式，因此区块链未来可期。

10.2　区块链架构与关键技术

类比 OSI 七层体系结构，可以将区块链系统表示为图 10-3 所示的区块链五层体系结构，包括数据层、网络层、共识层、合约层和应用层。

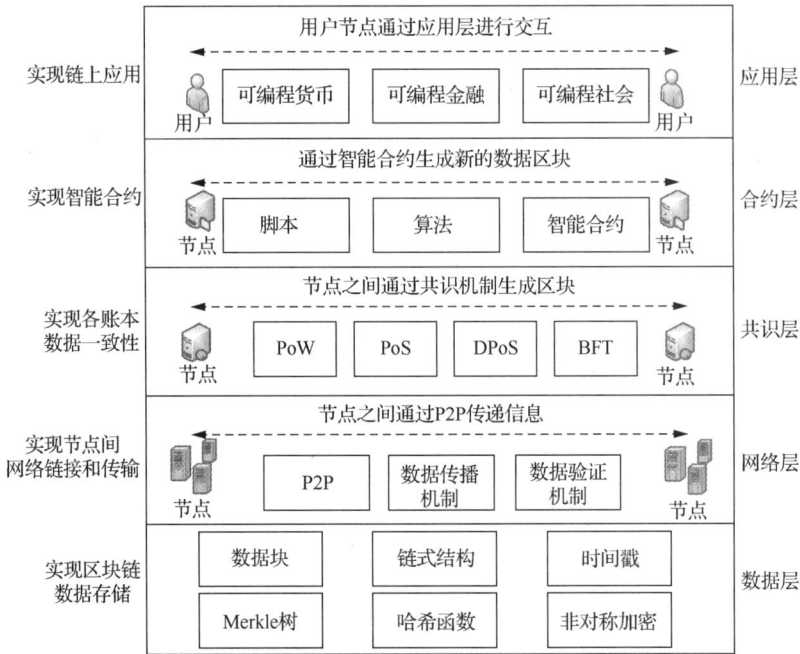

图 10-3　区块链五层体系结构

10.2.1　数据层

数据层封装了区块链的底层数据存储和加密技术。每个节点存储的本地区块链副本可以被看成3 个级别的分层数据结构，即交易、区块和链。每个级别都需要不同的加密功能来保证数据的完整性和真实性。

交易是区块链的原子数据结构。通常，交易由一组用户创建，完成从发送者到指定接收者的转移。为了保证交易记录的完整性，数据层包含哈希函数和非对称加密的功能。哈希函数能够实现将任意长度的二进制输入映射为唯一固定长度的二进制输出。哈希函数的计算具有不可逆性，根据输出恢复输入是不可行的，同时，两个不同的输入生成相同输出的概率极低，可以忽略不计。非对称加密功能使用一对密钥即公钥和私钥进行加密、解密。网络中的每个节点都会生成一对公钥和私钥。私钥与数字签名的功能相关联，数字签名通过一串他人无法伪造的字符证明交易发送者的身份。公钥与数字签名的验证相关，只有通过对应私钥生成的数字签名经过验证后才会生效。另外，网络中的节点还会以公钥生成的字符串作为区块链上的永久地址识别自身。

区块是交易记录的集合，为了保证交易记录的完整性，区块链会同时在各共识节点的本地存储中按照指定顺序（一般是时间顺序）进行区块间的排序。为了降低单个交易的存储占比，增大容量，同时防止交易记录被篡改，区块链采用了 Merkle 树的结构。Merkle 树通过二叉树的形式存储交易数据，每个叶节点均为交易的哈希值，非叶节点是与之相连的两个子节点的哈希值的组合。所有交易信息最终以 Merkle 树根形式存储在区块头中，其中仅存储 Merkle 树根的区块头是轻量级的，以便于进行快速验证和数据同步。

区块通过上一区块的哈希值字段生成新区块哈希值，实现链式结构，因此可以追溯区块链从创建以来发生的所有交易。如果想要篡改某个区块中的交易数据，那么不得不篡改此区块及其后面所有的区块数据，同时还要让全网其他节点都接受被篡改链，这几乎无法实现。

10.2.2　网络层

网络层的主要目标是在节点间引入随机拓扑结构来实现区块链更新消息的有效传播和本地同

步。大多数现有的区块链网络采用 P2P 协议进行消息传播，只是对拓扑结构和通信策略稍加修改。常见的 P2P 拓扑结构有中心化拓扑结构、全分布式拓扑结构和半分布式拓扑结构 3 种，如图 10-4 所示。在对等节点发现和拓扑结构维护上，不同的区块链采用不同的方式。比特币区块链网络中有一个"种子节点"列表，种子节点是指长期稳定运行的节点，新节点可以通过与种子节点建立连接来快速发现网络中的其他节点，而这些种子节点可以由客户端维护，也可以由社区成员维护。以太坊区块链网络则采用了基于哈希表的 Kademlia 协议，通过 UDP（User Datagram Protocol，用户数据报协议）连接发现对等节点。

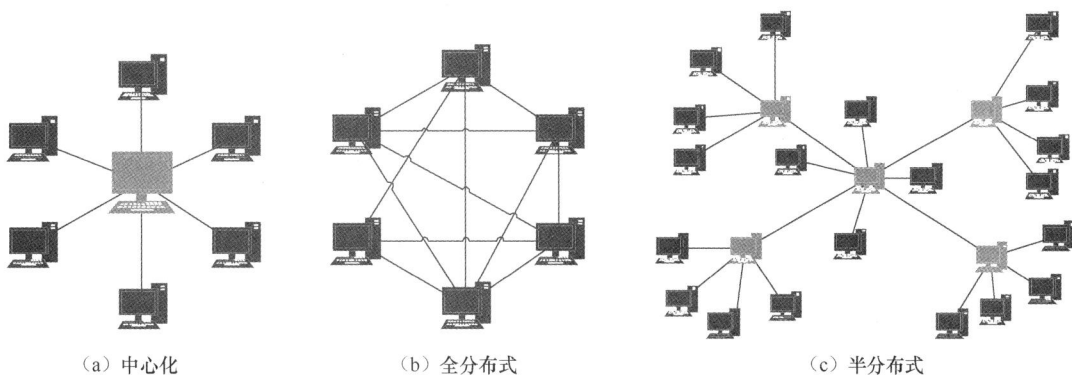

(a) 中心化　　　　　　　(b) 全分布式　　　　　　　(c) 半分布式

图 10-4　常见的 P2P 拓扑结构

区块链中的数据传输通常基于 HTTP 的 RPC（Remote Procedure Call，远程过程调用）协议实现。其中消息按 JSON 协议进行序列化；数据传播机制保证交易和区块数据在全网广播，并被大部分节点所接收；数据验证机制确保交易和区块数据到达节点后，节点独立进行验证，防止非法交易数据被写入区块链，同时第一时间检测并剔除异常的交易和区块，保证其不会被进一步传播，从而避免浪费网络带宽。

10.2.3　共识层

共识层主要是指不同区块链网络中使用的共识机制，如工作量证明（Proof of Work，PoW）、权益证明（Proof of Stake，PoS）、委托权益证明（Delegated Proof of Stake，DPoS）和拜占庭容错（Byzantine Fault Tolerance，BFT）等机制，如表 10-1 所示。这些共识机制能让高度分散、互不信任的节点在去中心化网络中针对包含交易数据的区块的有效性达成广泛共识。可以说，共识机制是区块链的核心技术。

表 10-1　常用的共识机制

共识机制	技术介绍
PoW	依赖机器进行数学运算获取记账权，相比其他共识机制，资源消耗高且可监管性弱，同时每次达成共识需要全网共同参与运算，性能效率比较低，容错性方面，允许全网 50%节点出错
PoS	主要思想是节点记账权的获得难度与节点持有的权益成反比，相对于 PoW，一定程度上减少了数学运算带来的资源消耗，性能也得到相应的提升，但依然基于哈希运算竞争获取记账权的方式，可监管性弱，允许全网 50%节点出错
DPoS	与 PoS 的主要区别在于节点选举若干代理人，由代理人验证和记账，其在监管、性能、资源消耗和容错性方面与 PoS 相似
BFT	采用许可投票、少数服从多数来选举领导者进行记账，允许拜占庭容错，允许强监管节点参与，具备权限分级能力，性能更高，耗能更低，每轮记账都会由全网节点共同选举领导者，允许 33%的节点出错

10.2.4 合约层

合约层是区块链技术的可编程实现部分，个人可通过各类脚本、算法和智能合约，完成对区块链技术的独特改造。智能合约的概念由尼克·萨博（Nick Szabo）在 1994 年首次提出，它将条款用计算机语言的形式记录，当达到预先设定的条件时，能自动执行相应的条款。以太坊首先将智能合约和区块链相结合，为用户提供了新的去中心化的平台。区块链的结构保证了智能合约的内容可追踪且无法被篡改，智能合约将区块链的特性以更简明的方式展示给用户。

10.2.5 应用层

应用层是指建立在区块链底层技术上的不同应用场景和案例实现，类似于计算机上基于操作系统的应用程序、Web 浏览器上的门户网站和智能手机上的 App。未来通过这些应用有望实现可编程社会。

10.3 区块链类型

10.3.1 分类

中本聪巧妙地将几个成熟的技术和理论组合在一起，并以此为基础构建区块链技术。

（1）基于去中心化的分布式算法建立起对等网络。

（2）基于非对称加密算法进行数据加密和隐私保护。

（3）基于分布式一致性算法，解决了分布式场景下的拜占庭将军问题。

（4）基于博弈论精心设计奖励机制，实现了纳什均衡，确保整个系统的安全和稳定运行。

如果区块链同时具有上述 4 个要素，我们可以认为这是一种公共区块链技术，简称"公有链"；如果只具有前 3 个要素，我们将其称为私有区块链技术，简称"私有链"；而"联盟链"则介于两者之间，可视为联盟内成员的"私有链"。区块链类型如图 10-5 所示。

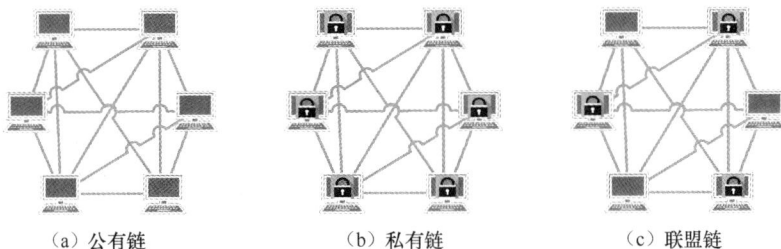

（a）公有链　　　　　　（b）私有链　　　　　　（c）联盟链

图 10-5　区块链类型

从本质上来说，相较于完全公开、不受控制，并通过加密算法来保证网络安全的公有链，私有链可以创造出对访问权限控制更为严格、修改甚至读取权限仅赋予少数用户的系统，同时这种系统仍保留着区块链的真实性和部分去中心化的特性。

1. 公有链

如图 10-5（a）所示，公有链（Public Blockchains）是全世界任何人都可读取的、任何人都能发送交易且交易能获得有效确认的、任何人都能参与其共识过程的区块链，共识过程决定哪个区块可被添加到区块链中，使区块链当前状态得以明确。作为中心化或者准中心化系统中信任的替代物，公有链的安全由"加密数字经济"维护。"加密数字经济"采取 PoW 或 PoS 等方式，将经济奖励和加密数字验证结合起来，并遵循一般原则：每个人从中可获得的经济奖励与对共识过程做出的贡献成正比。通常，这些区块链被认为是"完全去中心化"的。

2．私有链

如图 10-5（b）所示，私有链（Fully Private Blockchains）是写入权限仅在一个组织手里的区块链，读取权限或者对外开放，或者部分开放。私有链的应用场景有数据库管理、审计，甚至一个公司的运营管理。尽管在有些情况下用户希望私有链有公共的可审计性，但在很多情形下，公共的可读性并不是必需的。R3CEV Corda 平台及超级账本项目（Hyperledger Project）等都是私有链项目，对交易效率、隐私保障和监管控制有着更高要求的场景主要应用私有链。

3．联盟链

如图 10-5（c）所示，联盟链（Consortium Blockchains）是共识过程受预选节点控制的区块链。不妨想象一个由 15 个金融机构组成的共同体，每个机构都运行着一个节点，而且每个区块的有效性都需要获得其中 10 个机构的确认（2/3 确认）。联盟链的读取权限或者对外开放，或者只赋予参与者，也可能走混合型路线，例如，区块的根哈希值及其 API 对外公开，允许外界用来做有限次数的查询和获取区块链状态信息。这些区块链可视为"部分去中心化"。由美国初创公司 R3CEV 组织建立的 R3 联盟链，其目标是基于区块链技术打造一个全球的实时结算、清算系统。该公司于 2015 年 9 月创立，不到 3 个月时间，全球就有 42 家较大的金融机构加入了它的联盟链。2016 年 1 月 20 日，该公司在微软云平台上基于以太坊区块链测试了 11 家银行参与的联盟链。

10.3.2 比较

一种观点认为，私有链与中心化数据库没有区别，属于画蛇添足；另一种观点认为，"只有一种区块链能活下来"的想法是错误的，因为私有链和公有链都有自己的优缺点。

1．私有链的优缺点

（1）私有链的优点

① 交易的效率更高。目前私有链最高可以达到每秒 10 万笔交易，并且还有提高的空间。显然后者更适应现实世界金融交易的需求。

② 交易可以回滚。这点对于中心化机构也很重要，在某些情况下，某些交易会因为错误或法律问题而被要求修改、撤销。

③ 交易费用更低。与公有链相比，私有链的交易费用降低了一到两个数量级。而私有链仍然基于分布式网络，保留了分布式记账系统的优点。

④ 提供了更好的隐私保护。公有链因为其分布式账本的设计，本身不提供隐私保护功能。而私有链可以对读取权限进行限制，从而更好地保护隐私。

⑤ 验证者是公开透明的。不存在因"矿工"节点共谋而导致的"51%攻击"风险。

⑥ 节点可以很好地连接。私有链节点间可以很好地连接，故障可以迅速通过人工干预来修复，并允许使用共识算法缩短区块时间，从而更快地完成交易。

（2）私有链的缺点

私有链违背了区块链去中心化的本质，重新引入了若干"信任节点"，其参与者需要经过审核和验证，从而严格限制了其规模，安全性也容易受到威胁。

2．公有链的优缺点

（1）公有链的优点

① 保护用户免受开发者的影响。公有链的用户更多、分布更广泛，程序开发者无权干涉用户的使用方式。反过来说，公有链可以保护使用这些程序的用户。

② 网络规模效应。公有链是开放的，因此有可能被许多外界用户使用，产生一定的网络效应。

而在公有链上运行的应用越多，节点越多，该区块链也会越可信。

（2）公有链的缺点

公有链的公开性和自由性使得节点间达成共识非常困难。因为部分节点可能随时出现系统中断的情况，黑客也可能伪造许多虚假的节点，所以公有链需要一套很严格的共识机制，这也意味着交易速度缓慢。

10.4　区块链的应用

10.4.1　金融服务

1．银行业务

区块链技术在早期就展现出将银行排除在核心支付流程之外的潜力，其分布式和去中心化两大特征极大地冲击了现有金融体系的支付、交易、清结算流程。由于区块链能够创建大型的、低成本的共享网络，因此商业银行通过区块链能针对那些无法获得银行账户但是能够接触互联网的客户进行小额的贷款支付活动，提高利润。

区块链的可编程特性能够提高证券交易与金融服务的效率、节约交易成本、简化交易流程。同时，区块链即时到账的特点可使银行实现比 SWIFT（Society for Worldwide Interbank Financial Telecommunication，国际资金清算系统）更快捷、经济和安全的跨境转账。

商业银行对审计制度的过度依赖会导致监管的成本大幅提高，从而减小商业银行的利润空间。将区块链技术引入商业银行的监管体系，运用区块链数据信息的公开、透明、不可篡改，以及高度共享与可追踪的特点，对账户的数据信息进行严格的审核，在降低成本的同时可达到规避风险的目的。

2018 年 8 月，中国银行通过区块链跨境支付系统，完成了河北雄安与韩国首尔两地间客户的美元国际汇款。中国建设银行自主开发的区块链国际银团资产转让平台已于 2020 年 7 月 3 日实现区块链公有云上线，该平台在 2020 年 7 月 4 日完成了首笔 7000 万美元资产转让业务。

2．资产管理

在资产管理方面，区块链的时间戳技术和不可篡改的特性为防伪、知识产权保护、资产授权和控制提供了便利，对无形资产管理和有形资产管理方式都进行了革新。基于智能合约的数字人民币发行，实现了货币的溯源和定向。智能合约带来的货币可编程性能够帮助政府精准施策，让货币在指定的产业和精准的场景下完成支付，同时中国人民银行能够精准地把控货币的流通路径。

图 10-6 所示为一种基于区块链的资产管理系统，由基金经理领投，交易信息全部上链，监管方对整个系统进行有效监管的同时还可收取一定的服务费。

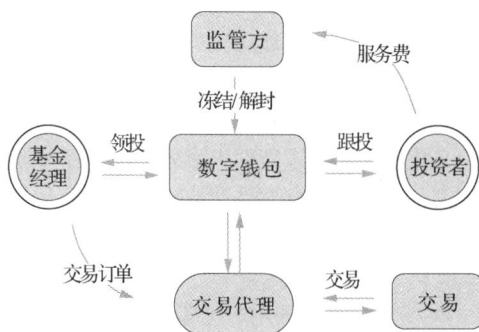

图 10-6　基于区块链的资产管理系统示意图

3．贸易融资

在目前的贸易融资领域，区块链凭借数字加密、点对点技术、分布式共识与智能合约，能够实现信息的快速、透明交换，克服人工搜集数据、核对信息、贸易接洽的高成本和潜在风险。

区块链技术可以优化贸易融资业务，使用智能合约来代替传统低效的金融网络，智能合约可以实时处理、更新和广播交易。一个完整区块链贸易融资平台，能够在线全流程管理并实时掌控贷前调查、贷中审核、贷后管理，简化贸易融资流程。

早在 2017 年 7 月，中国农业银行总行就上线了基于区块链的涉农互联网电商融资系统，这是国内银行业首次将区块链技术应用于电商供应链金融领域。2020 年 4 月 23 日，国家外汇管理局青海省分局指导中国建设银行青海省分行成功在"跨境金融区块链服务平台"为青海昆杞生物科技有限公司办理全省首单应收账款质押融资业务，仅用时 30min 就完成了从融资申请、上链关单核验到银行审核、放款登记的全过程。

4．保险业务

在保险业务方面，区块链智能合约对传统保险模式的影响最大。应用区块链后，保险公司所有的理赔记录都能够在全网公开并被集体验证，有助于防止"双重索赔"现象，防范骗保行为，规范保险秩序。图 10-7 所示为众安科技保险区块链应用概览。有了区块链，信任成本便不再存在，系统可以通过智能合约实现自动赔付，检索完所有数据只需要几分钟时间，"秒理赔"不再是个梦想。

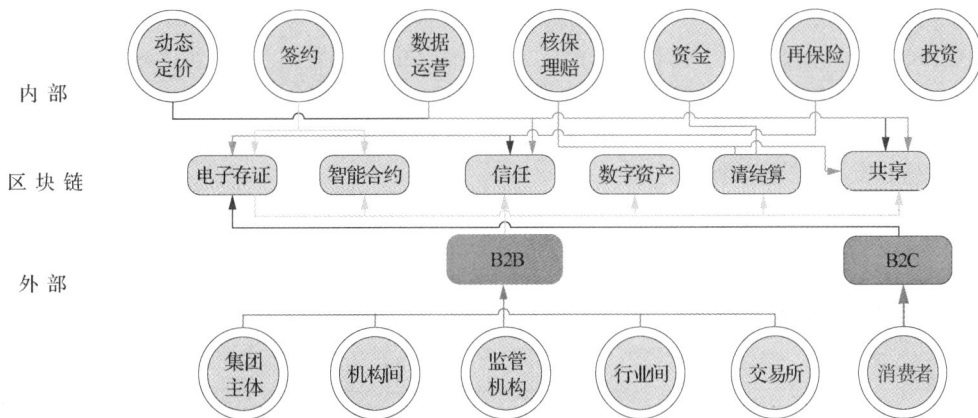

图 10-7 众安科技保险区块链应用概览

2015 年 12 月，平安保险集团旗下科技公司金融壹账通推出"壹账链"。众安科技保险公司也打造了区块链溯源项目"步步鸡"，利用跟踪装置和面部识别技术跟踪中国各地数百家养鸡场中的散养鸡，利用区块链账本记录数据。2018 年 9 月，安永会计师事务所携手区块链公司 Guardtime，将保险客户、保险经纪、保险公司和第三方机构通过分布式分类账本进行连接，创建了全球首个航运保险区块链平台。

5．反洗钱业务

数字货币是存储在计算机中的电磁符号，不存在物理形态的仿冒或改变，这能够从源头上阻止假币泛滥。同时，商业银行现在会利用区块链技术提供的可追溯性和交易信息的不可篡改性，完善反洗钱监测体系，提高反洗钱工作能力。

在反洗钱监测体系中，银行通过区块链技术可以全面掌握义务机构所记录的客户身份信息、交易数据信息，通过大数据处理中心完善监管信息；还可以通过区块链安全地向相关部门移送线索、通报可疑交易，获取洗钱信息，并以此不断更新异常交易触发程序，从而提升客户风险管理水平，有效增强反洗钱手段。

蚂蚁集团多年来致力于以技术构建数字经济信任体系，并从 2015 年开始深耕区块链。蚂蚁链目前已经应用到超过 50 个场景，专利申请数量连续多年全球第一。2020 年 9 月 25 日，在上海举办的首届外滩大会发布了《推动风险信息共享技术——区块链融入金融犯罪合规》。

10.4.2　智能制造

1．供应链管理

传统供应链管理面临信息不对称导致的效率低下、协调困难等问题，在流程追踪和统筹安排方面困难重重。区块链能够使交易网络信息公开化、透明化，可以在很大程度上减少信息不对称、提高供应链周转效率。同时，区块链数据不可篡改和交易可追溯的特征能够有效遏制供应链管理中的假冒伪劣产品问题，形成完整的供应链闭环。表 10-2 总结了区块链对于供应链管理的五大意义。

表 10-2　区块链对于供应链管理的五大意义

相关的供应链指标	区块链的五大意义				
	1. 信息难以篡改： 利于防伪溯源	2. 各点数据一致： 削弱牛鞭效应	3. 数据自动更新： 信息流的精益	4. 自动执行合约： 减少人力投入	5. 不需中介参与： 降低信任成本
质量	√	√	√		
成本		√	√	√	√
交付			√		

图 10-8 所示为天猫国际"全球溯源计划"的一个区块链应用案例，其区块链运作由蚂蚁金服提供技术支持。在进口流程中，可以把生产、通关、运输等相关数据全都记录在区块链中，利于海外公司、中检集团（CCIC）等相关方协同合作。顾客可以用专属二维码来查询供应链溯源信息，从而为进口货物的质量提供有效保障。

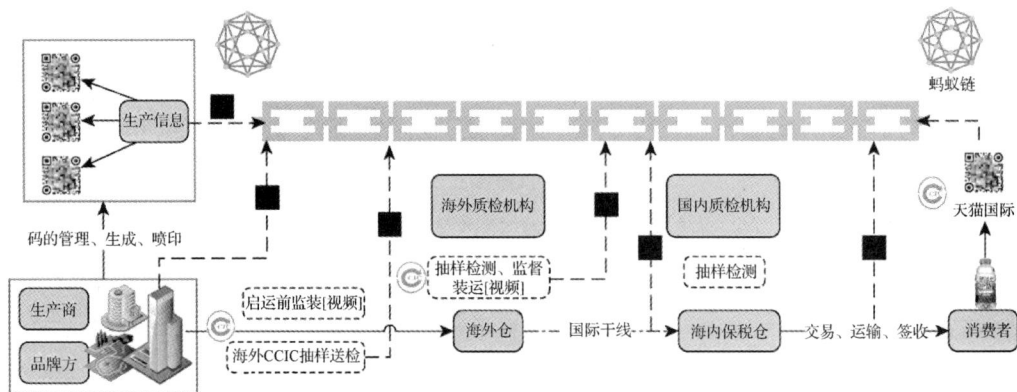

图 10-8　区块链在天猫国际商品溯源中的应用

2．质量管理

区块链技术在制造业产业链内的质检协作效率优化、产品质量控制和降低故障率等方面也有广阔的应用前景，特别是在工厂分布式的生产和质检环境中，利用区块链技术可以有效建立质量可信评估网络。

利用区块链的数据防篡改特性，可对产品质量缺陷、事故等提供无隐瞒、透明化的生产告警，建立责任界定和定损索赔的自动化机制。一条生产线的品控问题可通过区块链节点自动化、防篡改地向产业链上下游企业和监管节点实时同步，同时系统可按照需求向其他生产线广播告警。基于区块链的品控告警机制，可实现低延迟、自动化、低成本和防篡改的生产安全运维网络。

2019 年，南京六合区以天纬农业科技有限公司为示范点，建成基于区块链技术的农产品全产业链融合溯源服务平台，可全流程浏览农产品在生产过程各环节的信息，将信用承诺、信用档案管理、农户信用分级评价、数据信用监测等信用产品广泛应用于生产流程。

图 10-9 所示为一种区块链数据存储模型，嵌入式的数据库和区块链节点被整合在同一个进程中，同动同停。数据被存储在区块中，并被广播到所有区块链节点，这些节点需要就当前区块链状态达成共识。交易的产生，共识的一致，最终会引起状态数据的改变。直接或者间接由区块链共识产生的数据都是链上数据。

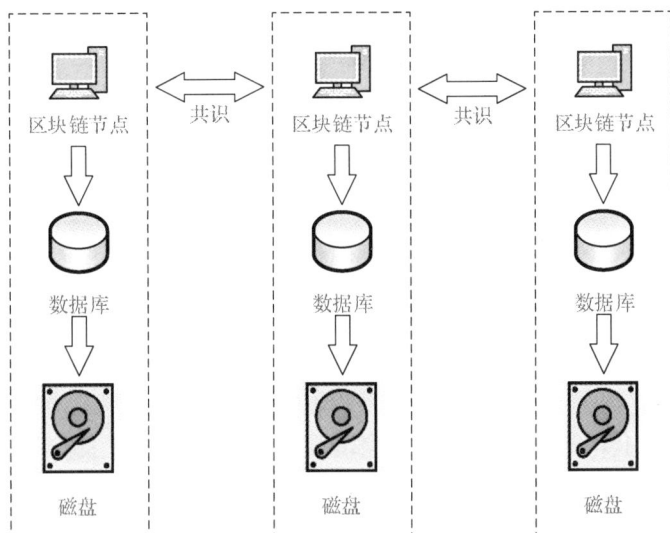

图 10-9 区块链数据存储模型

10.4.3 政企服务

1．审计/监管

目前，我国区块链技术持续创新，区块链产业初步形成，开始在供应链、金融、征信、产品溯源、版权交易、数字身份、电子证据等领域快速应用。例如，在金融行业，各类金融资产，如股权、债券、票据、仓单、基金份额等都可以被整合到区块链账本中，成为链上的数字资产，在区块链上进行存储、转移、交易。

在财务管理方面，区块链技术的运用将带来全新的记账模式，其由数学算法背书，可在公开、透明的数学算法之上建立一个能够让不同政治、文化背景的人群达成共识的信用机制，能够保证所有财务数据的完整性、永久性和不可更改性。使用区块链记录交易和账目信息，录入链上的数据无法被篡改，且数据的修改需要整个系统中多数节点确认才能实现，这使得财务数据造假和欺诈变得极为困难。

四大会计师事务所之一的安永会计事务所于 2019 年 10 月推出了基于区块链的公共财务管理解决方案 EY OpsChain 公共财务经理（Public Finance Manager，PFM），旨在提高政府运用公共资金时的效率和透明度。该解决方案能够帮助政府提高透明度，为公民提供跟踪预算、支出和最终效果的手段。目前，该系统已经在全球范围内进行试点测试，加拿大多伦多市已将其作为正在进行的财务管理转型工作的一部分。

2．公证/鉴证确权

将与公民财产、数字版权相关的所有权证明存储在区块链账本中，可以大大优化权益登记和转让流程，减少产权交易过程中的欺诈行为。图 10-10 所示为一种区块链数据存储方案，支持外部机构通过软件工具开发包（Software Development Kit，SDK）接入上链，实现多方信息互换和合作共赢。

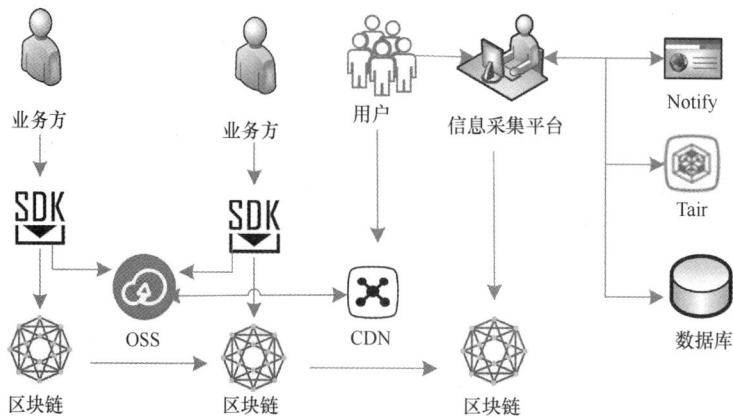

图 10-10　区块链数据存储方案

在身份验证方面，可以将身份证、护照、驾照、出生证明等存储在区块链账本中，实现不需要任何物理签名即可在线处理烦琐的流程，并能实时控制文件的使用权限。

在知识产权保护方面，将区块链技术嵌入创作平台和工具，利用其防伪造、防篡改特性，可客观记录作品的创作信息，低成本和高效率地为海量作品提供版权存证。在此基础上，区块链还可支持版权资产化与快速交易，帮助解决数量巨大、流转频率高的数字作品的确权、授权和维权等难题。

2020 年 1 月 17 日，上海市徐汇公证处"汇存"区块链存证平台正式上线，这是全国首个由公证处联手区块链技术服务公司研发的基于区块链技术的专业存证软件。网易（杭州）网络有限公司公开了一项游戏外挂检测专利，利用区块链确保防作弊体系惩戒公正透明，该专利于 2020 年 11 月 16 日申请，申请公布号为 CN112370791A。

3．选举投票

区块链是一个防篡改、透明记录选票的完美工具。图 10-11 展示了基于区块链的代理投票流程。区块链将会 100%确保投票能够被记录且不会产生废票。投票记录在选举日被存储在区块链上，在任何时候都可进行审计和重新计票。

图 10-11　基于区块链的代理投票流程

区块链上的时间戳可以确保任何信息在选举后添加都可以永久保存。审计时能够毫无困难地确定是否有后添加的记录，并确认原因。同时，基于区块链的投票记录可以消除任何对于投票精确性的疑问。

2018 年 3 月，塞拉利昂在清点总统选票时采用了区块链技术，成为世界上第一个将区块链技术应用在大型选举上的国家。同年 5 月 8 日，美国西弗吉尼亚州的总统候选人初选投票结束，完成了美国历史上第一次由政府支持的利用区块链技术的投票。

4．电子票据

在区块链的一个链条上，可以接入包括医院、法院、学校、交管部门等在内的大量开票单位，还可以接入医保机构、企业等一系列用票单位。从生成、传送、存储到使用的全程中，区块链给电子票据盖上"戳"，有效保证票据信息的数据真实性和唯一性，也避免了票据的重复使用。

图 10-12 所示为区块链电子发票开具业务流程。区块链技术在降低成本的前提下，可实现电子发票的按需开具、不可作伪、全程监控。此外，区块链电子票据还能有效遏制发票造假，促进形成良好的票据开取和报销氛围。

2019 年 6 月，浙江政务服务网上线了全国首个区块链电子票据平台，利用区块链的分布式记账及多方高效协同优势，票据的生成、传送、存储和报销实现全程"上链盖戳"。2019 年 10 月，广东省正式上线区块链财政电子票据，广州市妇女儿童医疗中心和华南师范大学率先开出区块链财政电子票据。

5．数字身份

基于区块链的数字身份主要涵盖身份自主权、数据安全、个人隐私、资产性 4 个重要维度。区块链的非对称加密、分布式存储可以有效保障用户的隐私和数据安全，并且把用户信息的决定权留在用户手上，使之成为数字化资产的一种。

区块链的不可篡改、可追溯特性，能保障个人信息的有效性，提高数字身份的可信度。在使用数字身份时，区块链的非对称加密技术和零知识证明技术可以极大限度地保证个人信息的隐私安全。

2019 年 11 月 8 日，由中国信息通信研究院、中国通信标准化协会、可信区块链推进计划共同主办的"2019 可信区块链峰会"在北京举办。为了推动区块链行业良性健康发展、汇聚产业智慧，在峰会上成立了可信区块链推进计划项目组，包括司法存证项目组、数字身份项目组、金融应用项目组、密码项目组、财政票据项目组。

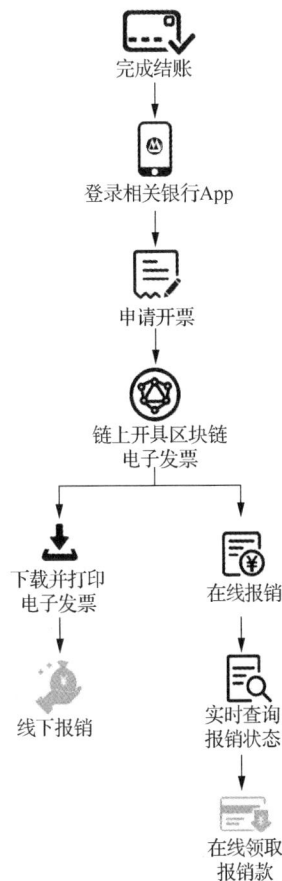

图 10-12　区块链电子发票开具业务流程

10.4.4　公共服务

1．社会公益

公益事业信息的不公开、不透明是社会公益难以发展和存在争议的重要原因。社会公益与区块链的结合，利用的依然是区块链的不可篡改性和高透明度。区块链上存储的数据利用了分布式技术和共识算法，以共信力助力公信力，天然适用于公益场景。

公益项目的相关信息，如资金流向、帮助对象、募捐明细等，都能够加入区块链节点，受到全网的验证与监督。区块链与公益的结合，让区块链真正成为"信任的机器"，让社会公益的运作"在阳光下进行"。

2019 年 12 月，蚂蚁链上第一笔自动拨付成功。一笔金额为 1500 元的助学金从公益机构发起付款，只花了不到一天的时间，便成功拨付给一名来自四川省阿坝州的高一学生。在支付宝的"链上公益"小程序上，捐款人已经可以查看自己在该平台上的每笔捐赠的流向。基于蚂蚁链的链上公益计划，已经逐步实现每笔善款从捐赠到受助人领取的全流程追踪。

2．数据开放

区块链技术的应用可以使政府数据治理获得新的提升方式。政府数据集合与区块链结合，可充分利用区块链技术的特性，解决数据安全、数据权属问题，实现数据"多元共治"。区块链技术的加入，可以创造出数据开放在公共管理与公共服务中的新价值，为政府数据市场化提供更大的发展空间（见图 10-13）。

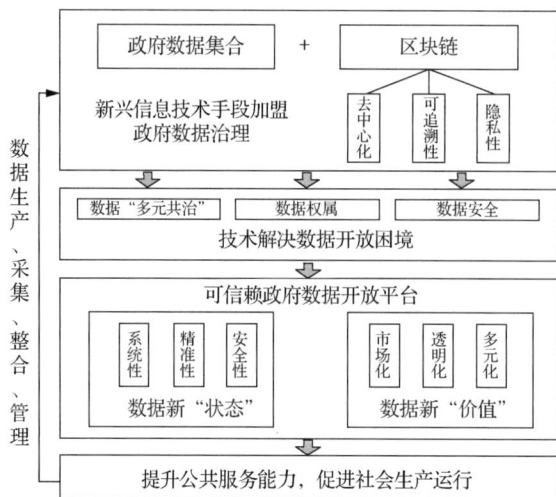

图 10-13　基于区块链的政府数据开放模式

政务数据开放共享信息系统整合、数据格式统一、数据实时共享是解决政务部门信息孤岛问题的关键。利用区块链技术可以实现各级政府之间、各部门之间的数据共享，有利于提升工作效率、降低行政成本，为公众带来更好的政务服务体验。

2018 年 7 月，北京出台了《北京市推进政务服务"一网通办"工作实施方案》，明确提出将区块链技术应用于政务服务。2020 年 9 月 3 日，山东济南正式启动全市统一的政务区块链平台"泉城链"，在全国首创"政府数据上链+个人链上授权+社会链上使用+全程追溯监管"的政务数据可信共享新模式。

3．智慧物联

智能设备已广泛用于追踪桥梁、道路、电网、交通灯等设施设备状况，利用区块链分布式点对点的网络结构，各类设施设备能更高效地连通，提升物联网的稳健性和通信的有效性。

例如，可以通过区块链技术追踪汽车的各项参数，通过智能合约实现车辆保险条款自动追踪、车辆年检，以及车辆自动理赔等，从而在汽车保险、车辆管理等领域实现模式创新。

4．智慧医疗

在医疗方面，利用区块链技术创建药物、血液、器官、器材等的溯源记录，有助于医疗健康监管，使公共健康生态更加透明、可信。

通过区块链存储医疗健康数据，创建安全、灵活、可追溯、防篡改的电子健康记录，可以对用户身份进行确认和对健康信息进行确权，并将权属信息等存证在区块链上，确保个人健康信息使用的安全合法。

利用智能合约自动识别交易参与方，结合用户对健康信息的使用授权，不仅可以优化医疗保险的快速赔付，还便于第三方健康管理机构基于全面的医疗数据提供精准的个人健康管理服务。

韩国的 MediBloc（MED）是基于 Qtum 量子链搭建的医疗信息平台，也是为患者、医疗服务提供者和研究者服务的去中心化的医疗信息生态系统。MED 建立了患者、医疗服务提供者和研究者之间的信息共享和交易场所，人们通过 MED 可以轻易获取大量真实、可信的医疗信息。

5．智慧民生

应用区块链技术创建分布式公民登记平台，搭建开放共享、透明可信的公民数据账本，可确保公民记录防篡改、可追溯，实现政府跨部门、跨区域共同维护和使用公民数据。

在房屋租赁与二手房交易方面，可将房源、房东、房客、房屋租赁合同等信息上链，通过多方验证防篡改，有望解决房源真实性问题，打造透明可信的房屋租赁生态。

在利用居民的太阳能设备发电补充发电厂的电力供应的场景中，每个用户的发电记录被保存在区块链中，实现新型资产的智能登记，并可支持基于智能合约的剩余电力兑换和交易，促进全民共建节能环保城市。图 10-14 所示为一种基于区块链的智能电网架构。

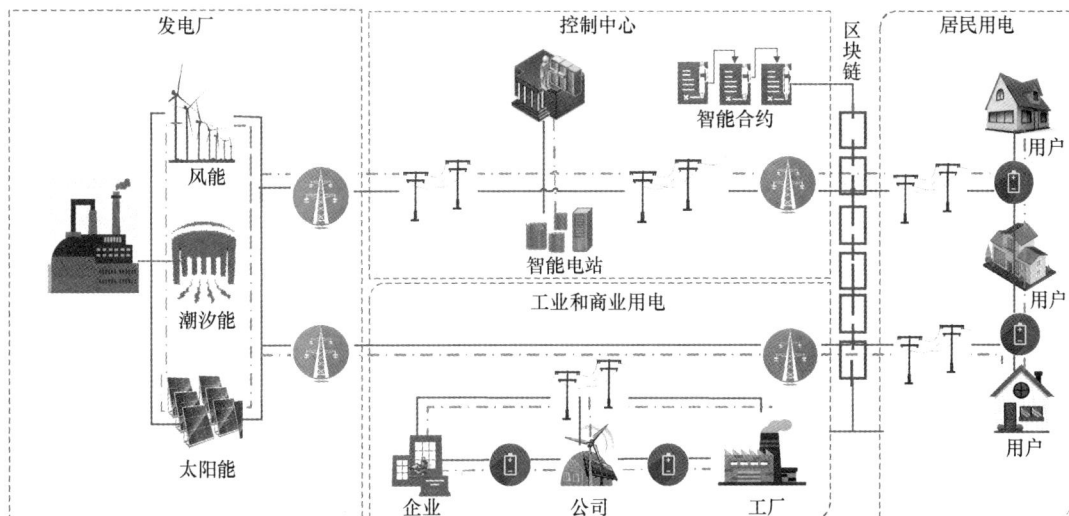

图 10-14　基于区块链的智能电网架构

10.5　区块链的挑战与未来

10.5.1　现存挑战

历经十多年的发展，区块链不断渗透到各行各业，已经展现出良好的发展态势。然而，要想真正发挥区块链的价值，我们还面临着巨大的挑战，这些挑战有科学与技术方面的，也有政策与法律方面的。其中，最为关键的仍然与区块链的"自治"与"可信"特性相关。

1．能效问题

在区块链领域，一直都存在着一个"不可能三角"（见图 10-15），即在一个区块链系统中，高效性、去中心化和安全性三者最多只能取其二。要想在一个区块链系统中完全获得这三种属性几乎是不可能的，而这三种属性又恰恰是一个理想的区块链系统所应具备的。因此，任何一个区块链系统的架构策略都会包含这三者的折中与权衡。目前区块链的交易吞吐量都较低。

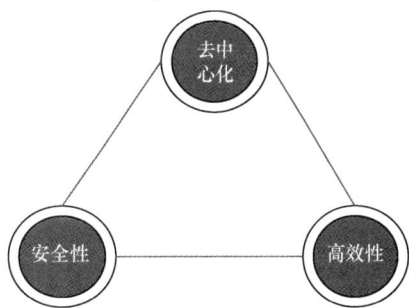

图 10-15　区块链"不可能三角"

2．安全问题

随着理论研究的深入，区块链展现出蓬勃生命力的同时，自身的安全性问题逐渐显露。2016 年 6 月 17 日，黑客利用以太坊智能合约漏洞攻击去中心化自治组织（Decentralized Autonomous Organization，DAO）的众筹项目 The DAO，导致 300 多万以太币资产被分离出 The DAO 资金池，以太坊被迫进行硬分叉以弥补损失；2018 年 5 月 24 日，EDU 智能合约爆出漏洞，通过这个漏洞，攻击者不需要私钥就可以转走指定账户的所有 EDU 代币，并且由于合约没有 Pause（暂停执行）设计，无法止损；2019 年 1 月 5 日，以太坊经典（Ethereum Classic，ETC）

网络遭到了 51% 的攻击，逾 20 万 ETC 代币被盗，等等。这类事件使得区块链面临的安全挑战越来越引起关注。

区块链面临的安全挑战分为算法漏洞、协议漏洞、实现漏洞、使用漏洞和系统漏洞五个方面。在算法安全性方面，针对量子攻击要进行后量子密码算法研究，同时采用经验验证的密码算法；在协议安全性方面，采用能够阶段性离线的共识机制，避免目标确定的共识机制，设计防 ASIC（Application Specific Integrated Circuit，专用集成电路）等共识运算优势明显的共识算法，加强关键节点的网络安全强度；在实现安全性方面，对智能合约做安全性验证的同时要对区块链及使用的模块做标准化处理；在使用安全性方面，可以采用冷钱包、多因素验证钱包、物理随机数生成、私钥单一性使用等措施；在系统安全性方面，要利用传统网络防御增强网络安全性，同时采用新型区块链架构。

3．异构问题

要想真正实现区块链的"可信"，区块链网络的规模必须足够大。然而，就现状而言，许多组织和机构都在小规模范围内尝试使用区块链，这导致区块链技术和平台多样化。全球最大开源代码托管平台 GitHub 上有超过 45000 个活跃区块链项目，这些项目使用不同的平台、不同的开发语言、不同的协议、共识机制和隐私保护方案。要实现区块链的可信特性，就必然要将这些异构的区块链连接起来。这导致区块链面临另一个重大挑战——互操作性问题。

在互联网时代，我们已经饱受信息孤岛、异构数据融合与异构协议互操作之苦，不同区块链的跨链挑战将有过之而无不及。

4．监管问题

区块链去中心化、自我管理、集体维护的特性可能颠覆人们目前的生产生活方式，淡化监管概念，冲击现行法律。解决这类问题，我们显然还有很长的路要走。

区块链最早的应用是比特币，而比特币的诞生从某种意义上讲是带有"原罪"的。不可否认，比特币被广泛应用在"暗网"中，被作为洗钱和非法交易的途径，也被作为资助恐怖分子的工具。基于区块链的 ICO（Initial Coin Offering，首次代币发行）被人恶意利用，成为金融欺诈的手段。从这个视角而言，在保持"自治"优势的前提下融入现实世界的监管体系，是区块链取得广泛应用的必经之路。

10.5.2　未来展望

未来，区块链技术必将深刻改变人类的生活方式与生产效率。继区块链 1.0、区块链 2.0 后，人们大胆预测人类社会即将开启区块链 3.0 时代，即可编程社会系统时代。区块链 3.0 代表的是解决了关键性技术难题的全领域生态级别的底层系统出现，以及区块链技术应用到各个垂直行业中去的时代。这个时代的底层协议能够在保证去中心化、去信任中介的同时，保证商用级别的高性能。

在现阶段，大部分底层协议项目以以太坊为原本并在此基础之上进行迭代，还远远未能达到区块链 3.0 的标准。区块链技术若要进一步深入实际场景，必须跨越其在技术、人才、开发成本和法律上的障碍，形成区块链研究与应用标准化体系，为学术研究和行业实践带来新的创新红利。

本章小结

区块链是一种由多方共同维护，使用密码学保证传输和访问安全，能够实现数据一致存储、难以篡改、防止抵赖的记账技术，也称为分布式账本技术。近年来，区块链技术的发展对社会产生了重要的影响。本章首先介绍了区块链的概念，然后重点介绍了区块链架构与关键技术，以及区块链的类型，最后介绍了区块链的应用，以及面临的挑战。区块链的去中心化，就是计算思维化，即一切都靠计算解决。

趣闻轶事　　　　信息素养

思考题

1. 试述区块链的特点。
2. 试述区块链的类型。
3. 试述区块链的典型应用领域。

参考文献

[1] 郝兴伟. 大学计算机——计算思维的视角［M］. 3 版. 北京：高等教育出版社，2014.

[2] 麻新旗，王春红. 计算思维与算法设计［M］. 北京：人民邮电出版社，2015.

[3] 李波. 大学计算机——信息、计算与智能［M］. 北京：高等教育出版社，2013.

[4] 张基温. 大学计算机——计算思维导论［M］. 2 版. 北京：清华大学出版社，2018.

[5] 董卫军，邢为民，索琦. 计算机导论——以计算思维为导向［M］. 3 版. 北京：电子工业出版社，2017.

[6] 谢涛，程向前，杨金成. RAPTOR 程序设计案例教程［M］. 北京：清华大学出版社，2014.

[7] 程向前，周梦远. 基于 RAPTOR 的可视化计算案例教程［M］. 北京：清华大学出版社，2014.

[8] 冉娟，吴艳，张宁. RAPTOR 流程图+算法程序设计教程［M］. 北京：北京邮电大学出版社，2016.

[9] 范淼，李超. Python 机器学习及实践［M］. 北京：清华大学出版社，2016.

[10] 程向前，陈建明. 可视化计算［M］. 北京：清华大学出版社，2013.

[11] 迈尔-舍恩伯格，库克耶. 大数据时代［M］. 盛杨燕，周涛，译. 杭州：浙江人民出版社，2013.

[12] 张艳，姜薇. 大学计算机基础［M］. 3 版. 北京：清华大学出版社，2016.

[13] 龚沛曾，杨志强. 大学计算机［M］. 6 版. 北京：高等教育出版社，2013.

[14] 王移芝，许宏丽，魏慧琴，等. 大学计算机［M］. 5 版. 北京：高等教育出版社，2015.

[15] 张福炎，孙志挥. 大学计算机信息技术教程［M］. 6 版. 南京：南京大学出版社，2013.

[16] 李暾. 计算机思维导论——一种跨学科的方法［M］. 北京：清华大学出版社，2016.

[17] 万征，刘喜平，骆斯文. 面向计算思维的大学计算机基础［M］. 北京：科学出版社，2018.

[18] 战德臣，聂兰顺. 大学计算机——计算思维导论［M］. 北京：电子工业出版社，2013.

[19] 丁世飞. 人工智能［M］. 2 版. 北京：清华大学出版社，2015.

[20] 蔡自兴，刘丽珏，蔡竞峰，等. 人工智能及其应用［M］. 5 版. 北京：清华大学出版社，2016.

[21] 李开复，王咏刚. 人工智能［M］. 北京：文化发展出版社，2017.

[22] 罗素，诺维格. 人工智能：一种现代的方法［M］. 3 版. 殷建平，祝恩，刘越，等译. 北京：清华大学出版社，2013.

[23] 尼克. 人工智能简史［M］. 北京：人民邮电出版社，2017.

[24] 温. 极简人工智能：你一定爱读的 AI 通识书［M］. 有道人工翻译组，译. 北京：电子工业出版社，2018.

[25] 周志华. 机器学习［M］. 北京：清华大学出版社，2016.

[26] 杰龙. 机器学习实战［M］. 王静源，贾玮，边蕤，等译. 北京：机械工业出版社，2018.

[27] 古德费洛，本吉奥，库维尔. 深度学习［M］. 赵申剑，黎彧君，符天凡，等译. 北京：人民邮电出版社，2017.

[28] 弗拉赫. 机器学习［M］. 段菲，译. 北京：人民邮电出版社，2016.

[29] 高济，何钦铭. 人工智能基础［M］. 2 版. 北京：高等教育出版社，2008.

[30] 史忠植. 人工智能［M］. 北京：机械工业出版社，2016.

[31] 李德毅，于剑. 人工智能导论［M］. 北京：中国科学技术出版社，2018.

[32] 李连德. 一本书读懂人工智能［M］. 北京：人民邮电出版社，2016.

[33] 刘凡平. 大数据时代的算法：机器学习、人工智能及其典型实例［M］. 北京：电子工业出版社，2017.

[34] 王小妮. 数据挖掘技术［M］. 北京：北京航空航天大学出版社，2014.

[35] 邵峰晶，于忠清. 数据挖掘原理与算法［M］. 北京：中国水利水电出版社，2003.

[36] 林子雨. 大数据导论［M］. 北京：高等教育出版社，2020.

[37] 梅宏. 大数据导论［M］. 北京：高等教育出版社，2018.

[38] 彭海朋. 网络空间安全基础［M］. 北京：北京邮电大学出版社，2017.

[39] 谢永江，李欲晓. 网络安全法学［M］. 北京：北京邮电大学出版社，2017.

[40] 蔡晶晶，李炜. 网络空间安全导论［M］. 北京：机械工业出版社，2017.

[41] 王鹏. 云计算的关键技术与应用实例［M］. 北京：人民邮电出版社，2010.

[42] 郑东，赵庆兰，张应辉. 密码学综述［J］. 西安邮电大学学报，2013，18（06）：1-10.

[43] 朱雷钧. 哈希函数加密算法的高速实现［D］. 上海：上海交通大学，2008.

[44] 袁勇，王飞跃. 区块链技术发展现状与展望［J］. 自动化学报，2016，42（04）：481-494.

[45] 李靖. 比特币的发展研究综述［J］. 当代经济，2015（31）：134-137.

[46] 贾丽平. 比特币的理论、实践与影响［J］. 国际金融研究，2013（12）：14-25.

[47] 颜拥，赵俊华，文福拴，等. 能源系统中的区块链：概念、应用与展望［J］. 电力建设，2017，38（2）：12-20.

[48] 曾鸣，杨雍琦，李源非，等. 能源互联网背景下新能源电力系统运营模式及关键技术初探［J］. 中国电机工程学报，2016，36（3）：681-691.

[49] 韩璇，勇袁，王飞跃. 区块链安全问题：研究现状与展望［J］. 自动化学报，2019，45（01）：206-225.

[50] 徐飞. 区块链产业分布进入"3.0 时代"［J］. 中国建设信息化，2019（23）：62-65.

[51] 蔡明章，王林，吴江. 区块链技术在互联网公益众筹领域的应用研究［J］. 图书与情报，2020，192（2）：76-80.

[52] 黄斯狄. 区块链金融：重塑互联网经济格局［M］. 北京：电子工业出版社. 2018.

[53] 工业区块链社区. 工业区块链：工业互联网时代的商业模式变革［M］. 北京：机械工业出版社，2019.

[54] 黄芸芸，蒲军. 零基础学区块链［M］. 北京：清华大学出版社，2020.

[55] 杨保华，陈昌. 区块链原理、设计与应用［M］. 2 版. 北京：机械工业出版社，2020.

[56] 于非，魏翼飞，李晓东. 区块链原理、架构与应用［M］. 北京：清华大学出版社，2019.

[57] 汤道生，徐思彦，孟岩，等. 产业区块链：中国核心技术自主创新的重要突破口［M］. 北京：中信出版社，2020.

[58] 林维锋，莫毓昌. 超级账本 HyperLedger Fabric 区块链开发实战［M］. 北京：人民邮电出版社，2020.

[59] 李昊. 计算思维与大学计算机基础［M］. 北京：科学出版社，2017.

[60] 王荣良. 计算思维教育［M］. 上海：上海科技教育出版社，2014.

[61] 奎因. 互联网伦理：信息时代的道德重构［M］. 王益民，译. 北京：电子工业出版社，2016.

[62] 黛尔，路易斯. 计算机科学概论［M］. 吕云翔，杨洪洋，曾洪立，等译. 北京：机械工业出版社，2020.

[63] 唐振韬，赵冬斌，朱圆恒. 深度强化学习进展：从 AlphaGo 到 AlphaGo Zero［J］. 控制理论与应用，2017(12)：1529-1546.

[64] 章念生. 个人信息需要"防盗门"［N］. 人民日报，2018-03-26（05）.

[65] 王延斌. 区块链：热追背后需冷静 技术应用要同步［N］. 科技日报，2021-03-09（04）.

[66] 李正风，丛杭青，王前，等. 工程伦理［M］. 北京：清华大学出版社，2019.

[67] 尤一炜. 泄露用户隐私 Facebook 或被罚 50 亿美元［N］. 南方都市报，2019-07-15.

[68] 龚盛辉. 中国超算："银河""天河"的故事［M］. 郑州：河南文艺出版社，2017.

[69] 胡阳，李长铎. 莱布尼茨二进制与伏羲八卦图考［M］. 上海：上海人民出版社，2006.

[70] 弗赖伯格. 斯温. 硅谷之火——个人计算机的故事［M］. 北京：中国对外翻译出版公司，1985.

[71] 方兴东，刘伟. 光荣与梦想［M］. 北京：电子工业出版社，2018.

[72] 王天一. 人工智能革命［M］. 北京：北京时代华文书局，2017.

[73] 本特利. 计算机：一部历史［M］. 北京：电子工业出版社，2015.

[74] 李春葆，匡志强，蒋林. 数据结构教程：C++语言描述［M］. 2 版. 北京：清华大学出版社，2021.